バイオリファイナリー技術の工業最前線
―自動車用バイオ燃料の技術開発―
Industrial Technologies of Bio-Refinery for Automobile Biofuel

《普及版／Popular Edition》

監修 湯川英明

シーエムシー出版

はじめに

　昨年は，地球温暖化とバイオフューエル（バイオ燃料）が世界的な注目を集めた年であった。ノーベル平和賞がゴア前米副大統領と国連気候変動に関する政府間パネル（IPCC）の両者に授与され，インドネシア・バリ島では地球温暖化防止を話し合う国連気候変動枠組み条約締約国会議（COP 13）が開催された。この会議では，全ての CO_2 排出国による排出削減の枠組づくりを2013年以降どのように進めていくかが焦点になった。いずれにしろ，今後，先進国は更なる大幅削減が求められるのは必須な環境政治状況となっている。

　この状況をビジネスチャンスと捉え，革新的な環境対策の技術開発を目指すと言うのがグローバルに活動する企業の共通認識となっている。このような状況の中，注目を集めているのが再生可能資源であるバイオマスを原料とする新規産業技術『バイオリファイナリー』である。とりわけ，市場規模が巨大となる『自動車用バイオ燃料』に対する視線は熱い。

　一方で，バイオリファイナリーに対する影の部分も大きく取り上げられている。世界各国で開催されている関連の学会等では，バイオマスのカテゴリーを明確に区別し取り上げている。すなわち，穀物系，つまりFOODとなすバイオマスからの生産に対しては，サステイナビリティーがないとの批判の高まりにより，今後の生産には，非可食性バイオマス（セルロース系）を原料とする生産を前提とし，さらに，LCA等によるサステイナビリティー基準が設定されていく状況である。とくにEUはこの方針をより明確とすべく早期に政策的に誘導することを表明している。しばしば見かける興味深い情景を紹介しよう。EU政府関係者によるバイオ燃料関連のシンポジウム等での講演後，会場より，「EUがあまり厳しい規制を行うと，米国企業や，今後はアジアの企業との競争に負ける懸念がある」との指摘がなされるが，「厳しい基準をクリアすることにより，世界に通用する環境技術となる。短期的な勝敗は重視しない」と厳しい反応が返ってくるのである。

　本書の発行の狙いは，バイオリファイナリーの新産業技術としての革新性，その規模の大きさと共に，CSRとして重要な"影の理解"を含めて，技術面，経済社会面を総合的に取り上げた点にある。さらに，現在のバイオリファイナリーのそもそもの"旗手"である米国の"国家戦略"を紹介している。

　当然のこととして，影の解決には革新技術確立が必須であり，この点において，わが国の研究最前線の研究者の皆様のご協力により，研究状況を網羅的にご紹介できることは読者の皆様にとって重要な情報源となると確信する。

　バイオブタノールに見られるような自動車及び，航空機用バイオ燃料に関する研究開発競争は今後ますます激烈なものになると予想されるが，わが国発の革新技術により，地球温暖化対策に大きく貢献することを願ってやまない。

2008年2月

(財)地球環境産業技術研究機構　湯川英明

普及版の刊行にあたって

　本書は2008年に『バイオリファイナリー技術の工業最前線―自動車用バイオ燃料の技術開発―』として刊行されました．普及版の刊行にあたり，内容は当時のままであり加筆・訂正などの手は加えておりませんので，ご了承ください．

　2013年10月

シーエムシー出版　編集部

監　修

湯川　英明	㈶地球環境産業技術研究機構（RITE）　微生物研究グループ　理事，グループリーダー

執筆者一覧

横山　益造	㈶地球環境産業技術研究機構（RITE）　微生物研究グループ　主任研究員
村上　嘉孝	㈶地球環境産業技術研究機構（RITE）　企画調査広報グループ　サブリーダー
三谷　　優	サッポロビール㈱　価値創造フロンティア研究所　研究主幹
徳若　正純	農林水産省　大臣官房　環境バイオマス政策課　バイオマス推進室　企画専門職
寺島　義文	㈲農業・食品産業技術総合研究機構　九州沖縄農業研究センター　バイオマス・資源作物開発チーム　研究員
小原　　聡	アサヒビール㈱　豊かさ創造研究所　副課長
石井　　茂	岡山県産業労働部　新産業推進課　課長
種田　大介	日揮㈱　技術開発部　主任研究員
中村　一夫	京都市環境局　施設整備課兼職循環企画課　課長；㈶京都高度技術研究所　研究部長；京都大学　大学院エネルギー科学研究科　准教授
関口　静雄	ライオン㈱　研究開発本部　企画管理部　副主席研究員
福田　秀樹	神戸大学　自然科学系先端融合研究環長　教授
千田　二郎	同志社大学　工学部　教授
古志　秀人	石油連盟　技術環境安全部　部長
渡辺　隆司	京都大学　生存圏研究所　生存圏診断統御研究系　バイオマス変換分野　教授
木田　建次	熊本大学大学院　自然科学研究科　工学系　教授
近藤　昭彦	神戸大学大学院　工学研究科　応用化学専攻　教授
簗瀬　英司	鳥取大学　工学部　生物応用工学科　教授
青木　克裕	㈱物産ナノテク研究所　技術推進室　室長
中根　　堯	㈱物産ナノテク研究所　技術開発本部　本部長
坂　　志朗	京都大学　エネルギー科学研究科　教授
小山　　成	新日本石油㈱　中央技術研究所　燃料研究所　燃料油グループ　シニアスタッフ
沖野　祥平	㈶地球環境産業技術研究機構（RITE）　微生物研究グループ　研究員
吉田　章人	㈶地球環境産業技術研究機構（RITE）　微生物研究グループ　研究員；シャープ㈱　技術本部　先端エネルギー技術研究所　第1研究室　主事

執筆者の所属表記は，2008年当時のものを使用しております。

目　次

第1篇　バイオリファイナリーとバイオ燃料

第1章　バイオリファイナリー基本コンセプト　　横山益造

1　バイオリファイナリーとは …………… 3
1.1　バイオリファイナリー構築の背景 … 3
　1.1.1　地球環境の現状と将来 ………… 3
　1.1.2　海外の化石資源に依存した
　　　　我が国の社会 ……………… 5
1.2　持続可能な社会構造へ ……………… 7
1.3　石油リファイナリーと
　　　バイオリファイナリー ……………… 9
2　バイオリファイナリーを構築する
　　五大研究開発分野 ……………………… 9
2.1　米国のバイオリファイナリー
　　　発展の歴史 …………………………… 9
　2.1.1　クリントン政権 ………………… 9
　2.1.2　ブッシュ政権 ………………… 10
2.2　バイオリファイナリー構築のための
　　　5つの重点開発分野 ………………… 10
　2.2.1　バイオマス資源 ……………… 13
　2.2.2　バイオマスの糖類への
　　　　原料変換技術 ……………… 15
　2.2.3　バイオマスの熱化学変換技術 … 17
　2.2.4　バイオ燃料，有用化学品等の
　　　　生産技術 ……………………… 19
　2.2.5　生産製品群のシステム化と
　　　　市場展開 ……………………… 19

第2章　バイオリファイナリーからの化学製品とエネルギー製品　　横山益造

1　化学製品 ……………………………… 21
2　エネルギー製品 ……………………… 25
2.1　自動車用バイオ燃料 ……………… 25
　2.1.1　バイオエタノール …………… 25
　2.1.2　バイオブタノール …………… 27
2.2　ブタノールの物性と燃料特性 …… 28
　2.2.1　ブタノールの物性 …………… 28
　2.2.2　ブタノールの燃料特性 ……… 30
2.3　ブタノールの製造技術と
　　　その課題 ……………………………… 32
　2.3.1　バイオ法によるブタノール生産の
　　　　歴史 ………………………… 32
　2.3.2　微生物によるブタノール生産 … 33
　2.3.3　ABE発酵による実生産に向けた
　　　　研究 ………………………… 36
　2.3.4　今後の研究開発動向 ………… 36
2.4　バイオディーゼル ………………… 37
　2.4.1　FAME生成化学反応と

I

バイオディーゼル特性 ………… 37
　2.4.2 バイオディーゼルの普及状況 … 40
　2.4.3 バイオディーゼル進展の課題 … 41
　2.4.4 財政支援の有効性 …………… 42
　2.4.5 原料資源の地域偏在 ………… 42

第3章　バイオエタノールと地球温暖化問題　　横山益造

1　バイオエタノール製造の意義―LCA解析
　（エネルギー効率およびGHG削減効果）―
　………………………………………… 44
2　バイオエタノール製造の
　エネルギー効率 ……………………… 45
　2.1 ネガティブエネルギー効率論 ……… 45
　2.2 ポジティブエネルギー効率論
　　　（その1）……………………………… 48
　2.3 ポジティブエネルギー効率論
　　　（その2）……………………………… 49
　2.4 エネルギー効率に関する
　　　総括的解析結果 …………………… 50
3　バイオエタノールのGHG削減効果 …… 52

第4章　バイオリファイナリーの「光と影」　　村上嘉孝

1　はじめに ……………………………… 55
2　食料との競合 ………………………… 55
　2.1 トウモロコシ価格の高騰 …………… 55
　2.2 他の食糧市場への波紋 …………… 57
3　環境破壊 ……………………………… 59
4　"労働条件"への批判 ………………… 61
5　持続可能な発展へ向けて …………… 62
　5.1 セルロース系バイオリファイナリー
　　　技術の開発 ………………………… 62
　5.2 バイオブタノール製法への挑戦 …… 63

第2篇　諸外国におけるバイオ燃料の普及開発動向

第1章　米国におけるバイオ燃料　　横山益造

1　はじめに ……………………………… 67
2　コーン原料バイオエタノール ………… 68
　2.1 製造技術 …………………………… 68
　2.2 製造コスト ………………………… 69
　2.3 今後の動向―原料転換（可食資源から
　　　非食資源利用へ）― ……………… 71
3　リグノセルロース原料バイオエタノール
　………………………………………… 72
　3.1 技術開発動向 ……………………… 73
　3.1.1 効率的な前処理技術開発 ……… 73
　3.1.2 低コスト糖化酵素の
　　　　生産技術開発 …………………… 76

3.1.3 高生産性発酵技術の開発 ……… 77　　3.2 目標製造コスト ………………… 78

第2章　ブラジルにおけるバイオ燃料
―サトウキビからのバイオエタノール―　　三谷　優

1　生産動向 ……………………… 83
　1.1　燃料エタノール政策の系譜と
　　　エタノール生産量の拡大 …… 83
　1.2　エタノール生産地域と
　　　エタノール生産の事業収支 … 85
2　生産技術 ……………………… 87
　2.1　サトウキビ生産技術 ………… 87
　2.2　エタノール生産プロセスの概要 … 87
　2.3　サトウキビ搾汁・糖液清澄化プロセス
　　　と製糖プロセスの概要 ……… 88
　2.4　エタノール蒸留と蒸留排液の処理 … 89
　2.5　農業廃棄物について ………… 90
　2.6　工程用水 ……………………… 92
3　燃料エタノールと自動車市場 ……… 93
　3.1　製品エタノールと流通 ……… 93
　3.2　燃料エタノール生産における
　　　政府の役割 …………………… 94
　3.3　フレックスフューエル車 …… 94

第3章　EUにおけるバイオ燃料　　横山益造

1　はじめに ……………………… 97
2　政策目標 ……………………… 97
3　バイオ燃料生産および普及の現状 ……… 99
4　バイオ燃料研究開発への財政支援 …… 100

第3篇　日本におけるバイオ燃料の取り組み状況―バイオエタノール―

第1章　国としての取り組み「国産バイオ燃料の大幅な生産拡大」
バイオマス・ニッポン総合戦略推進会議報告書　　徳若正純

1　はじめに ……………………… 107
2　我が国におけるバイオマスの賦存量 … 108
3　我が国および諸外国における
　　バイオ燃料の現状 ……………… 108
4　国産バイオ燃料の大幅な
　　生産拡大のための課題・検討事項 … 109
　4.1　技術面での課題 ……………… 109
　4.2　制度面等での課題 …………… 109
5　国産バイオ燃料の大幅な
　　生産拡大のための工程表 ……… 110
　5.1　当面の取り組み ……………… 110
　5.2　中長期的な取り組み ………… 111
6　おわりに ……………………… 112

第2章　地方自治体および企業の取り組み

1　沖縄・伊江島におけるバイオエタノール生産の取り組み
　　……………… 寺島義文, 小原　聡 … 113
　1.1　サトウキビからのエタノール生産
　　……………………………………… 113
　1.2　伊江島における新しい
　　　　エタノール生産の取り組み ……… 115
　　1.2.1　新しいサトウキビ原料の特徴
　　　　………………………………… 115
　　1.2.2　新しいエタノール生産プロセス
　　　　　の特徴 ……………………… 117
　　1.2.3　「伊江島バイオマスアイランド
　　　　　構想」の概要 ……………… 118
　1.3　今後の展望 ……………………… 124
2　岡山グリーンバイオ・プロジェクト
　　……………………………… 石井　茂 … 125

3　濃硫酸法バイオエタノール製造プロセス
　　（日揮株式会社）…………… 種田大介 … 128
　3.1　はじめに ………………………… 128
　3.2　濃硫酸法の基本原理と特徴 ……… 128
　3.3　濃硫酸法バイオエタノール
　　　　製造プロセス ……………………… 129
　　3.3.1　酸加水分解装置 ……………… 130
　　3.3.2　硫酸・糖分離装置 ………… 130
　　3.3.3　発酵装置 …………………… 131
　3.4　実験結果 ………………………… 132
　　3.4.1　可溶化装置の糖回収率 ……… 132
　　3.4.2　単糖の過分解率 ……………… 132
　　3.4.3　酸糖化液の組成 ……………… 132
　　3.4.4　連続式発酵装置 ……………… 133
　3.5　エタノール収率 ………………… 133
　3.6　今後の課題 ……………………… 134

日本におけるバイオ燃料の取り組み状況—バイオディーゼル—

第3章　バイオディーゼル燃料の現状と課題
　　　　―京都市の取組み状況と今後の課題―　　　中村一夫

1　はじめに ……………………………… 139
2　バイオディーゼル燃料化事業の
　　意義と今後の課題 ……………………… 140
3　家庭系廃食用油の回収の現状と課題 … 142
4　バイオディーゼル燃料の製造の
　　現状と課題 ……………………………… 142
　4.1　バイオディーゼル燃料の
　　　　原料についての課題 ……………… 142

　4.2　バイオディーゼル燃料の
　　　　精製工程での課題 ………………… 144
　4.3　バイオディーゼル燃料の
　　　　性状面での課題 …………………… 144
5　車両影響に関する現状と課題 ………… 145
　5.1　短期的影響についての
　　　　現状と課題 ………………………… 145
　5.2　長期的影響についての

	現状と課題 ………………… 145		対応と課題 ………………… 148
5.3	自動車メーカーの保証の	7	バイオディーゼル燃料についての
	現状と課題 ………………… 146		国および海外の最近の動向 …… 149
6	バイオディーゼル燃料の品質規格と	7.1	国の動向 …………………… 149
	今後の排ガス規制への対応と課題 …… 147	7.2	海外における動向 ………… 150
6.1	バイオディーゼル燃料の	8	バイオディーゼル燃料の
	品質規格 …………………… 147		普及拡大に向けて ………………… 151
6.2	今後の排ガス規制への		

第4章　バイオディーゼル燃料の製造法と品質　関口静雄

1	はじめに ……………………… 154	3.3	BDF 精製工程 ……………… 157
2	BDF 原料 ……………………… 154	3.4	BDF の性状 ………………… 157
3	BDF の製造プロセス ………… 155	4	BDF の酸化安定性と不純物 … 159
3.1	前処理工程 ………………… 155	5	BDF 製造プロセスと不純物の推移 …… 160
3.2	エステル交換工程 ………… 156	6	パーム BDF の製造プロセス …… 161

第5章　バイオディーゼル燃料の生産技術　福田秀樹

1	はじめに ……………………… 164	2.5	バイオリアクターを用いた
2	微生物細胞内リパーゼ酵素を		BDF 生産 …………………… 168
	利用する方法 ………………… 165	3	細胞表層提示リパーゼ酵素を
2.1	糸状菌 *Rhizopus oryzae* を		利用する方法 ……………… 170
	利用する方法 ……………… 165	3.1	細胞表層提示技術 ………… 170
2.2	*R. oryzae* が生産するリパーゼの	3.2	表層提示用プラスミドおよび
	種類および局在性 ………… 166		宿主酵母 …………………… 170
2.3	ROL の生合成機構 ………… 167	3.3	表層提示酵母による
2.4	膜局在型 ROL の量と		メタノリシス反応 ………… 171
	メタノリシス活性の相関性 ……… 167	4	おわりに …………………………… 172

第6章　バイオディーゼル機関における燃焼過程　　千田二郎

1　はじめに …………………………… 174	4　実験結果および考察 ……………… 181
2　供試燃料 …………………………… 174	4.1　着火および燃焼特性 …………… 181
3　実　験 ……………………………… 176	4.1.1　筒内指圧線図解析 ………… 181
3.1　着火・燃焼特性 ……………… 176	4.1.2　直接撮影法 ……………… 182
3.1.1　実験装置および条件 …… 176	4.1.3　画像二色法による火炎温度解析
3.1.2　直接撮影法 ……………… 177	…………………………… 182
3.1.3　画像二色法 ……………… 178	4.1.4　LⅡによる噴霧火炎内の
3.1.4　レーザ誘起赤熱法 ……… 178	すす生成特性 ……………… 185
3.2　機関性能および排気特性 …… 180	4.1.5　機関性能および排気特性 … 187
3.2.1　実験装置および条件 …… 180	5　おわりに …………………………… 190

第4篇　日本の自動車業界から見たバイオ燃料

バイオガソリン導入の取り組みについて　　古志秀人

1　はじめに …………………………… 195	5　バイオETBEの活用 ……………… 199
2　石油業界のバイオエタノール導入方針	5.1　国における検討 ……………… 199
………………………………………… 195	5.2　品質確保への対応 …………… 200
3　実証事業の概要 …………………… 196	5.3　大気環境や自動車の実用性能への
4　バイオガソリン供給に当たっての課題	影響 ……………………………… 201
………………………………………… 197	5.4　ETBEの化学物質としての
4.1　バイオエタノールの確保 …… 197	リスク対策 ……………… 203
4.2　バイオETBEの確保 ………… 197	6　今後の展開 ………………………… 203
4.3　JBSLの設立 …………………… 198	

第5篇　日本におけるバイオ燃料開発の研究状況

第1章　発酵技術の最前線

1　微生物機能を用いたバイオマス前処理技術開発 ……………… 渡辺隆司 … 207

1.1 バイオマスの糖化・発酵前処理 … 207
1.2 バイオマス前処理に適した木材腐朽様式 …………… 208
1.3 木材腐朽菌による飼料化前処理 … 210
1.4 木材腐朽菌を用いた糖化・発酵前処理 …………… 212
1.5 白色腐朽菌のリグニン分解の選択性の制御 …………… 215
1.6 微生物コンソーシアムを用いたバイオマス分解 …………… 218
1.7 微生物を用いたバイオマス前処理の展望 …………………… 219
2 エタノール発酵微生物の開発 ……… 223
  2.1 凝集性酵母によるエタノール発酵 ……… 木田建次 … 223
    2.1.1 はじめに ………………… 223
    2.1.2 エタノール発酵プロセスの変遷と問題点 ………… 223
    2.1.3 当研究室での燃料用バイオエタノール製造に関する研究 …… 225
    2.1.4 今後の展望 …………… 232
  2.2 アーミング酵母によるエタノール発酵 ……… 近藤昭彦 … 234
    2.2.1 はじめに ………………… 234
    2.2.2 リグノセルロースからのバイオエタノールの生産 …… 234
    2.2.3 今後の発展を考える上での方向性―コンソリデーティッドバイオプロセス（CBP）― …… 235
    2.2.4 微生物によるバイオマス変換におけるキーテクノロジー―アーミング技術― ………… 236
  2.2.5 リグノセルロース系バイオマスからのバイオエタノール生産 ………… 238
  2.2.6 アーミング酵母を用いたリグノセルロースからのバイオエタノール生産例 …… 241
  2.2.7 デンプン系バイオマスからのバイオエタノール生産 ……… 242
  2.2.8 おわりに ……………… 244
  2.3 ザイモモナス菌によるエタノール発酵 ……… 梁瀬英司 … 246
    2.3.1 はじめに ……………… 246
    2.3.2 菌学的性質 …………… 246
    2.3.3 エタノール発酵機構と特性 … 247
    2.3.4 全ゲノム解析と糖代謝関連遺伝子 …………… 248
    2.3.5 代謝工学的育種技術による発酵性糖種の拡大 ………… 251
    2.3.6 廃木材やコーンストーバからのバイオエタノール製造 ……… 256
    2.3.7 今後の展望 …………… 261
3 濃縮・脱水技術開発
  ……………… 青木克裕, 中根 堯 … 263
  3.1 はじめに ………………… 263
  3.2 ゼオライト膜の構造 ……… 263
  3.3 脱水原理と機構 …………… 265
  3.4 モジュールとその基本レイアウト ……………… 265
  3.5 脱水性能 ………………… 267
  3.6 シミュレーション・モデル ……… 268
  3.7 商業生産用膜脱水プラント ……… 273
  3.8 濃縮・脱水プロセスの

省エネルギー化 …………… 276	3.9 おわりに …………………… 277

第2章 バイオディーゼル

1 超臨界メタノールによる 　バイオディーゼル ………… 坂 志朗 … 279	………………………… 小山 成 … 290
1.1 はじめに ………………………… 279	2.1 背景・目的 ……………………… 290
1.2 既存のバイオディーゼル燃料 　　　製造技術 ……………………… 280	2.2 予備実験（減圧軽油（VGO） 　　　との混合水素化処理実験）………… 290
1.3 Saka法（一段階超臨界メタノール法） 　　　によるバイオディーゼル燃料 　　　製造技術 ……………………… 282	2.2.1 原料油および処理条件 ……… 290 　2.2.2 水素化分解反応性 …………… 291 　2.2.3 生成油選択性と性状 ………… 291
1.4 Saka-Dandan法（二段階超臨界 　　　メタノール法）によるバイオ 　　　ディーゼル燃料製造技術 ………… 283	2.3 パーム油ニート（100％） 　　水素化処理実験 ………………… 292 　2.3.1 原料油および処理条件 ……… 292 　2.3.2 実験結果 ……………………… 292
1.5 バイオディーゼル燃料の 　　　品質規格 ……………………… 286	2.4 パーム油水素化処理の 　　LCA評価 ……………………… 294
2 水素化改質法バイオディーゼルの開発	2.5 まとめ ………………………… 295

第6篇　RITEにおけるバイオ燃料開発の取り組み

第1章　バイオエタノール　　　沖野祥平

1 はじめに ……………………… 299	遺伝子工学的改良コリネ型細菌 ……… 301
2 RITE独自技術 　「RITEバイオプロセス」 ……………… 299	4 （C_6糖類／C_5糖類）混合糖液に対して 　優れた同時資化性能を有する
2.1 従来のバイオプロセスの問題点 … 299	コリネ型細菌 ……………………… 303
2.2 RITEバイオプロセス …………… 300	5 RITEバイオプロセス開発を支える
3 RITEバイオプロセスで用いられる	基盤研究の実施 …………………… 304

第2章　バイオブタノール　　沖野祥平

1 はじめに …………………………… 306
2 従来技術によるバイオエタノール製造方法（ABE発酵法）………… 306
3 選択的ブタノール生成代謝系の組み込まれた微生物によるバイオブタノール製造方法 ……………… 306

第3章　バイオ水素　　吉田章人

1 バイオ水素開発の一般動向 ………… 309
2 微生物を利用した水素生産プロセス … 310
　2.1 蟻酸を原料とするバイオ水素 …… 311
　2.2 菌体の触媒的利用による新規バイオプロセス ……………… 312
　2.3 グルコースからの水素生産 ……… 313

第1篇
バイオリファイナリーとバイオ燃料

第1章　バイオリファイナリー基本コンセプト

横山益造*

1　バイオリファイナリーとは

　環境と経済が調和した社会の実現，すなわち，持続可能な社会の実現に向けては，再生可能資源（バイオマス）から各種のエネルギー製品や化学製品を生み出すことのできる技術体系の構築が必要である。

　1980年代後半より地球温暖化問題が地球規模の深刻な問題として取り上げられ，IPCC（Intergovernmental Panel on Climate Change：気候変動に関する政府間パネル）の報告によれば，気候システムに明確に温暖化現象が生じており，人為起源の温室効果ガス増加がその原因とほぼ断定された。その排出によりもたらされる温暖化現象のうち，約7割が化石燃料の消費を主たる起源とする大気中の二酸化炭素によるものといわれる。このため，化石資源主体のエネルギー，化学品の供給体制から再生可能資源由来のエネルギー，化学品の供給体制を確立するための各種技術開発が求められている。

1.1　バイオリファイナリー構築の背景
1.1.1　地球環境の現状と将来

　2007年2月から5月にかけて，順次報告されたIPCC，第四次報告書（第1作業部会報告，第2作業部会報告そして第3作業部会報告からなり，2001年の第3次報告書以降，6年もの歳月をかけて，130を超える国の450名超の代表執筆者，800名を超える執筆協力者，そして，2,500名を超える専門家の査読を経て，順次報告された）によれば，温室効果ガス濃度の増大による過去50年の気温上昇は，明らかに，我々人類の活動によりもたらされたものであり，今後の生じうる変化を予測すると共に，世界の科学者達が発するこれらの警告を無視し，対策を講じなければ，取り返しのつかない事態に陥ると結論づけている。

　（注：各作業部会の報告書を取り纏めた統合報告書が，2007年11月，スペインのバレンシアで開催されてIPCC総会で正式採択された。「今後の20～30年間の温室効果ガス削減努力と投資

　＊　Masuzo Yokoyama　㈶地球環境産業技術研究機構（RITE）　微生物研究グループ
　　　主任研究員

バイオリファイナリー技術の工業最前線

表1 IPCC第4次報告書（2007年）各作業部会報告の要旨

1) 第1作業部会（気候変動の自然科学的根拠）
 ・気候システムに温暖化が生じており，人為起源の温室効果ガスの増加がその原因とほぼ断定。
 ・21世紀末の世界平均気温上昇は，化石エネルギー源を重視する社会では約4℃（2.4〜6.4℃）と予測。
 ・世界平均気温上昇の最近50年間の長期傾向は，過去100年間のほぼ2倍。
2) 第2作業部会（気候変動の影響・適応・脆弱性）
 ・地球の自然環境・生物環境は，今まさに，温暖化の影響を受けている。
  （約30,000地点の観測データの90%以上において）
 ・すでに生じている影響が人間社会へも影響を及ぼしている。
 ・多くの生態系の復元力が，今世紀中に追いつかなくなる可能性が高い。
3) 第3作業部会（温室効果ガスの排出抑制及び気候変動の緩和対策）
 ・温室効果ガス濃度を445〜535 ppm-CO_2-q（平均気温上昇：2〜3℃）で安定化させる対策によるGDPの損失は最大3%（in 2030年），5.5%（in 2050年）と予測。（現在の温室効果ガス濃度：380 ppm）

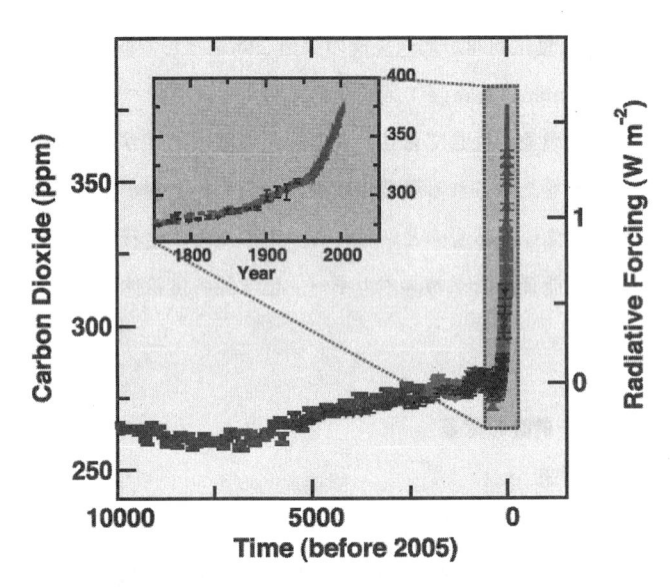

図1 CHANGES IN GREENHOUSE GASES FROM ICE CORE AND MODERN DATA

がその進行に大きな影響を与え」，「温暖化の進行が世界的に深刻な影響を及ぼさないためには，2050年までに全世界の国内総生産（GDP）の5.5%（約300兆円）の投資が必要」と訴えている。）

IPCC第四次報告書の要旨を表1に記す。

図1は，IPCC第4次報告書の第1作業部会レポートによるものであるが，同レポートが指摘するように，過去50〜100年間の炭酸ガス濃度の増大は，過去数千年と比べて，明らかに異常である。そして，このような変化は，特に，近年50年の人為起源によるものと断定しているのである。第2作業部会レポートは，このような状況を放置すれば，地球環境システムは復元不可能

第1章 バイオリファイナリー基本コンセプト

な状態に陥り，対策が必要であるとの警告を発している。

1.1.2 海外の化石資源に依存した我が国の社会

地球温暖化問題は化石エネルギーの利用によりもたらされるものであるが，このような化石資源に依存する国，社会は，また，別の意味での困難に直面することになる。我が国の状況を観ると，現在，我々の身の回りにあるもの，生活基盤はすべて化石資源に拠っているといって過言ではない（図2参照）。

自動車燃料，ガス燃料は勿論のこと，電力も水力発電（10%/総発電量）によるもの以外〔原子力発電（30%/総発電量）燃料であるウラン燃料は海外からの輸入〕は全て海外から輸入される石油，石炭，天然ガス等の化石資源によるものである。日常生活に不可欠の自動車燃料（ガソリン，ディーゼル）は輸入原油を分留精製（約45%/原油）して得られるものである。さらには，衣服やプラスチック包装用品などの化学製品は輸入原油の約10%を分留取得して得られるナフサ（ナフサは原油分留取得分以上の量がナフサそのものとして輸入されている）を分解して得られるエチレンやプロピレン，そして芳香族化合物より合成される化学製品である。

エネルギーは国家の根幹に係る問題である。そして，化学製品はいまや日常生活の基盤を支え

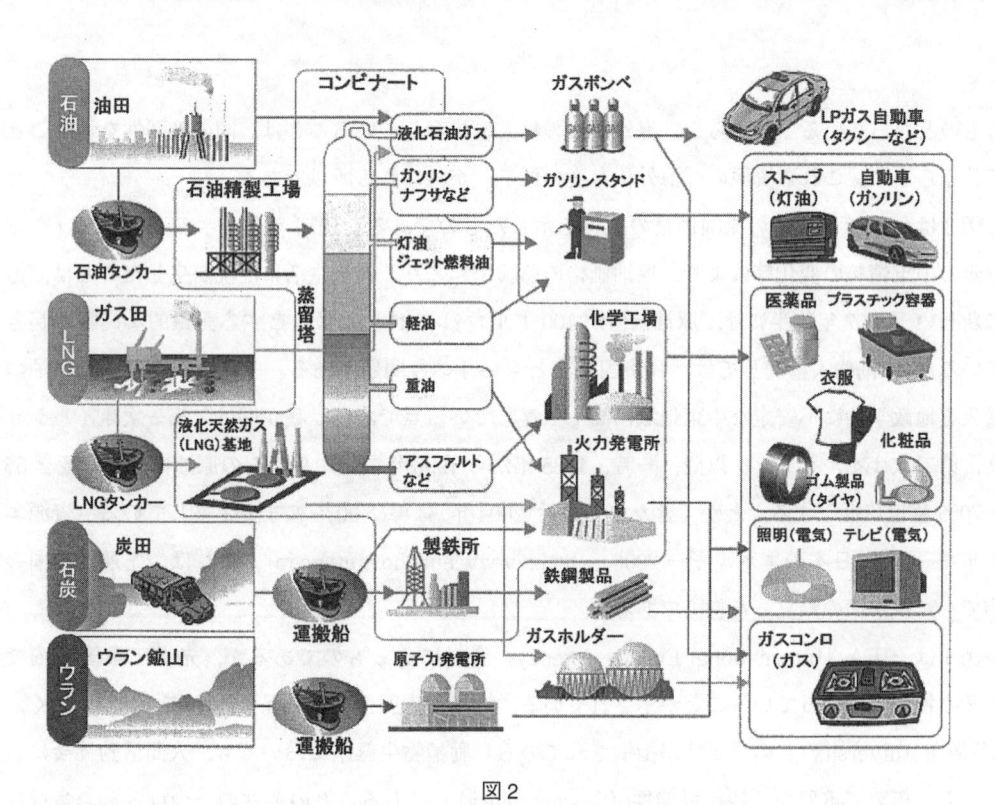

図2
（出典：資源エネルギー庁ホームページ→資源エネルギー政策の展開→安定供給の確保についての課題と対応策→"エネルギーの供給過程と利用形態"）

図3

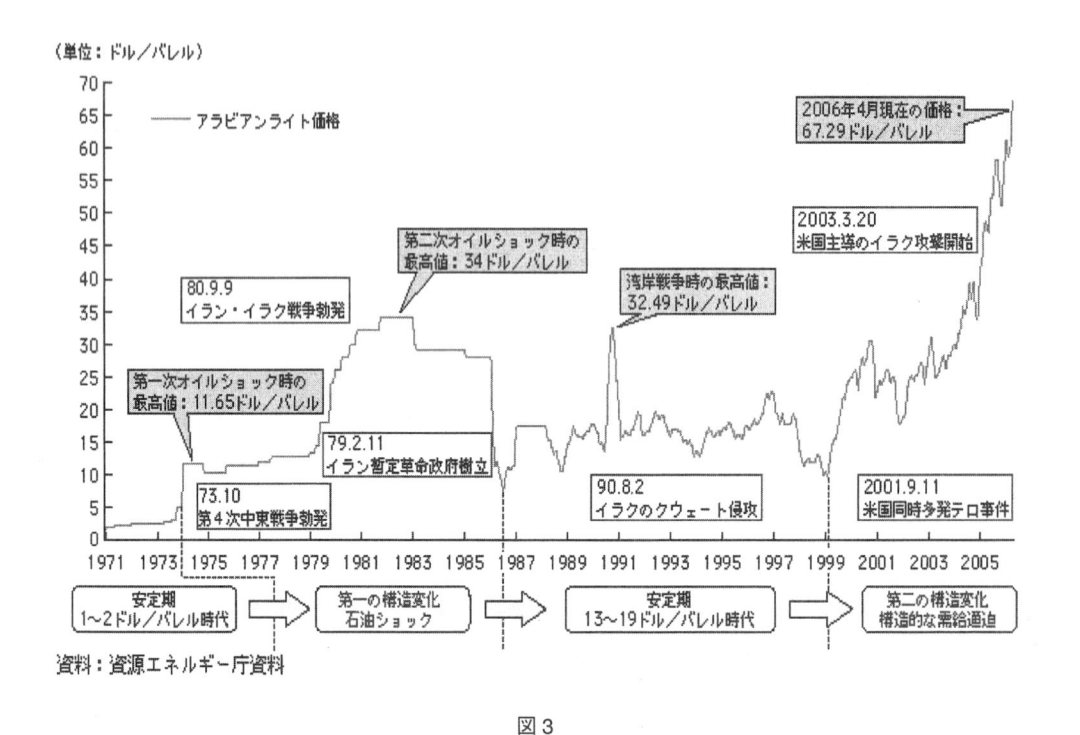

　るものとなっている。これらを，海外からの輸入に依存していることは，国の脆弱性を示すことに他ならない。これら資源の「海外依存度の低下」が叫ばれる所以である。

　図3は，1970年以降の原油価格の推移を示したものである。1970年代後半の石油ショックや近年の中東情勢の変化等により，原油価格の急騰が起こり，経済生活に混乱が生じたことは記憶に新しい（2007年後半には，原油価格が100ドル/バレルに達しようとする記録的な高騰が起きている）。原油輸入に関しては，我が国特有ともいうべき問題がある。それは，我が国は原油の輸入を地政学的に不安定な中東地域に高く依存している点である。我が国は，第一次オイルショック，第二次オイルショック以降，一時，1985年から1990年頃，中東からの原油輸入依存度を65～70％程度に低下することができたが，最近（2004年）は再び90％にまで上昇している（資源エネルギー庁，「日本のエネルギー2006」，http://www.enecho.meti.go.jp）。これは，先進工業国の内でも，我が国の際立った特徴である。

　図4は，IEA（International Energy Agency）資料によるものであるが，先進工業国の内でもその特徴が際立っていることが示されている。近年，生態系の種の保全問題について，よく，「多様性（diversity）」の重要性が指摘されている。動植物生態系においても，人間活動社会においても，極めて重要な「持続可能性（Sustainability）」であることの要件の一つは，その多様性である。エネルギー，資源原料について，多様な，偏らないエネルギー源，原料資源から構成さ

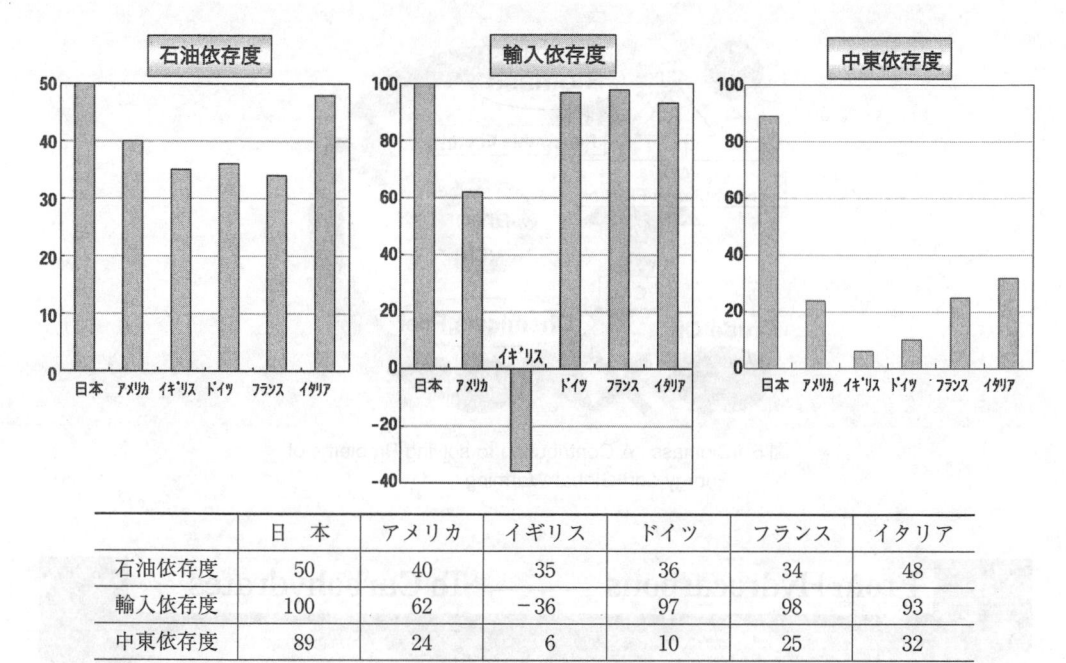

第1章 バイオリファイナリー基本コンセプト

	日　本	アメリカ	イギリス	ドイツ	フランス	イタリア
石油依存度	50	40	35	36	34	48
輸入依存度	100	62	−36	97	98	93
中東依存度	89	24	6	10	25	32

IEA「Energy Balance of OECD Countries」(2002-2003)，IEA「Oil Information」(2005)

図4　石油依存度，輸入依存度，中東依存度の各国比較（2003年）

れる社会を作ることが要請されている。そしてその社会は持続可能なものでなければならない。バイオリファイナリーの構築は，地球温暖化問題のみならず，持続可能な社会の形成のためにも必要なことである。

1.2 持続可能な社会構造へ

　温暖化ガスの排出削減対策として，各種の対策技術開発や枠組み作りがなされている。CO_2貯留技術開発や排出量に関する国際的な枠組み作り等がそれである。しかしながら，まず，第一に必要なことは，その排出ばかりをもたらす化石資源依存社会から，バイオマスを代表とする再生可能・資源循環型社会への移行，すなわち，持続可能な社会の形成に向かうことである。

　21世紀に入った今，20世紀特にその後半を振り返ってみれば，各種エネルギーをはじめプラスチックで代表される様々な材料や原料を石油に依存した石油の大量消費社会の時代であった。この時代が社会の成長と発展をもたらしたことは事実であるが，反面，人々に化石資源は有限であり化石資源依存の産業，社会構造がいつまでも続くものでなく，環境汚染，生態系の乱れ，地球温暖化等の環境問題を提起した。人類共通の遺産である化石資源，とりわけ，石油資源の枯渇を抑制し，環境問題を解決する最有力候補はバイオマスの利用である。絶えることのない太陽エネルギーが植物の光合成能力によりCO_2を固定化し，それから変換された有機物（バイオマス）

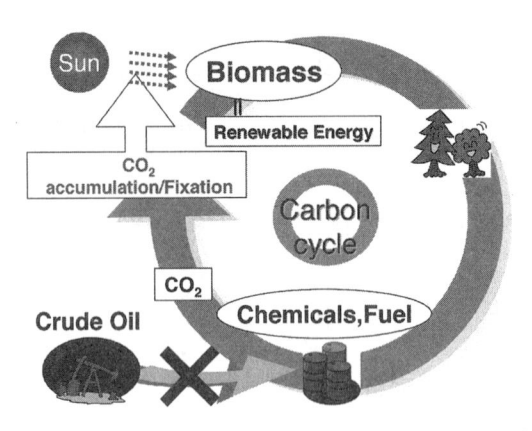

図5 Biomass : A Contribution to solving Problems of Energy and Global Warming

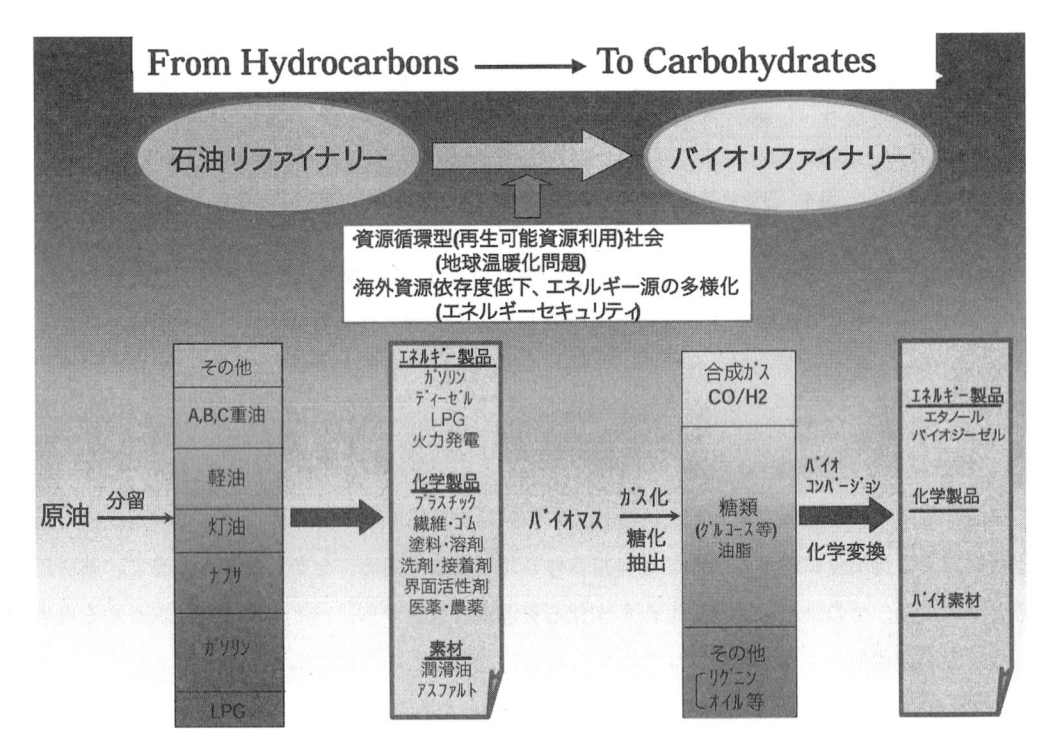

図6 Biorefinery（Renewable Resource 利用展開）

の利用である。近年のバイオテクノロジーの発展が，バイオマスを各種の形態のエネルギーや工業製品や原料への変換を可能にしている。バイオマスは再生可能であり，その量は尽きることがない。持続可能な社会構造，産業構造への転換が可能になろうとしている。地球温暖化問題に対しても，カーボンサイクルに基づき，ゼロエミッションである（図5）。

第1章　バイオリファイナリー基本コンセプト

1.3　石油リファイナリーとバイオリファイナリー

現在，我々の身の回りにある殆ど全てのエネルギー製品（自動車燃料，電力など）や化学製品（衣類やプラスチック製品など）は化石資源由来のものである（Petroleum refinery）。バイオリファイナリー（Biorefinery）とは，このような化石資源依存社会構造から生じる地球温暖化問題やエネルギーセキュリティーの問題（国の根幹をなすエネルギー資源を地理的にも地政学的にも偏在する海外資源に依存すること）に対して，カーボンニュートラルであり，量的には地域特性があるにせよ，グローバルに存在するバイオマス資源を用いて，石油リファイナリー製品群と同様の製品群を展開することのできる広範囲，多岐に亘る生産体系のことである。そこで用いられている各種の技術は，バイオマスを原料とする限り，従来の化学的変換技術であっても，バイオテクノロジー技術であってもよいと定義されている（図6）。

2　バイオリファイナリーを構築する五大研究開発分野

現在，バイオリファイナリー研究開発が発展し，活発な活動を行なっているのが米国である。その歴史的展開の跡をたどることは，バイオリファイナリーの構築を目指す我々にとっても有意義なことである。

2.1　米国のバイオリファイナリー発展の歴史
2.1.1　クリントン政権

1999年8月，前米国大統領クリントンは画期的な大統領令を発令した（大統領令13134号：「バイオ製品とバイオエネルギーに関する開発と促進」）。この大統領令は全世界に衝撃を与えたが，その意味は，米国政府は，バイオテクノロジーに基礎を置くバイオ製品とバイオエネルギーの重要性にいち早く気づき，その開発促進を国家戦略として始めたことである。この大統領令は，当時，バイオリファイナリーとは唱えられなかったものの，その内容はバイオリファイナリーそのものである。

〈大統領令13134号〉
短期目標：2010年までにバイオマス資源の利用量を1999年レベルの3倍にすることにより，①エネルギー海外依存度の低下（10年間で原油輸入量40億バレル削減），②年間1億トンのCO_2排出削減効果，③地域活性化経済創出効果（150億〜200億ドル）。
長期目標：図7参照。

図7は，米国における化学製品製造に使用される化石資源の使用量を，2020年，2050年においても，同量に維持し，需要量の増大は全てバイオマス資源由来のもので対応させようとするも

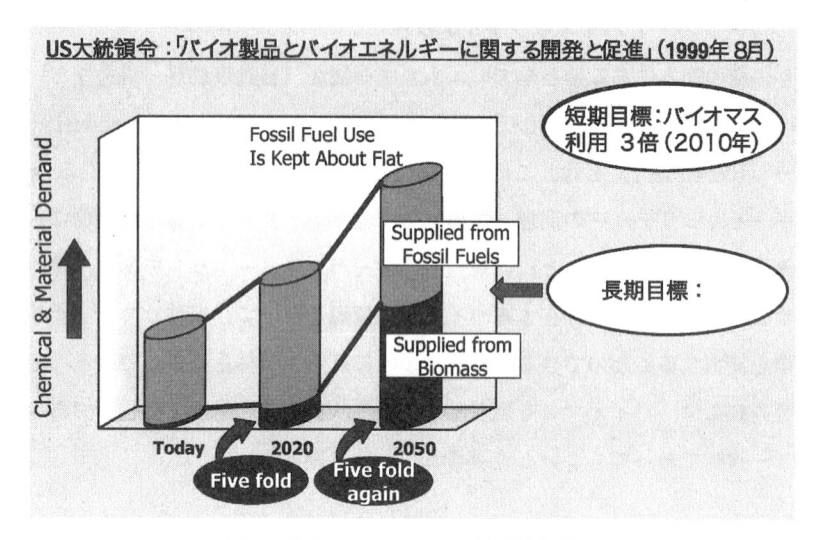

図7 米国でのバイオマス利用将来予測
(出典:Technology Roadmap for Plant/Crop-Based Renewable Resources 2020:
DOE, Office of Industrial Technologies ; 1999)

のである。結果的には2050年の化学品全生産量の50%がバイオマス資源由来のものになるという意欲的な構想である

2.1.2 ブッシュ政権

2005年に施行された包括エネルギー法,そして,2006年および2007年のブッシュ大統領の年頭教書にあるように,米国のエネルギー政策の一つは,原油消費量に占める原油輸入量比率を低下させ,CO_2排出削減のための各種の施策や技術開発を取り進めることである。これは,クリントン政権の前記した戦略そのものであり,政治的背景が変わったとはいえ,米国は一貫した基本戦略の基に動いている。

ブッシュ政権スタート以降のバイオリファイナリー開発は,表2のDOE(エネルギー省)やUSDA(農務省)からの開発プログラムロードマップ,研究開発支援Fund,各プロジェクトの概要等に関する各種レポートで報告されている。

2.2 バイオリファイナリー構築のための5つの重点開発分野

バイオマスからのエネルギー製品や化学製品を生産するシステムを取り込んだ社会システムのイメージ図が図8で示されている。このような社会システムは,今まさに求められている"Sustainableな社会システム"である。この社会システムの実現に向けて,米国では5つの重点開発分野を定め,それぞれの開発を実施しているが,その開発コンセプトは図9で示されている。バイオリファイナリーは,図9中の5つの開発重点分野の結合・統合化により成される。

第1章　バイオリファイナリー基本コンセプト

表2

①DOE（エネルギー省）			
	a) Office of Energy Efficiency and Renewable Energy（EERE）		
	・Biomass Program	Industrial Bioproducts: Today and Tomorrow	レポート—1
	・Biomass Research & Development Initiative	Biorefinery Projects	レポート—2
	b) Office of Industrial Technologies	Industry of the Future: R&D Portfolio	レポート—3
	・Agriculture	各 Project Sheet	
	・Chemicals	各 Project Sheet	
	・Forest products	各 Project sheet	
	c) Small Business Innovation Research and Small Business Technology Transfer	Small Business Innovation Research and Small Business Technology Transfer	レポート—4
②USDA（農務省）			
	a) Joint Biomass Research and Development Initiative（USDA project, DOE project）		レポート—5
	b) Agricultural Research Service	ARS Research in Biobased Products & BioEnergy	レポート—6
③DoC NIST（商務省　米国標準技術研究所）			
	a) Advanced Technology Program		レポート—7

レポート—1：http://www.brdisolutions.com/pdfs/BioProductsOpportunitiesReportFinal.pdf
レポート—2：http://www.ott.doe.gov/biofuels/whats_new_archive.html
レポート—3：Agriculture：http://nrel.gov/docs/fy01osti/29339.pdf
　　　　　　　Chemicals：http://nrel.gov/docs/fy01osti/29341.pdf
　　　　　　　Forest products：http://eelndom1.ee.doe.gov/OIT/oitpdf.nsf/Files/forestproducts.pdf/$fire/forest+Products.pdf
レポート—4：http://www.science.doe.gov/sbir
レポート—5：http://www.usda.gov/news/releases/2003/09/0306.html
レポート—6：http://www.ars.usda.gov/
レポート—7：http://jazz.nist.gov/atpcf/prjbriefs/listmaker.cfm

　Biomass Feedstock Interface：バイオマス原料資源問題に関する調査，開発：資源量調査，高エネルギー作物育種，集積技術開発等

　Sugar Platform：バイオマスの糖類への原料変換技術開発：前処理技術開発，低コスト酵素糖化技術開発

　Thermochemical Platform：バイオマスの熱化学変換技術開発：ガス化技術開発，熱/電エネルギー有効利用システム開発

　Products：バイオ燃料，有用化学品，バイオ素材，熱/電エネルギー等の生産技術開発：バイオ変換技術開発，合成ガス利用技術開発（化学的，生物的）

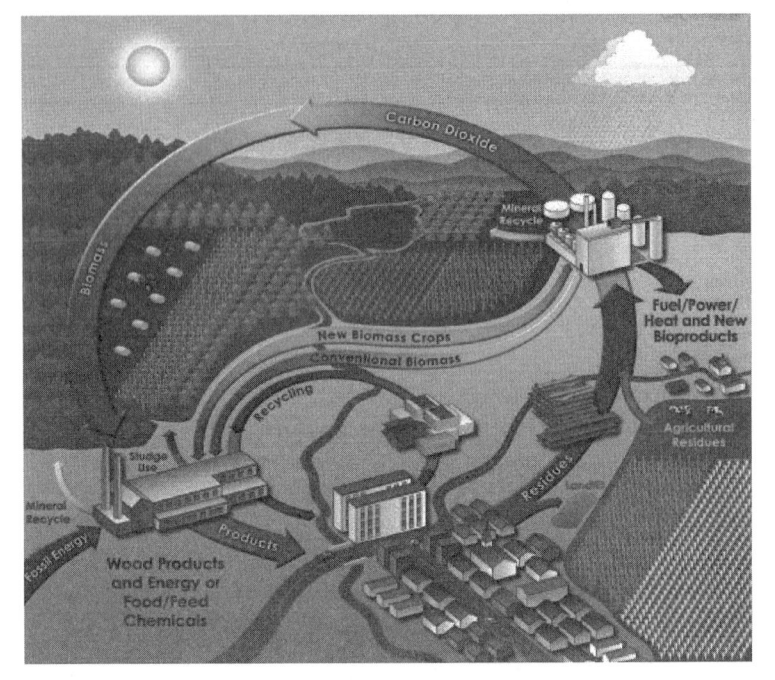

図8 DOE, OakRidge National Laboratory, Bioenergy Cycle 図

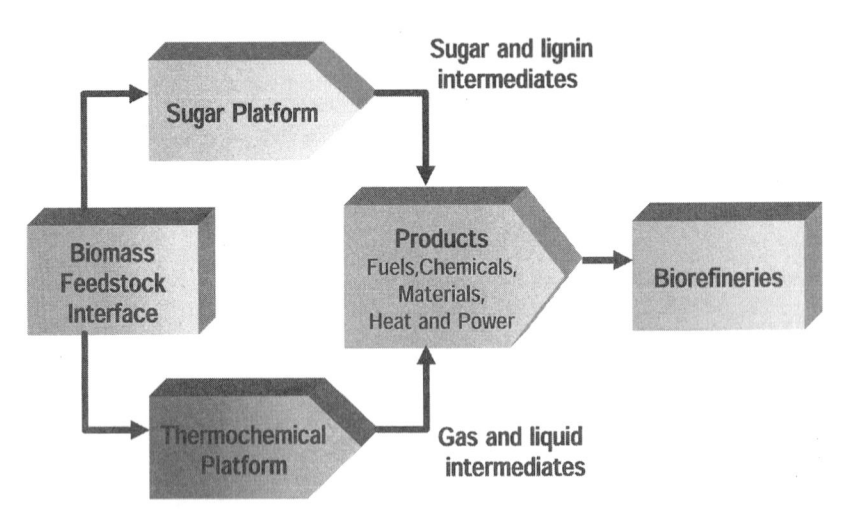

図9 Biomass Program's Five Core R&D Areas
(DOE, Office of Energy Efficiency and Renewable Energy (EERE) web. HP)

Biorefineries：生産製品群のシステム化と市場展開

　石油リファイナリーが単一の石油製品だけでは成立するものではなく，産出製品バランスの取れた生産体系が確立されて初めて成り立つことと同様に，バイオリファイナリーもバイオマス各種成分の効率的な有効利用，上記のコアー開発分野の体系化されたシステム，バランスの取れた

第1章 バイオリファイナリー基本コンセプト

製品群の構成等が必要である。そして，そのようなことが低コスト化にも結びつくことになる。米国がバイオリファイナリー構築のため図9に示した体系的なスキームの基に，一元的な組織で，多面的に開発を行っているのは，"リファイナリー"がこのような特性を持っているからである。

2.2.1 バイオマス資源

バイオリファイナリーの最大の製品はバイオエタノールである。バイオエタノールの年間生産量は米国では約1,900万kL（2006年度），2007年度の生産量は2,400万〜2,500万kLに達するといわれているが，現在，その原料はバイオマス資源分類上ではデンプン系として分類されるトウモロコシ（Corn：コーン）である。

2030年頃の米国バイオエタノール市場は現在の市場の10倍以上にも達するとの予測もされており，コーン原料では量的対応ができないことは明らかである（コーンは，飼料，食糧としても重要な資源であるが，現在，燃料エタノール向けにその栽培生産量の20％強が，既に使用されている。自動車エタノール燃料がコーンの飼料や食糧資源としての位置付けを侵すことは許されない。食用には適さないリグノセルロース原料からのエタノール生産技術が強く期待されている由縁である）。従って，エタノール原料資源問題に関しては，米国は上記のエタノールの将来需要量に対応できるリグノセルロース系原料種や量が確保できるかどうかが重要なテーマとなる。

DOE/USDA合同アドバイザー委員会（Biomass R&D Technical Advisory Committee）の提言として，所謂"30×30プログラム"がある。これは，2030年には，現在の石油消費量の30％をバイオマス由来のもので置き換えるVisionである。そのためには国内のバイオマス資源として約10億トンが必要であるとしている。米国国内でこのような資源量の確保が可能かどうかの調査がなされ，報告書が発表されている（"Biomass as Feedstock for a Bioenergy and Bio-

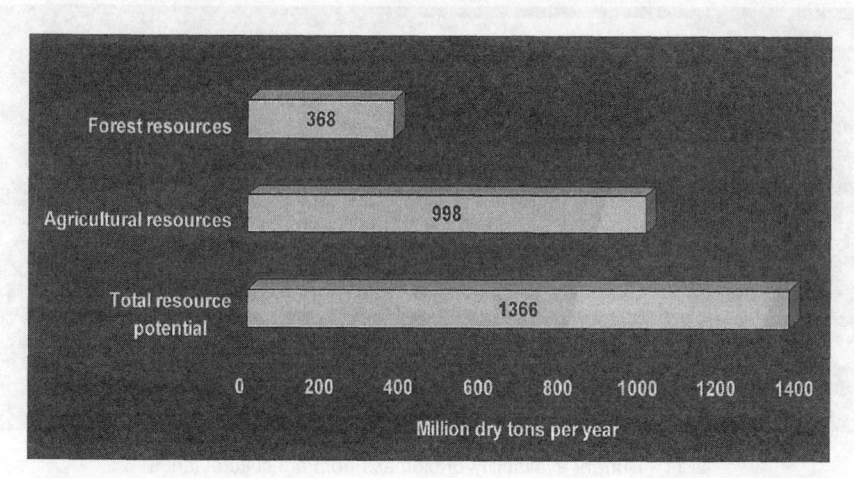

図10 Annual biomass resource potential from forest and agricultural resources
（Biomass as Feedstock for a Bioenergy and Bioproducts Industry：The Technical Feasibility of a Billion-Ton Annual Supply）

products Industry：The Technical Feasibility of a Billion-Ton Annual Supply"（DOE/USDA）April 2005）。

　本調査報告書の概要は，米国は土地利用形態やバイオマス資源集積のための道路建設などの新たな大きな変更がなくても，13億トン/年の（リグノセルロース系）バイオマス資源量を生み出すことができるというものであった。この資源量は現在の輸送燃料の1/3を製造することができ，また，現在のバイオエネルギーおよびバイオ製品の7倍の量を生み出すことのできるポテンシャルである。リグノセルロース系資源13億トンの内，森林資源（wood系，ハードバイオマス系）は，3.7億トンであり，農産廃棄物資源（草本類系，ソフトバイオマス系）は10億トンである。農産廃棄物系資源の内訳は，表3に示すとおりである。農業残渣が大きな比重を占めているが，その内でも最大のバイオマス資源が7,500万トンと見積もられているCornstover（トウモロコシ伐採残）であることが図11に示されている。

　一つの計算例として，自動車ガソリンとその代替燃料であるバイオエタノールとの量的関係は，現在米国の自動車ガソリン使用量は140 BG（約5億3千万 kL）である。その30％をバイオエ

表3

森林資源 3.7 億トンの内訳		農産廃棄物系 10 億トンの内訳	
Fuel wood	0.52	農業残渣	4.28
製材パルプ残	1.44	多年性植物	3.77
Urban wood	0.47	穀物	0.87
Logging	0.64	家畜糞尿堆肥	1.06
防災間伐材	0.60		

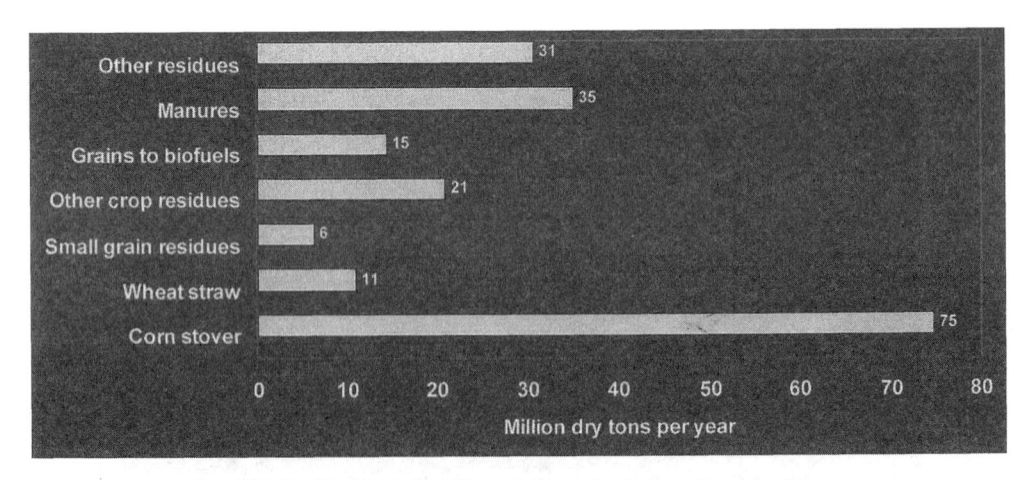

図11　Current availability of biomass from agricultural lands
・The total current availability of biomass from cropland is approximately 193 million dry tons per year.
・Slightly more than one-fifth of this biomass is currently used.
・Corn stover is a major untapped source of agriculture-derived biomass.

第1章 バイオリファイナリー基本コンセプト

タノールで代替しようとすれば容量換算（ガソリンとエタノールの容積当たりの熱量比：エタノール/ガソリン＝0.65）量で64 BG（約2億4千万 kL）のエタノールが必要となる。一方，バイオマス資源量13億トンからは，バイオマスからのエタノール収量をトン当たり100 G（約380 L）として，130 BG（約4億9千万 kL）のエタノールが生産できる。バイオマス資源が全てバイオエタノールに変換されることにはならないが，"30×30プログラム"構想を実現しうる充分な資源ポテンシャルを米国は有している。米国はバイオエタノールの世界一の生産大国であると同時に，バイオマス資源大国でもある。

2.2.2 バイオマスの糖類への原料変換技術

リグノセルロース系バイオマスの基本構造は，グルコースを単一構成成分とする直鎖状結晶性高分子であるセルロース，各種の6単糖（C_6糖類：グルコース，マンノース，ガラクトース等）と5単糖（C_5糖類：キシロース，アラビノース等）を構成成分とし分岐構造を有する非結晶性高分子であるヘミセルロース，そして，芳香族系化合物が3次元状に結合した複雑な高次構造を有するリグニンを基本骨格成分とするものである。表4に示されるように，基本骨格成分やそれを構成する糖類はバイオマスにより異なる。ここでいう原料変換技術，すなわち，Sugar Platformの構築とは，リグノセルロース系バイオマスより，有用化学品への変換可能な糖類（単糖類）をセルロース成分およびヘミセルロース成分より取得する技術開発である。

セルロース成分，ヘミセルロース成分からの糖類の取得は，化学反応形式としては，高分子化

表4 各バイオマス中の成分

	Corn (dry)	Soft biomass					Hard biomass	
		Office paper	Corn stover	Rice straw	Wheat straw	Baggasse fiber	Soft wood (Douglas fir)	Hard wood (Hybrid poplar)
Carbohydrate								
Total C 6	70〜73% (starch)	82.3	40.1	43.2	39.8	39.2	63.3	45.3
Glucose		82.3	39.0	41.0	36.6	38.1	50.0	41.1
Mannose		—	0.3	1.8	0.8	—	12.0	2.6
Galactose		—	0.8	0.4	2.4	1.1	1.3	1.0
Total C 5		17.1	18.0	19.3	21.6	25.8	4.5	14.2
Xylose		17.1	14.8	14.8	19.2	23.3	3.4	13.4
Arabinose		—	3.2	4.5	2.4	2.5	1.1	0.8
Non-carbohydrate								
Lignin	4〜5% (oil)	—	15.1	9.9	14.5	18.4	28.3	24.3
Ash		—	4.3	12.4	9.6	2.8	0.2	1.6
Protein	9〜11% (protein)	—	4.0	—	3.0	3.0	—	—

（平成15年度エネルギー使用合理化古紙等有効利用二酸化炭素固定化技術開発成果報告書，A. Aristidou & M. Penttila, *Curr. Opin. Biotechnol.*, 11, 187-98（2000））
EERE；http://www.eere.energy.gov/biomass/feedstock_databases.html

合物から構成モノマーへの分解反応であるから，酸分解反応等の化学反応も利用できるが，糖類収率や分解に使用した酸触媒の廃棄処理問題の観点より，Sugar Platform 技術開発では，化学分解反応よりもポテンシャルが高い酵素糖化分解法が考えられている。しかし，単純に酸触媒に換えて糖化酵素触媒を用いれば良い訳ではない。超えなければならない 2 つの大きなハードルがある。

その一つは，リグノセルロース原料の酵素糖化処理に先立って行う“前処理”である。前処理の効果は酵素糖化の妨害となる原料中のリグニンの除去であり，酵素糖化反応の進行を容易にするセルロース成分の結晶化度の低下である。前処理は効率的に糖類を取得するためには必須の要素技術である。DOE（NREL：National Renewable Energy Laboratory）では，CAFI（Biomass Refining Consortium for Applied Fundamentals and Innovation）PJ を立ち上げ，各種の前処理方法（図 12 参照）の競争的技術開発を行い，問題の解決に当たっている。

2 つ目のハードルは，低コストの酵素糖化技術である。糖化技術は.省エネ化および発酵阻害物質（酢酸，フルフラール，レブリン酸等）の生成抑制の観点より，そして，前述した糖類収率や

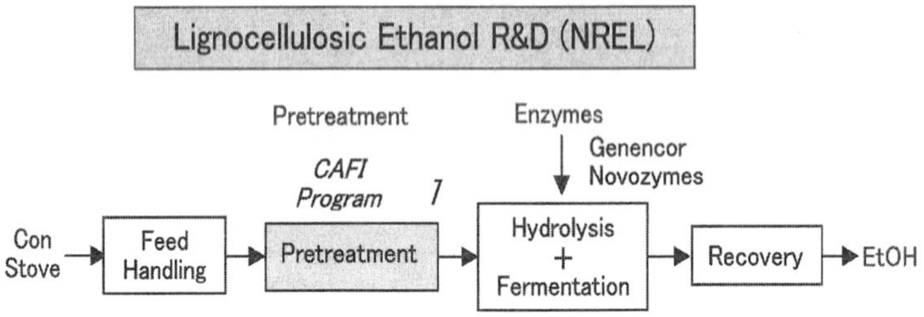

CAFI(Consortium for Applied Fundamentals and Innovation)

Pretreatment Category	Pretreatment Method	Reactor Type	Technology Developments
Base-Catalyzed	AFEX Ammonia Lime[Ca(OH)2]	Batch Percolation Batch	BruceDale(Michigan State) Y.Y.Lee(Auburn) M.Holtzapple(Texas A&M)
Non-Catalyzed	Hot Water (0.05%H2SO4)	Batch/Percolation	C.Wyman(Dartmouth) Antal(Hawaii Natural E .Inst)
	Hot Water pH-controlled	Batch	M.Ladish(Purdue)Univ.
Acid-Catalyzed	Sulfuric Acid	Continous	NREL, TVA, C.Wyman, Y.Ylee

CAFI 1　stage：AFEX（アンモニア爆砕法）最経済性
酸性熱水処理
LIME処理法　　低装置コスト　at AIChE学会（2005/11,Cincinnati,OH）

CAFI 1 ――→ CAFI 2
1999～2004　2004～
Com stover　Com stover & Poplar

図 12　DOE（NREL）主導の前処理技術開発：CAFI PJ

第1章 バイオリファイナリー基本コンセプト

分解に使用した化学触媒の廃棄処理問題などから，硫酸等を用いる化学的糖化法は経済的にも現実性がないこともあり，酵素糖化法が本命と考えられている。そのためには，低コストでEfficiencyの高い糖化酵素の開発が必要である。NRELは糖化酵素の開発のため，NovozymesとGenencor両社に巨額の委託研究開発資金を提供し，開発を進めた。詳細不明であるが，両社は酵素コストを大幅に低減化することに成功し，従来コストの1/10～1/30の低減化を達成したと報じられている。なお，前処理技術，酵素糖化技術に関して，リグニン成分含量がより低いソフトバイオマス原料を対象とする技術が，ハードバイオマス原料のそれよりも技術ハードルが低くなると考えられており，リグノセルロース系エタノール製造技術で，先ず最初に出現するのはコーンストーバーやスウィッチグラスなどのソフトバイオマス原料からのエタノールであるとされている。

2.2.3 バイオマスの熱化学変換技術

米国のバイオリファイナリー開発コンセプトでは，バイオマスからの有用化学物質への変換技術として，バイオマスをガス化分解して合成ガスを得，合成ガスから各種の有用化学物質を生成するルート開発も重要な技術開発分野と定義されている。ガス化分解法では全ての炭素源はCO/CO_2混合ガスへ，水素源はH_2ガスに変換される。従って，この方法では，リグニン成分も有用化学物質への変換に利用されることになる。

バイオマス由来の合成ガスより得られる製品の中で最も注目されているのは，図13で示されているFT合成（Fischer-Tropcsh合成反応）により得られる灯軽油（ディーゼル油）である。FT合成反応で生成する各種成分の炭素数分布は触媒や反応条件により図14に示されているように広く分布する。目的製品と異なる成分は再度クラッキングされて，軽油留分の歩留まりを高める。バイオマスの熱化学変換技術開発はDOEのPNNL（Pacific Northwest National Laboratory）が中心となって行われている。

なお，石炭や天然ガス由来の合成ガスによるFT合成軽油（ディーゼル）は既に商業生産され

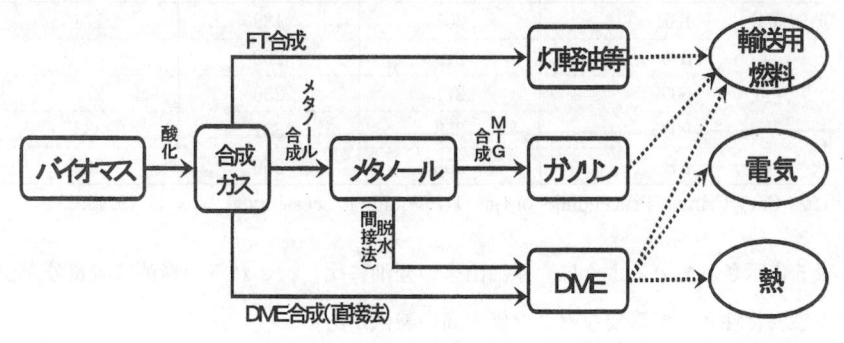

図13 バイオマスのGTL技術（Gas To Liquid）

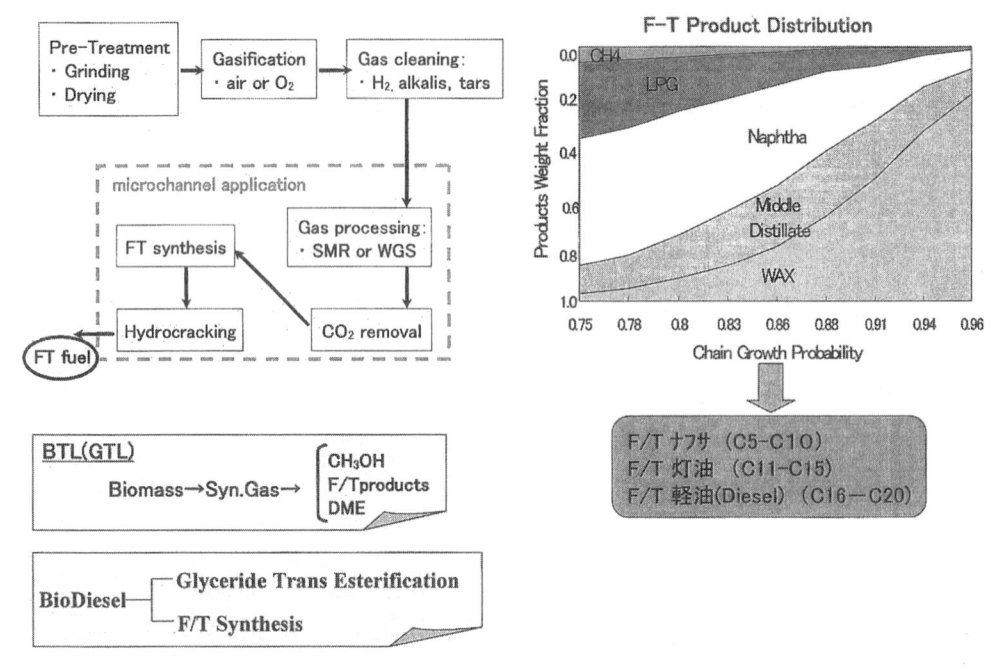

図14 Fischer–Tropsch Fuels From Biomass
(Pacific Northwest National Laboratory U. S. Department of Energy)

表5 商業生産FT合成軽油の代表性状

		シェル法 （天然ガス）	サソール法 （石炭）	市販軽油
	（ガス化原料）			
密度	15℃ g/cm³	0.78	0.7769	0.833
動粘度	40℃ cSt	2.8	2.43	
	30℃ cSt			3.50
引火点	℃	88	71	73
硫黄分	ppm	<3	10	350
芳香族分	vol%	<0.1	2.68	26.7
セタン価		80	>73	56
蒸留成分	IBP ℃	201	189	174
	5%	219	209	
	50%	271	256	277
	90%	353	331	333
	EP	358	356	360

（出典：Gary Grimes, Proceedings of Gas-To-Liquids Processing 99, May 17-19, 1999）

ている。表5に示されているように，原油由来の軽油に比し，これらの軽油は硫黄分が少なく，ディーゼル燃料特性として重要なセタン価が高い特徴がある。

第1章　バイオリファイナリー基本コンセプト

2.2.4　バイオ燃料，有用化学品等の生産技術

5つの重点開発分野のそれぞれの戦略プランを提示しているDOE（EERE：Energy Efficiency and Renewable Energy），「Biomass Program Multi-Year Technical Plan」では，Sugar Platformおよび Thermochemical Platform より導かれる各種製品の市場分野として次の3市場分野が想定されている。

①Biobased Fuels for Transportation 市場
・エタノール，アルコール混合燃料，Fischer-Tropsch 油，Bio-oils，バイオディーゼル，燃料添加剤，含酸素添加剤，水素等

②Biobased Products for Chemicals and Materials 市場
・既存の汎用化学品の代替市場
・高性能化，高機能化による，既存または新規応用分野への新汎用化学品市場
・各種の多様な誘導品展開へのビルディング・ブロック

③Combined Heat and Power for the Utility 市場
・バイオリファイナリーおよびその関連施設への分散型（distributed）および中央集中型（centralized）熱・電力の供給システム市場

③に関する技術開発は，バイオマス全成分の有効利用，そしてバイオリファイナリーのエネルギー製品やバイオ化学製品の低コスト化のためには，それらの製品開発技術を総合的に一体化して開発をして行かねばならない開発分野である。①および②については次章で詳記する。

2.2.5　生産製品群のシステム化と市場展開

バイオリファイナリープログラムの最終的なゴールは，5つの重点開発分野から生み出された製品・成果を集約・統合化（Integrated）された生産システムにより，単一の工場施設により生産し，経済的リターンを獲得しようとするものである。そのような生産活動は産業界自身で行われるものであるが，先駆的開発技術の実施にはリスクを伴う。官からのサポートが必要である。DOE（EERE）のバイオマスプログラムでは，2002年，図15の体系図に含まれる様々な個別技術開発 PJ をスタートさせた（先ずは，2010年までに，農業残渣資源からの糖類原料を主とする大規模バイオリファイナリーを目標にして）。

それらの開発 PJ の幾つかを示すと，

・Integrated Corn-Based Bio Refinery（ICBR）：DuPont（18.2 M ドル）
　コーンやコーンストーバーからの高付加価値化学品の製造

・New Biorefinery Platform Intermediate：Cargill/Codex/PNNL（6 M ドル）
　発酵微生物の開発，発酵法による 3-HPA 生産，その誘導品開発

・Making Industrial Biorefining Happen：Dow/Cargill/Iogen/Shell（26 M ドル）

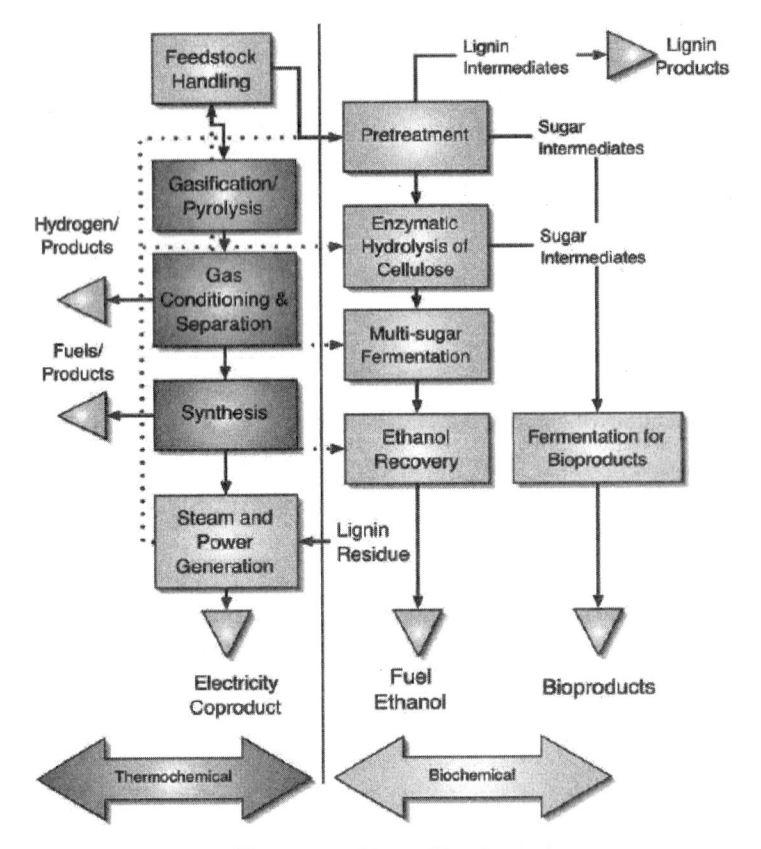

図 15　The Ultimate Biorefinery
（出典：DOE（EERE）レポート：「Biomass Program Multi-Year Technical Plan」）

　　コーンをベースとして，乳酸やエタノールの生産システムをパイロットスケール検証等である。

　米国政府はその後も積極的なバイオリファイナリー開発支援を行っているが，民間企業自身のバイオリファイナリー開発への積極的な姿勢も重要であり，また，必要である。その端的な現われは，2007年初頭にDOEから発表されたニュースに示されている。2007年2月末，DOE長官は，今後4年間に渡って，総額385MドルをM6バイオリファイナリーPJ（Abengoa, ALICO, BlueFire Ethanol, Broin, Iogen, Range Fuels各社：その殆どは，リグノセルロース系エタノール生産設備）にマッチング・ファンド方式の投資を行うと発表した。このことは，民間企業資金を合わせると合計1,200Mドルに達するバイオリファイナリー開発資金である。これは，民間企業自身が自己資金を投入してでもバイオリファイナリー開発の必要性と価値を見出している一つの例証である。米国は，産・官・学挙げてバイオリファイナリー開発に取り組んでおり，世界の"先導者"の地位を占めている。

第2章 バイオリファイナリーからの化学製品とエネルギー製品

横山益造*

1 化学製品

　バイオリファイナリー生産システムがどのようなものであるべきかを考える上で，先ず必要なことは，バイオリファイナリーでターゲットとすべき製品をどの様に選定するかである。DOE（NREL）は，2004年8月に「Top Value Added Chemicals From Biomass, Volume I : Results of Screening for Potential Candidates from Sugars and Synthesis Gas」（http://www.nrel.gov/docs/fy04osti/35523.pdf）というレポートを発表し，バイオリファイナリーでターゲットとすべき高付加価値化学品をどのようにして選定したかを表した。そのようなスクリーニングのための効率的なツールは，従来石油化学リファイナリーで使用されてきたフローチャートに倣うバイオリファイナリーフローチャートの作成である。

　石油化学リファイナリーでは，エチレン，プロピレン，BTX（芳香族化合物）など数種類の基本化合物（ビルディング・ブロック）より多数の化学品が導かれている。バイオリファイナリーにおいても，バイオマス・コンポーネントより，生物的に，あるいは化学的に，生成可能なビルディング・ブロックとなる化合物を絞り込み，そこから導かれる誘導品化合物の体系図のフローチャートを作成することである。

　まず，300種を超える化合物の候補リストを各種の報告書や研究資料より収集し，それらのデータベースより，原材料やプロセッシング・コスト予測，販売予想価格，生産方法の調査などにより，C_3化合物～C_6化合物に30のビルディング・ブロック化合物が選定された。そのようにして得られたTop 30化合物についてのフローチャートが図1に示されている。Top 30化合物として具体的に選定された化合物は表1に示されている。

　表1には，Top 30 C_3化合物～C_6化合物の生産ルート（経路）や既に商業生産されているもの（表中記号：C）が示されている。

　DOEでは，さらに，選定したTop 30のビルディング・ブロックより，ビルディング・ブロ

---

*　Masuzo Yokoyama　㈶地球環境産業技術研究機構（RITE）　微生物研究グループ主任研究員

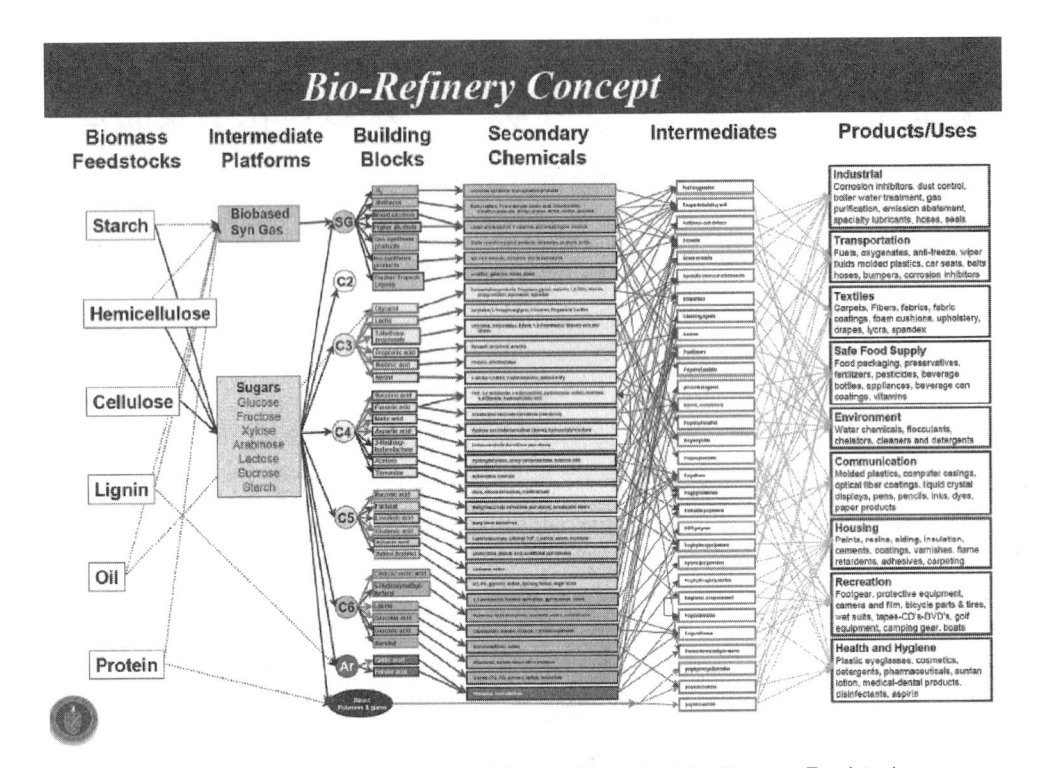

図1 Analogous Model of a Biobased Product Flow-chart for Biomass Feedstocks
（出典：上記レポート）

ック化合物そのもの，およびその誘導体について，市場の大きさやそれらの化合物の合成方法の技術的可能性等を考慮して，所謂，12基幹化学物質を選定した。この12基幹化学物質がバイオリファイナリーを構築する各種誘導体展開の主要プラットフォーム化合物となるものであり，その開発が最重要課題となる化学物質群である。DOEが選定した12の基幹化学物質を図2に示す。

これらの化合物が基幹物質とされる所以は，Succinic acid（コハク酸）を例にとれば，図3に示されるように，Succinic acidからはポリエステルやポリアミドなどのポリマー原料や工業的にも重要なTHF（テトラハイドロフラン）やピロリドン等の有機溶媒等，汎用化学品から界面活性剤，化粧品や食品添加剤などのスペシャルティケミカルまで，量的な意味を含めて非常に広範な誘導品展開が可能な化合物であるからである。勿論，基幹物質の合成やその誘導品展開は，生物的方法によるのみならず，化学的合成法も組み合わせ，それらを駆使して膨大な裾野を形成する一つのバイオリファイナリー群が考えられている。

なお，DOEレポートでは，Succinic acidのみならず，12の基幹物質について，それらの誘導品展開例も示されている。

第2章 バイオリファイナリーからの化学製品とエネルギー製品

表1 Pathways to Building Blocks from Sugars

Building Blocks	Yeast or Fungal	Bacterial	Yeast or Fungal	Bacterial	Chemical& Catalytic Processes	Biotrans-fromation
	AEROBIC FERMENTATIONS		ANABROBIC FERMENTATIONS		CHEM-Enzyme TRANSFORMATIONS	
3 Carbon	Commercial Product-C	Commercial Product-C	Commercial Product-C	Commercial Product-C	Commercial Product-C	Commercial Product-C
3-Hydroxy propionic acid	×	×				
Glycerol	×	×	×	×	C	
Lactic acid	×		×	C		
Malonic acid	×				×	
Propionic acid				×		
Serine	×	C				
4 Carbon						
3-Hydroxy butyrolactone					×	
Acetoin	×	×	×			
Aspartic Acid	×	×				×
Fumaric Acid	×	×			×	
Malic acid	×	×				
Succinic acid	×	×		×		×
Threonine	×	C				
5 Carbon						
Arabitol	×		×		C	×
Furfural					C	
Glutamic	×	C				
Itaconic Acid	C					
Levulinic acid					×	
Xylitol	×		×	×		C
6 Carbon						
2.5 Furan dicarboxylic acid					×	
Aconitic acid	×					
Citric acid	C					
Glucaric acid	×	×			×	
Gluconic acid	C	×				×
Levoglucosan					×	
Lysine	×	C				
Sorbitol	×	×			C	×
Number in each Pathway Category*	21	14	4	6	11	7
Commercial processes	3	4	0	1	4	2

* All of the top 30 were used in the evaluation but only those involved in the final downselect are shown here, hence total pathway in each Category numbers may not add up on this specific chart.

23

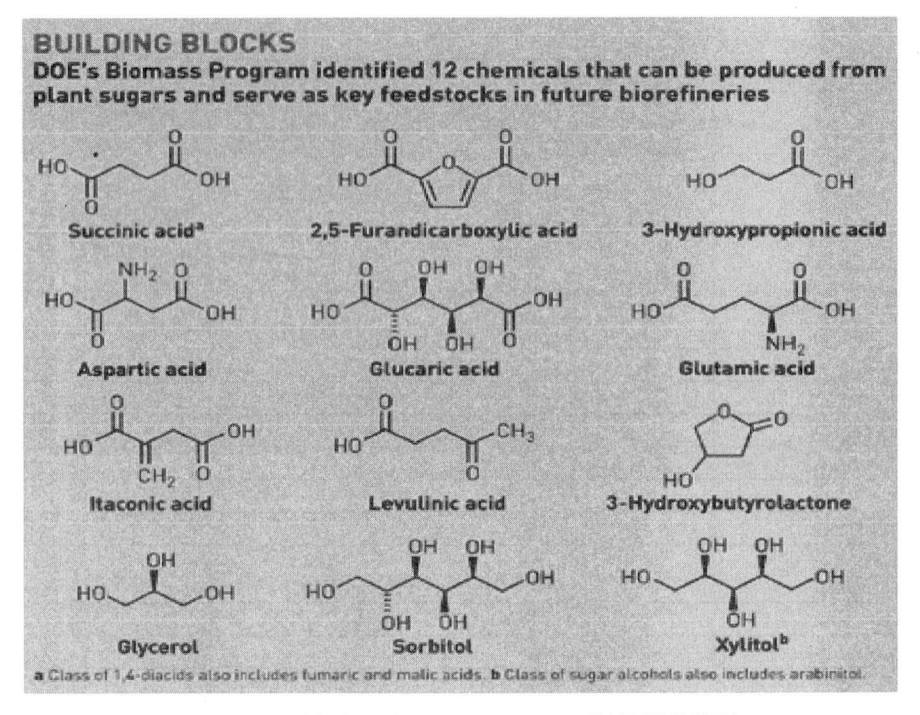

図2 DOE選定（12バイオリファイナリー基幹開発化学品）

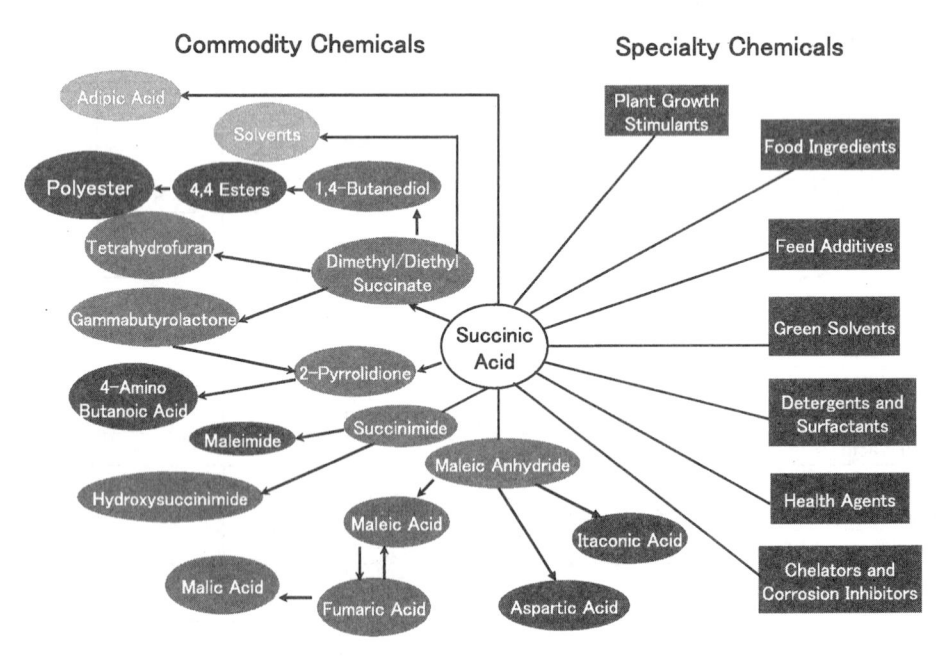

図3 Road Map of Succinic Acid-Based Products

第2章 バイオリファイナリーからの化学製品とエネルギー製品

2 エネルギー製品

2.1 自動車用バイオ燃料

バイオマスのエネルギー利用は，最も原始的な利用形態である木材の直接燃焼や炭化燃料化による熱的利用を始めとしてガス化液体燃料化，アルコール発酵，メタン発酵，水素燃料化等，多岐にわたる。バイオマスの賦存量は膨大であるが，その利用のためには「使用しやすい形態」に変換しなければならない。

2.1.1 バイオエタノール

バイオエタノールは色々なバイオエネルギー製品の中でも，その実用化が最も早く，生産規模も突出したエネルギー製品である。世界のエタノール生産量は2006年には5,000万kLを超え，2015年には1億kLを超えることが予測されている。現在は，そのうちの80%以上が自動車燃料用途として使用されている。

バイオエタノールの世界一の生産大国は，米国である。米国のバイオエタノールの生産量推移，および今後の予測量を図5に示す。米国のバイオエタノール成長の軌道は，ブラジルと同様に，第一次石油ショックを契機として1970年代後半から1980年にかけて始まったが，その生産量は数十万kLに過ぎなかった。しかし，今や，その生産量は当初の30倍近くにも達し（2006年），ブラジルの生産量を凌駕して，世界一のエタノール生産大国に成長した。この背景には，連邦レベル，州レベルの強力な各種の支援策がある（2005年8月，ブッシュ政権下で成立したエネルギー法案-2005は，2012年度におけるエタノール生産量2,840万kL-7.5 BG-を政府保証とするものであるが，実勢は，MTBEの代替需要もあり，目標予想値を超えるレベルで生産が行われて

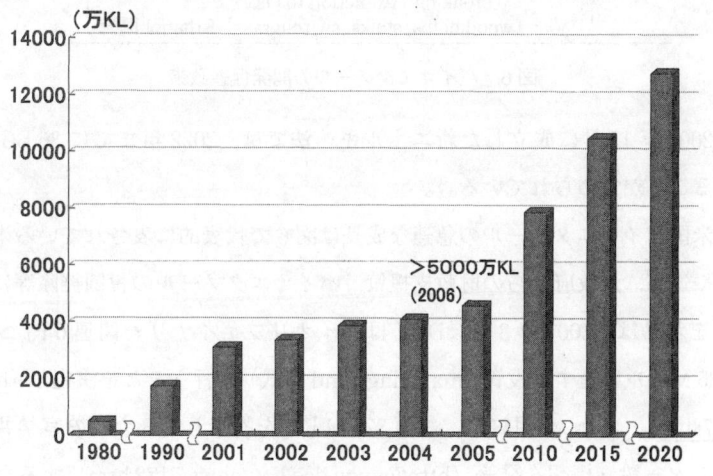

図4 世界のエタノール市場動向（2020年までのエタノール生産量）
（出典：F. O. Licht）

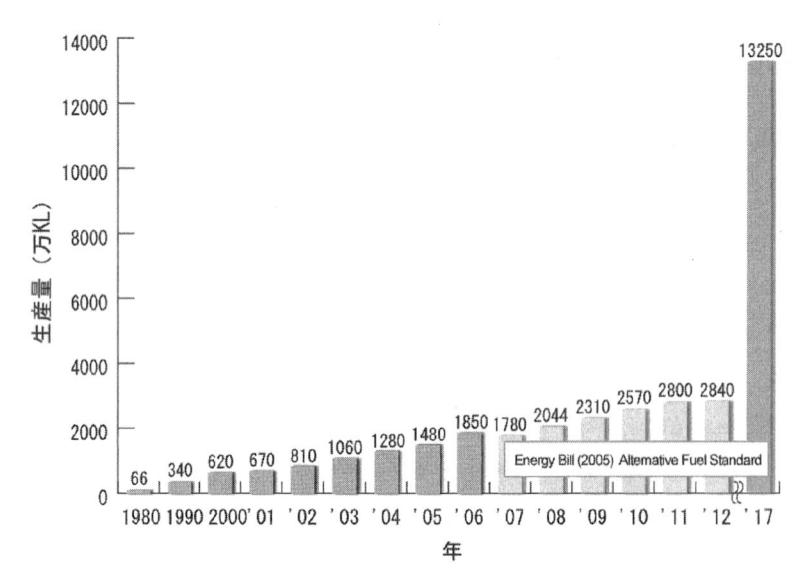

図5 Bioethanol Market Prospect in USA

US

Ⅰ）Energy Policy Act 2005

Ⅱ）State of the Union Address （January 2007）

▶ Ⅰ）2,800万kL（7.5BG）のエタノール生産を政策保証（by2012）

▶ Ⅱ）20%ガソリン使用量の削減（by2017）"Twenty in Ten"

$\begin{bmatrix} 15\%（35BG-1.3億kL）by RFS \& AFS \\ 5\%（8.5BG-0.3億kL）by CAFE（燃費向上）\end{bmatrix}$

$\begin{pmatrix} \text{Ref）．State of the Union Address（2006）：} \\ \text{・中東原油輸入削減75\%（by2025）} \\ \text{（breaking "Addiction to Oil"）} \\ \text{・（wood chips, stalks ,switchgrass）Ethanol 開発} \end{pmatrix}$

図6 バイオエタノールの開発促進政策

いる。なお，2007年12月に成立した新エネルギー法では，2022年までに36 BG のバイオ燃料を政府保証することが定められている。）。

　このような米国バイオエタノールの急速な成長は図6で代表的に表されている米国政府の各種開発促進政策や連邦，州政府からの財政支援策，バイオエタノールの税制控除等に基づくものである。その例を示せば，2007年3月，DOEはバイオリファイナリー関連6 PJへ今後4年間にわたり総額385 Mドルに達する投資（matching fund方式）を行うことを決定し（http://www.doe.gov/news/4827.htm），また，6月には，総額375 Mドルを投資して3カ所の官学共同のバイオ燃料リサーチセンター設立構想を発表（http://www.doe.gov/news/5172.htm）するなどの強力な財政支援策などに見られる。これら政策の具体的な裏付けは，連邦政府のバイオマスプログラム関

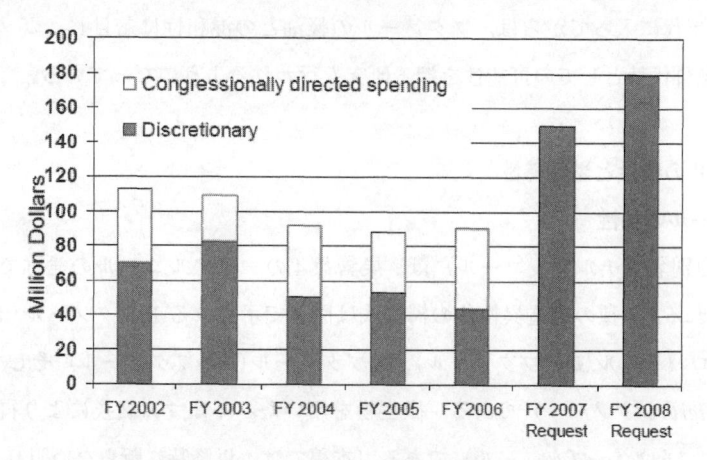

第2章　バイオリファイナリーからの化学製品とエネルギー製品

図7　Biomass Program Budget FY 2002-FY 2008
（出典：The World Congress on Industrial Biotechnology & Bioprocessing, Orland, March 2007,"U. S. Department of Energy Commercialization activities for Cellulosic Ethanol)

連予算の推移からも見ることができる（図7）。

なお，バイオエタノール製造技術やコスト解析に関しては，「第2篇　諸外国におけるバイオ燃料普及開発動向　第1章　米国におけるバイオ燃料」で詳記する。ここでは，自動車燃料特性としてはバイオエタノールよりも優れ，最近，特に注目されているバイオブタノール，そして他の代表的なバイオ燃料であるバイオディーゼルについて記する。

2.1.2　バイオブタノール

自動車の黎明期における内燃機関（エンジン）は，燃料としてバイオマス由来のエタノールをも想定していた。その後台頭した安価な石油由来のガソリンが主流となったが，内燃機関燃料としてのアルコール研究の歴史は古く，1930年代には石油からの合成メタノールの燃料としての特性が調べられていた[1]。ブタノール混合燃料の内燃機関への適用に関する研究も，第二次世界大戦中に行われた[2]。Duckらは，当時盛んであったABE発酵（アセトン-ブタノール-エタノール発酵）を念頭に，ブタノールとアセトン，エタノールの混合燃料を対象として試験を行い，ある混合比において出力，熱効率ともにガソリンに引けを取らないことを確認している[2]。ただしこれら燃料の混和性については，対応が必要とされた。

さらに，石油危機を経た80年代にも研究が盛んに行われ，エタノールやメタノール，そしてブタノールをガソリンに混合したときの内燃機関の挙動などが調べられた。その結果，体積比で10%程度の混合割合であれば，（一部の部品の腐食を除いて）エンジン機能は大幅な調整なしに利用できることが分かった[3]。エタノールやメタノールをガソリンに混合すると相分離が起きる問題点については，含有する水の除去やブタノールなどの添加で解決できるとされた。

その後2000年代に入ってからは，ブタノールの軽油との混和性に着目し，ガソリンのみならずディーゼル燃料代替としての可能性を探る研究も行われるようになっている。

2.2 ブタノールの物性と燃料特性
2.2.1 ブタノールの物性

ブタノール（別名ブチルアルコール）は，炭素数4の一価アルコールの総称であり，化学式$C_4H_{10}O$で表される。4種の構造異性体の構造式は図8で示される1-ブタノール(n-ブタノール)，2-メチル-1-プロパノール(iso-ブタノール)，2-ブタノール(sec-ブタノール)そして2-メチル-2-プロパノール($tert$-ブタノール)である。微生物を用いたバイオマス変換により得られるブタノールは，1-ブタノール(n-ブタノール)である（本稿では，以降特に断らない限りn-ブタノールをブタノールと称する）。

以下に，ブタノールの物性をガソリンやその代替燃料となるエタノール，メタノールと比較して表2に記す。表2中の用語を簡単に解説すれば，

(1) 蒸気圧

液体の蒸発を防ぐために必要な，その液面に加えなければならない圧力。37.8℃（100°F）で測ることとされている。（試験器具の設計者の名から）Reid Vapor Pressure（RVP）と呼ばれる。揮発し易い液体ほど，蒸気圧は高くなる。

(2) オクタン価

ガソリンがエンジン内で燃焼するときのノッキングの起こりにくさを表す。イソオクタンのオ

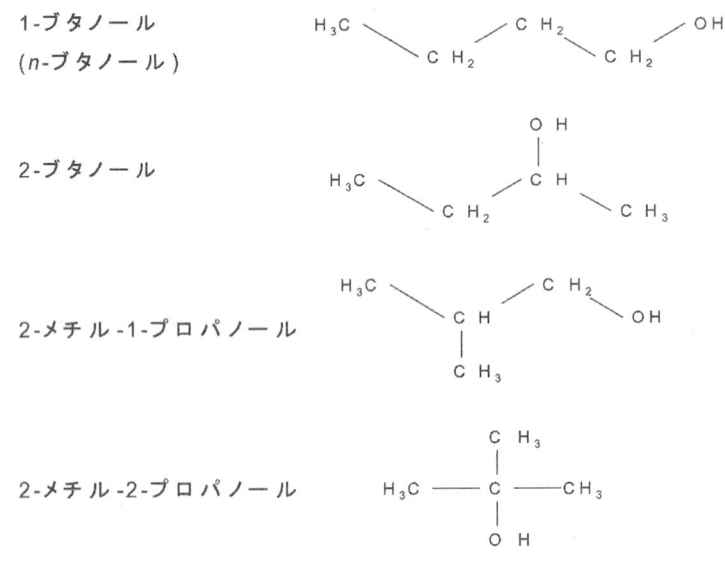

図8 ブタノールの構造異性体

第2章　バイオリファイナリーからの化学製品とエネルギー製品

表2

	ガソリン （炭化水素の 混合物）	メタノール	エタノール	n-ブタノール
分子式	C_8H_{15} 程度	CH_3OH	C_2H_5OH	C_4H_9OH
16℃ での比重	0.72〜0.75	0.79	0.79	0.81
沸点（華氏） （摂氏）	85〜437 30〜225	149 65	173 78.3	244 118
重量あたりの真発熱量 （BTU/lbm） （MJ/kg）	18,700 43.5	8,600 20.1	11,600 27	14,300 33.3
体積あたりの真発熱量 （BTU/gal） （MJ/l）	117,000 32	57,000 15.9	76,000 21.3	96,000 26.3
気化熱（BTU/gal） （kJ/kg）	170 400	500 1,110	390 900	254 590
37.8℃ での蒸気圧（psi） （kPa）	9〜13 62〜90	4.6 32	2.25 17	0.33 2.25
オクタン価（RON） （MON）	91〜100 82〜92	112 91	111 92	113* 94*
理論空燃比	14.6	6.4	9	11.1
気体の可燃限界（体積）	0.6〜8	5.5〜26	3.5〜15	1.8〜8.4
40℃ での粘度（centipoises） （centistokes）	0.5 0.6	0.46 0.58	0.83 1.1	1.45 1.92
水への溶解性	溶けない	任意の割合で 混和する	任意の割合で 混和する	7.7 g/100 ml （20℃）

＊ブタノールのオクタン価は，文献によってはこれよりも低い値を示す。
（Bata *et al.*, Evaluation of butanol as an Alternative Fuel, *Pap. Am. Soc. Mech. Eng.*, 1989 より改変）

クタン価を 100, n-ヘプタンのオクタン価を 0 と規定する。あるガソリンと同じ耐ノック性を示す，イソオクタンと n-ヘプタンの混合液中の両者の容量比を，そのガソリンのオクタン価と定義する。オクタン価が高いほど，ノッキングが起こりにくい。オクタン価には Research Octane Number（RON）と，Motor Octane Number（MON）がある。前者は低め，後者は高めの回転数で計測する。前者が比較的穏やかな条件下での使用を模擬し，後者はより負荷の掛かった状態を模擬している。

(3) ノッキング

空気と燃料の混合気は，ガソリンエンジンのシリンダ内で充分に圧縮されると高温に達し，自己着火するに至る。点火プラグによる点火前に自己着火が起こると，クランク軸を逆方向に回転させようとする力が働く。これがノッキングである。ノッキングが起こるかどうかは，燃料の特性（オクタン価）とエンジンの設定（点火時期や圧縮比）に左右される。

(4) 圧縮比

ピストンが動いてシリンダ内の容積が最大になったときのシリンダ容積を，さらにピストンが動いて最小になったときの容積で割った値。最大の容積は空気と燃料の混合気が注入されたときのシリンダの容積に近く，最小の容積は圧縮後に点火するときの容積に近い。（ノッキングを起こさない限り）圧縮比が高い方が一般に高出力となり，燃料消費率も改善できる。

(5) 理論空燃比

空燃比は混合気に含まれる空気と燃料の比率であり，ある燃料と酸素が燃焼し，二酸化炭素と水のみが生じるとしたときの比率を「理論空燃比」と呼ぶ。ガソリンの平均的な組成を C_8H_{15} とすれば，その反応は

$$C_8H_{15} + 11.75\,O_2 \longrightarrow 8\,CO_2 + 7.5\,H_2O$$

となり，ブタノール，エタノール，メタノールに対しては，それぞれ

$$C_4H_9OH + 6\,O_2 \longrightarrow 8\,CO_2 + 5\,H_2O$$

$$C_2H_5OH + 3\,O_2 \longrightarrow 2\,CO_2 + 3\,H_2O$$

$$CH_3OH + 1.5\,O_2 \longrightarrow CO_2 + 2\,H_2O$$

となる。

2.2.2 ブタノールの燃料特性

上表の物性値の内，燃料特性やガソリンとの混和性に関連する特性について説明すれば，

(1) 沸点

アルコール類は沸点が低いことから，ベーパ（燃料が気化したもの）が外に洩れやすく，その対策が必要とされる。3種のアルコール類の内では，ブタノールは最も沸点が高い。

(2) 発熱量

発熱量はその燃料が持つエネルギー量であるが，ガソリンに比較してアルコール類の発熱量は小さい。そのため同じ出力を得るためにはより多くの燃料を必要とし（燃料消費率が上がり），従って自動車の走行距離は落ちることになる。アルコール3種で比較すれば，ブタノールの発熱量が最も大きく（ガソリンの82%程度），エタノール（同61%）などよりも走行距離が長いことが分かる。なお，アルコール類の燃焼では熱量が不足するために，ガソリン用に調整されたエンジンを用いた試験において，アルコールを50%含んだ混合燃料を使用した場合に，エンジンがストールする例も報告された。これはエンジンの調整・設計によって解決される問題である。またアルコール混合燃料では熱効率がガソリンに比較して劣るとの報告もあるが，一方で適正なエンジン調整により明確な差が見られないとの指摘も見られる。いずれの場合でも，ガソリンに

より近い物性を持つブタノールは，エタノールやメタノールよりもガソリンとの差が小さいとされる。

(3) 蒸気圧

アルコール類はガソリンに比べて蒸気圧が低いが，これは温度や圧力が同じ条件であれば，より蒸発（気化）しにくいことを示す。このため寒冷地において，冷間始動（エンジンが冷えている状態での始動）が困難になる。エタノールの混合割合が50%以上では低温での始動性が悪いために，ガソリンのみのサブタンクを併用している。

(4) オクタン価

オクタン価はノッキングのしにくさの指標であるから，ガソリンに比べて高いオクタン価を持つアルコール類は，ガソリンを燃料とする場合に比べて高圧縮率のエンジン設計が可能になる。これによりエンジンの高出力化ないしは低燃費化（より少ない燃料を消費する）がもたらされる。ブタノールについては，エタノール，メタノールよりも低いとする文献もあるが，その場合でもガソリンと同等程度のオクタン価を持つとされる。

(5) 排気ガス成分

前述のように，一定量の燃料を完全に燃焼させるために必要な酸素量は，ガソリンに比較して含酸素化合物であるアルコール類では少なくなる。このことから，アルコール混合燃料を用いてガソリンと同じ空燃比で運転すると，酸素量に対して燃料に含まれる炭素量が少なく発熱量が低下し，燃焼温度が下がる。これによりシリンダ内でのNO_xの発生速度が落ちるため，NO_xの排出量が低減するとの結果も幾つか示されている（これとは逆に酸素が不足する領域での燃焼結果でも，燃焼温度が低くなることからNO_x発生量が抑制されたと報告されている。"Exhaust Gas Emissions of Butanol, Ethanol and Methanol Gasolone Blends", R. W. et al., *J. Engineering for Gas Turbines and Power*)。

炭化水素の排出量に関しては，ブタノールやブタノール混合ガソリンがガソリンとほぼ同等の値を示すのに対して（アルコール類に含まれる酸素量を補正した場合），エタノールまたはメタノール混合燃料では幾らか高い値を示すとの報告がある（"PERFORMANCE AND EMISSIONS OF SPARK-IGNITION ENGINE OPERATING WITH ALCOHOL-GASOLINE MIXTURES", M. S. JANOTA et al., Conference Power Plants Future Fuels, 1976, p. 105-118)。またアルデヒド類に関しては，アルコール含有燃料の方がガソリンよりも排出量が多いといわれている。

(6) 水への溶解性

エタノールやメタノールは水への溶解度が大きいが，一方でガソリンは水と混和しない。このためエタノールやメタノールに含まれる水分が，ガソリンと混合された時にガソリンとの相分離を引き起こす。この場合にはブタノール（イソブタノールやn-ブタノール）などの混和剤が必

要になる。ブタノールは水への溶解度が小さいことから水分を含みにくく，ブタノール混合燃料では相分離の問題が生じにくいと考えられる。

(7) 腐食性

自動車の金属部品やゴム，樹脂など車輌への腐食性に関しては，たとえばゴム類についてはアルコールとガソリンの混合液によりゴム内の老化防止剤の抽出が促進されるなどの報告がされている。また樹脂についても，種類によっては同様の混合液により物性低下ないしは寿命低下が引き起こされるなどの報告例がある。その他に，同様の混合液が強いアルミニウム腐食性を示すことも知られている。ただしこれらの問題については対策が可能である。

例としてエタノールに関しては，サトウキビから作られるエタノール燃料の利用が盛んなブラジルにおいて，既に対策が進められている。ブラジルでは石油危機をきっかけに進められたエタノール利用促進の政策により，販売されるガソリンには20～25％のエタノールが混合されている。また100％エタノール燃料（正確には水分を含むためにエタノールとしては90～95％程度だが，ガソリンは0％である）も併売されており，これら燃料のいずれによっても運転が可能なFlex Fuel Vehicle，FFVが2003年以降各社から展開され，新車販売台数の90％程度を占めるまでに至った。日本メーカもHondaが2006年に同様のFFVを投入するなど，既に技術的な対応を行っている。このような状況の中で，ブタノールに関してはエタノールよりも腐食性が小さいとされていることから，大きな問題なるとは考えにくい（自動車本体）。一方で，ガソリンスタンドを始めとする社会的なインフラ基盤については，エタノールやブタノールの腐食性に対する異なる観点からの配慮も必要であろう。

(8) ディーゼル代替

ブタノールについては，軽油との混和性からディーゼル混合燃料としての特性の研究が，近年進められている。ディーゼル燃料特性として重要なセタン価が低下するなどの面もあるものの，ディーゼル燃料に混合しての燃焼試験などが行われている。

以上，主にガソリン代替燃料としてのブタノールの燃料特性を見た。ブタノールがガソリンに似た物性を持つゆえに，その燃料特性もガソリンに近いことが分かった。今後リグノセルロース系バイオマスからの効率的な生産方法が開発され，再生可能エネルギーとしてのアルコール燃料が利用されることにより，二酸化炭素排出量が削減されることが大いに期待される。

2.3 ブタノールの製造技術とその課題
2.3.1 バイオ法によるブタノール生産の歴史

微生物によってブタノールが生成される現象は，1861年にパスツールによって初めて報告されているが，20世紀初頭，合成ゴム研究に携わっていた化学者ハイム・ワイツマンが単離した

Clostridium acetobutylicum こそが実利用の先駆けであった[4]。本微生物は，糖やデンプンを原料として，ブタノール：アセトン：エタノールを6：3：1を生成する。この性質を利用したのが，"アセトン・ブタノール・エタノール発酵（以下 ABE 発酵）"であり，現在のバイオプロセスによるブタノール生産も当時の ABE 発酵と基本は変わっていない。この ABE 発酵が大規模実利用されたのは，第一次世界大戦勃発時にも遡る。戦時中イギリスでは火薬原料に用いるためのアセトン需要が増加したが，*C. acetobutylicum* を用いた ABE 発酵によって年間約3万トンが供給された[5]。その後 1917 年には米国も参戦し，イギリスと同様，米国でも中西部コーンベルト地域にて ABE 発酵が行われ，生産されたアセトンが無煙火薬原料などに利用された。当時，ABE 発酵にてアセトンと同時に得られるブタノールは，単なる副生成物であったが，その後，1920 年以降の自動車産業の急速な成長によって，速乾塗料の材料として需要が拡大した。さらに，1936 年にワイツマンの *C. acetobutylicum* による ABE 発酵の特許切れを皮切りに，日本，インド，オーストラリア，南アフリカなどの世界各国にて ABE 発酵によるアセトン・ブタノール生産が開始された。各国にて第二次世界大戦時頃まで生産が続けられたが，1950 年代から 1960 年代にかけての石油化学工業の発達と，原料である糖蜜の動物飼料への利用増加を原因として ABE 発酵法は衰退した。しかし近年，世界各国でのバイオ燃料生産利用の高まりの中で，ABE 発酵を利用したバイオ燃料としてのブタノール生産研究開発が再び活発化している。2006 年 6 月には，BP，DuPont，および British Sugar が 2007 年市場導入を予定し，英国にて既存エタノール設備をブタノール生産（ABE 発酵）に転用するプロジェクトを発表した。さらに 2007 年 2 月には，BP が米国内に研究センター設置を決定し，カリフォルニア大バークレー校，およびイリノイ大における，予算規模 US ドル 500 M のブタノール生産技術開発が開始している。2007 年 1 月の米国ブッシュ大統領の一般教書演説では，"2017 年の代替燃料供給目標 1.3 億 kL"が掲げられ（第 2 章，2.1.1 参照），ブタノールもこの代替燃料に含むことが明言されており，今後，より研究開発が活発化すると思われる。

2.3.2 微生物によるブタノール生産

(1) ブタノール生産微生物

著量のブタノールを生産する微生物としては，嫌気性細菌の *Clostridium* 属細菌の *C. acetobutylicum*, *C. beijerinckii*, *C. saccharoperbutylacetonicum* などが知られており，ABE 発酵によってブタノールを生成する[6,7]。これまでに *C. acetobutylicum* の標準株である ATCC 824 株[8]，および *C. beijerinckii* NCIMB 8052 株については，全ゲノム解読が終了しており，遺伝子工学的改良の加速が期待されている。

(2) ブタノール生産微生物のブタノール生成代謝経路（ABE 発酵代謝経路）

C. acetobutylicum や *C. beijerinckii* は，嫌気性条件下においてデンプンや糖類などから，ブ

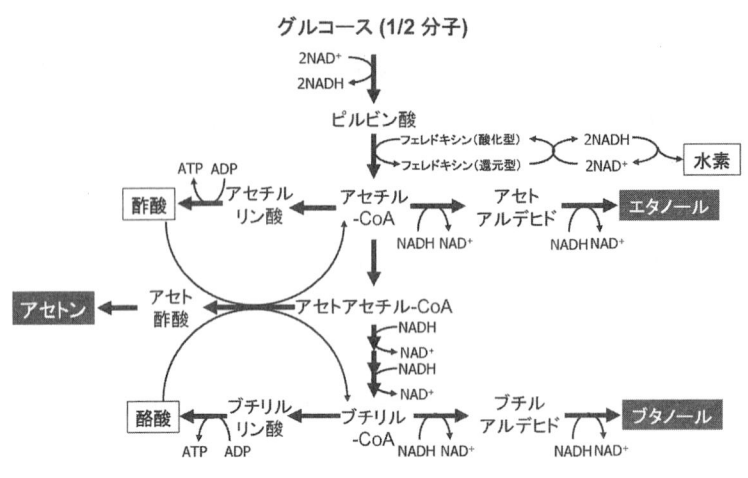

図9 ABE発酵代謝経路

タノール：アセトン：エタノールをおおよそ6：3：1にて生成する（ABE発酵，図9参照）[7]。細胞外の糖類は細胞内に取り込まれた後に，解糖系を通じてピルビン酸に代謝され，脱炭酸されてアセチル-CoAに変換される。アセチル-CoA以下の代謝系は，細胞増殖期（酸生成期）と定常期（溶媒生成期）において，大きく変化することが知られている。

　細胞増殖期（酸生成期）においては，アセチル-CoAがアセチルリン酸を経て，酢酸に変換される。また，2分子のアセチル-CoAがチオラーゼによって縮合されてアセトアセチル-CoAに変換され，3-ヒドロキシブチリル-CoA，クロトニル-CoA，ブチリル-CoAを経て酪酸に変換される。一方で細胞増殖の定常期（溶媒生成期）においては，アセトアセチル-CoAからアセト酢酸を経てアセトンが，3-ヒドロキシブチリル-CoA，クロトニル-CoA，ブチリル-CoAを経てブタノールが生成される。また，酸生成期に生成された酢酸，および酪酸はアセトン，ブタノールの生成に利用される。

(3) ABE発酵代謝経路におけるブタノール生成関連酵素

　ABE発酵代謝経路におけるブタノール生成関連酵素に関しては，*C. acetobutylicum* ATCC 824を中心に酵素特性，発現，酵素遺伝子などの面から解析されている（図10参照）。アセトアセチル-CoAからブチリル-CoAを生成する，3 HB-CoA dehydrogenase（BHBD），Crotonase，およびButyryl-CoA dehydrogenase（BCD）は，オペロンを形成しており，これら遺伝子を大腸菌にて発現した解析が行われている[9]。BHBDおよびcrotonaseは，大腸菌にて発現し，好気条件下においても活性が確認されたが，BCDは嫌気条件下においても活性が認められていない。ブチリル-CoAからブタノールの生成には，butyrylaldehyde dehydrogenase/aldehyde alcohol dehydrogenaseが関与していることが*C. acetobutylicum* ATCC 824を用いた研究にて明らかになっている[10]。本遺伝子は，アセトン生成遺伝子であるCoA transferaseおよびacetoacetate de-

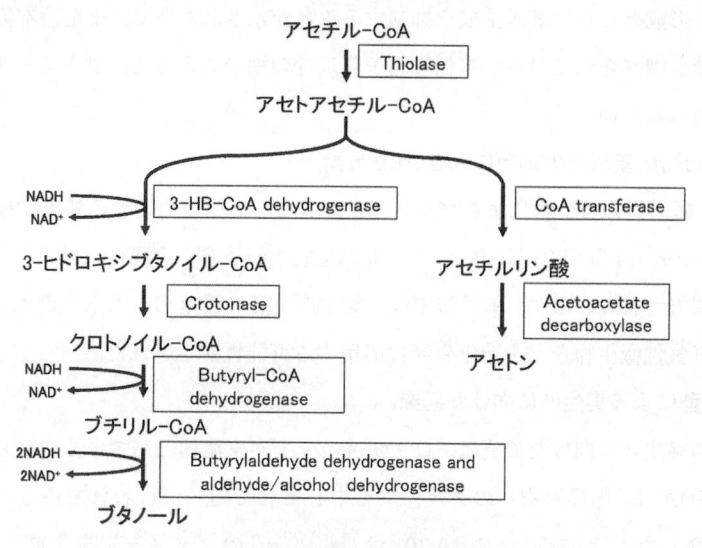

第2章 バイオリファイナリーからの化学製品とエネルギー製品

図10 溶媒生成経路酵素

carboxylase 遺伝子とオペロンを形成し，巨大プラスミド pSOL 1 上に保持されている[11]。従来の ABE 発酵においては，しばしば溶媒生成が不能な退化株が生じていたが，培養，継代中に本プラスミドが脱落することが原因であったと考えられている[11]。

(4) ABE 発酵における酸生成期から溶媒生成期への代謝シフト

ABE 発酵では，細胞増殖期において酢酸，酪酸が生成され，細胞増殖が停止した定常期においては代謝系が大幅に変化し，アセトン，ブタノールが生成される。ABE 発酵によってアセトン，ブタノール生産を目的とする場合は，この代謝のシフトの制御が重要なポイントとなることと，微生物生理学上の興味の点から，要因解明の研究が多く行われている。もともと pH の酸性化が溶媒生成期への移行の引き金になることが経験的に認められていたが，C. acetobutylicum の溶媒生成移行時の酵素発現解析によって，溶媒生成時には酢酸生成酵素（Phosphate acetyl-transferase, acetate kinase）の発現が抑制され，Thiolase，BHBD および Crotnase の発現が実際に誘導されていることが確認された[12]。

一方で C. acetobutylicum や C. beijerinckii などの ABE 発酵微生物は，細胞増殖停止後に胞子形成することが知られている。近年の研究にて，胞子形成は転写因子 Spo 0 A によって引き起こされ，同時に本転写因子が溶媒生成も誘導することが認められている[13]。本転写因子は，細胞内のブチリルリン酸，およびアセチルリン酸濃度の増加によって活性化されることが報告されている。これらのリン酸生成は，pH の酸性化によって引き起こされることも考えられ，従来経験的に認められていた pH 酸性化による溶媒生成誘導が分子生物学的に明らかになってきている[14]。

また，C. beijerinckii にて本転写因子遺伝子破壊の溶媒生成への影響が調べられており，本遺

伝子破壊は胞子形成とともに溶媒生成を抑制することが示された[13,15]。また，本転写因子の人為的高発現の影響も調べられており，本転写因子発現量の増加によって，ブタノール生産性が向上することが認められている[15]。

(5) *Clostridium* 属以外の細菌による ABE 発酵

Clostridium 属以外の微生物によるブタノール，アセトン生産に関する報告はほとんどないが，*C. acetobutylicum* ATCC 824 株由来のアセトン生成遺伝子群を大腸菌に導入し，アセトンを生成する検討が報告されている[16]。本報告では，約 150 mM の濃度のアセトンが生産されており，通性嫌気性や好気性微生物などを溶媒生産に応用する可能性が示された。

2.3.3 ABE 発酵による実生産に向けた研究

ブタノールの実生産に向けた研究は，*C. beijerinckii* が生産種としてよく用いられており，イリノイ大や USDA（米国農務省）のグループを中心として開発が行われている。イリノイ大のグループが分離した *C. beijerinckii* BA 101 は，約 20 g/l のブタノールを生成し，*Clostridium* 属の中でも高濃度のブタノールを生成することが知られている[17]。本株を用いたプロセス検討では，培養槽内を窒素や培養で生ずる H_2 および CO_2 などで通気し，冷却管を通じてブタノールなどを回収するガスストリッピング法（図11参照）や[18]，パーベーパレーション膜を利用してブタノールなどを回収するパーベーパレーション法[19]が開発され，生産性が向上されている。しかし未だ低生産性（約 1 g/l/h）であり，また低収率（アセトン副生）などの問題も残っており，今後の燃料用としての実用利用に向けては改善すべき課題は多い。

2.3.4 今後の研究開発動向

今後のバイオ燃料の需要増は必至であり，増産の対応には非食料資源のセルロース系バイオマスを原料として利用することが必須である。バイオエタノール生産においても，セルロース系バイオマス利用は一つの課題となっていることから，*Clostridium* 属細菌はセルロース系利用遺伝子を有している株も多く，技術確立の見通しは明るいといえよう[20]。しかしながら，ブタノール生産性，および生産濃度についてはエタノールなどと比較して著しく低く，ABE 発酵では飛躍

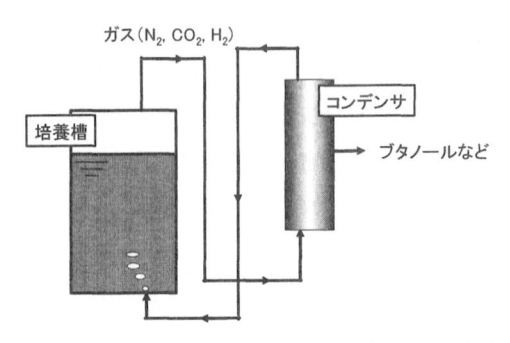

図11 ガスストリッピング法によるブタノール生産

第2章　バイオリファイナリーからの化学製品とエネルギー製品

的な向上は見込めないのが現状である。従って，ABE発酵とは全く異なる，高生産性の新規技術の開発に向けて，デュポンをはじめベンチャー企業等が研究に注力していると表明している。RITEでは，ブタノール生成機能を工業的に優位な微生物に組み替えてブタノール生成が可能なことを確認した。今後，早期に工業技術確立を図る。（特許出願中）

2.4　バイオディーゼル

一般にバイオディーゼルと呼ばれているものには，2つの種類がある。その一つは植物油とメタノールとのエステル交換反応により得られる長鎖脂肪酸メチルエステル（FAME：Fatty Acid Metyl Ester）であり，他方はバイオマスのガス化により生成する合成ガスのFischer-Tropsch合成により得られる軽油 like のものである（FTdiesel）。FTdieselについては本篇第1章「バイオリファイナリーを構築する5つの重点開発分野」の中の「③バイオマスの熱化学変換技術」で概説したので，ここではFAMEについて簡単に触れる。

2.4.1　FAME生成化学反応とバイオディーゼル特性

図12の反応様式は，植物油（トリグリセライド）とメタノールとのエステル交換反応の様式を模式的に示したものである。長鎖脂肪酸基は油種により炭素数（一般には，C_{12}～C_{20}）と含有する不飽和結合数が異なり，メチルエステル化物の特性，即ち，バイオディーゼル特性が異なる。この不飽和結合の存在が，バイオディーゼルとして重要な特性である酸化安定性と(低温)流動性に影響を与えることになる。長鎖脂肪酸の慣用名と化学式の例を示せば，図13のようになる。

パルミチン酸（$C_{16:0}$，コロン後の数字は不飽和結合数を示す）はパーム油の主成分であり，オレイン酸（$C_{18:1}$）はオリーブ油，リノール酸（$C_{18:3}$）は亜麻仁油，それぞれの主成分である。植物油の構造をさらに詳しく調べると，一種の植物油のトリグリセライドの長鎖脂肪酸の炭素数は単一ではなく，その炭素数には分布があり，また，それらの脂肪酸のグリセロールとの結合位置にも分布がある。従って，バイオディーゼルの生成挙動，反応様式，反応生成物組成などは詳細に見ると非常に複雑なものとなる。そして，ディーゼルエンジンの燃料特性（性状）もこれらを反映したものとなる。

表2，3は植物油の主な脂肪酸組成および大豆油の各種脂肪酸のグリセロール結合位置分布を

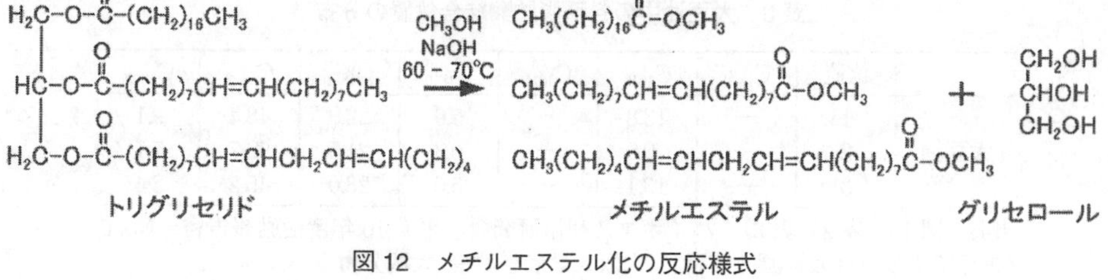

図12　メチルエステル化の反応様式

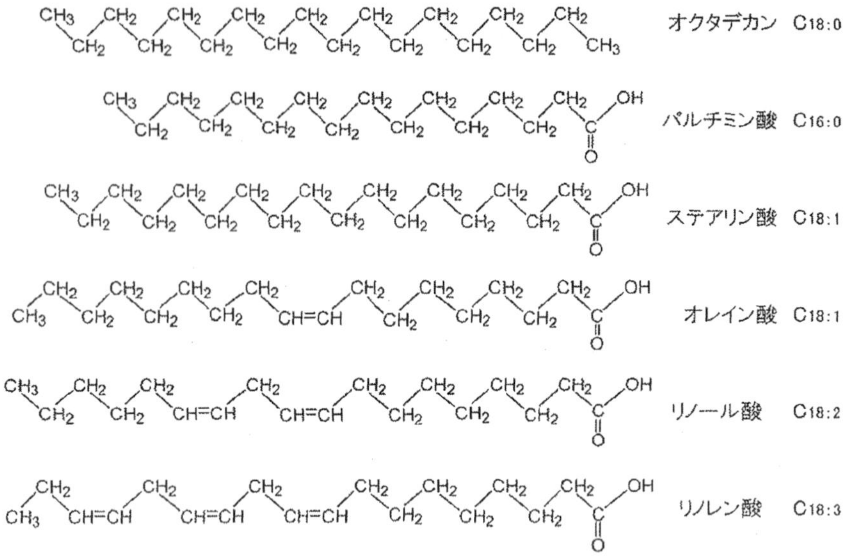

図13

表2 植物油の主な脂肪酸組成

油　種	≦$C_{12:0}$	$C_{14:0}$	$C_{16:0}$	$C_{16:1}$	$C_{18:0}$	$C_{18:1}$	$C_{18:2}$	$C_{18:3}$	$C_{20:0}$
あまに油	—	—	4.8	—	3.4	17.5	15.0	58.8	0.2
オリーブ油	—	—	11.8	1.0	2.4	73.4	9.3	0.6	0.4
ごま油	—	—	9.2	0.1	5.5	38.9	44.8	0.3	0.6
米ぬか油	—	0.3	16.4	0.2	1.8	42.8	35.0	1.3	0.6
コーン油	—	—	10.7	—	1.8	29.3	55.7	1.1	0.4
サフラワー油[1]	—	0.1	6.6	—	2.2	13.7	75.9	0.1	0.3
サフラワー油[2]	—	—	4.6	—	2.0	77.2	14.4	0.2	0.4
大豆油	—	—	10.5	—	4.3	23.5	53.2	7.1	0.4
なたね油[3]	—	—	3.1	0.1	1.1	17.7	13.0	8.2	0.8
なたね油[4]	—	—	4.1	0.2	1.8	62.4	20.0	8.5	0.6
パーム油	—	1.1	44.2	0.2	4.3	38.9	9.8	0.2	0.3
パーム核油	52.8	15.5	9.8	—	2.5	16.0	2.8	—	—
ひまわり油[5]	—	—	6.0	—	4.1	21.9	65.7	0.4	0.3
ひまわり油[6]	—	—	3.2	—	3.5	85.5	5.7	—	0.3
綿実油	—	0.6	21.5	0.5	2.3	17.5	56.0	0.4	0.3
やし油	60.2	17.8	9.2	0.1	2.7	7.6	1.7	—	—
落花生油	—	—	11.2	—	3.1	45.3	32.7	0.3	1.4

1) 高リノール種，2) 高オレイック種，3) 高エルカ種，4) 低エルカ種

表3 大豆油中の各種脂肪酸結合位置の分布

	位置	$C_{14:0}$	$C_{16:0}$	$C_{16:1}$	$C_{18:0}$	$C_{18:1}$	$C_{18:2}$	$C_{18:3}$
大豆油	1	—	13.8	—	5.9	22.9	48.4	9.1
	2	—	0.9	—	0.3	21.5	69.7	7.1
	3	—	13.1	—	5.6	28.0	45.2	8.4

出典（図13，表2，表3）：バイオマス利用研究会，平成16年度活動報告書，No.6
"古くて新しい有機資源「油脂」" 大阪大学名誉教授　大城芳樹

第2章 バイオリファイナリーからの化学製品とエネルギー製品

示す表である。

　表で示される植物油の組成やエステル交換反応様式の様々な変動が，結果として，バイオディーゼル特性に反映される。我が国においても，バイオディーゼル混合軽油の規格値が検討されているが，先行する欧米では表4で示されるバイオディーゼル製品規格がある

　表4の各種規格値を定める必要は，バイオディーゼル混合軽油の使用により，従来からの石油

表4

規　　格	単　位	EU EN 14214	USA B 100 ASTM PS 121〜99	USA B 20 ASTM PS 121〜99
エステル含率	[%]	>96.5		
密度（15℃）	[kg/m³]	860〜900		
動粘度（40℃）	[mm²/s]	3.5〜5.0	1.9〜6.0	1.9〜6.0
引火点	[℃]	>120	>100	>100
フィルター目詰まり点（夏期）	[℃]			
フィルター目詰まり点（冬期）	[℃]			
流動点	[℃]			
含硫量	[mg/kg]	<10	<500	<15
残留炭素（CCR）	[%]		<0.05	<0.05
残留炭素（10% 蒸留残渣）	[%]	<0.3		
セタン価		>51.0	>40	>46
硫黄灰含量	[%]	<0.02	<0.02	<0.02
含水率	[mg/g]	<500	<500	<500
全汚濁度	[mg/kg]	<24		
銅板腐食性（3 h at 50℃）		>1	<Nb 3	<Nb 3
酸化安定度（110℃）	[h]	>60		
酸価	[mg KOH/g]	<0.5	<0.8	<0.8
沃素価		<120		
リノレニック酸メチルエステル含量	[%]	<12		
不飽和メチルエステル含量（≧4 duble boned）	[%]	<1		
残存メタノール	[%]	<0.2		
残存モノグリセリド	[%]	<0.8		
残存ジグリセリド	[%]	<0.2		
残存トリグリセリド	[%]	<0.2		
残存遊離グリセロール	[%]	<0.02	<0.02	<0.02
残存全グリセロール	[%]	<0.25	<0.24	<0.24
アルカリ金属含量（Na+K）	[mg/kg]	<5		
リン含量	[mg/kg]	<10		

（USA：B 100 の S 含量は 15 ppm に強化された。2006/11）

39

表5

想定不具合	関連バイオディーゼル特性（品質）
燃料系部品の腐食	酸化，メタノール含量，酸化安定性，エステル含有量，水分
燃料供給系トラブル	酸化安定性，多不飽和脂肪酸含量，メチルエステル含量，（トリ，ジ，モノ）グリセライド含量，グリセリン含量，固形異物，水分，金属含有量
エンジン始動性	低温特性（流動点，曇点）
排ガス触媒の劣化	金属含有量，リン含量

ディーゼル燃料使用車への想定される不具合対策からである。具体的には，燃料系部品の腐食，燃料供給系トラブル，エンジン始動性，排ガス処理触媒劣化への影響などが起こらない燃料規格変更が必要と考えられているからである。これらの想定される不具合とバイオディーゼル特性（品質）との関連性は表5で示される。

植物油由来バイオディーゼルの石油ディーゼルに対する燃料特性としての特徴は，その原料および製法に由来して，硫黄成分が非常に少なくできることである。排ガス規制が今後より強化される情勢下，このような特徴を有するバイオディーゼルの利点といえよう。

2.4.2 バイオディーゼルの普及状況

我が国においても，地方自治体のリサイクル活動の一環として使用済み食用油（廃食油）を回収してのバイオディーゼル（京都市等）や，滋賀県の地域資源循環型社会モデルである菜種油からのバイオディーゼル（菜の花プロジェクト）あるいは輸入パーム油のバイオディーゼル生産などが一部行われているが，その量は小規模に止まっている。欧米においては，米国はその成長率は著しいものの，未だ揺籃期（100万kL/2006年）にある。EUはバイオディーゼルの普及が世界で最も進んでいる。EUは，元々，ガソリンよりもディーゼル燃料の使用比率が高い背景があることにもよるが，近年，バイオディーゼルの進展が著しい。

EUの2006年のバイオディーゼル（主として菜種油原料）生産量は，EBB（European Biodiesel Board, Press Release, 535/COM/07）によれば，490万トンに達し，バイオ燃料の80%がバイオディーゼルである（バイオエタノールは120万トン）。EU諸国の内では，ドイツの生産量が傑出して高く（270万トン），フランス，イタリアが続く（図14参照）。

EUでは，バイオ燃料普及ターゲットとして，2010年には全輸送燃料のうち，5.75%，2020年には10%をバイオ燃料で置き換える目標を掲げている。この目標達成にはバイオディーゼルがこれからも主導的役割を果たすと考えられる（バイオ燃料の2005年度の普及達成度は全輸送燃料の1%であったが，2006年度には1.8%に進展した。数量的には，2006年度は約540万トン（石油換算当量）に達した。EurObserv'ER「BIOFUELS BAROMETER-May 2007」

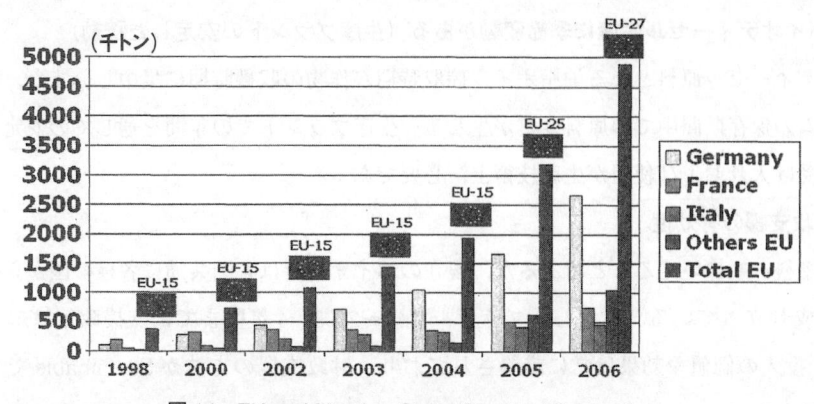

第2章　バイオリファイナリーからの化学製品とエネルギー製品

図14　EU and Member States'Biodiesel Production
（出典：EBB（European Biodiesel Board）web site）

2.4.3　バイオディーゼル進展の課題

バイオディーゼルはバイオエタノールと同様に，バイオマス由来輸送用燃料として，今後も成長することは間違いないと思われる。しかしながら，一方では以下のような進展のための課題も指摘されている。

（1）　Sustainability への懸念

EUではバイオディーゼルは菜種油から，米国では大豆油から製造されている。バイオディーゼル増産のため，菜種や大豆の栽培土地の拡大は他の作物栽培土地を圧迫することになり，栽培作物の生産バランスを崩すことになる。そして，そのような土地利用の方法は決して，地力保持の観点からも，sustainable な方法ではない。栽培土地の確保は重要な問題である。米国では大豆とトウモロコシ栽培を輪作することが行われているが，近年のエタノール増産ブームに乗り，トウモロコシ栽培土地面積が増大し，大豆栽培面積が減少する傾向にある。

また，東南アジアにおけるパーム油生産に関しては，パーム栽培土地拡大による森林破壊が大きく問題視され，EU委員会や環境NGOが強い反対を打ち出している。反対運動の象徴として，絶滅危惧種（オランウータン，象）の保護活動も活発となっている（本篇第4章参照）。バイオディーゼルでは，土地面積当たりの生産量を如何に増大できるかが重要な課題である。

（2）　副生グリセリンの発生問題（バイオディーゼル生産量の約10% が副生グリセリン）

2020年には，バイオディーゼルはディーゼル燃料市場の10% シェアを占めるといわれている。現在の日米欧だけのディーゼル消費量でも凡そ5億kLであり，500万トン程度（5億×0.1×0.1トン）のグリセリンが発生することになる。グリセリン市場は化粧品等のファインケミカル分野で約70～80万トン程度の市場があるとされている。進展にはこのギャップを埋めるグリセリンの新たな市場分野を見出す必要がある。

(3) バイオディーゼル生産に季節変動がある（生産プラントの安定した稼動）

バイオディーゼル原料となる油脂オイル搾取時期が作物の収穫時期に集中し，また，菜種，大豆やパームの保存期間中での原料変質が生じる。生産プラントでの年間を通じての安定した量と質の原料受け入れおよび使用が生産技術上，必要である。

2.4.4 財政支援の有効性

バイオ燃料一般にいえることであるが，現在のバイオ燃料は各国共通に各種の国からの支援政策により成り立っている（ただし，ブラジルでは～2003，4年頃までに支援政策は終了している）。税金投入の価値や効果は常に議論されており，財政支援の方法がSustainableでないことは明らかである。

2.4.5 原料資源の地域偏在

このことも，バイオ燃料の共通的な問題でもあるが，原料作物の生産地域が世界的に偏在している問題がある（特にわが国のような資源小国では）。海外エネルギー依存度の低下問題は，単に"石油からバイオマスに代わるだけ"との指摘もある。

文　　献

1) Howes, D. A., "The use of synthetic methanol as a motor fuel", *Inst. Petro Journal*, Vol. 19, pp. 302 (1993)
2) Duck, J. T., and Bruce C. S., "Utilization of non-petroleum fuels in automotive engines", *Journal of Research of the National Bureau of Standards*, pp. 439-465 (1945)
3) Kelkar, A. D. et al., "Comparative study of methanol, ethanol, isopropanol and butanol as motor fuels, either pure or blended with gasoline", Proceedings of the 23rd Intersociety Energy Conversion Engineering Conference, Vol. 4, pp. 381-386 (1988)
4) Weizmann, C., "Production of acetone and alcohol by bacteriological processes", US patent, Vol. 1315585, (1919)
5) Mitchell, H. et al., "Enzymes limiting butanol and acetone formation in continuous and batch cultures of Clostridium acetobutylicum", *Appl. Microbiol. Biotechnol.*, Vol. 31, pp. 435-444
6) Keis, S. et al., "Taxonomy and phylogeny of industrial solvent-producing clostridia", *Int. J. Syst. Bacteriol.*, Vol. 45, pp. 693-705 (1995)
7) Gottschalk, G., "Bacterial metabolism. 2nd Ed.", Springer-Verlag, New York (1985)
8) Nolling, J. et al., "Genome sequence and comparative analysis of the solvent-producing bacterium Clostridium acetobutylicum", *J. Bacteriol.*, Vol. 183, pp. 4823-4838 (2001)

9) Boynton, Z. L. et al., "Cloning, sequencing, and expression of clustered genes encoding beta-hydroxybutyryl-coenzyme A (CoA) dehydrogenase, crotonase, and butyryl-CoA dehydrogenase from Clostridium acetobutylicum ATCC 824", *J. Bacteriol.*, Vol. 178, pp. 3015-3024 (1996)
10) Green, E. M., and Bennett G. N., "Inactivation of an aldehyde/alcohol dehydrogenase gene from Clostridium acetobutylicum ATCC 824", *Appl. Biochem. Biotechnol.*, Vol. 57-58, pp. 213-21 (1996)
11) Cornillot, E. et al., "The genes for butanol and acetone formation in Clostridium acetobutylicum ATCC 824 reside on a large plasmid whose loss leads to degeneration of the strain", *J. Bacteriol.*, Vol. 179, pp. 5442-5447 (1997)
12) Hartmanis, M. G., and Gatenbeck S., "Intermediary Metabolism in Clostridium acetobutylicum：Levels of Enzymes Involved in the Formation of Acetate and Butyrate", *Appl. Environ. Microbiol.*, Vol. 47, pp. 1277-1283 (1984)
13) Ravagnani, A. et al., "Spo 0 A directly controls the switch from acid to solvent production in solvent-forming clostridia", *Mol. Microbiol.*, Vol. 37, pp. 1172-1185 (2000)
14) Zhao, Y. et al., "Intracellular butyryl phosphate and acetyl phosphate concentrations in Clostridium acetobutylicum and their implications for solvent formation", *Appl. Environ. Microbiol.*, Vol. 71, pp. 530-537 (2005)
15) Harris, L. M. et al., "Northern, morphological, and fermentation analysis of spo 0 A inactivation and overexpression in Clostridium acetobutylicum ATCC 824", *J. Bacteriol.*, Vol. 184, pp. 3586-3597 (2002)
16) Bermejo, L. L. et al., "Expression of Clostridium acetobutylicum ATCC 824 genes in Escherichia coli for acetone production and acetate detoxification", *Appl. Environ. Microbiol.*, Vol. 64, pp. 1079-1085 (1998)
17) Formanek, J. et al., "Enhanced Butanol Production by Clostridium beijerinckii BA 101 Grown in Semidefined P 2 Medium Containing 6 Percent Maltodextrin or Glucose", *Appl. Environ. Microbiol.*, Vol. 63, pp. 2306-2310 (1997)
18) Ezeji, T. C. et al., "Acetone butanol ethanol (ABE) production from concentrated substrate：reduction in substrate inhibition by fed-batch technique and product inhibition by gas stripping", *Appl. Microbiol. Biotechnol.*, Vol. 63, pp. 653-658 (2004)
19) Ezeji, T. C. et al., "Butanol production from corn", Taylor & Francis, New York (2006)
20) Qureshi, N. et. al., "Butanol production from corn fiber xylan using Clostridium acetobutylicum", *Biotechnol. Prog.*, Vol 22, p. 673-680 (2006)

第3章　バイオエタノールと地球温暖化問題

横山益造*

1　バイオエタノール製造の意義—LCA解析（エネルギー効率およびGHG削減効果）—

　バイオエタノールは，石油等の化石資源からのエネルギーにとって代わる再生可能なエネルギーとして位置付けられ，温室効果ガス削減にも資するバイオリファイナリーにおける最も重要，かつ，最大の市場規模を有するバイオエネルギー製品である。現在生産されているバイオエタノールは，トウモロコシやサトウキビの収穫物であるコーンや砂糖汁（モラセス）から作られ，これらの収穫物も再生可能な原料であるから，カーボンニュートラルであり，温室効果ガス削減に寄与することは感覚的には理解できる。しかし，その栽培や集積そしてエタノールへの変換にはディーゼル燃料，天然ガス，火力電力等の化石エネルギーが使用されている。そして，製造されたエタノールが保有するエネルギー量は栽培，変換等に投入されたエネルギー量よりも多いのか少ないのか（Energy Efficiency）の問題もある。従って，バイオエタノールの生産が定量的に，どの程度温室効果ガス削減に寄与するのか，そして，エネルギー生産効率上，ポジティブなエネルギー変換技術であるかを解析，定量化することは，各種の方針決定に際して，客観的な判断基準のベースを提供し，有用な知見を与えてくれるので非常に重要なこととなる。

　そのための解析手法がLCA解析である（Life Cycle Assessment）。LCA解析は図1に示されているように，"Cradle-to-Grave"解析とも言われ，原料の栽培に使用される肥料生産に要するエネルギーをはじめとして，物質変換工程（生産），そして，エネルギー消費されるまでの全工程についてエネルギー投入量やCO_2排出量を解析するものである。そして，対比される化石ガソリンについても，原油の採掘から原油輸送，石油リファイナリーにおけるガソリン精製工程についても同様の計算がなされる。図1中の"WTT"，"WTW"の語句はLCA解析資料でよく使用されているものであるが，WTTとは，"Well-to-Tank"の略称であり，栽培（採掘）から燃料タンクまでの工程に関する解析を意味し，WTWとは，"Well-to-Wheel"の略称であり，栽培（採掘）から燃料消費までの全工程に亘る解析であることを表している。

---

　*　Masuzo Yokoyama　㈶地球環境産業技術研究機構（RITE）　微生物研究グループ
　　主任研究員

第3章 バイオエタノールと地球温暖化問題

Cradle — to — Grave

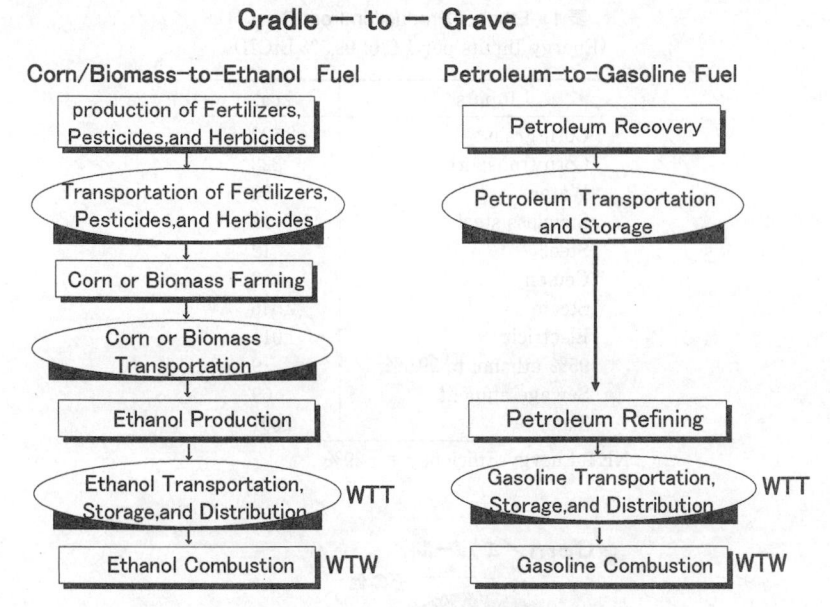

Corn/Biomass-to-Ethanol Fuel

production of Fertilizers, Pesticides,and Herbicides
↓
Transportation of Fertilizers, Pesticides,and Herbicides
↓
Corn or Biomass Farming
↓
Corn or Biomass Transportation
↓
Ethanol Production
↓
Ethanol Transportation, Storage,and Distribution　WTT
↓
Ethanol Combustion　WTW

Petroleum-to-Gasoline Fuel

Petroleum Recovery
↓
Petroleum Transportation and Storage
↓
Petroleum Refining
↓
Gasoline Transportation, Storage,and Distribution　WTT
↓
Gasoline Combustion　WTW

図1　バイオエタノール生産の意義：LCA解析

2　バイオエタノール製造のエネルギー効率

バイオエタノール製造のエネルギー効率の問題は古くから議論されているが，ここでは，近年の解析結果を紹介する。以下の紹介で明らかにされているが，バイオエタノール製造がネガティブなエネルギー生産方法とする解析結果は少数であり，多くは，ポジティブなエネルギー生産方法と解析している。

2.1　ネガティブエネルギー効率論

表1は，D. Pimentel（コーネル大学）と T. W. Patzek（カリフォルニア大，バークレイ）が"Ethanol Production Using Corn, Switchgrass and Wood ; Biodiesel Production Using Soybean And Sunflower"（D. Pimentel and T. Patzek）のタイトルで，『*Natural Resource Research*』，vol. 14, 65-76（March, 2005）で発表したcornからのエタノール製造技術の解析結果である。なお，エネルギー効率の定義は，単に，NET ENERGY（生産されたエネルギー量と投入エネルギー量の差）だけで論じるものや投入化石エネルギーに対する製造エタノールのエネルギー比率で表す等著者により種々異なるが，上記文献では以下の定義でなされている。

NET Energy Efficiency ＝（エタノール保有熱量－生産投入エネルギー）/エタノール保有熱量

バイオリファイナリー技術の工業最前線

表1 Ethanol Production from Corn
(Energy Inputs per 1 L of 99.5% EtOH)

Inputs	kcal
Corn grain	2,522
Corn transport	322
Water	90
Stainless steel	12
Steel	12
Cement	8
Steam	2,546
Electricity	1,011
95% ethanol to 99.5%	9
Sewage effluent	69
Total	6,601

NET Energy Efficiency = －29%

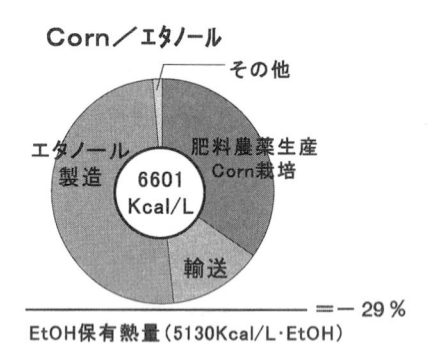

図2

　エタノールの保有熱量は5,130 kcal/Lエタノールであるので，著者らに拠ればNET Energy Efficiencyは－29%となる。即ち，エタノールをCornより生産すれば，エタノールが保有するエネルギーより29%大きなエネルギーを投入しなければならず，エタノール生産技術はエネルギー損失を伴う技術となる。これを図に表示したのが図2である。

　コーンエタノール製造に大きなエネルギー使用を要する部分はコーンの栽培（耕地，植付け，収穫などに要するエネルギーと，主としてアンモニア系窒素肥料合成に要するエネルギーがそれぞれ1/2を占める）とエタノール変換工程（発酵液のエタノール濃縮・精製エネルギーが大きな比重を占める）である（コーン輸送や反応機器の製造・設置に要するエネルギーの比率は極く小さい）。従って，エタノール製造に投入されるエネルギーは肥料の効率的な使用を行う栽培技術やエタノール変換技術（濃縮・精製の省エネだけでなく，エタノール収率の向上も含めて）の進歩などが大きく影響する。

　Pimentelらは，また，同論文でセルロース系エタノール製造技術であるSwitchgrassからの

第3章 バイオエタノールと地球温暖化問題

表2 Ethanol Production from Switchgrass
(Energy Inputs per 1 L of 99.5% EtOH)

Inputs	kcal
Switchgrass	694
Switchgrass Transport	300
Water	70
Stainless steel	45
Steel	46
Cement	15
Grind Switchgrass	100
Sulfuric acid	0
Steam	4,404
Electricity	1,703
95% ethanol to 99.5%	9
Sewage effluent	69
Total	7,455

NET Energy Efficiency = －45%

　エタノール製造技術についても解析している（表2）。Pimentelらによるセルロース系原料であるSwitchgrassからのエタノール製造はコーンからのエタノールよりもさらに大きなエネルギー損失（－45%）を伴う技術であり，有効なエネルギー獲得技術ではないとする解析結果である。このケースでエタノール製造エネルギーに大きな割合を占めているのはエタノール変換工程でのプロセス用役エネルギーとしてのSteamおよびElectricityである（Switchgrassの栽培には，コーンの場合と異なり，施肥の程度は小さいので肥料合成のための大きなエネルギー使用はない）。

　Pimentelらの文献の脚注に解析のベースとなる基礎データの出典が記載されている。それによると，このセルロース系原料からのエタノール変換技術のエネルギー計算の根拠としているのは，Arkenol社（現BlueFire Ethanol, Inc.）の木質系原料を対象とする濃硫酸糖化技術である。Arkenol社の濃硫酸糖化技術は，原料木材チップを70%硫酸および40%硫酸により原料木材を糖化分解する二段階糖化分解技術であり，使用後の硫酸を多重効用缶で濃縮回収して再利用する方法である。この硫酸濃縮には大きなエネルギーを要することも知られている。

　現在，セルロース系エタノールは未だ実用化技術には至っていないが，Switchgrassなどのソフトバイオマス原料の糖化分解技術として想定されているのは，簡単な前処理後，生物的（酵素）糖化を行う方法である。そのエネルギー使用量が濃硫酸糖化分解法等に比し，大幅に小さくなることを特徴とするものである。PimentelらがソフトバイオマスであるSwitchgrassの糖化分解にハードバイオマスである木質糖化分解法である濃硫酸分解法のデータを根拠としていることは不適切であると指摘できる。

　LCA解析は，その計算結果の算出法や採用する基礎データに関して，透明性があることが必要とされる。しかし，採用する基礎データに恣意性が感じられる場合がある。Pimentelらのエ

バイオリファイナリー技術の工業最前線

タノール製造技術に関する Energy Efficiency の結果は，次に紹介する多くの他の LCA 解析結果と異なり少数意見である。コーンエタノールの場合においても，多くが，コーンからのエタノール生産はエネルギーポジティブ，即ち，エネルギー獲得技術としていることに対して，Pimentel らの結果はその逆である。その理由として Pimentel らは，最近のトウモロコシ栽培技術の進歩（栽培面積当たりのコーン収穫量の向上，即ち，施肥量当たりのコーン収量の向上に繋がる）やエタノール変換技術の進歩によるコーン当たりのエタノール収率の向上を考慮していない古いデータを採用しているためと，批判を浴びている。

2.2 ポジティブエネルギー効率論（その1）

　LCA 解析で著名な DOE, Argonne National Lab. の M. Wang が DOE 公式見解として発表したのが図3である。この結果は，同量のエネルギー量を保有するコーンエタノールと石油ガソリンが製造されるためには，コーンエタノールでは 0.74/1.0 = 0.74 倍の化石エネルギー（天然ガス，石炭，石油）量しか使用する必要はないが（保有するエネルギー量よりも少ない投入エネルギー量で製造することができる），石油ガソリンでは 1.23/1.0 = 1.23 倍の化石エネルギーが必要である（エネルギーネガティブ）ことを示している。即ち，コーンエタノールは，化石エネルギーの

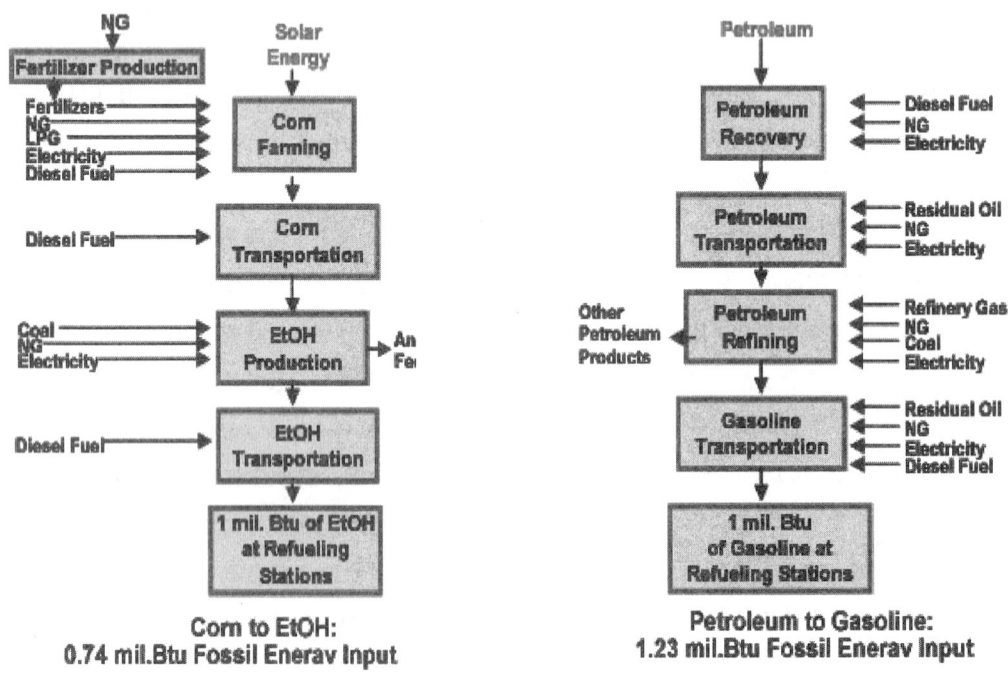

いずれも1M Btu（British Thermal Unit）のエネルギー使用が可能な燃料。
(http://www.ncga.com./public_policy/PDF/03_28_05ArgonneNet/LabEthanolStudy.pdf)

図3　To produce and deliver 1 M Btu of EtOH or Gasoline

第3章 バイオエタノールと地球温暖化問題

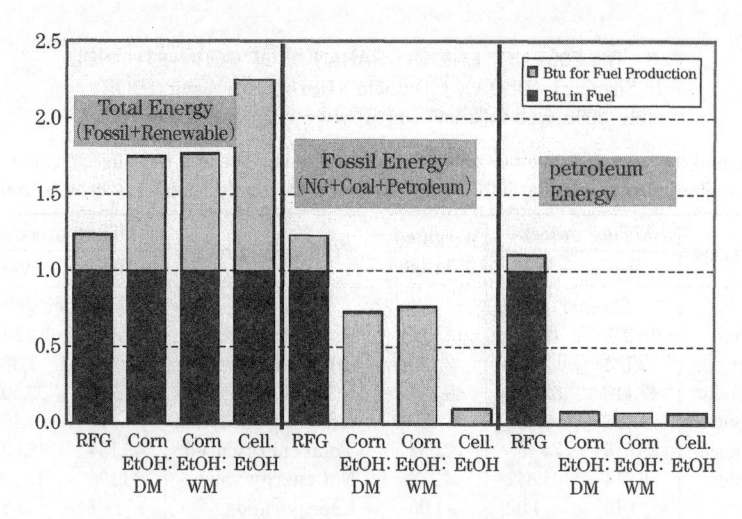

図4 Total Btu Spent for One Btu Available at Fuel Pumps

使用に対して，ポジティブなエネルギー効率を有していることを表している。これは，コーンエタノール（バイオエタノール）は無限量の太陽エネルギーを蓄えた原料のエネルギー利用形態に他ならないからである。

図3の内容をもう少し詳細に説明するのが図4である。4種の燃料について（標準ガソリン―RFG，コーンエタノール―Dry Mill 製造法，コーンエタノール―Wet Mill 製造法，セルロース系原料エタノール），それらが保有し，消費されるエネルギー量分とその製造のために要するエネルギー量分の合計（化石エネルギー量＋再生可能エネルギー量）を図4の左欄に示し，中央欄はその合計の内の化石エネルギー分（天然ガス，石炭，石油）を，右欄はさらに化石エネルギー分の内の石油エネルギー分それぞれを示したものである（図4中の濃色部分は燃料形態として利用できる1Btuのエネルギー分を示す）。エタノール燃料が保有・消費されるエネルギー分よりも少ない化石エネルギーで製造されており，特に，セルロース系原料エタノールで使われる化石エネルギー量は顕著に少ない。これは，セルロース系原料中のリグニン部分がエタノール製造プロセスエネルギーとして変換利用できることを想定しているためである。

2.3　ポジティブエネルギー効率論（その2）

USDA の H. Shapouri らは，2001年に実施したコーン栽培およびエタノール製造に関する実地調査データに基づくコーンエタノールに関する解析結果を報告している。この解析の特徴は，コーンエタノールの重要な副生産物である DDGS（Distillers Dry Grains Soluble；発酵液からエタノールを濃縮・精製した残渣であり，家畜飼料として商品価値が高い。エタノールとほぼ同重量生成し，コーンエタノール価格構成で大きな credit となっている重要な副生品である）の

表3 The 2001 NET ENERGY BARANCE OF CORN-ETHANOL
H. Shapouri (USDA), J. Duffield (USDA), M. Wang (DOE)
(July/2005, web 公開資料：http://www.ncga.com/ethanol/pdf)

Energy use and net energy value per gallon without coproduct energy credits, 2001

Production process	Milling process		Weighted average
	Dry	Wet	
	Btu per gallon		
Corn production	18,875	18,551	18,713
Corn transport	2,138	2,101	2,120
Ethanol conversion	47,116	52,349	49,733
ethanol distribution	1,487	1,487	1,487
Total energy used	69,616	74,488	72,052
Net energy value	6,714	1,842	4,278
Energy ratio	1.10	1.02	1.06

Energy use and net energy value per gallon with coproduct energy credits, 2001

Production process	Milling process		Weighted average
	Dry	Wet	
	Btu per gallon		
Corn production	12,457	12,244	12,350
Corn transport	1,411	1,387	1,399
Ethanol conversion	27,799	33,503	30,586
ethanol distribution	1,467	1,467	1,467
Total energy used	43,134	48,601	45,802
Net energy value	33,196	27,729	30,528
Energy ratio	1.77	1.57	1.67

EtOH Energy value = 76,330 Btu/Gal

Energy Ratio : $\dfrac{\text{EtOH Energy value}}{\text{Total energy used}}$

(Net energy value = EtOH Energy value − Total enrgy used)

energy credit を LCA 解析値に組み入れていることである（表3の右表）。なお，右表の energy ratio（単位量のエタノール生産に使用された全エネルギー量に対する単位量のエタノールが保有するエネルギーの比）1.67 が USDA の公式数値となっている。エタノール生産はそれに使用されたエネルギー量よりも 1.7 倍のエネルギーを生み出す技術であることを意味している。これもまた，エタノールがバイオマスエネルギーであるからである。

USDA の Shapouri は，過去の LCA 結果を纏めて，近年の解析結果は，エタノール生産はエネルギーポジティブな技術とする解析が多いことを指摘しているが，前述の Argonne National Lab. の M. Wang も同じ指摘を行っている（図5）。

2.4 エネルギー効率に関する総括的解析結果

バイオエタノールエネルギー効率に関する議論は，それぞれが使用する基礎データが異なり，また，その解析の methodology に透明性が欠けるものがある。このような状況の下では，両論が平行線をたどることが各種の議論ではよくあることである。しかし，2006年1月に注目すべき論文が科学技術分野で定評のある雑誌『Science』で発表された（著者らは，エネルギー効率論争に休止符を打つ解析結果と述べている）。

UC, Berkley の D. M. Kammen らは，LCA 解析のための計算モデルを作成し（EBAMM：Energy and Resource Group Biofuels Meta Model），過去の各種データを同一基準で計算し直すと共に，近年に発表されたデータの EBAMM による計算結果を発表した（"Ethanol Can Con-

第3章 バイオエタノールと地球温暖化問題

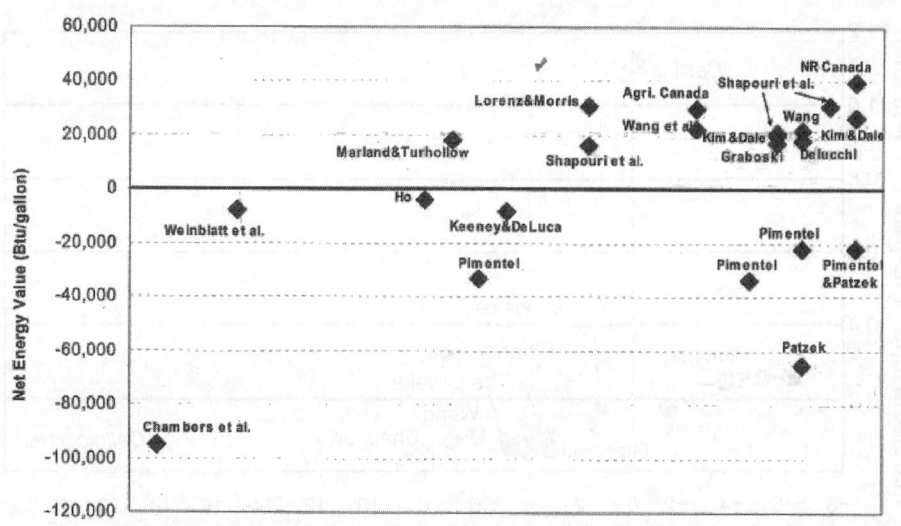

図5 Most of the Recent Corn EtOH Studies Show a Positive Net Energy Balance

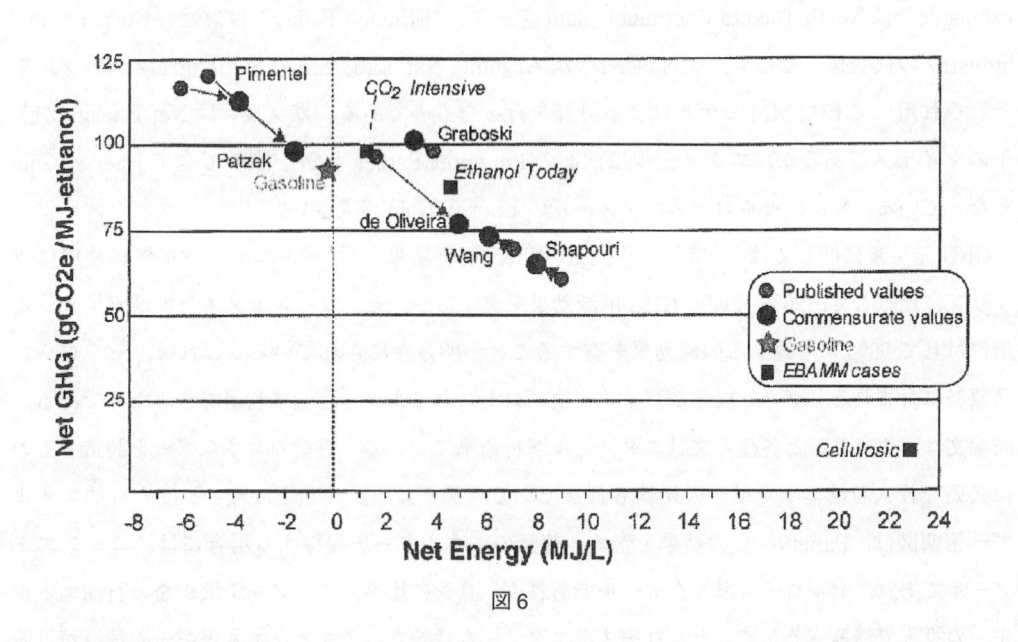

図6

tribute to Energy and Environmental Goals", *Science*, vol. 311, p. 506, 27 Jan. 2006）。

EBAMM の解析ソフトツールは web 上で公開されている（http://rael.berkeley.edu/EBAMM/）。

図6は『*Science*』で発表された，従来解析結果を Net Energy と Net GHG（温室効果ガス）発生量の相関図である．図中，小円はこれまでの各著者による original データであり，大円はそれらのデータを EBAMM で計算し直したものである．また，■データは直近のデータ（"CO_2

51

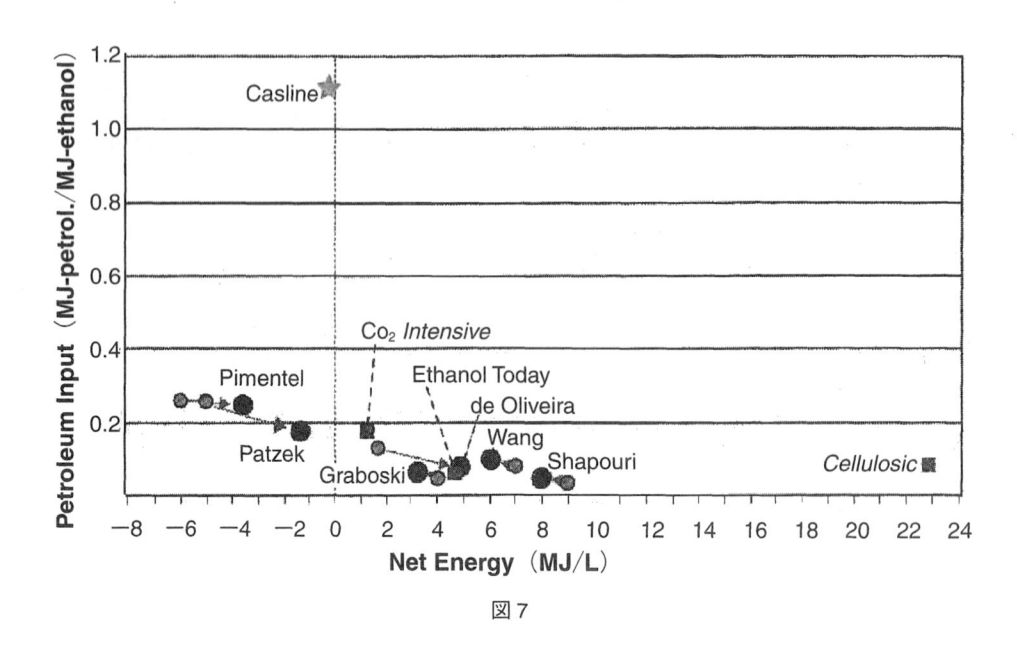

[図7 グラフ: Petroleum Input (MJ-petrol./MJ-ethanol) vs Net Energy (MJ/L)、Casline, Pimentel, Patzek, Graboski, Co₂ Intensive, Ethanol Today, de Oliveira, Wang, Shapouri, Cellulosic のプロット]

図7

Intensive" は North Dakota の ethanol plant データ，"Ethanol Today" は最近の Corn ethanol industry の代表値，そして，"Cellulosic" は Argonne Nat. Lab. 発表の Switchgrass データ）をそれぞれ用いて EBAMM モデルによる計算を行ったものである。ガソリンは Net Energy が若干のマイナスであるが，エタノールは前記の Pimentel, Patzek の例を除いて全て Energy Gain となっている。特に，セルロースエタノールの Energy Gain が大きい。

GHG 発生量に関しては（WTW：Well to Wheel 解析結果），コーンエタノール燃料使用はガソリンに比較して，20% 程度の GHG 削減効果を有するが，セルロースエタノールはガソリン使用に対して 90% にも達する削減効果を有することが明らかにされている。これは，セルロース系原料に含まれるリグニン成分がバイオ変換プロセスエネルギーとして利用できるためである。同論文は，ガソリンと各種の文献エタノール解析結果について，等量のエネルギーを製造するのに必要な投入石油エネルギーの比較も行っている（図7参照）。Net Energy と投入石油エネルギー相関図は，Pimentel らの結果を含め，等量のエネルギーを獲得する場合には，コーンエタノールであれ，セルロース系エタノールであれガソリンに比べ，エタノールは少ない石油エネルギーの投入で済み，そして，セルロース系エタノールは際立って大きなエネルギーの獲得が可能であることを示している。

3　バイオエタノールの GHG 削減効果

バイオエタノールの GHG 削減効果を論じるには，その製造までのライフサイクルではなく，

第3章 バイオエタノールと地球温暖化問題

燃料使用までを含むライフサイクル，即ち WTW 解析を行う必要がある。GHG 削減量を解析する計算モデルとしては，Argonne National Lab. の GREET モデル（Greenhouse gases Regulated Emission and Energy use in Transportation）が著名であり，その計算例も Web で公開されている（表4参照）。その例では，ガソリン車（表中，左端の Baseline, GV-Gasoline Vehicle データ）に比較して，CornE 85, FFV（コーンエタノール 85%，ガソリン 15% 混合燃料を使用する FFV 車：Flexible Fuel Vehicle）や Cell. E 85, FFV（セルロース系エタノール E 85 燃料を使用する FFV 車）が Mile 走行距離当たりどの程度 GHG 削減できるか，その削減%が示されて

表4　Argonne Transportation-GREET Model 計算例（web 公開データ）
Well-to-Wheel Energy and Emission Changes（%, relative to Baseline GV）

	Baseline GV	DI CI DV	Gasoline HEV	Diesel HEV	CNGV	Station NG to H_2 ICE	Station NG to H_2 HEV	Station NG to H_2 FCV	Corn E 85 FFV	Cell. E 85 FFV
Petroleum (Btu/mi)	4,084	−14.3%	−28.8%	−36.0%	−99.5%	−99.1%	−99.3%	−99.6%	−69.3%	−69.9%
Fossil Fuels (Btu/mi)	4,628	−16.8%	−28.8%	−37.8%	−9.5%	19.3%	−10.5%	−38.0%	−35.6%	−68.6%
Total Energy (Btu/mi)	4,799	−19.5%	−28.8%	−39.8%	−12.0%	16.9%	−12.4%	−39.5%	17.4%	53.8%
CO_2-equiv. GHG (g/mi)	369	−12.3%	−28.1%	−34.1%	−20.9%	−3.3%	−21.9%	−49.7%	−24.5%	−63.5%

	Station Cell. EtOH to H_2 ICE	Station Cell. EtOH to H_2 HEV	Station Cell. EtOH to H_2 FCV	U.S. kWh to H_2 ICE	Renewable kWh to H_2 ICE	U.S. kWh to H_2 HEV	Renewable kWh to H_2 HEV	U.S. kWh to H_2 FCV	Renewable kWh to H_2 FCV	U.S. kWh BPEV
Petroleum (Btu/mi)	−87.6%	−90.7%	−93.7%	−91.0%	−100.0%	−93.3%	−100.0%	−95.4%	−100.0%	−98.5%
Fossil Fuels (Btu/mi)	−51.2%	−63.4%	−75.1%	123.3%	−100.0%	67.5%	−100.0%	13.8%	−100.0%	−50.5%
Total Energy (Btu/mi)	223.0%	142.2%	64.6%	144.7%	5.9%	83.5%	−20.6%	24.7%	−46.4%	−44.7%
CO_2-equiv. GHG (g/mi)	−44.5%	−57.8%	−72.9%	166.1%	−97.7%	100.1%	−97.7%	34.4%	−100.0%	−36.8%

表中の車種：
・GV：Gasoline Vehicle
・DI CI DV：Direct Ignition Compression Ignition Diesel Vehicle
・HEV：Hybrid Electric Vehicle（ハイブリッド電気自動車—ガソリン）
・CNGV：Compression Natural Gas Vehicle（圧縮天然ガス自動車）
・Station NG to H_2 ICE：（定置式天然ガス源水素の ICE（Inter Combustion Engine）
・Station NG to H_2 HEV：（定置式天然ガス源水素のハイブリッド電気自動車）
・Station NG to H_2 FCV：（定置式天然ガス源水素の燃料電池自動車）
・FFV：（Flexible Fuel Vehicle）
・Cell E 85 FFV：（セルロース系エタノール　E 85 FFV）
・Station Cell EtOH to H_2 ICE：（定置式セルロースエタノールからの水素内燃エンジン）
・Station Cell EtOH to H_2 HEV：（定置式セルロースエタノールからの水素 HEV）
・Station Cell EtOH to H_2 FCV：（定置式セルロースエタノールからの水素 FCV）
・US kWh to H_2 ICE：米国電力源電気分解水素の内燃機関自動車
・Renewable kWh to H_2 ICE：再生可能エネルギー電力源電気分解水素の内燃機関自動車
・US kWh to H_2 HEV：米国電力源電気分解水素の HEV
・Renewable kWh to H_2 HEV：再生可能エネルギー電力源電気分解水素の HEV
・US kWh to H_2 FCV：米国電力源電気分解水素の FCV
・Renewable kWh to H_2 FCV：再生可能エネルギー電力源電気分解水素の FCV
・US kWh BPEV：米国電力源の充電式電池自動車

いる（表4中の上段，右端2欄データ）。

　感覚的には，エタノール含量の多い燃料ほど，そして，前記のWTT解析から推測できることであるが，コーンエタノールよりもセルロース系燃料の方が，GHG削減効果が大きいと判るが，定量的にはこのようなモデル計算により初めて知ることができる。GREETモデルによれば，CornE 85, FFVとCell.E 85, FFVはガソリン仕様車と比較して，それぞれ，25％，64％程度のGHG削減効果があることになる。

　ガソリン燃料使用に対するエタノール混合燃料のGHG削減量は色々な定義の方法でなされる。また，米国で最も一般的に普及しているE 10燃料（エタノール10％，ガソリン90％）がガソリン燃料使用に対してどの程度のGHG削減効果があるのか，そして，それはE 85燃料と比較してどの程度少なくなるのかも，興味ある。

　NCGA（National Corn Growers Association）主催のフォーラム（Ethanol Energy Balance Open Forum, 2005年8月：http://www.ncga.com/ethanol/debunking/ForumPresentation.asp）において，Argonne National Lab.のM. Wangはエタノールの製造法や原料由来が異なる場合，そして，そのようなエタノールをE 10として使用した場合とE 85として使用した場合について，どのようにGHG削減効果に違いが生じるかを，GHG削減効果の表現方法として，ガソリンと等価のエネルギー相当量を置換するに要するエタノール容量当たりのGHG削減量，エタノール混合燃料による走行距離当たりのGHG削減量をそれぞれ示すプレゼンテーションを行っている（図8参照。エタノールは容量当たりガソリンの65％のエネルギーを有することを念頭した図の理解）。

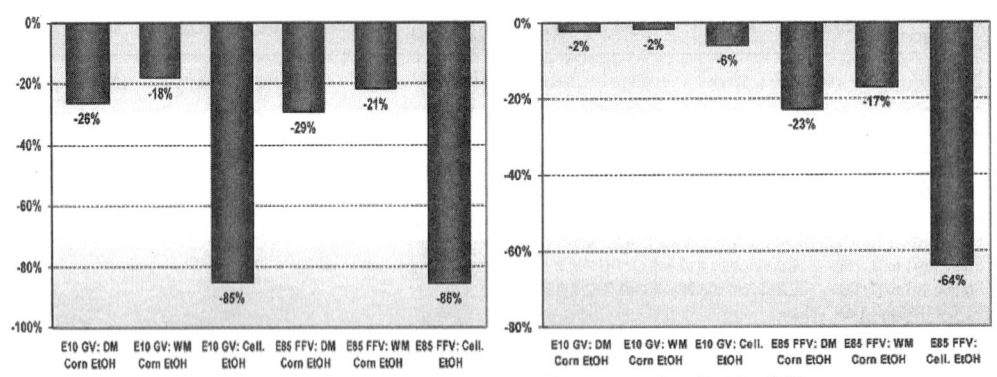

Ethanol Energy Balance Open Forum（Aug.23,2005）プレゼン資料
http://www.ncga.com/ethanol/debunking/ForumPresentation.asp

図8　GHG Emission Reductions Per Gallon of Ethanol to Displace An Energy-Equivalent Amount of Gasoline

第4章　バイオリファイナリーの「光と影」

村上嘉孝*

1　はじめに

　本篇では，バイオマス資源からエネルギーや化学製品を生産するバイオリファイナリーについて，特にバイオエタノールについては，そのLCA解析，技術開発動向などを中心に，その「光」の部分に焦点をあてて紹介してきた。

　しかし，バイオエタノールの導入が進み生産量が増えるにつれ，原料であるバイオマス資源の生産や調達過程などに関するいくつかのネガティブな点が明らかになってきた。本章では，これらの問題点を指摘するとともに，その解決に向けた取り組みを紹介する。

2　食料との競合

2.1　トウモロコシ価格の高騰

　米国では，地球環境問題に対する「脱化石資源」の動き，昨今の原油価格の高騰に伴う原油輸入依存度低下意識の浸透，オクタン価向上のためのガソリン添加剤 MTBE 代替需要の発生，エネルギー法2005の施行などにより，バイオエタノールの需要が急速に拡大している。2001年に670万klであったバイオエタノールの生産量は，2006年には1,850万klと，わずか5年間で3倍に増加した（図1）。2007年1月，米国のブッシュ大統領は一般教書演説において，バイオエタノールの実用化に向けたさらなる研究開発支援と生産拡大を表明し，10年以内にバイオエタノールの生産量を1.3億klに拡大するとの目標を掲げた。しかしながら，現在のバイオエタノールの大半はトウモロコシを原料として生産されたものであり，その生産量が増えるにつれ，原料として使用されるトウモロコシの使用量も増加の一途をたどっている。このようなトウモロコシのバイオエタノール向け使用量の増大はトウモロコシ価格の高騰を招き，2006年9月頃から急上昇した価格は2007年4月に＄4/ブッシェルまで上昇し（図2)[1]，既に多方面に影響を及ぼしている。

＊　Yoshitaka Murakami　㈶地球環境産業技術研究機構（RITE）　企画調査広報グループサブリーダー

バイオリファイナリー技術の工業最前線

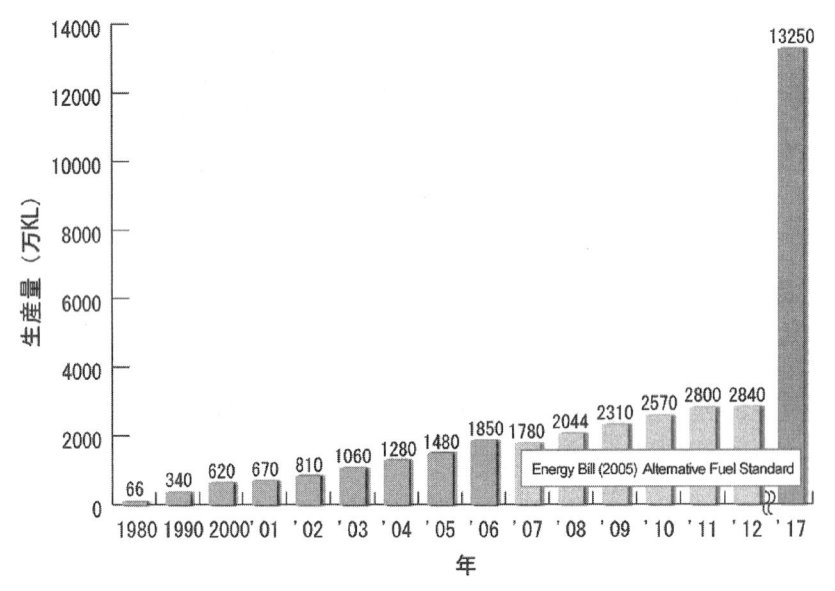

図1 米国のバイオエタノール生産量の推移および今後の予測
(出典:Renewable Fuel Association)

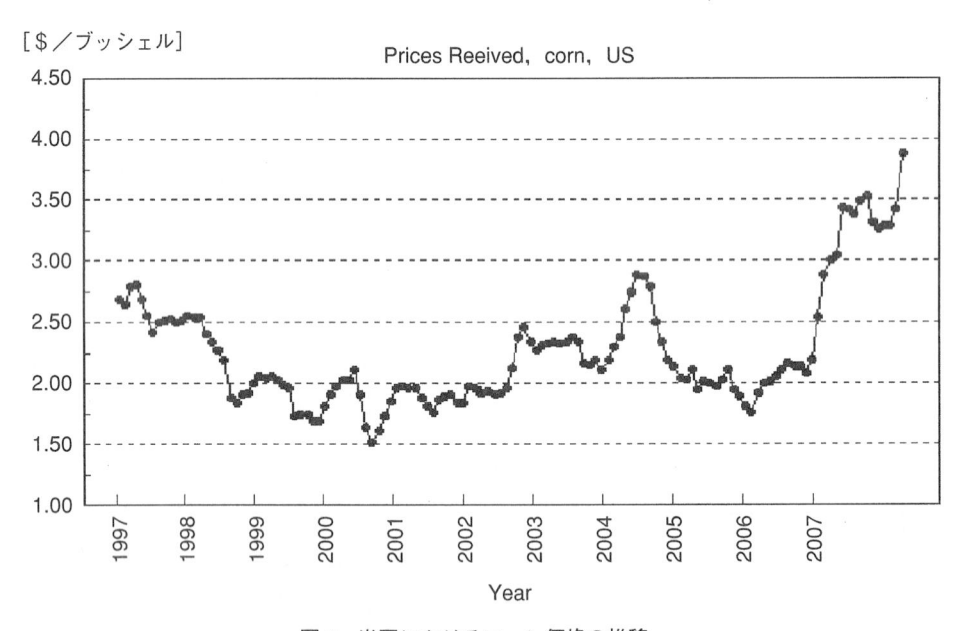

図2 米国におけるコーン価格の推移

　メキシコでは,主食とされているパン"トルティーヤ"の価格が2007年1月に2倍に上昇した。トルティーヤはトウモロコシから作られており,トウモロコシの価格上昇が主たる原因である。主食であるトルティーヤの値上げは,国民,特に貧困層の生活を直撃し,2007年1月末にはメキシコ市で約75,000人が集まって抗議デモを行うほど深刻な影響を与えている[2]。

第4章 バイオリファイナリーの「光と影」

またトウモロコシを主原料としている家畜飼料の価格にも影響を及ぼしている。2006年1月に43,000円/トンであった配合飼料工場渡し価格が2006年秋頃から急上昇して2007年4月には52,000円/トンに達した[3]。この影響で食肉価格も高騰し，ハムやソーセージなどの加工食品も値上がりし始めている。

2.2 他の食糧市場への波紋

米国のバイオエタノール生産量の急増は，国際的な食糧市場へも波紋を広げている。

トウモロコシの価格高騰は，グローバルな穀物商品である大豆や小麦などからトウモロコシへの転作を招き，その結果，われわれの生活にさまざまな影響を及ぼしている。

2007年6月，マヨネーズが値上げされた。これはマヨネーズの主原料である食用油の価格高騰が主たる原因である[4]。食用油は菜種や大豆から生産されるが，特に米国では，トウモロコシの需要拡大に伴い大豆からトウモロコシへの転作が進み（図3）[5]，大豆の生産量が減少して価格

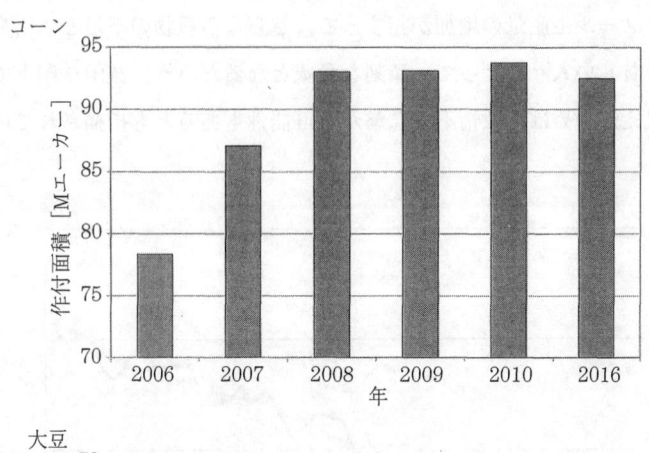

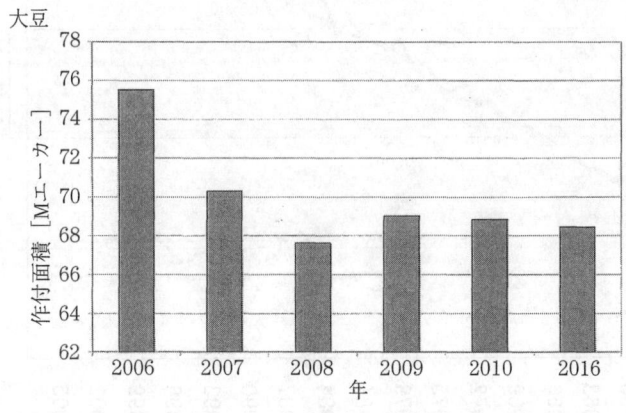

図3 米国のコーンおよび大豆の作付面積の変化
（出典：Center for Agricultural and Rural Development）

が上昇したことが，食用油の価格高騰に繋がっている。さらに，わが国では 2007 年 10 月から輸入小麦も大幅に値上げされ，今後は大豆や小麦を原料とする豆腐や納豆，うどんやパンなどの食品の値上がりも懸念されている。

このように，トウモロコシのバイオエタノール向け使用拡大は，トウモロコシだけでなく，穀物全体の生産・消費に大きな影響を与えているが，同じことはサトウキビにもあてはまる。2007年 5 月，100% オレンジジュースが値上げされた。これはバイオエタノールの需要拡大により，オレンジの主要な産地であるブラジルなどで，オレンジからバイオエタノールの原料となるサトウキビへの転作が進み，オレンジの生産量が減少してオレンジ価格が上昇したことが一因であると言われている[6]。

また，世界人口の増加，所得水準の向上に伴う畜産用飼料の需要増加により，世界の穀物（米，トウモロコシ，小麦，大麦等）の需要は拡大し続けている。その結果，世界全体の穀物消費量が生産量を上回る状態が 2 年連続で続き，世界の穀物期末在庫量は過去 25 年間で最も低い水準まで下がっている[7]（図 4）。

今後バイオエタノール生産量の増加が相まって，さらなる穀物の不足と価格高騰が続けば，多くの飢えに苦しむ貧しい人々にとって，深刻な脅威となるだろう。貧困な国々で，穀物価格の高騰によりさらに飢えが進めば，政情不安に繋がる可能性もあるとも指摘されている。

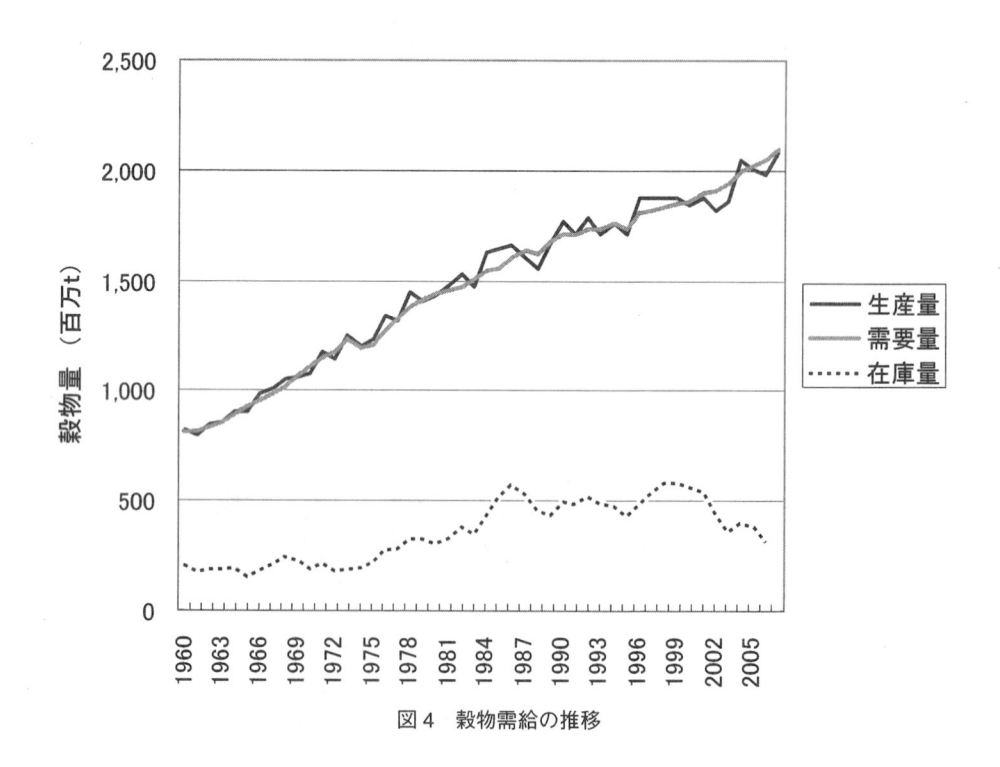

図 4　穀物需給の推移

第4章 バイオリファイナリーの「光と影」

3 環境破壊

　第1章で述べたとおり，バイオマス資源からエネルギーや化学製品を生産するバイオリファイナリーは地球温暖化対策として非常に有効であると期待されている。バイオリファイナリーの導入が進むに従い，原料となるバイオマス資源の増産も活発になっているが，一方で農地拡大による森林破壊や生態系の破壊などが問題になっており，このままの状態で拡大が進めば，有効な温暖化対策ではなく，逆に，地球環境の悪化に繋がりかねないとの指摘も浮上している。

　パーム油の主要な生産国であるインドネシアとマレーシアは熱帯雨林気候に属し，国土の多くを熱帯林で覆われた緑豊かな国である。しかし紙・パルプ産業による木々の伐採や，鉱業開発，農地開発により熱帯林が減少の一途をたどっており，パーム油の需要拡大によって，さらに森林破壊が進むのではないかと懸念されている。

　インドネシア政府はバイオ燃料生産を貧困対策や雇用対策にも有効であるとして生産拡大を積極的に進めており，2007年1月から6月までのバイオ燃料への投資は，マレーシアや欧米，中国，日本などの企業の投資を含め，計画ベースで約2兆円に達しているという。インドネシア・パーム油経営者協会は，2007年のパーム油生産量は1,680万〜1,720万トン（2006年の生産量1,570万トンの7.0〜9.5%増）に達するだろうと予測している[8]。これが実現すれば，インドネシアはマレーシアを抜いて世界1位の生産国となる。原料となるアブラヤシのプランテーション面積も1990年には110万ヘクタールであったのが，2002年には3倍以上の350万ヘクタールに拡大している。これは同時に熱帯林の減少を意味している。インドネシアで2番目に大きい島であるスマトラ島は，かつて，熱帯林に覆われた島であったが，この100年間で急激に熱帯林が失われており，このままのペースで開発が進めば，2010年にはそのほとんどが消滅してしまうとも予測されている（図5）[9]。

　またインドネシア，マレーシア，ブルネイの3国に分かれているボルネオ島（カリマンタン島）においても，熱帯林の減少は深刻である。ボルネオ島は世界で最も広大な熱帯林が残る地域の1つであり，貴重な動植物が数多く生息している。2005年にインドネシア政府は，マレーシアとの国境沿いに巨大なアブラヤシ・プランテーションを造成すると発表したが，この造成予定地には熱帯林や3つの国立公園も含まれていた。この計画に対して世界的に批判の声が高まり，インドネシア政府は計画の変更を余儀なくされた[10]。

　ブラジルはアメリカと並ぶバイオエタノールの生産大国であるが，世界的なバイオエタノール需要の拡大に伴い，原料となるサトウキビの栽培面積が，2013年までに，現在の580万ヘクタールから新たに300万ヘクタール必要になると推定されている。ブラジル政府は余剰農地の利用により拡大可能としているが[11]，ブラジル中央高原に広がる，多様な生物種の宝庫であり世界自

59

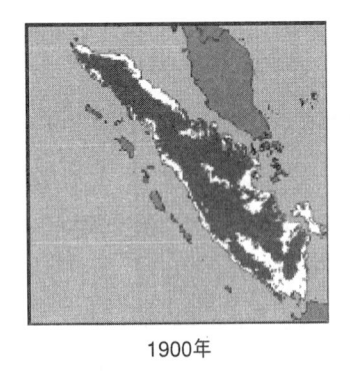

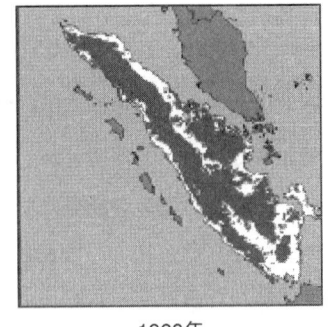

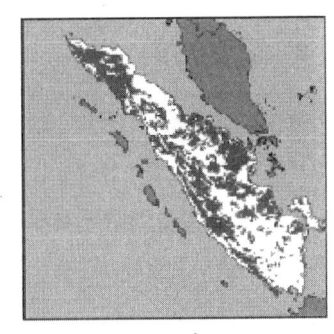

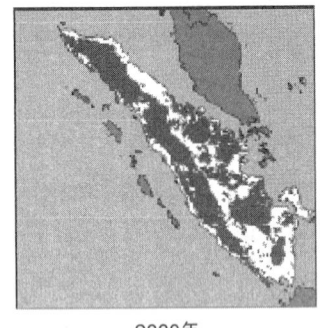

バイオリファイナリー技術の工業最前線

1900年　　　1960年　　　1980年

2000年　　　2010年（予想）

図5　スマトラ島の森林減少
（出典：WWF）

然遺産にも登録されているセラードと呼ばれる草原地帯にまで開発の手が伸びるのではないかとも懸念されている[12]。

　熱帯林には多種多様な植物や生物が生息しており，固有種も多い。スマトラ島やボルネオ島では森林破壊によりゾウやトラ，オランウータンなど多くの野生動物が絶滅の危機に瀕しており，絶滅危惧種に指定されている。また森林伐採の際にオランウータン親子が発見されることもあるが，体の大きい親は危険と見なされて殺されるケースや[13]，住処である森を追われたゾウがプランテーション周辺に出没して殺されるケースなどもある[14]。

　さらに，スマトラ島やボルネオ島の低地には泥炭湿地林が広がっているが，この林をプランテーションに変えることにより泥炭湿地に貯蔵されていた大量の二酸化炭素が大気中に放出され，逆に地球温暖化を進める結果になるとの報告もある。泥炭湿地は河川沿いや海沿いなどの低地に分布しており，雨季には冠水した状態となる。そのため，倒木や落ち葉などの有機物が充分に分解されず，泥炭となり堆積している。泥炭湿地は何千年にもわたり堆積してきた有機物の厚い層からなり，巨大な炭素貯蔵庫であるといわれている。国際環境NGOであるWetlands Internationalの報告によると，泥炭湿地を乾燥させてプランテーションに変えると，地中に蓄積され

第4章　バイオリファイナリーの「光と影」

ていた二酸化炭素が大量に放出されることになる。これにより，インドネシアだけでも年間6億トンもの二酸化炭素が大気中に放出されているという。また乾燥した泥炭湿地は非常に火災が起こりやすく，2006年には東南アジア全体で4万件以上の火災が発生しており，これによる二酸化炭素排出量はインドネシアだけでも14億トンに達する。これらの二酸化炭素排出量も考慮すると，インドネシアは世界第3位の排出国になるという[15]。

なお，コーンエタノールの原料となるトウモロコシ栽培に関しては，使用する窒素肥料に起因する環境汚染（流失肥料による水質悪化，温室効果ガス N_2O の発生等）や灌漑による土壌流失問題なども指摘されている。

4　"労働条件"への批判

バイオエタノールの原料となるバイオマス資源の栽培（プランテーション労働栽培）についても，debt slavery（借金奴隷），低賃金労働，児童労働など，労働条件に関するさまざまな問題点が指摘されている。

2007年7月3日付のInternational Herald Tribune紙は，ブラジル当局があるプランテーションの強制捜査に踏み切ったと報じた。このプランテーションはバイオエタノール生産用のサトウキビ刈り取りのために，1,000人以上の労働者を劣悪な環境下で長時間の労働に従事させたとの疑いをかけられている。このプランテーションの所有者である大手エタノール生産会社はこの事実を否定しているが，疑いが認められれば労働者への不当な扱いに対するブラジル最大の強制捜査になるだろうと当局は発表している。記事によると雇用主は，労働者を居住地からプランテーションまで連れてくるための交通費や，プランテーションでの食費や家賃などに法外な料金を労働者に請求していたという。そのため労働者は雇用主に借金をしながら働くこととなり，彼らはdebt slaveryと呼ばれている。プランテーションでの住居や食事は粗末なものであり，安全な飲料水も供給されておらず，また汚物処理施設も設置されていない。このような不衛生な生活環境や不充分な食事，また1日10時間以上にも及ぶ重労働で労働者の多くは体を壊しているという。

米国労働省は，プランテーションにおける児童労働の状況をレポートしている。収入が少なく貧しい両親は家族の収入を少しでも増やすため児童にも労働させる。一方，プランテーションには，学校が設置されていないか仮に設置されていたとしても遠すぎて徒歩では通えない。このような状況で，児童は学校に通えず，教育や職業訓練を受けることができないため，貧困から抜け出せないという悪循環に陥っているというものである[16]。

このほかにも農薬による健康被害なども報告されており，サトウキビ・プランテーションにおける労働問題は国際的にも認識され，改善が求められている。サトウキビを原料とするブラジル

産バイオエタノールは，トウモロコシを原料とするバイオエタノールよりもエネルギー効率が高く，生産コストも低く抑えられているが，生産コストが低い1つの要因は，このような安い労働コストにあると言われている。

バイオディーゼルの原料となるパーム油の生産工程においても，さまざまな問題が指摘されている。パーム油はアブラヤシの果肉から得られ，マレーシアとインドネシアが主な生産国である。両国のアブラヤシ・プランテーションにおいても，前述のサトウキビ・プランテーションのケースと同様に労働者の多くは低賃金で過酷な労働を強いられ，農薬の使用に対する充分な安全対策もなされておらず，目の炎症や皮膚炎，潰瘍などの健康被害も出ていると報告されている[17]。

インドネシアではプランテーションで働く労働者の半数が日雇い労働者である。彼らの賃金は正雇用の労働者に比べて安く，病気や怪我をした際も正雇用者はプランテーションに設置されている病院を利用できるが，日雇い労働者は利用することができず，また保険にも加入していないため，治療費はすべて自己負担となる[17]。マレーシアでも労働者の賃金は安く，さらにインドネシアやバングラデシュ，フィリピンからの不法労働者が問題となっており，彼らがさらに劣悪な条件下で働かされるケースもあるという[17]。

5 持続可能な発展へ向けて

5.1 セルロース系バイオリファイナリー技術の開発

これらの課題解決策の一つは，第2章で述べたとおり，バイオリファイナリーの原料を可食資源から非食資源，すなわちセルロースに転換することである[18]。セルロースは植物の体組織を形成する物質で，トウモロコシの茎や葉，サトウキビの搾りカス（バガス）だけではなく，生長の早い雑草などにも含まれる。当然のことながら，トウモロコシでは食用部分よりもセルロースが大量に存在する。

セルロース原料法に関しては，これまで，CO_2削減効果・経済性・生産可能量という3つの大きな疑問が議論されてきた。これらについては，エタノールを中心に第3章第2節で述べたとおりである。

わが国を中心にした今後の実用化については，以下の2つのシナリオが考えられる。

①国のエネルギー政策により進められる大規模（数千万kL）生産の実現

②国内資源からの生産

食料と競合しないセルロース資源ソフトバイオマスからの生産は，経済性と生産性において大規模生産が可能であり，アジア諸国と連携することで，日本および連携国両者にとってプラスとなる取り組みが考えられよう。世界のエネルギーを一部の産油国に依存している現在の状況を大

第4章 バイオリファイナリーの「光と影」

きく変える可能性は大変重要であり，地政学的な観点からの戦略が必要である。

一方，国内産のバイオマスを原料とするバイオエタノールの生産は，経済性の面で相当ハードルが高い。しかしながら，環境保全，休耕田の地力保持などの観点からも実用化が期待されている。課題は，「安価なソフトバイオマスの生産」と「小規模プラントでの経済性実現」である。

原料とするソフトバイオマスは何が適当であろうか？　将来的には日本に適したエネルギー作物の開発も重要であるが，日本が得意とする稲の活用も現実的な課題である。これまでの膨大な研究実績（ゲノム解読の基礎研究から実用研究まで）を活用し，バイオマス収量を第一目標とした種の選別，栽培法の確立が肝要であろう。日本の農家による実用技術としての地道な努力と工夫により，思わぬ収穫量のアップも期待されるのではないかと思われる。

5.2 バイオブタノール製法への挑戦

バイオディーゼル燃料の原料となるパーム油の生産に起因する課題を解決する一つの方策は，セルロース原料からのバイオブタノールの生産である。

第2章第2節で詳述したとおり，ブタノールは特殊な嫌気性細菌によって発酵生産が可能なことから，約100年前に工業生産が始まり，第一次，第二次大戦時には航空機燃料の添加剤に使われるなど相当な規模で生産が行われていたが，この製法では平和な時代の燃料用途としての経済性は全くなく，1950年代には石油化学プロセスに置き換えられた。ブタノールの熱量密度は，ガソリンに近く（ガソリン＝1に比し，エタノール0.65，ブタノール0.82），エタノールと比較し，低腐食性，水溶解性は遥かに低く，ガソリンへの混合率を高くすることができる。さらに，軽油と混合できディーゼルエンジンに使えることがエタノールにはない特色である。先に述べたような様々な問題を抱えている既存の植物由来のバイオディーゼルに代わるバイオ燃料としての期待が大きい。

すでに，DuPont，BP（British Petroleum）等の欧米大手企業はバイオブタノール新製造法の研究開始を表明し，水面下では激しい研究開発が始まっている。今後続々と研究状況の発表がなされるものと思われる。日本では，地球環境産業技術研究機構（RITE）も，最近，研究のブレークスルーに成功したことを発表しており，引き続き革新製法の確立に向けて全力で研究に取り組んでいる。

文　　献

1) Agricultural Statistics Board NASS, USDA, Agricultural Prices December 2007
2) 毎日新聞，2007.6.25
3) 飼料をめぐる情勢　平成19年6月，農林水産省生産局畜産部畜産振興課
4) キユーピー株式会社ニュースリリース，2007.5.8
5) Center for Agricultural and Rural Development, Iowa State University, Staff Report 07-SR 101（May 2007）
6) オレンジジュースの値上の背景にバイオエタノールあり，日経ビジネスオンライン 2007.5.7
7) Earth-policy 研究所ホームページ（http://www.earth-policy.org/Indicators/Grain/2006.htm）
8) Factsheet on palm oil and tropical peatlands, Wetlands international
9) WWF ホームページ（http://www.wwf.or.jp/activity/forest/irrigal/indonesia/tesso/forestcover.htm）
10) The Kalimantan Border Oil Palm Mega-project, Eric Wakker, AIDEnvironment,（2006）
11) 特別会員ニュース，財団法人海外投融資情報財団，2007.3
12) バイオ燃料―導入政策と課題，泊みゆき，NPO法人バイオマス産業社会ネットワーク
13) 日本経済新聞，2007.6.25
14) WWF ホームページ（http://www.wwf.or.jp/activity/forest/irrigal/indonesia/tesso/crisisof.htm）
15) WW Factsheet on palm oil and tropical peatlands, Wetlands international
16) Child Labor in Commercial Agriculture, U.S Department of Labor
17) Greasy palms, Eric Wakker, AIDEnvironment, Friend of the Earth（2005）
18) GBEP（Global Bioenergy Partnership）report

第2篇
諸外国におけるバイオ燃料の普及開発動向

第1章　米国におけるバイオ燃料

横山益造*

1　はじめに

米国の普及開発動向を述べるに先立ち，バイオエタノール製造技術を概観する。

バイオエタノール製造の基本フローは，図1に示されるように〔原料→破砕・前処理→糖化→発酵→濃縮蒸留/脱水〕からなる。しかし，各ユニット工程は多様な各種の技術を含む。そして，糖質系～Soft Biomass～Hard Biomass にわたる原料系に拠って，それらの一連の技術組合せ，即ち，プロセスフローができ上がる。技術の組合せ方法は，また，実施リファイナリーの地域原料事情，技術背景，マーケット事情，政策，将来の動向等を総合的に判断し，最終的には経済性を指標にしてプロセスフローが決められる。

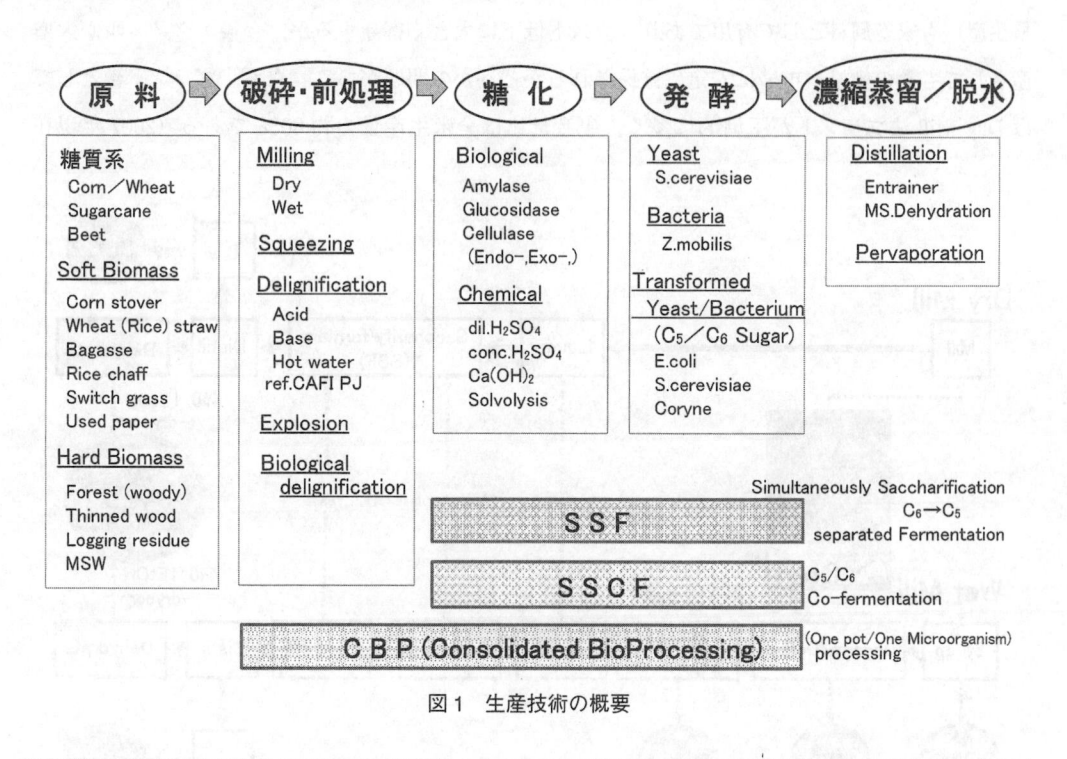

図1　生産技術の概要

---

*　Masuzo Yokoyama　㈶地球環境産業技術研究機構（RITE）　微生物研究グループ
　　主任研究員

図1の中で，SSF，SSCF，CBPはセルロース系エタノール製造プロセス合理化の概念を表した言葉であるが，現業プロセスであるコーンエタノール製造においては，SSF（Simultaneous Saccharification and Fermentation）は多くのプラントで既に採用されている方法であり，デンプン（単一成分であるC_6グルコースのα-1,4結合ポリマー）の同時糖化発酵の意味で使用されている。

2　コーン原料バイオエタノール

2.1　製造技術

現在，米国で生産・消費されているバイオエタノールはコーンを原料とするエタノールである。そのプロセスフローを図2に示す。

コーンエタノールにはDry Mill法とWet Mill法がある。両者の大きな違いはその副製品の種類と装置規模である。Wet Mill法はその浸漬処理段階で各種の有用産物を製造し，エタノール生産コストの低減に大きく寄与しているが，その分，装置が複雑で大規模となる（建設費はDry Millプラントの約2倍といわれる）。Dry Mill法の副製品DDGS（重量比でエタノールとほぼ等量生産）も家畜飼料として有用であり，コスト低下に大きく寄与するが，今後エタノールが大増産されてもその価格や市場は安定に確保されるかどうかの問題がある。なお，プラント数としてはDry Mill法プラントが圧倒的に多く，生産量比は全米生産量の約80%である（2007年現在

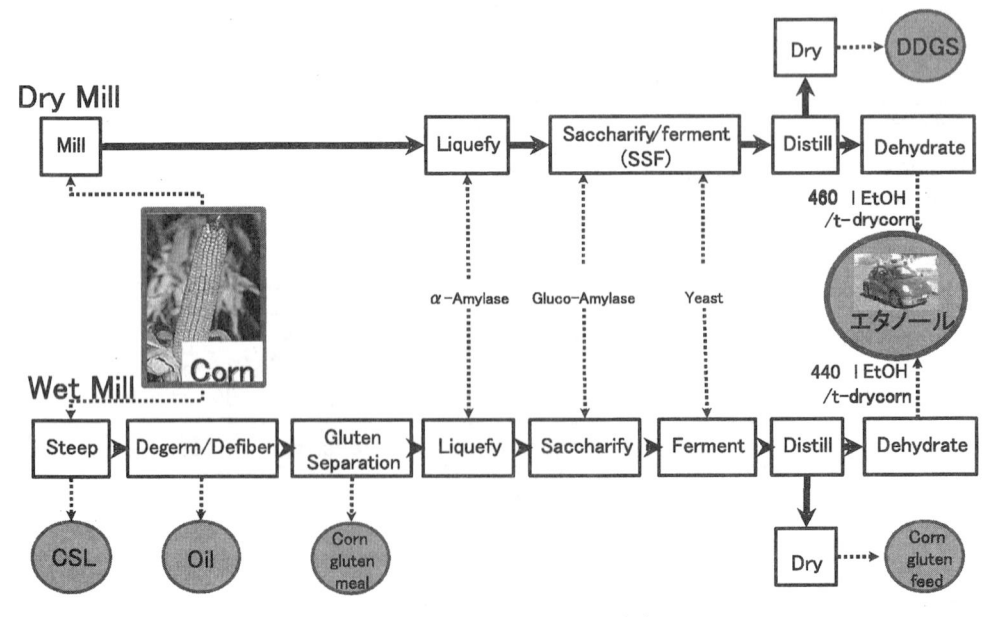

図2　USにおけるエタノール生産

第1章 米国におけるバイオ燃料

のプラント数は，エタノール増産ブームに乗り，稼働プラント数はおよそ120か所，建設中または増設中のプラントが80以上に上る）。

2.2 製造コスト

エタノール市場情報誌として最も定評のあるF. O. Licht社が2004年/Mに発行した"Ethanol Production Costs –A Worldwide Survey"より各国の現業エタノール製造コスト（市場価格ではない）を取り纏めたものが表1である〔米国のコーン（Maize）原料のほかに，ブラジルのサトウキビ原料，EUの小麦や砂糖大根原料そしてタイの特産原料のケースも比較データとして示されている〕。

トータルの製造コストとしては，上記コストにinvestment cost（プラント償却費を生産量で除した金額）が加算されるが，各国の条件により異なるので上表の比較コストからは除かれている（表の脚注参照）。また，Gross Prod. CostとNet Prod. Costの差は副生品（DDGS等）控除による差である。

表1 Survey Ethanol Production Costs (excluding investment cost)
(F. O. LICHT, "Ethanol Production Costs-A Worldwide Survey")

Country	Feedstock	Plant size in 万kL Per year	Feedstock Cost (¢/l)	Other operating Cost (¢/l)	Gross Prod. Cost (¢/l)	Net Prod. Cost (¢/l)
Brazil	B-molasses and thin Juice from sugar vane	5.5	11.76	3.98	15.74	14.74
US	Maize (dry milling)	5.7	23.12	12.20	35.32	26.70
	Maize (dry milling)	11.4	23.12	10.80	33.92	25.30
	Maize (dry milling)	15.1	23.12	10.36	33.48	24.86
	Maize (wet milling)	11.4	24.04	13.95	37.99	25.09
	Maize (wet milling)	15.1	24.04	12.13	36.17	23.27
	Maize (wet milling)	37.9	24.04	11.73	35.77	22.87
EU	Wheat	5.0	39.10	27.77	66.87	59.18
	Wheat	20.0	39.10	23.87	62.98	55.29
	Sugar beet	5.0	27.16	24.66	51.81	46.21
	Sugar beet	20.0	27.16	20.76	47.92	42.32
Thailand	100% C-molasses	3.0	11.50	6.38	17.88	19.02
	100% sugar cane juice	3.0	18.63	6.44	25.07	26.21
	Cassva root & chips	1.8	15.82	8.05	23.87	23.87

Ref.) Investment cost, Brazil（5.5万kL/y plant）1.63¢/l "World Ethanol & Biofuels Report, June 21, 2004" www.agra-net.com
US（9.5万kL/y dry mill plant）2.96¢/l "Determining the Cost of Producing Ethanol from Corn Starch and Lignocellulosic Feedstocks" NERL report

表2 Breakdown of ethanol production cost on dry mill plant in US

	11.4万 kL plant ¢/l (Relative values %)	15.1万 kL plant ¢/l (Relative values %)
Feedstock costs	23.12 (68.2%)	23.12 (69.1%)
Labour	1.19 (3.5%)	1.06 (3.2%)
Other operating costs	9.61 (28.3%)	9.30 (27.8%)
Total operating costs	10.8 (31.8%)	10.36 (30.9%)
Gross production costs	33.92 (100%)	33.48 (100%)
By-product credit	− 8.62 (25.4%)	− 8.62 (25.7%)
Net production costs	25.30 (74.6%)	24.86 (74.3%)

(F. O. Licht,「Ethanol Production Costs-A Worldwide survey」)　　　Excl. investment cost

　世界で最も安価なエタノールはブラジル産エタノールである。安価な原料と製造方法が最もシンプルであることが主な理由である。製造コストは製法や装置規模により異なるが，米国のコーンエタノール（Dry Mill 法，10万 kL〜15万 kL）の製造コストの内訳を表2に示す。

　表2で注目すべき先ず第一の点は，コーンエタノール製造コスト構成において，原料コストがすでに70%に達していることである。一般に化学製造プロセスにおいてその原料コスト割合が70%に達するとその製造プロセスの技術は飽和に達しており，技術改良によるコスト低下は難しいといわれている。その製造コストは原料価格によって殆ど決定されることになる。米国のコーンエタノール製造は正にそのような状況にあることである（2007年末，コーン原料の高騰による米国エタノール生産業者の採算性の低下が大きな話題となっており，現実に，プラント新設計画を凍結したとのニュースも伝えられている）。

　第二の点は，副生品（DDGS）控除が製造コストの25%も占めていることである。DDGS はエタノールと略等量生産され，家畜飼料として牛や家禽類の畜産で消費されているものである。コーンエタノール市場が今後さらに成長していく場合に，それに比例して生産量が増大する DDGS を市場が吸収できるかどうかがコーンエタノール製造業の採算性に大きく影響することになる（過剰生産により，コストに大きく影響する DDGS 価格の下落により，採算性の悪化）。

　コーンエタノール増産による DDGS 問題は色々な指摘や予測がされているが，BBI International が発行する雑誌『Distillers Grains Quarterly』の「FIRST QUARTER 2006」によれば，理論的な DDGS 市場（Beef, Dairy, Pork, Poultry）規模は約4,000万トンであり，吸収余力は十分にあるとの観測をしている。この理論上の市場規模予測が正しければ，コーンエタノールの増産が現在より5倍程度になっても，DDGS の過剰生産にはならないが，現実的にはありえないことであろう。

第 1 章　米国におけるバイオ燃料

図 3　PRICIER FEED
Because most U. S. livestock producers and dairy farmers rely on com as feed, increasing demands on that grain to make ethanol fuel have already hiked the cost of producing meat and dairy goods.
Photodisc
(http://www.sciencenews.org/articles/20070203/food.asp)

2.3　今後の動向―原料転換（可食資源から非食資源利用へ）―

　2005 年 8 月に米国議会で可決承認された包括エネルギー法（2005）は，2012 年には 7.5 BG（約 2,800 万 kL）のバイオエタノールの使用を政策として義務づけるものであったが，実勢は予測を超えるエタノール生産量の増大で推移している。また，2007 年の大統領年頭教書では，エネルギーの外国依存度を低下させることを目的に，2017 年までに 20％ のガソリン使用量削減を掲げているが，このことは，今後 10 年の間に 35 BG（1.3 億 kL）のバイオエタノール生産を促していることを意味する。さらには，これも既述した（第 1 篇　第 1 章第 2 節「バイオリファイナリーを構築するための 5 つの重点開発分野」，2.2 中の①バイオマス資源を参照）"30×30 プログラム"のターゲットは，2030 年には 60 BG（2 億 3 千万 kL）のバイオエタノール生産を行うことと基を一つにする。具体的なアクションとしては，バイオ燃料を 2015 年までに 15 BG，2022 年までに 36 BG 使用することを義務づける新たなエネルギー法案が米国上院と下院との協議の場に上がっている（(2007 年 10 月（12 月正式成立："Energy independence and Security Act 2007"))。

　このように米国では，現状コーンエタノール生産量（約 5 BG＝1,900 万 kL）の約 12 倍にも達する意欲的な各種の政策や提言がある。一方，農業生産やその製品を管轄する米国 USDA は，2016

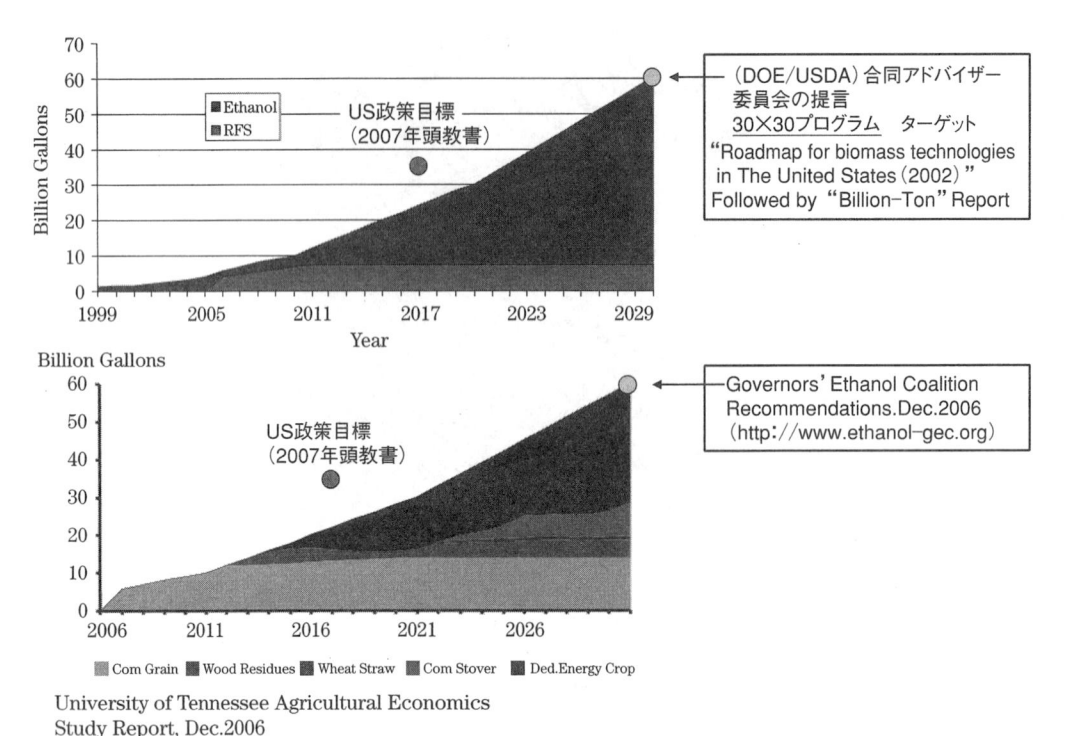

図4 リグノセルロース資源利用の必要性

年までにコーンエタノールの生産は12〜15 BG（4,500万〜5,700万 kL）に達するシナリオを描いている（http://www.usda.gov/oce/newsroom/news_release/chamblissethanol5-8-07.doc）。

このようなエタノール生産量は，米国トウモロコシ生産量の凡そ30％をエタノール生産に振り向ける必要があることになる。米国は世界一のトウモロコシ生産国であるが，食糧・飼料用途や輸出や保存・備蓄にも備えなければならない。エタノール生産用途に振り分けられる量は30％程度が限界であるとされているので，トウモロコシだけでは，上記の意欲的な目標生産量を達成できないことは明らかである。ここに，量的な制約により，トウモロコシ以外の食糧資源でないセルロース系資源利用の必要性がある。

3 リグノセルロース原料バイオエタノール

コーンエタノール生産技術は成熟状態にあり，その低コスト化は原料トウモロコシの安価な購入（あまり期待できない）しかない。DOEによればリグノセルロース系エタノールは，2005年時点のコスト解析で，コーンエタノールコストの2倍以上であるが，その価格低下のポテンシャルは高く，そして，エネルギー変換効率や地球温暖化対策としても，セルロース系エタノールは

第1章　米国におけるバイオ燃料

コーンエタノールよりも遥かに優れたものである。また，Food vs. Fuel 問題の回答でもある。

　リグノセルロース系原料からのバイオエタノールは，現業生産技術には至っていないが，米国におけるリグノセルロース系バイオマス資源量問題や主要な技術開発課題については，第1篇，第1章第2節「バイオリファイナリー構築のための5つの重点開発分野」，2.2 中の①バイオマス資源や②バイオマスの糖類への原料変換技術の部分で簡単に触れた。

3.1　技術開発動向

　リグノセルロース系バイオマスを原料とするエタノール生産技術では，発酵可能な単糖類を得るためにはホロセルロース（セルロースおよびヘミセルロース）の糖化の前にリグニンの除去や糖化処理を容易にするセルロース結晶化度低下等のために原料バイオマスの前処理を行う。セルロース系エタノールのコスト解析において述べるが，前処理およびそれに密接に関連する糖化・発酵そして糖化酵素を含めたコストは全コストの35%を占め，コスト構成因子としては非常に大きなものである。従って，リグノセルロース系エタノールのクリアしなければならない技術開発課題は，

・効率的な前処理技術開発
・低コスト糖化酵素の生産技術開発
・高生産性発酵技術の開発

となる。

3.1.1　効率的な前処理技術開発

　リグノセルロース系エタノールの開発を精力的に行っている DOE（NREL）では，前処理技術開発を重要な開発 Item として CAFI（Biomass Refining Consortium for Applied Fundamentals and Innovation）PJ を立ち上げ，継続実施中である。CAFI PJ は 1999 年にスタートし（CAFI

図5　Corn Stover　　　　　　　　　　図6　Poplar

バイオリファイナリー技術の工業最前線

1），現在は 2004 年より参加メンバーも増え，CAFI 2 として継続されている。CAFI 1 は対象原料に Corn stover が使用されていたが，CAFI 2 ではさらに木質原料である Poplar も，長期的視点より，開発対象原料として選ばれている。

　CAFI PJ の模式的プロセスフローは図 7 に示される。

　図 7 において，バイオマス原料を各種の前処理剤を用いて処理される工程（Stage1）が前処理工程であり，Stage2 において処理液（固液共存）に糖化酵素が加えられ，糖化処理がなされる。得られた糖液が発酵工程に供せられる。Stage1 の各種の前処理方法の標準的な処理条件は表 3 に示される。これら各種前処理技術の比較は，Stage2 の酵素糖化処理（NREL では糖化酵素の開発を Novozymes 社と Genencor 社に委託）により，如何に原料から収率良く単糖類（グルコース，キシロース等）を取得でき，そして，発酵阻害物質となる酢酸，レブリン酸やフルフラール類の副生物の生成が抑制できるかにより評価される。

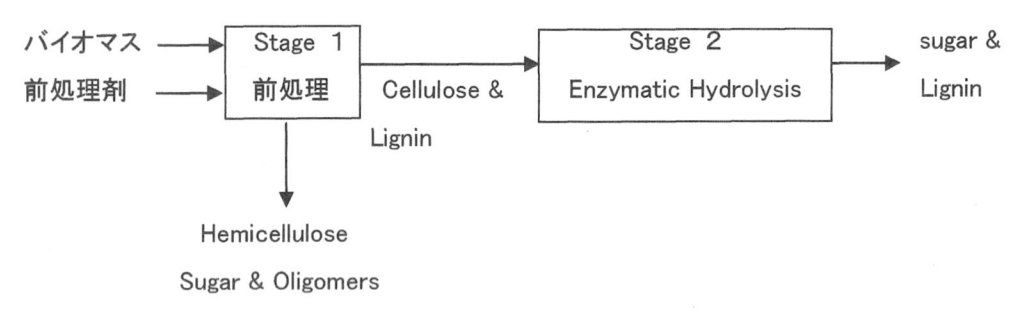

図 7

表 3　Characteristics of CAFI Pretreatments

Pretreatment system	Temperature ℃	Reaction time minutes	Chemical agent used	Percent chemical used	Other notes
Dilute acid	160	20	Sulfuric acid	0.49	25% solids concentration during run in batch tubes
Flowthrough	200	24	none	0	Continuously flow just hot water at 10 mL/min for 24 minutes
Partial flow pretreatment	200	24	none	0	Flow hot water at 10 mL/min from 4-8 minutes, batch otherwise
Controlled pH	190	15	none	0	16% corn residue slurry in water
AFEX	90	5	Anhydrous ammonia	100	62.5% solids in reactor (60% moisture dry weight basis), 5 minutes at temperature
ARP	170	10	ammonia	15	Flow aqueous ammonia at 5 mL/min without presoaking
Lime	55	4 weeks	lime	0.08 g CaO/g biomass	Purged with air

第1章　米国におけるバイオ燃料

　CAFI PJ では，同一の標準原料と同一の糖化酵素使用条件により，これらの前処理方法の優劣を比較検討している。そして，エタノール生産の経済性評価比較も行っている。Corn stover を原料とした場合には，前処理法として高い評価を得ているのは，AFEX（アンモニア爆砕法）である。

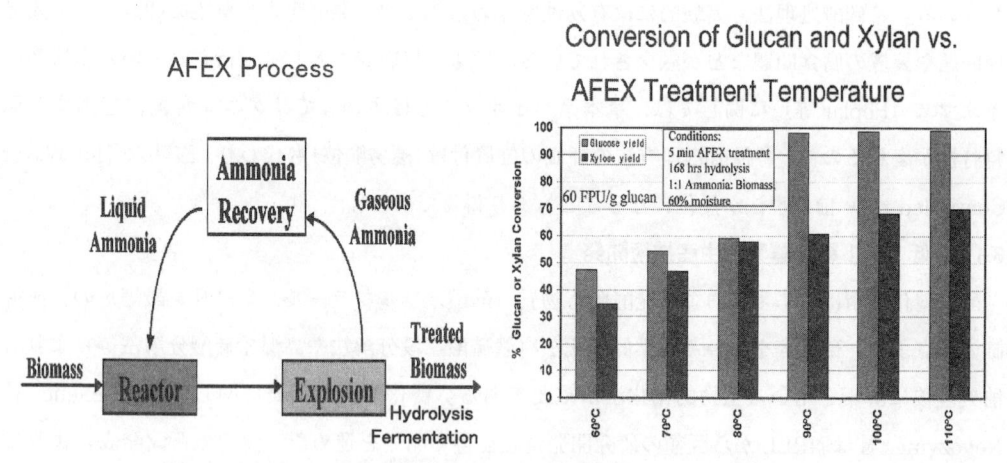

図8　AFEX Pretreatment
High yield (Glucose/Xylose) in Hydrolysis
No fermentation inhibitors (No degradation of sugar monomers)
(25th Symposium on Biotechnology for fuels and Chemicals Breckenridge, Colorado, May 7, 2003)

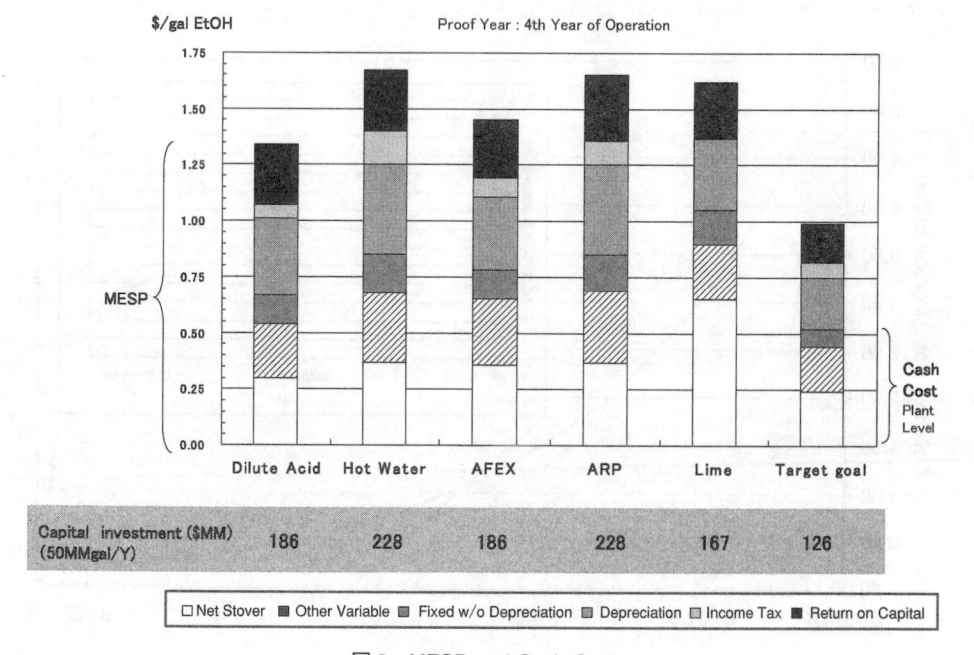

図9　MESP and Cash Cost
(T. Eggeman et al., *Bioresource Technology*, 96 (2005), 2019-2025)

アンモニア爆砕法とは，液体アンモニアもしくは高濃度アンモニア水溶液に前処理原料を浸漬し，爆砕により，原料組織の破壊（リグニン剥離，セルロース結晶化度低下，表面積の増大）により，酵素糖化処理を受けやすくする方法である。アンモニアは回収使用される。アンモニア爆砕法は一種のアルカリ処理であり，アルカリ処理は発酵阻害物質の生成が一般的に少ないといわれている。希硫酸処理法も実験的には有効性も認められるが，発酵阻害物質生成問題，酸廃棄処理問題や装置の腐食問題などが懸念されている。将来，原料資源として期待されている木質系バイオマス（Poplar等）に関しては，草本系バイオマスとは主としてリグニン含量に起因する原料特性が変わるので，各種前処理方法の評価の位置付け(優劣順位)も代わり，酸熱水(Hot Water Controlled pH）前処理法が優位になることもあり得るであろう。

3.1.2 低コスト糖化酵素の生産技術開発

酵素糖化技術は省エネ化および発酵阻害物質（酢酸，フルフラール，レブリン酸等）の生成抑制の観点より，硫酸等を用いる化学的糖化法（濃硫酸二段分解法や高温希硫酸分解法等）よりも前処理後に酵素を用いる生物的糖化法が重要である。糖化酵素の開発に関しては，Genenco社，Novozymes社はNRELから巨額の研究開発資金を得て開発を進めた。両者の新聞発表によれば，当初の研究目標を凌ぐ酵素コストの低減化に成功し，酵素コストを10～15￠/G EtOH程度にまで引き下げることができたと発表している。しかし，その詳細内容は不明である。2005年，AIChE学会で，Genencor社よりその開発コンセプトの一端が紹介されている（最適な各種機能セルラ

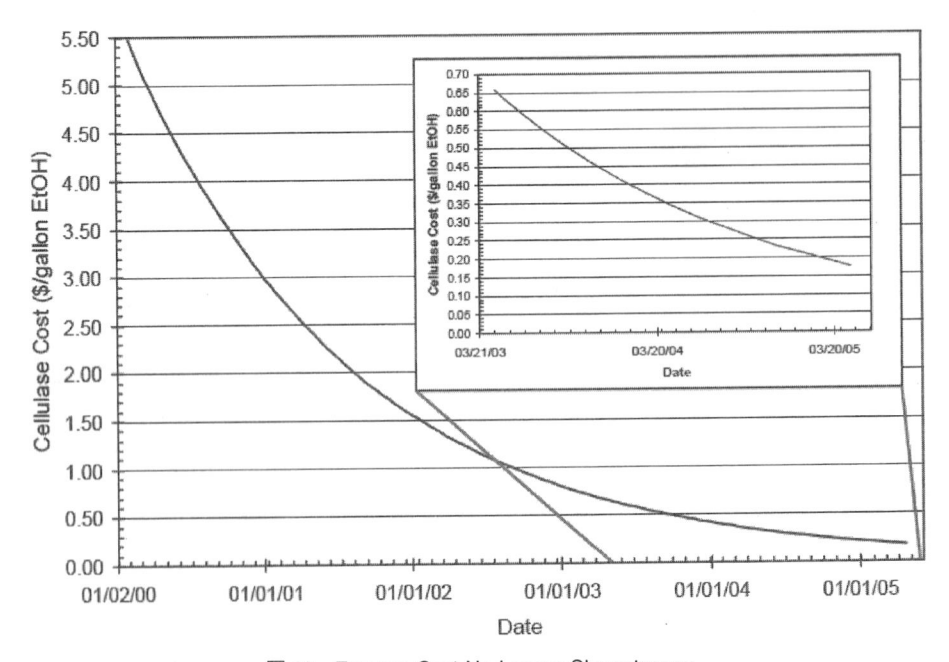

図10 Enzyme Cost No Longer Showstopper

ーゼ組成を産生するカビ微生物 T. reesei 株のスクリーニング→T. reesei 生育用の安価な炭素源の探索→セルラーゼ系構成成分中の主要酵素であるCBH I に関して，優れた外来遺伝子を各種のカビよりスクリーニングし，T. reesei で CBH 1 を発現させる。このようにして，低コストの高性能セルラーゼ系を開発したとのことである）。

研究コントラクト元のDOE（NREL）より，1st International Biorefinery Workshop, Washington, DC. July, 2005）において，酵素開発によるコスト低下の様子を示す発表がなされている（図10 参照）。

3.1.3 高生産性発酵技術の開発

現業エタノール（コーンエタノール）発酵に使用されている微生物は酵母である。酵母は原料中の C_6 糖（グルコース）からのエタノール発酵は可能であるが，リグノセルロース原料に含まれている C_5 糖（キシロース，アラビノース等）は利用できない。一方，リグノセルロース系エタノール製造コストに占める原料コストは各種工程コストの中で最も大きく，およそ35%に達するとされている。従って，セルロース系原料（Corn stover, Switch grass, Poplar）のホロセルロース（セルロース＋ヘミセルロース）成分中に約 40% を占める Xylan/Arabinan の主要部分である C_5 糖の利用が可能になれば，原料の原単位の低下が可能になり，エタノールのコスト低下に大きく寄与することになる（図11参照）。

C_6 糖も C_5 糖もエタノール生成工程で，同時発酵可能な微生物の開発は非常に重要なテーマである。C_5 糖からのエタノール変換可能な微生物の開発は，米国に限らず世界の研究機関が精力的に取り込んでいるテーマである。C_5 糖（キシロース）からエタノール変換可能な酵母や微生物の改良基本スキームは図12（左）に示される。グルコースの代謝経路とは異なる経路を用い

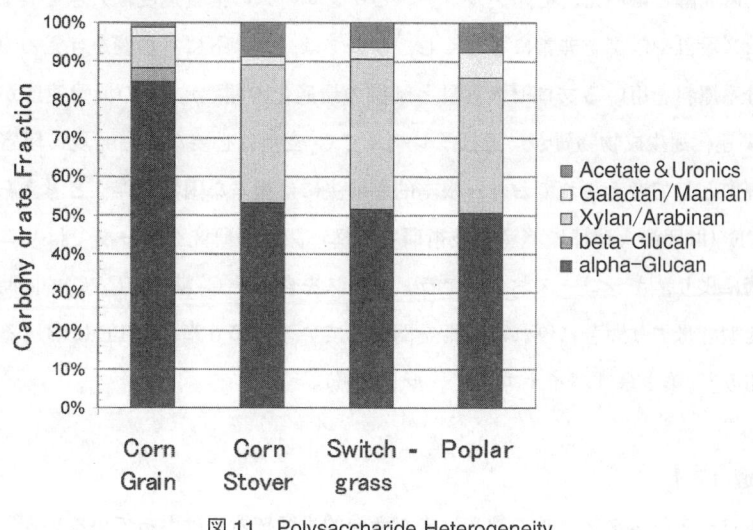

図 11　Polysaccharide Heterogeneity

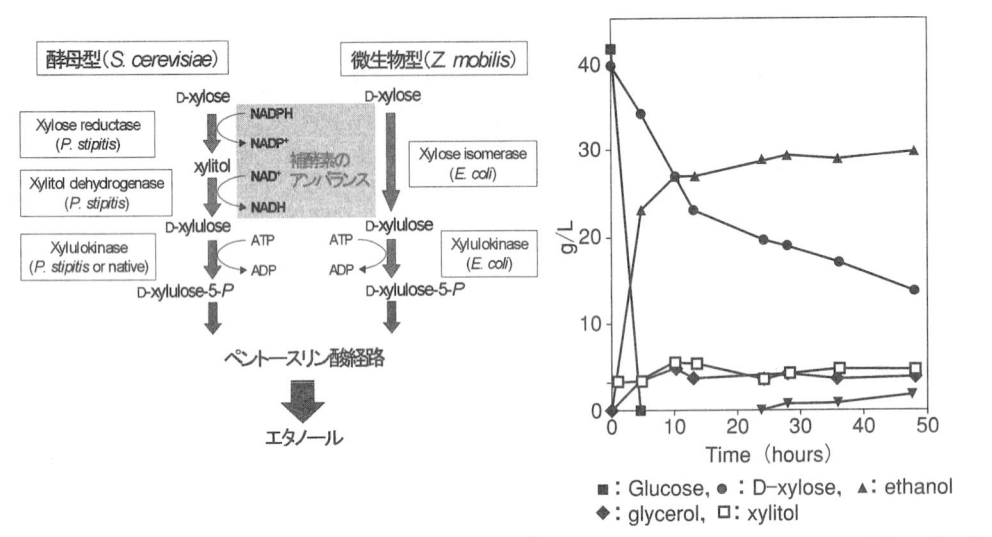

図12 組換え型酵母による C_6/C_5 糖類の同時発酵

（N.Ho, et.al, Applied Biochemistry and Biotechnology. Vol.113-116, P403-416 (2004)）

るものであり，キシロースの異性化や還元反応を含むので，特に酵母の改良ではNADPHやNADなどの補酵素の代謝経路全体の酸化還元バランスが保持されていることを基本条件とする改良が必要となる。なお，キシロースに次ぐ代表的な C_5 糖であるアラビノースの利用には，また，異なる代謝経路に関する酵素発現遺伝子の組換えが必要となる。

　図12（右）は，セルロース系エタノールの商業化開発で先頭を走るカナダのIogen社が採用しているPurdue大学のN. Ho教授開発の組換え型酵母の C_6/C_5 糖の同時発酵の挙動を示したものである。同時発酵とはいえ，そのグルコースとキシロースの消費速度は大きく異なる。このことが，プロセス設計や制御を非常に難しくし，ひいては，コストにも影響を与える（反応速度が異なる多成分系原料を用いるプロセス設計と制御の最適化の問題）。この消費速度が大きく異なるのは，C_6 関連代謝生成物物質が，遺伝子レベルで C_5 変換に必要な蛋白発現の阻害効果を示すことがその理由として考えられており，根本的な解決には相当な困難を伴うと考えられている。しかし，RITE（財団法人地球環境産業技術研究機構）微生物研究グループでは，コリネ型細菌の組換え技術により，キシロースおよびアラビノースを含めた C_5 糖の（C_6/C_5）同時消費速度が，上図の組換え型酵母より顕著に優れた技術を開発している（第6篇「RITEにおけるバイオ燃料開発の取り組み」 第1章「バイオエタノール」参照）。

3.2 目標製造コスト

　リグノセルロース系エタノールの製造は未だ商業的生産技術には至っていないが，今後のエタ

第1章 米国におけるバイオ燃料

表4 セルロース系エタノール製造コスト（米国開発中）（at 2000 試算）

Costs of ethanol production from corn stover (estimates), 1999 (F. O. Licht)

Annual production capacity	9.5万 kL	
	¢/l	Relative values
Feedstock	12.95	51.1%
Labour, supplies, and overhead expenses	9.51	37.5%
Chemicals and nutrients	4.23	16.7%
Denaturant (5% gasoline Is added as denaturant)	0.79	3.1%
Waste disposal	0.79	3.1%
Electricity credit	−2.91	−11.5%
Total operating costs (excluding feedstock costs)	12.41	48.9%
Total production costs (excluding investment costs)	25.36	100.0%

"Determining the Cost of Producing Ethanol from Corn Starch and Lignocellulosic Feedstock" NREL Report, Oct. 2000

Ref.) Corn Stover VS. Corn (DM)

	Corn Stover (9.5万 kL)	Corn (DM) (11.4万 kL)
Feedstock Cost	12.95 ¢/l	(23.12 − 8.62) = 14.50* ¢/l
Operation Cost	12.41	10.8
Investment Cost	14.4**	ca. 3.0***
Total production Cost	39.8 ¢/l	28.3 ¢/l

*) DDGS credit = 8.62 ¢/l
**) NREL Report
***) 9.5万 kL プラントより推定

ノール需要の増大や食糧問題を考えた場合に，2006年，2007年のブッシュ米国大統領の年頭教書にも謳われているように，コーンエタノール製造コストと同等以下の経済性を有するセルロース系エタノールの製造技術開発は極めて重要である。

セルロース系エタノールの現状でのコスト解析やコスト目標については，色々な資料やシンポジウムの場で述べられている。本技術開発を精力的に進めている DOE（NREL）は，開発の進展に応じて継続的にコスト解析結果を発表している。表4は，2000年に NREL が発表したデータを元に，F. O. Licht が前述の「ETHANOL PRODUCTION COSTS A Worldwide Survey」に掲載しているものである。2000年当時のコスト解析結果はコーンエタノールとセルロース系エタノールのコスト差は 10¢/L である（この差は，開発初期のコストを低く見積もる，よくありがちな傾向を示しているのかも知れない。2007年に DOE から発表されている資料では，コーンエタノールとセルロース系エタノールのコスト差は，30¢/L 程度となっている）。IEA（International Energy Agency）が2004年に発表している結果も，上記 DOE（NREL）と同様な結果である（表5）。

バイオエタノールはガソリン代替燃料として使用されるものであるから，製造コスト数値とし

て，容量当たりの製造コスト以外にも，ガソリンと等発熱量当たりの製造コストも意味ある数値である。表5最下段の数値がそれである（エタノールは容積当たりでガソリンの65%の熱量を有するので，容積当たりの製造コストより換算したもの）。上記のIEAレポートでは，セルロース系エタノール製造コストがコーンエタノール製造コストと同レベルになるのは2010年以降と予測している。そしてそのコストは40￠/gasoline-equivalent litreとしている。この熱量当たりのコストでもガソリンコストに比べ2倍近い差があると，同レポートは予測しているが，原油価格予測が2020年でも30ドル/barrelと実勢より遥かに低い価格をベースとしての比較である（図13, 14参照）。

2006年，2月に発表された，米国DOE/EIA（Energy Information Agency）レポート"Annual Energy Outlook 2006 with Projections to 2030"によれば，原油価格は2025〜30年には54〜57ドル/barrel，高価格で推移するケースには90〜95ドル/barrelにも達すると予測している。原油価格が30ドル/barrelの倍の60ドル/barrelであれば，セルロース系エタノール製造コストがコーンエタノール製造コストと拮抗する40￠/gasoline-equivalent litreで製造できれば，ガソリンと十分に競合し得るポテンシャルがある。

2007年1月に東京・品川で開催された，RITE International Symposium,「Technologies for Mitigation, Global Warming and the role of Japan」において，DOE（PNNL）のF. Mettingは

表5 Cellulosic Ethanol Plant Cost Estimates

	Near-team base case	Near-team "best Industry" case	Post-2010
Plant capital recovery cost	$0.177	$0.139	$0.073
Ethanol yield (litres per tonne)	283	316	466
Ethanol production (万 kL per year)	19.8	22.1	32.6
Total capital cost (million US $)	$234	$205	$159
Operating cost	$0.182	$0.152	$0.122
Total cost per litre	$0.36	$0.29	$0.19
Total cost per gasoline-eqiuvalent litre	$0.53	$0.43	$0.27

（出典）Biofuels for Transport（IEA, 2004/April）

表6 Gasoline and Ethanol : comparison of Current and Potential Production Costs in North America（US dollars per gasoline-equivalent litre）

	2002	2010	Post-2010
Gasoline	$0.21	$0.23	$0.25
Ethanol from corn	$0.43	$0.40	$0.37
Ethanol from cellulose (poplar)	$0.53	$0.43	$0.27

Notes and sources : Gasoline gate cost based on $24/barrel oil in 2002, $30/barrel in 2020 ; corn ethanol from IEA (2000 a), with about 1% per year cost reduction in future ; cellulosic costs from IEA (2000 a) based on NREL estimates.

第1章 米国におけるバイオ燃料

図13

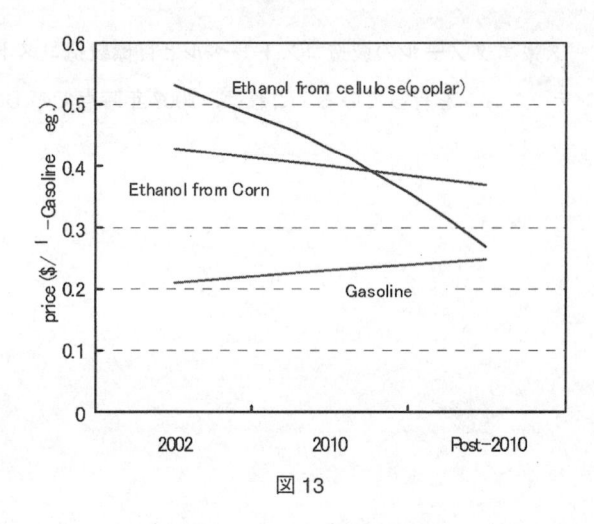

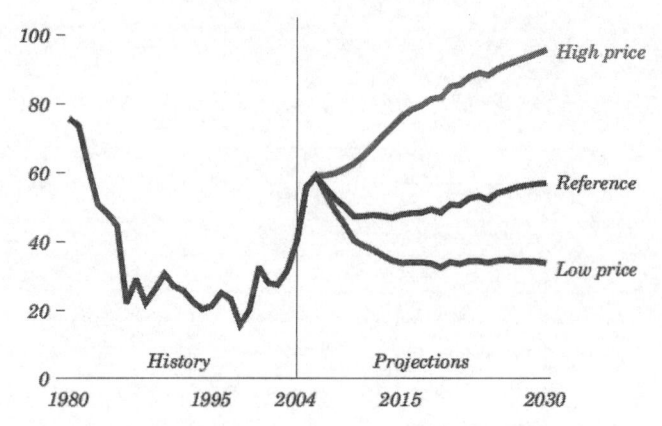

図14 World oil prices in three AEO2006 cases, 1980–2030（2004 dollars per barrel）

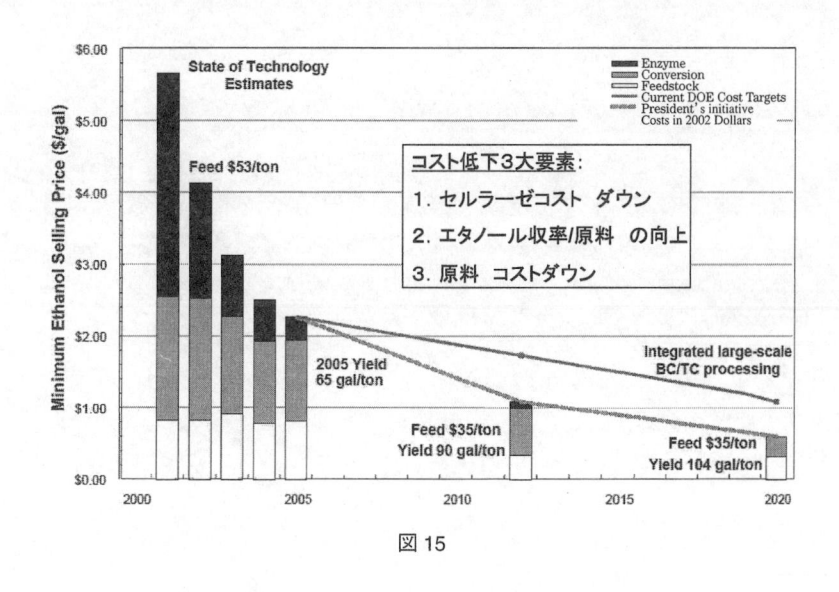

図15

バイオリファイナリー技術の工業最前線

2005年現在のセルロース系エタノールの製造コストレベルと目標製造コストおよびその到達目標時期を示すプレゼンテーションを行っている。これは，2007年時点でのDOEの公式見解である（図15）。

第2章 ブラジルにおけるバイオ燃料
― サトウキビからのバイオエタノール ―

三谷　優*

1　生産動向

1.1　燃料エタノール政策の系譜とエタノール生産量の拡大

　今日のブラジルエタノール産業隆盛のきっかけは，1975年に策定された国家アルコール計画（PROALCOOL）にある。1973年に始まった石油価格急上昇から国民生活や産業が受ける影響を軽減するために，石油輸入量ならびにガソリン消費量の抑制を目論んでサトウキビからエタノールを生産してガソリン代替する PROALCOOL を推し進めた。

　PROALCOOL 施行後の10年間に約65億 US ドルが投資され，約5,000万 kL のエタノールが生産された。この間，サトウキビ生産は拡大を続け，作付面積，生産量ともに上昇し，単位面積当たりの収穫高も著しく増大した。エタノール需要を背景に1984年以降コーヒー農場，牧畜などの土地利用からサトウキビ栽培への転換が進んだ。しかし，1991年に PROALCOOL の根拠法が廃止されてエタノール消費が低迷し，サトウキビ生産が停滞した。1999年には国の機関である砂糖アルコール院（Instituto do Açúcar e do Álcool；IAA）が廃止され，製造・取引等が自由化されるに伴い，補助が打ち切られた。

　この頃より，地球環境問題への関心を背景として自動車用アルコール燃料税政のメリットからエタノール需要が復活した。エタノール製造・取引の自由化は生産者の企業努力を刺激し，生産性が向上した。2002年にフレックスフューエル車（Flex Fuel Vehicle；FFV）が発表され，翌年市場投入された。同車種はエタノール100%車と同じ税免除が受けられること，ガソリンとエタノールの市価を見て使用量を消費者が自由に選べることからエタノール需要は再び高揚した。フレックスフューエル車とは，ガソリンとエタノールの混合比率を任意に設定できる車種のことである。今日，砂糖・エタノールの生産計画は民間の事業者に委ねられており，政府の介入はほとんどない。地域別に砂糖・エタノールの業界団体が存在して生産などに関しての計画策定・意思決定を行っている。

　1931年から現在までの関連政策の変遷を表1に示した。図1にサトウキビ栽培面積，サトウキビ生産量および単位面積当たりのサトウキビ収量の推移を示した。図2にブラジルにおける砂

---

　*　Yutaka Mitani　サッポロビール㈱　価値創造フロンティア研究所　研究主幹

表1 ブラジルにおける燃料エタノール関連政策等の変遷[1,2]

1931年	エタノールが正式にエンジンアルコールとして認定
1933年	砂糖・アルコール院（Instituto do Açúcar e do Álcool；IAA）設立，エタノール生産を国家管理
1966年	エタノールの混和比率を最大25%に制限する法令が制定
1975年	オイルショックを契機にPROALCOOL計画策定
1977～1990年	エタノールの製造量，サトウキビ作付面積，収穫高等の増加
1991年	PROALCOOL計画根拠法廃案 エタノールの消費者離れが起き，エタノール産業が低迷
1997年	無水エタノールの規制を撤廃
1999年	含水エタノールの規制（価格支持政策と政府買取制度）撤廃
2003年	フレックスフューエル車発売

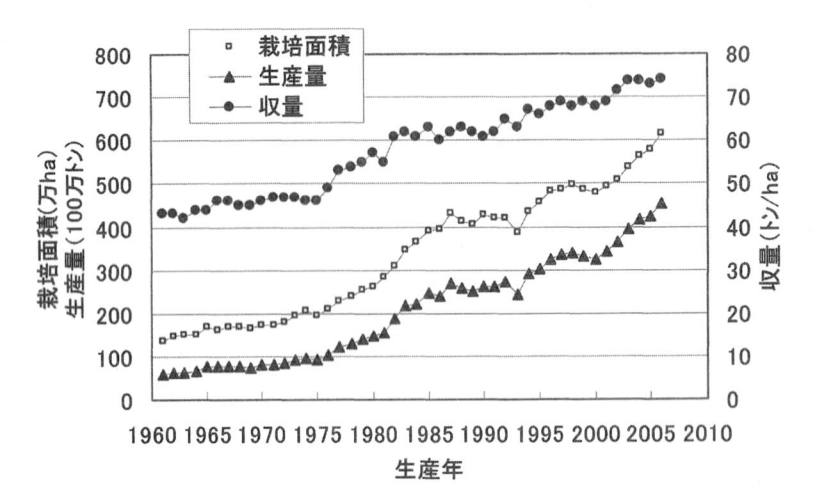

図1 ブラジルにおけるサトウキビの栽培面積，生産量および単位面積当たりの収量[3]

糖生産量，砂糖輸出量およびエタノール生産量の推移を示した。2006年の栽培面積は約600万ha，サトウキビ生産は5万事業者，製糖エタノール工場は330工場である。2010年までに栽培面積は150万ha拡大して総面積約750万ha程度になると予想される。これにより，サトウキビ総生産量は年間1.6億トン増産され5.1億トンになる。2007年のエタノール総生産量は1,780万kL（1,400万トン）と予想される。この急激なエタノール増産の要因は，フレックスフューエル車の普及を背景として，エタノールの国内需要の増加が見込まれることによる。

図3にエタノール輸出量の推移を示した。ブラジルのエタノール輸出量は近年急速に拡大し，米国，欧州，インド向けの輸出が大幅に伸びている。輸出量は250万kL（200万トン）に達し，供給可能量にほぼ並んだ。

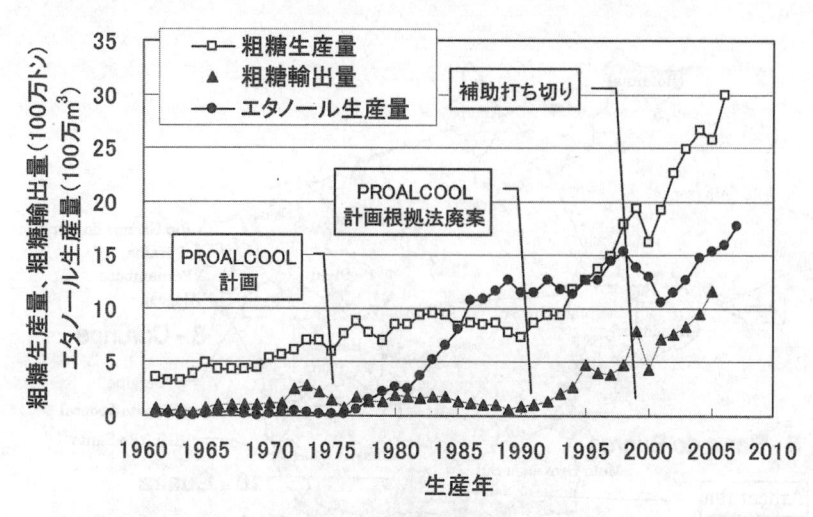

図2 ブラジルにおける粗糖生産量（1961～1990[4]，1990～2005[5]），粗糖輸出量[6]およびエタノール生産量（1961～1990[7]，1990～2005[5]）

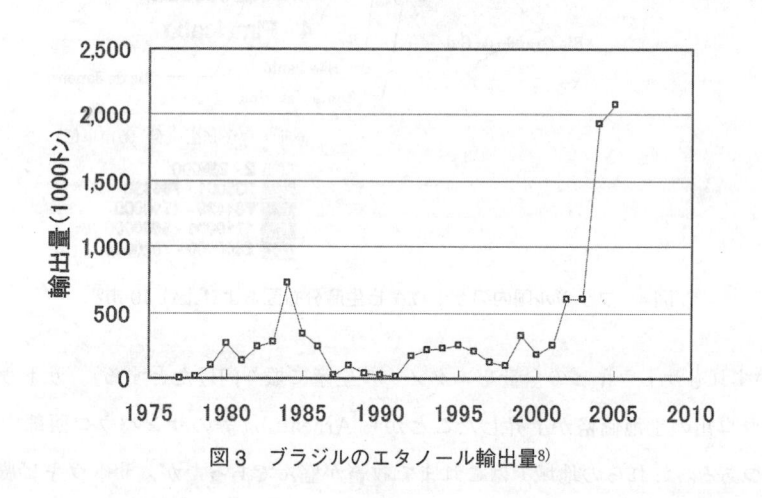

図3 ブラジルのエタノール輸出量[8]

1.2 エタノール生産地域とエタノール生産の事業収支

　サトウキビ生産はサンパウロ（São Paulo）州に集中し，中でもサンパウロ州中北部地域のMorro Agudo，Jaboticabal，Piracicaba 等が多い。サンパウロ州に隣接するパラナ（Paraná）州やマット・グロッソ（Mato Grosso）州などを合わせた中南部地域ではサトウキビ，砂糖およびエタノールの生産量がブラジルの9割近くに達する。サトウキビはブラジル北東部のペルナンブコ（Pernambuco）州やアラゴアス（Alagoas）州等でも生産されているが，土壌の養分が少ないため生産性が悪い。ブラジルの平均的な砂糖・エタノール生産工場のエタノール生産能力はサンパウロ州などの中南部地域でサトウキビ1トン当たり84L，北東部地域で同73Lである

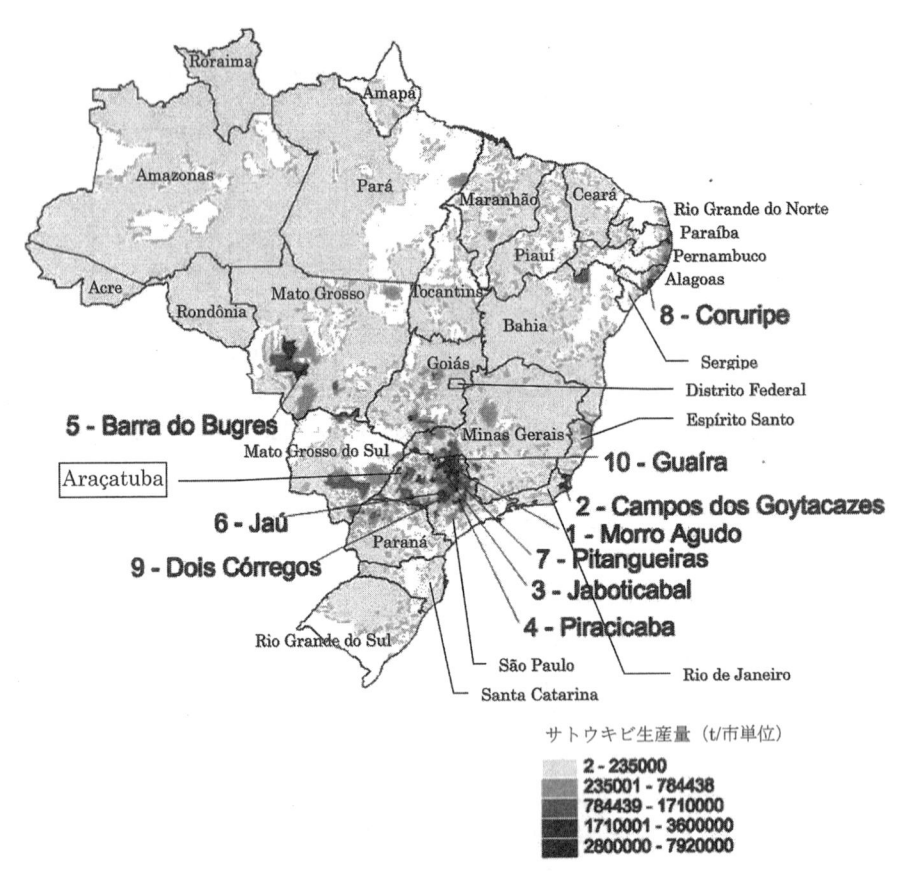

図4 ブラジル国内のサトウキビ生産分布図および上位10市[9]

(ただし，いずれもサトウキビの全量をエタノール生産に振り向けたとする)。サトウキビ生産地域はサンパウロ州の土地価格が上昇したことからAraçatuba等のサンパウロ西部中規模の都市へ拡大しつつある。これらの地域ではこれまで牧畜が盛んであったが，サトウキビ農場への転換が進んでいる。これに伴い，牧畜地はサンパウロ州の西隣のマットグロッソドスウ（Mato Grosso do Sul）州などへ移転している（図4のサトウキビ生産分布図[9]を参照）。

1プラントでエタノールを年間20万kL生産するには，サンパウロ州などの中南部を例にとると搾汁液全量をエタノール生産に使用するとして，サトウキビ搾汁能力が年間で200万トンを越えるプラントが必要となる。ブラジル中南部のサトウキビ収穫量は年およそ85トン/haであるが，6年5収穫期の平均量を基準とすると約3.5万haの畑が必要となる。この規模の工場建設にはおよそ8,000万USドル必要とされる。

第2章 ブラジルにおけるバイオ燃料

2 生産技術

2.1 サトウキビ生産技術

図1のごとく単位耕作地面積当りのサトウキビ収量は一貫して増加している。これらは品種改良，土壌管理そして農業の機械化による。

① サトウキビの品種改良の成果による収量向上

サトウキビは栄養繁殖性植物であるため，ウィルスや細菌病などに一度感染すると防除が困難であり，産地に蔓延し，生産に打撃を与えかねない。このため萎縮病，モザイク病，白条病，黒穂病等に対する抵抗性品種の改良が重ねられてきた。同時に多収性，虫害抵抗性等の品種改良も盛んに行われている。品種改良は主に Centro de Technologia Canavieira（CTC）他の4施設により進められている。

② 土壌管理の成果による収量向上

サトウキビ栽培には肥沃な土壌が必要であり，施肥は重要である。また，数年に一度栽培地を休ませる必要がある。ブラジル中部地域では，植え付け後の最初の収穫は18ヵ月後に，2回目以降は年1回の収穫を行い，6年間に5作を行った後，3～6ヵ月間ピーナツあるいは大豆栽培を行って土地を肥沃化する。東北部では3～4年が1周期である。サトウキビは施肥により収穫量を比較的容易に増加できるとされている。ブラジルではエタノール蒸留廃液を液肥として使用する地域も多い。サンパウロ州では最大 200 m^3/ha まではサトウキビ畑に散布して良いとしているが，パイプラインの敷設状況，蒸留廃液の量などの制約から，実際の散布面積は畑の30%程度にとどまっている。

③ 農業機械向上の成果

農業機械の導入により，サトウキビ生産コストの大幅な減少が可能となった。1980年代後半から90年代にかけて農業輸送機械の大型化，高効率のハーベスターの導入が順次進行しているが，高額投資が必要なことから経営状況を勘案しながら行われている。サンパウロ州の平均機械化率は 30～40% に達している。

2.2 エタノール生産プロセスの概要

ブラジル国内では回分発酵法と連続発酵法が行われており，その割合はおよそ3：1である。回分法では発酵終了後の発酵液から遠心分離機によって酵母を全量回収し，次の回分発酵に供給する（改良メルボア法）。回収酵母スラリーは pH 4 の硫酸溶液で洗浄処理した後，再使用する。連続法では，糖液を発酵槽に連続的に供給すると同時に，同量の発酵液を発酵槽より連続的に排出する。排出した発酵液からは，回分式同様に全量遠心分離処理を行って酵母を回収する。連続

法でも回収酵母を酸処理して再使用する。ブラジルのエタノール発酵法の最大の特徴は，回分法，連続法のいずれであっても高い菌体濃度を発酵液中に確保して発酵時間の短縮を図るところにある。

　回分発酵は，工程の安定性，フレキシビリティ，そして管理のしやすさなどで連続発酵法に勝り，ブラジル国内の主要な発酵方式である。発酵は8時間前後と極めて短時間に終了するが，その都度，発酵液の移送，糖液の投入などに伴う回分ごとの作業を要する。このような回分ごとの作業負荷の軽減，合理化を目的として連続発酵法へ移行する工場も増えている。連続発酵法では，発酵液と糖液が常に供給および排出されているため，回分発酵前後の作業を行う必要がなく，作業性が大幅に改善される。ただし，酵母濃度，発酵収率そして糖液濃度を正確に管理しなければ発酵の制御が不安定となる。また，原料糖液（糖蜜）の供給量が変動する状況（雨天，砂糖相場の変動に応じて原料供給が変動する状況）においては運営管理に高度な経験が必要である。

2.3　サトウキビ搾汁・糖液清澄化プロセスと製糖プロセスの概要

　ブラジルのエタノール製造プロセスでは，サトウキビ搾汁から糖液清澄化までは製糖プロセスとの区別はなく，この後の工程で製糖とエタノール製造に分岐する。

　工場に搬入されたサトウキビは，表面の土砂分を洗浄除去した後，10～15 cmの長さに切断する。切断後直ちにロールミルによる糖液の搾汁を行う。通常ロールミルは6台直列に配置され，1段目から6段目のロールミルで6回の圧搾・搾汁を行う。搾汁工程を略述すると，糖の収量を上げるために最後段のミルに散水しながら原料サトウキビを圧搾して，最後の残存糖分を洗い出す。最後段のミルから搾汁された液はその前段のロールミルの散水に用いる。この抽出操作を最後段から2段目のロールミルにて行って糖分の回収率を最大限高める。なお，1段目のロールミルには，抽出液を掛けない。1段目からは糖液濃度12%の搾汁液が得られる。サトウキビ搾汁粕（バガス）は製糖エタノール工場の熱源蒸気を製造するためにバガスボイラーの燃料として用いる。

　このようにして得られた搾汁液は懸濁しており，清澄化するために亜硫酸処理，石灰処理を行い，コロイド物質をフロックとして形成させる。その後105℃以上に加熱し，清澄槽に送って上澄液（清澄糖液）を採取する。フロック分を多く含む沈降液は，ドラムフィルターによってフロックと液とを分離する。ドラムフィルターで回収される溶液はショ糖を多く含むので，再び清澄槽に戻してショ糖回収する。ドラムフィルターで分離した固形分はサトウキビ畑の肥料とする。

　およそブリックス濃度13度の清澄糖液を減圧して水分蒸発し，ブリックス濃度65度程度まで濃縮してシロップ状にした後，加熱してショ糖の結晶化を進める。結晶化が十分進行した後，遠心分離機によって結晶部分を粗糖として分離する。結晶せずに残った液部は廃糖蜜（molasses）

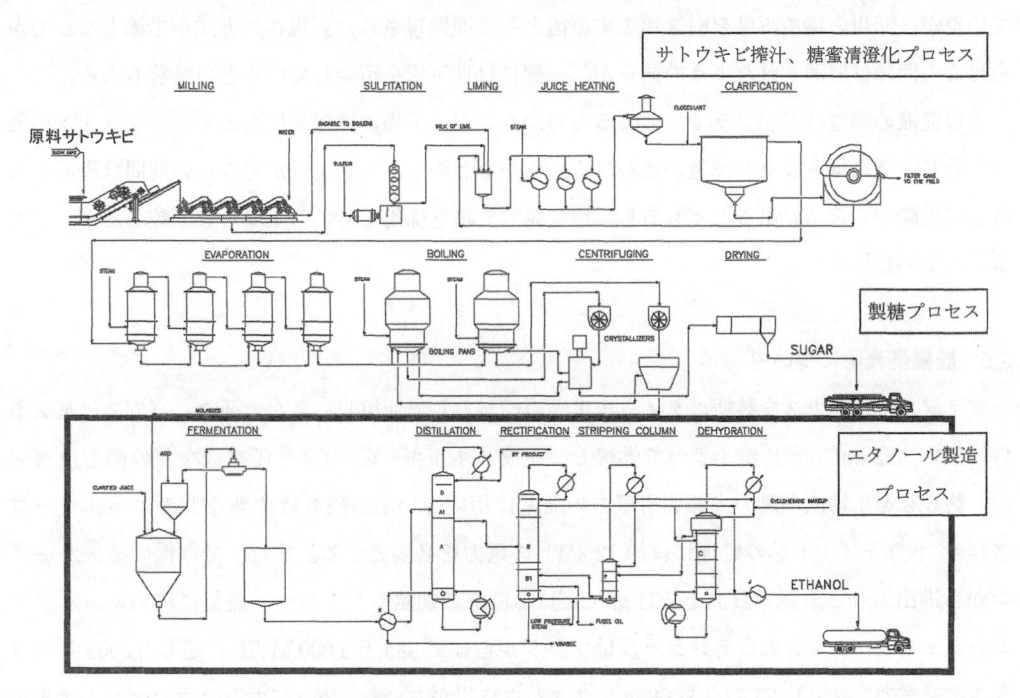

図5 ブラジルの製糖プロセスおよびエタノール製造プロセス[10]

となる。発酵に使用する原料糖液は清澄糖液ならびに廃糖蜜である。両者を混合して所定の糖濃度に調製後，熱交換器で冷却して使用する。図5にブラジルに普及している製糖，エタノール製造プロセスを示した[10]。

現行の平均的発酵工程は，最終アルコール濃度8.5 v/v%，酵母濃度13%（湿潤重量），発酵時間9時間，発酵収率91%，発酵温度34～36℃が至適とされている。使用菌株の選抜と改良はグリセロール低生産性，コハク酸高生成性，非凝集性を指標として積み重ねられてきた。今日，育種改良の専門機関によって開発された菌株が，ブラジル国内のほぼ全工場で使用されている。

2.4 エタノール蒸留と蒸留排液の処理

発酵終了後，酵母を分離してエタノールを回収する。蒸留濃縮エタノールからの脱水にはシクロヘキサンやモノエチレングリコールを使用する共沸蒸留や抽出蒸留を用いる。平均的な工場のエタノール蒸留パラメータは発酵液からのエタノール回収率99%以上，蒸気使用量3～5 kg/L-ethanol，蒸留廃液12～15 L/L-ethanol，用水使用量100～120 L/L-ethanol（含水96%エタノール生産），140～170 L/L-ethanol（無水99.2%エタノール生産）である。

エタノール回収後の残液は蒸留廃液となる。ブラジルのほとんどのエタノール工場は蒸留廃液をサトウキビ畑に肥料として還元，散布している。1990年代までは蒸留廃液をラグーン処理し

ていたが，河川の環境汚染を引き起こす原因として問題視された。現在の方式が主流となってからはこの問題は解消されたようであるが，一部には地下水を汚染しているとの見解もある。

蒸留廃液の輸送はパイプラインによるものが多いが，工場の遠隔地にあってパイプラインの敷設が難しい畑にはトラック輸送が使われる。雨季などのトラック輸送ができない期間は廃液が腐敗して近隣から苦情が出ることもある。嫌気発酵処理を採用している工場も若干数あるが，まだ普及していない。

2.5 農業廃棄物について

ブラジルではバガスを製糖エタノール工場の燃料として使用してきた。通常，バガスは蒸気条件の低い（22 kgf/cm^2）ボイラーで燃焼し，生成エネルギーの70%を圧搾機などの動力用蒸気に，約6%を工場内の動力・照明用電力の発電に用いている（残りは放熱などのエネルギーロス）。サトウキビ1トンの処理には約12 kWhの電力を必要とする。また，発電機の蒸気タービンから排出される蒸気（およそ2.5 kgf/cm^2）を糖液の加熱やアルコール蒸留に用いる。バガスコージェネレーションのポテンシャルはブラジル全体で385万1,000 MWhに達し（2003年ブラジル国家電力庁統計），このうち60%をサンパウロ州が占める。表2にサンパウロ州サトウキビ生産者組合の研究機関であるCentro de Tecnologia Canavieira（CTC）が算出したバガスの使途とエネルギー利用量を示した。写真1にバガスの排出風景を示した。

農業廃棄物であるサトウキビの葉や穂先についてはまだ有効利用策の決め手がなく，部分的に家畜飼料などに利用されているだけである。

人手によるサトウキビ収穫では，収穫作業者が葉や穂先で受傷するのを防ぐために，収穫前にこれを焼却してしまう「野焼き」の習慣があった。野焼きすることでサトウキビ畑には茎が残り，伐採収穫が容易になる。写真2と写真3に収穫作業風景を示した。

機械による収穫では野焼きを行うことなくそのまま伐採できる。カッター付きのハーベスターでは葉を切断しながら収穫し，カッターを使用しない場合は葉がついたまま工場に運搬して工場内のクリーニング設備で葉を落とす。ハーベスターで葉を切断する場合，これらを畑に残すことになるが，病虫害の発生原因で好ましくないという説と成分の土壌還元で好ましいという説があ

表2 バガスの使途とエネルギー利用量[11]

バガス総熱量： 580 kWh/t-sugarcane	余剰バガス：41 kWh/t-sugarcane	
	エネルギー消費分： 477 kWh/t-sugarcane	エネルギーロス：119 kWh/t-sugarcane
		熱利用：330 kWh/t-sugarcane
		電力利用：28 kWh/t-sugarcane
	その他：62 kWh/t-sugarcane	

第2章 ブラジルにおけるバイオ燃料

写真1 エタノール工場におけるバガス排出風景

写真2 サトウキビの収穫作業の様子；人手による作業を行なうために「野焼き」が行われた栽培地

写真3 サトウキビの収穫作業の様子（ハーベスターによる収穫作業）

って，結論は出ていない。葉や穂先はバガス性状と異なり，今日の工場に普及しているバガスボイラーでの焼却は難しい。葉や穂先もバイオマスと見なすことができるが，発生量はショ糖およびバガスと同等である。表3にCTCが算出したサトウキビ構成バイオマスの量とその発熱量を示した[11]。また，収穫年度ごとのサトウキビ収穫量とサトウキビに占める非バガス部分の割合を

表3 サトウキビから発生するバイオマス量とその発熱量[11]

サトウキビ1トン当たりの生成量	発熱量（MJ）
ショ糖：140 kg	2,300
バガス：280 kg（含水率50%）	2,500
葉および穂先：280 kg（含水率50%）	2,500
合計　0.174 tep（tons equivalent to petroleum）	7,300

表4 収穫年度ごとのサトウキビ収穫量とサトウキビに占める非バガス部分の割合[12]

品　種	収穫年度*	サトウキビ収穫量 (t/ha)	葉などの非バガス部分** (t/ha)	サトウキビに占める葉部分の割合（%）
SP 79-1011	1	120.0	17.8	15
	2	91.5	15.0	16
	4	84.2	13.7	16
SB 80-1842	1	135.8	14.6	11
	2	100.5	12.6	13
	4	91.6	10.5	11
RB 72454	1	134.3	17.2	13
	2	99.8	14.9	15
	4	78.2	13.6	17
平　均		104.0	14.4	14

＊初回の収穫は植え付けの18ヵ月後で，それ以降は12ヵ月ごと
＊＊乾燥物

表4に示した[12]。

1990年代半ばから収穫前の野焼きによる煤煙や乾燥被害が問題になり始め，サンパウロ州環境局は野焼き地域の事前計画を義務付けて，サテライトシステムを導入して監視を行っている。機械化の可能な緩やかな勾配地域では2021年までに野焼きの完全排除が決まっており，機械化困難な地域においても2031年までには野焼き禁止を履行しなればならない。これらの施策の影響で，導入コストは高いものの今後機械化が一層進行すると予想される。写真4と写真5に野焼きを実施せず，サトウキビ耕作地に切断された葉などの回収風景を示した。

2.6　工程用水

製糖・エタノール工場にて使用される用水は，サトウキビ洗浄用水，設備洗浄用水，スクラバー用水（発酵炭酸ガス蒸気に含まれるエタノールを回収するスクラバー），タンク冷却用水，雑用水などである。サトウキビ洗浄後の水は沈砂後冷却水等に再利用する。

ブラジル国内の製糖・エタノール工場の多くは廃水処理設備を有しておらず，工場で使用した用水は蒸留廃液と共にサトウキビ畑に散水している。

第2章 ブラジルにおけるバイオ燃料

写真4 サトウキビ収穫時に切断された葉などの回収風景（Bailing harvester）

写真5 サトウキビ収穫時に切断された葉などの回収風景（Hay harvester）

3 燃料エタノールと自動車市場

3.1 製品エタノールと流通

エタノール工場は専ら自動車燃料用エタノールとして含水エタノール（E 100 用）と無水エタノール（ガソリン添加用）の2種を，飲料用途として精製品を生産している。含水エタノールの濃度は96%である。

図6に2001年から2006年までの無水および含水エタノールの生産量を示した。2005/2006の総エタノール生産量は1,520万kLで，このうちの704万kL（46.3%）が含水エタノールである。フレックスフューエル車の普及に伴って2004/2005を境に無水エタノールの需要が減少に転じたことが分かる。

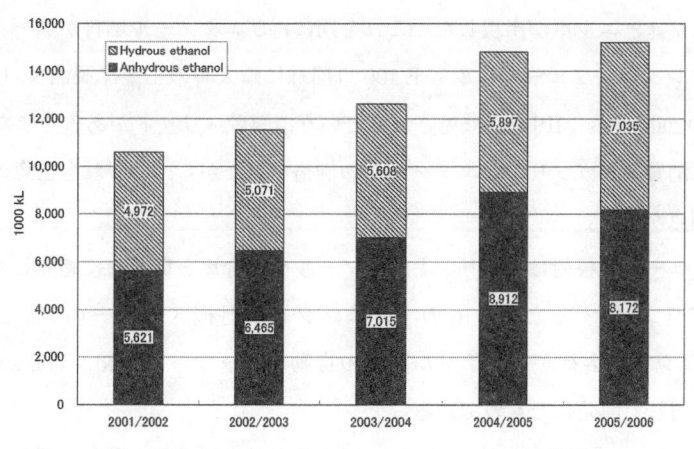

図6 無水エタノールと含水エタノールの生産量推移[13]

国内需要の流通は，エタノール工場，精製業者，石油化学事業者などの製造元から陸路（パイプライン，タンクローリー車および鉄道）と水路で元売り事業者に渡ってガソリンに混合するなどされた後，小売業者に販売される。含水エタノールは製造元の工場出荷時に課税され（庫だし税方式），無水エタノールはガソリン小売業者がガソリンにブレンドした時点（流通税方式）で課税される。2006年の年初より政府は，無水エタノールが含水エタノールに課税逃れして転用されるのを防止するために無水エタノールへの着色剤の添加をエタノール生産者に義務付けた。2007年上期のエタノール（含水）の消費者価格は 1 m^3 あたり 1,300～1,700 Real，ガソリン価格は同 2,500 Real 前後である。エタノール価格はサトウキビ収穫が行なわれる製糖シーズンに安くなるが，概ねガソリンの 7 割以下である（ブラジル通貨 Real に対する US ドルのレート BRL/US ドルは，2004年；2.93，2005年；2.43，2006年；2.18で，2007年9月は 1.84 である[14]）。

3.2 燃料エタノール生産における政府の役割

連邦政府の行っているエタノール関連政策は，ガソリンへの添加割合の決定と貯蔵設備に対する融資のみである。ガソリンへのエタノール添加割合は農務省，開発商工省，鉱山動力省，大蔵省の4省庁で構成される砂糖・エタノール審議会において，その年度の生産量などを考慮して決定される。割合は20～25%である。自動車用の燃料エタノールは国家石油事業団（Agência Nacional do Petróleo；ANP）により，ANP規格として規格化されている。ANPは石油政策決定の役割をもつ国家エネルギー政策審議会（Conselho Nacional de Política Energética；CNPE）の政策を実施する機関である。

3.3 フレックスフューエル車

PROALCOOLの終結を期にエタノール燃料車の生産販売が行われなくなり，代わって2003年にフレックスフューエル車が出現した。これを期に再びエタノール燃料がブームとなった。この背景には，フレックスフューエル車もE100車同様に購入時の工業品製品税（Imposto Sobre Produtos Industrializados；IPI）が減免されるという消費者メリットがある。また，フレックスフューエル車は消費者がガソリンとエタノールの価格を見ながら，いずれも任意の量で混合給油できるという利点がある。

フレックスフューエル技術はガソリンとエタノールの混合比を自動的に感知して適切な条件で燃料をエンジンに供給するというもので，エンジン噴射機メーカーのBosch社とMagneti Marelli社のブラジル子会社が，ブラジル国内の自動車メーカー（Ford, Volkswagen, FiatおよびGM）と共同して開発したものである。

フレックスフューエル車の2003年発売から2007年5月までの販売数と乗用車に占める割合を

第2章　ブラジルにおけるバイオ燃料

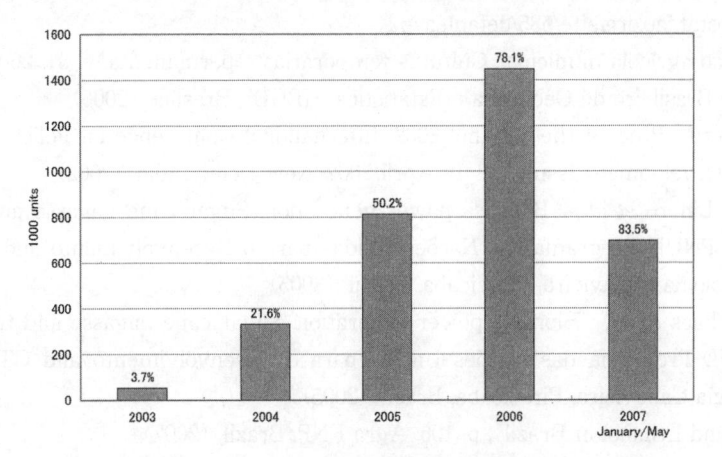

図7　フレックスフューエル車の販売数と乗用車に占める割合[15]

図7に示した。2006年の販売台数は1,44万7,000台に上り，その割合は78.1%である。E 100のみに対応したE 100車は2006年より販売されなくなった。2007年については，5月までの上期のフレックスフューエル車の販売割合は83.5%である。

文　献

1) V. FILHO et al., Informações Econômicas, SP 36 (7), 48-61 (2006)
2) 平成17年度地域食料農業情報調査分析検討事業・米州地域食料農業情報調査分析検討事業実施報告書, pp. 85-99, 社団法人国際農林業協力・交流協会, 東京 (2006)
3) "FAOSTAT, ProdSTAT : Crops ; Area Harvested, Production, Yield vs. Sugar cane", FOOD AND AGRICULTURE ORGANIZATION OF THE UNITED NATIONS, http://faostat.fao.org/site/567/default.aspx
4) T. Szmrecsanyi et al., Estudos Avançados, 5 (11), 57-79 (1991)
5) União da Agroindústria Canavieira de São Paulo (UNICA) : "referência, estatísticas, Produção Brasil-Álcool", http://www.portalunica.com.br/portalunica/?Secao=referência
6) "FAOSTAT, TradeSTAT : detailed trade data ; Export quantity vs. Sugar raw, centrifugal, nec", FOOD AND AGRICULTURE ORGANIZATION OF THE UNITED NATIONS, http://faostat.fao.org/site/535/default.aspx
7) "Estatísticas do século XX, Atividades Econômicas, 2-Tabelas Setoriais, 2.4-Energia", Instituto Brasileiro de Geografia e Estatística (IBGE), Brasília, (2003)
8) "FAOSTAT, TradeSTAT : detailed trade data ; Export quantity vs. Alcohol Non Food", FOOD AND AGRICULTURE ORGANIZATION OF THE UNITED NATIONS,

http://faostat.fao.org/site/535/default.aspx
9) "Produção agrícola municipal, Culturas temporárias e permanents, v. 31, 2004", pp. 27-30, Instituto Brasileiro de Geografia e Estatística (IBGE), Brasília (2006)
10) J. Finguerut, Proc. of the Ethanol 2002, International Conference on Policy, Financing & Market Development Issues, 18-19 April 2002, New Delhi, India (2002)
11) F. A. B. Linero *et al.*, "Biomass power generation, Sugar cane bagasse and trash", pp. 113-129, PNUD-Programa das Nações Unidas para o Desenvolvimento and CTC-Centro de Tecnologia Canavieira, Piracicaba, Brazil (2005)
12) L. A. D. Paes *et al.*, "Biomass power generation, Sugar cane bagasse and trash", pp. 19-23, PNUD-Programa das Nações Unidas para o Desenvolvimento and CTC-Centro de Tecnologia Canavieira, Piracicaba, Brazil (2005)
13) "Sugar and Ethanol in Brazil", p. 106, Agra FNP, Brazil (2007)
14) Banco Central do Brasil : "Câmbio-dólar EUA", http://www.bcb.gov.br/
15) Y. Terabe, "Update of Brazilian Biofuels Business", Pro. of the Biofuels World 2007, 11-13 July 2007, Yokohama (2007)

第3章　EUにおけるバイオ燃料

横山益造*

1　はじめに

地球温暖化問題に対して世界の主導的役割を果たそうとしているEUである。

EUのバイオテクノロジー開発は2000年に発表された"EUを世界的に競争力を持った知的財産を基盤とした経済機構"とすることを目指すLisbon Strategy（リスボン戦略）において重要な位置づけをされている。世界各国の動向と同じくEUにおいてもバイオリファイナリー技術は重要な位置を占め，中でもバイオ燃料生産は近年特に注目されている。石油価格の上昇，石油資源の枯渇や地球温暖化への懸念から再生可能資源由来のバイオ燃料生産が活発化する中でEUでは本格的な生産に向け数々の政策を制定している。

2　政策目標

バイオ燃料に関する重要なEU政策は図1に示されている。2003年の〔Ⅰ〕Directive 2003/

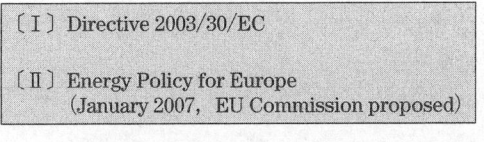

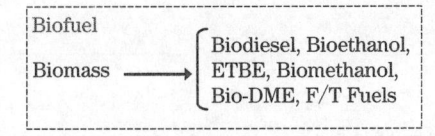

〔Ⅰ〕Directive 2003/30/EC

〔Ⅱ〕Energy Policy for Europe
　　（January 2007，EU Commission proposed）

⇨〔Ⅰ〕Biofuel 普及ターゲット（拘束力なし目標値）
　　　2%　　（by 2005）
　　　5.75%　（by 2010）　share of fuels sold

Biofuel
Biomass ⟶ Biodiesel, Bioethanol, ETBE, Biomethanol, Bio-DME, F/T Fuels

⇨〔Ⅱ〕GHG 20%（by 2020）
　　　―Biofuel 普及ターゲット：10%（拘束力あり目標値）―
　　　　　　　　　　　　　Mandatory Target

図1

---

*　Masuzo Yokoyama　㈶地球環境産業技術研究機構（RITE）　微生物研究グループ
　　主任研究員

30/EC 及び〔Ⅱ〕Energy Policy for Europe である。

〔Ⅰ〕は，バイオ燃料の普及シェア目標値として全輸送燃料中，2005 年には 2%，2010 年には 5.75% を定めたものである。〔Ⅱ〕は，EU 委員会（EC）が 2007 年 1 月に気候変動とエネルギーに関する EU での政策を発表した中で，2020 年までに EU 27 カ国内で使用する全輸送用燃料のうち最低 10% をバイオ燃料とする"義務的な目標"を提案したものである。この政策は同年 3 月に開催された EU 理事会において承認され，EU における新たなエネルギー政策の要となった。この政策では現行の拘束力のない政策と異なり目標は義務的なものである。持続可能なバイオ燃料生産，セルロースバイオマス由来の第二世代バイオ燃料の商業化の促進，そのための混合燃料に関する Fuel Quality Directive（品質規格）の改定もすべきとしている。

DG TREN（The Directorate-General for Energy and Transport/エネルギー・運輸総局）の分析によると，現行の 2010 年までに輸送燃料の 5.75% をバイオ燃料により供給するという目標の達成は現実的ではないが，現在の状況で 2020 年までに 6.9% のシェアは達成できると見られている。このことから，新しく制定された目標は現在の達成見込みより，さらに，3.1% 引き上げることが必要である。新しい政策の下では現在顕著に見られる EU 加盟国間のバイオ燃料導入シェアの落差をなくし，その加盟国間のギャップを埋めることも必要となる。

DG TREN の公表しているデータによれば（図 2），2005 年の目標 2% を達成できた国はドイツとスウェーデンの 2 国のみであり，各国の導入率には 0〜3.8% と各国間に大きな開きがある。EU 27 カ国の平均は 1% である。なお，2006 年の各国平均バイオ燃料導入シェアは 1.8% と発表されている。2010 年の目標値 5.75%，2020 年の 10% 目標値（拘束力のある義務目標）の達成には，さらなる導入促進策が必要であろう。

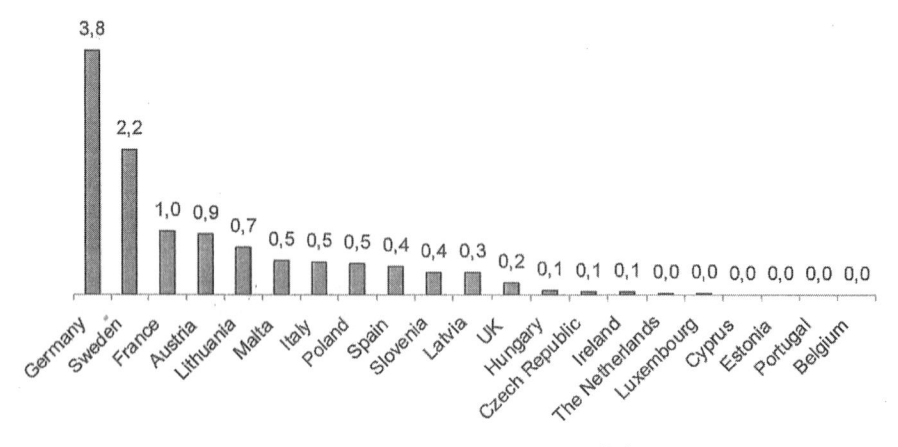

図 2　Biofuel market shares, 2005（%）
(Symposium on Biofuels Washington, 27-29 June 2007)

第3章 EUにおけるバイオ燃料

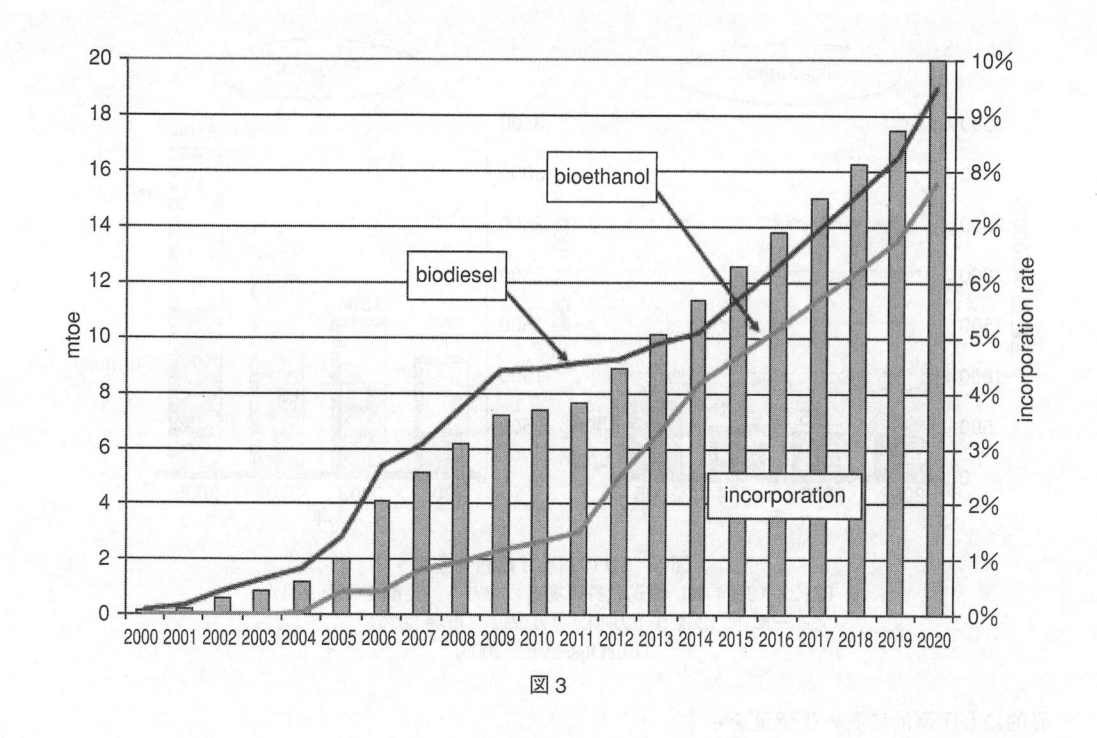

図3

図3は，2007年4月に発表されたEU委員会の「The impact of a minimum 10% obligation for biofuel use in the EU-27 in 2020 on agricultural markets」で示されている2020年への導入行程である。

3 バイオ燃料生産および普及の現状

2003年に発表されたEUバイオ燃料政策が掲げる2010年までにバイオ燃料のシェアを全輸送燃料の5.75%に増加するという目標は前述の通り達成の見通しが立っておらず，2005年度のEU内のバイオ燃料シェアは中間目標の半分にしか満たない1%であった。また国別に設定した目標を達成した国はバイオ燃料生産設備の開発を促進し，税の減免およびバイオ燃料の輸入などを実施したドイツとスウェーデンのみであった。

図4は，EUにおけるバイオ燃料生産量の推移を示したものである。EUは石油燃料市場構造的にもディーゼル燃料使用がガソリン燃料使用よりも大きな特徴があるが（およそ7：3の割合），バイオ燃料市場に関してもバイオディーゼルがバイオエタノールよりも大きな市場を有している。

バイオエタノールに関しては，スペインがEUの中での主要生産国であるが，その量は数十万トンに過ぎず，米国，ブラジル等に比べれば，まだ圧倒的に少ない。EU全体の生産量も世界の生産量の2～3%に過ぎない。一方，バイオディーゼルに関しては，ドイツがEUの中でも，世

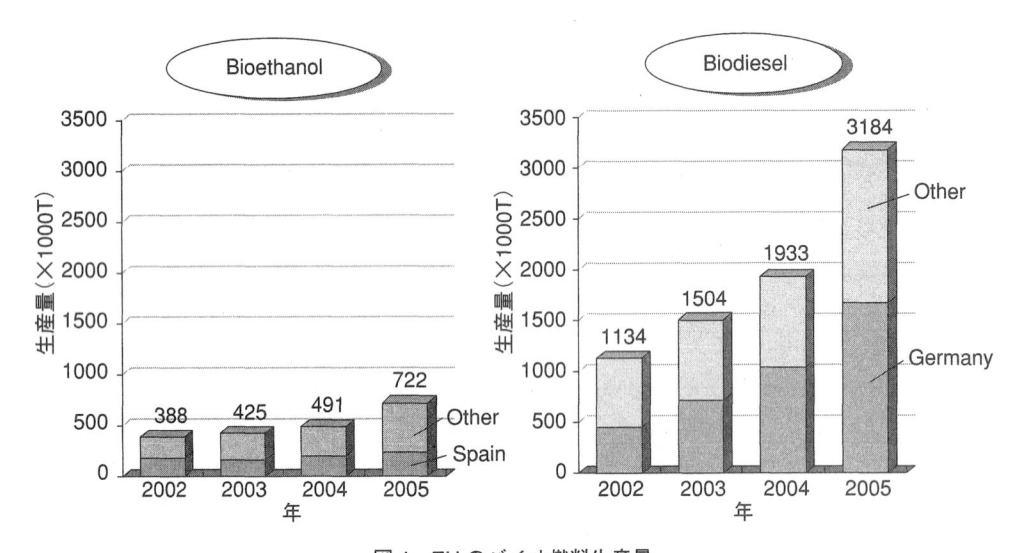

図4 EUのバイオ燃料生産量
EU 25 (2004年) 輸送燃料市場：ガソリン (1億1千万 kL)／
ディーゼル (2億6千万 kL) (ガソリン市場 30%)
(EurObservER 2005)

界的にも圧倒的に高い生産量を示す。

　EU各国のバイオ燃料生産量を各国別に示したのが表1である。各国とも，バイオエタノールの生産量は，バイオディーゼルに比して低迷しているが，前述した2007年4月に発表されたEU委員会の「The impact of a minimum 10% obligation for biofuel use in the EU-27 in 2020 on agricultural markets」報告書の図でも示されているように，バイオエタノール生産量は2011年以降急速な成長が見込まれている。これは，2011年頃から第二世代バイオエタノール（リグノセルロース原料エタノール）の実用化が見込まれているためである。バイオディーゼルについても，2012，13年頃より，第二世代バイオディーゼルであるバイオマス分解合成ガスのFT合成法による生産が本格化することが予測され，新たな成長が予測されている。

　バイオ燃料の普及のため，EU加盟国が2020年までに導入バイオ燃料シェアを10%に引き上げるという目標達成に向け全力で取り組めば，2013年までに普及率5.5%が達成され，新しく採択されたエネルギー政策によって，現在見られる様な加盟国間の普及率のギャップ（前述）も縮小されるものと見られている。

4　バイオ燃料研究開発への財政支援

　EUの公的資金による研究支援制度は，〔EU委員会・EU理事会・EU議会〕の枠組みの中で実施されているものとEU各国の個別制度によるものとの二本立てである。前者には，EU内で

第3章　EU におけるバイオ燃料

表1　*Biofuels Production in EU in 2005*

(×10³ton)

	Ethanol	Biodiesel
Germany	120	1,669
France	100	492
Italy	—	396
Sweden	130	1
Spain	240	73
Austria	—	85
UK		51
Poland	68	100
Slovakia	—	78
Lithuania	6	7
Slovenia	—	8
Latvia	1	5
Czech Rep.	1	133
Greece		3
Hangary	12	—
Netherlands	6	—
Ireland		
Malta	—	2
Luxemburg	—	—
Portugal	—	1
Belgium	—	1
Cyprus	—	1
Denmark	—	71
Estonia	—	7
Finland	37	—
Romania	—	—
Bulgaria	—	—
Total EU	721	3,184

(Sourece：EurObserv'ER 2007)

の研究開発を組織的に運営するために，1984年より実施されている"フレームワーク計画 (Framework Programme)"がある。バイオ燃料研究開発財政支援はこのフレームワーク計画の枠組みに組み入れられている。2007年1月より第7次フレームワーク計画 (the Seventh Framework Programme) が実施されているがその予算配分を図5に示す。

　バイオ燃料生産に関する研究は上記の分類のCooperation（共同研究）プログラムに含まれ，この分類の予算額は全予算の約60%を占める約320億ユーロである。これは表2に示される様にさらに10のテーマに分類されており，バイオ燃料技術開発に関する研究は23億ユーロの予算

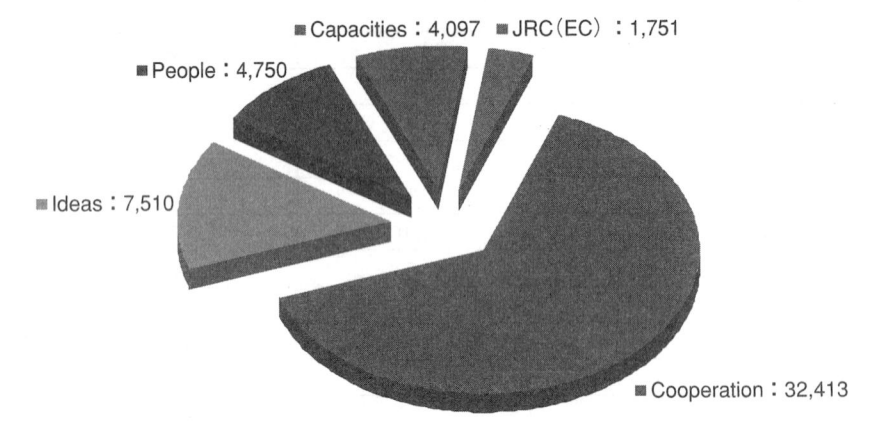

バイオリファイナリー技術の工業最前線

図5 FP 7 budget (€50 521 million, current prices)
(Note: Euratom FP: €2.7 billion over 5 years–not inculuded above)

表2 FP 7 2007-2013 'Cooperation' budget

I. Cooperation	Budget (€million, current prices)
1. Health	6,100
2. Food, agriculture and fisheries, and biotechnology	1,935
3. Information and communication technologies	9,050
4. Nanotechnolgies, materials and production	3,475
5. Energy	2,350
6. Environment	1,890
7. Transport	4,160
8. Socio-economic research	623
9 + 10. Space and Security	2,830
Total	32,413*

*Not including non-nuclear activities of the Joint Reseach Centre: €1,751 million

額を割り当てられたエネルギー分野に含まれる。

　エネルギー分野のバイオマス由来燃料に関する研究は更に第一世代バイオ燃料，第二世代バイオ燃料研究に分けられている。バイオマス由来燃料において糖類由来のバイオエタノール生産，植物油からのバイオディーゼル（FAME）生産，そして，バイオメタン生産が第一世代とされている。EU内で生産される第一世代バイオ燃料，特に第一世代バイオエタノールのコストがアメリカやブラジルと比較して高いという背景から，第一世代についての研究内容は副産物等の利用，変換効率の向上および(獲得)エネルギー対温暖化効果ガスの排出量比の向上（所謂，Low-Carbon Biofuel）を目指した新規技術の開発が主要課題となる。

　第二世代バイオ燃料に関する研究計画としては，バイオ燃料のコスト削減かつ環境への影響を

第3章　EUにおけるバイオ燃料

最小限に抑えることを念頭に置いた生産プロセスの開発が目指される。この研究開発の結果，2020年までに低コスト第二世代バイオ燃料の大量生産を可能にすることが期待されている。

　バイオ燃料の競争力を向上するにあたってエネルギー作物の生産改良も必要であり，エネルギー分野の研究ではこの観点からの研究も含まれている。既存の作物生産技術は既に成熟の域に達しているが，生産性や生産高に関してまだ改良の余地があることから，この点についての研究が行われる。また持続可能な原料生産，原料の品質改良，コスト削減，地域に合わせた生産プロセスの改変なども目標とされている。さらに，バイオ燃料の輸送技術安定性，エネルギー生産効率性および環境と社会に及ぼす利益などについて解析証明し，またそれらをより向上させるための研究開発を行うこともなされる。

　FP7などの研究開発に関する政策に関連して，2000年に開催されたLisbon European Councilにおいて支持されたERA（European Research Area，欧州研究エリア構想）ではEU内での研究活動の統一を目指しており，研究者，技術および知識が自由に行き来するEU内マーケット，EUレベルでの各国，各地域間の研究活動の協力等が提案されている。この構想は研究開発のグローバル化や中国とインドに代表される新しい科学技術力の台頭に対応するために提案されたものであり，2008年には次代のイニシアチブの準備が始められる。

　以上に述べられたように，EUでのバイオ燃料生産は重要な位置づけをされており，今後も研究開発が活発化していくものと見られる。現状ではバイオ燃料に関する政策の制定は大まかな点を決めるに留まっており，今後の研究開発進捗状況などを基に詳細を制定していくと予想されることから，今後のEUの動向に注目していくことが重要である。

第3篇
日本におけるバイオ燃料の取り組み状況
―バイオエタノール―

第1章　国としての取り組み
「国産バイオ燃料の大幅な生産拡大」
バイオマス・ニッポン総合戦略推進会議報告書

徳若正純*

1　はじめに

　バイオマスの利活用は，温室効果ガスの排出抑制による地球温暖化防止や，資源の有効利用による循環型社会の形成に資するほか，地域の活性化や雇用につながるものである。また，従来の食料等の生産の枠を超えて，耕作放棄地の活用を通じて食料安全保障にも資する等，農林水産業の新たな領域を開拓するものである。

　近年，こうしたバイオマスの利活用を推進するための方策の一つとして，世界的に自動車用の燃料としての利用拡大が図られている。アメリカやEUではバイオ燃料の利用拡大に向けた目標が掲げられているほか，バイオ燃料の利用を強力に拡大するための様々な優遇措置も講じられているところである。

　一方，我が国のバイオ燃料の取り組みの現状は，バイオエタノールについては，全国7ヵ所での小規模な実証試験が行われているに過ぎない状況であり，2006年度の生産量は約30キロリットルと推計される。しかしながら，2005年4月に閣議決定された「京都議定書目標達成計画」では，バイオ燃料の利用目標が50万キロリットル（原油換算）とされ，2006年3月に閣議決定された「バイオマス・ニッポン総合戦略」では，バイオマスの輸送用燃料としての利用に関する戦略が明記される等，我が国においてもバイオ燃料の利用促進に向けた施策が急速に進展している。

　このような中，2006年11月に安倍内閣総理大臣からの指示を受け，関係7府省の局長級から成る「バイオマス・ニッポン総合戦略推進会議」（事務局：農林水産省）において議論を進め，我が国における国産バイオ燃料の生産拡大に向けた課題を整理するとともに，大幅な生産拡大を図るための工程表をとりまとめ，2007年2月，松岡農林水産大臣から安倍総理に報告を行った。

＊　Masazumi Tokuwaka　農林水産省　大臣官房　環境バイオマス政策課　バイオマス推進室　企画専門職

2　我が国におけるバイオマスの賦存量

2006年12月時点のデータに基づき，バイオマスの賦存量および利用率を整理したところ，廃棄物系バイオマスの賦存量は2億9,800万トン，利用率は72％，未利用バイオマスの賦存量は1,740万トン，利用率は22％となっている。なお，資源作物としてのバイオマス利用はほとんどない。

未利用バイオマスのエネルギーポテンシャルは約530 PJ（原油換算1,400万キロリットル），資源作物のエネルギーポテンシャルは約240 PJ（原油換算620万キロリットル）と試算されており，国産バイオ燃料の大幅な生産拡大を図るためのポテンシャルは十分にあると考えられる。

3　我が国および諸外国におけるバイオ燃料の現状

我が国においては，2004年から関係府省の連携により，原料作物の生産，バイオエタノールの製造，E3ガソリンの走行等の実証試験が行われている。このほか，コメなどを対象とした調査等が各地で行われている。生産量は，2006年度末時点で合計30キロリットル／年程度と推計される。なお，我が国において，ガソリンへのバイオエタノールの混合割合は，現状では3％（揮発油等の品質の確保等に関する法律）までである。また，ETBEについては，化学物質の審査および製造等の規制に関する法律において「第二種監視化学物質」との判定がなされており，経済産業省では2006年度より長期毒性試験や環境に暴露した場合の影響調査等を実施し，リスク評価を行っている。

一方，世界のバイオエタノールの生産量は，2005年末時点で，約3,650万キロリットルと推計される。アメリカ，ブラジルの2カ国の生産量が突出しており，世界の生産量の約7割を占めている。このほか，EU，中国，インド等でも生産されており，生産量は年々拡大している。生産されたバイオエタノールの大半は，ガソリンとの直接混合で利用されており，アメリカの一部の州やブラジルでは，混合割合の義務化もなされている。一方，ETBEは，スペイン，フランス等，EUを中心に利用されている。

米国では「2005年エネルギー政策法」が成立し，自動車燃料への再生可能燃料の使用目標が大幅に引き上げられ，2012年に75億ガロン（約2,800万キロリットル）の供給が定められている。2007年1月のブッシュ大統領の一般教書では，この義務量をさらに拡大し，2017年までに350億ガロン（約1.3億キロリットル）とすることに言及している。

EUでは，2003年に「輸送用のバイオマス由来燃料，再生可能燃料の利用促進に係る指令」が発効し，加盟各国にバイオマス由来燃料，再生可能燃料の導入目標の設定が義務づけられている

第1章 国としての取り組み

ほか，エネルギー作物栽培に対する補助や税制面での優遇が行われている。

4 国産バイオ燃料の大幅な生産拡大のための課題・検討事項

4.1 技術面での課題

国産バイオ燃料の大幅な生産拡大のためには，①収集・運搬コストの低減，②資源作物の開発，③エタノール変換効率の向上といった技術開発を行う必要がある。

(1) 収集・運搬コストの低減

稲わら，林地残材等の未利用バイオマスは，量的ポテンシャルも大きく，国産バイオ燃料の大幅な生産拡大に向けた原料として期待できるが，収集・運搬コストが高いため，利用はほとんど進んでいない。このため，稲わら等の低コスト収集技術の確立など，バイオマスの収集・運搬に係る費用を低コスト化することが不可欠である。

(2) 資源作物の開発

ゲノム情報等の活用により，糖質・でん粉質を多く含有し，エタノールを大量に生産できる資源作物の開発や，バイオマス作物の省力・低コスト栽培技術の開発を行う必要がある。

(3) エタノール変換効率の向上

糖質・でん粉質原料に加え，稲わら，林地残材等の未利用バイオマスや資源作物全体を原料として効率的にバイオエタノールを生産する必要がある。特にセルロース系原料からのバイオエタノールの製造については，リグニンの効率的な除去やセルロースとヘミセルロースを効率的に糖化・発酵する技術等の開発を進める必要がある。また，エネルギー投入量の少ない技術の開発や，廃液や副生成物の利用・処理技術の開発によるトータルコストの低減が必要である。

4.2 制度面等での課題

(1) 税制措置を含めた多様な手法の検討

欧米，ブラジルの制度を踏まえ，税制措置を含めた多様な手法について検討する必要がある。バイオ燃料の利用が進んでいる諸外国では，ガソリン税に相当する部分についての減免等の優遇措置がなされており，こうした措置がバイオ燃料の利用を促進させる要因の一つになっている。例えばアメリカでは，バイオ燃料の生産段階においてはトウモロコシからのバイオ燃料生産に対しての補助金を支出するとともに，製造企業への法人税の減免等の優遇措置をとり，バイオ燃料の利用段階においてはガソリン税に相当する部分についての減免措置といくつかの州でのバイオ燃料の混合義務化（E10），さらには海外からのバイオ燃料に対する関税措置など，国内農産物の新たな用途としてのバイオ燃料推進について総合的な政策がとられている。

(2) バイオエタノール混合率

我が国においては，揮発油等の品質の確保等に関する法律により，バイオエタノールをガソリンに3％まで混合することが可能であるが，バイオ燃料の利用が進んでいる諸外国，例えばブラジルでは20〜25％，アメリカではいくつかの州で10％の混合義務化がなされている等，我が国よりも高い混合率での利用実績がある。

現在の国内の自動車メーカーで生産される新車のうち，バイオエタノール10％混合ガソリン（E10）までは対応可能なものもあるが，既販車の買い換え，中古車市場からの退出等に10年以上の期間を要することにかんがみ，2020年頃までを目途に，3％の混合上限規定を見直すこととしている。

(3) 製造，流通，貯蔵，利用

バイオ燃料の流通・利用時における大気汚染防止対策や，E3の場合，水分混入防止等の対策の徹底が不可欠であり，製油所・油槽所・給油所等流通段階での必要な対応及び対策の検討を進める必要がある。また，ETBEについては，化審法上の第二種監視化学物質との判定がされたことを踏まえ，現在，リスク評価を行っているところであり，さらに，漏えい対策等具体的な設備対応策の必要性の検討のため，2007年度よりETBE混合ガソリンの流通実証事業を進めているところであり，これらの結果を踏まえ導入が図られることとなる。

(4) ライフサイクル全体でのエネルギー効率，温室効果ガス削減効果の評価

バイオ燃料の生産過程において，必要となる化石燃料や排出するCO_2量は極力少なくすることが重要である。ライフサイクルの視点から，エネルギー収支，CO_2収支の評価を踏まえて取り組みを進めることが必要である。

5 国産バイオ燃料の大幅な生産拡大のための工程表

国産バイオ燃料は，現時点のガソリンの卸売価格，ブラジルからのエタノールの輸入価格等と競合できる価格で生産する必要がある。国産バイオ燃料の生産コストの目標を100円／リットルと考えた場合，原料となるバイオマスの生産コストを大幅に引き下げ，さらに低コストで高効率にバイオエタノールを生産することが不可欠である。

5.1 当面の取り組み

現状では，原料となるのは，サトウキビ糖みつ等の糖質原料や規格外小麦等のでん粉質原料等の安価な原料や，廃棄物処理費用を徴収しつつ調達できる廃棄物でなければ採算がとれないのが実状である。このため，2010年頃までの当面の期間は，これらの原料を用いた国産バイオ燃料

第1章 国としての取り組み

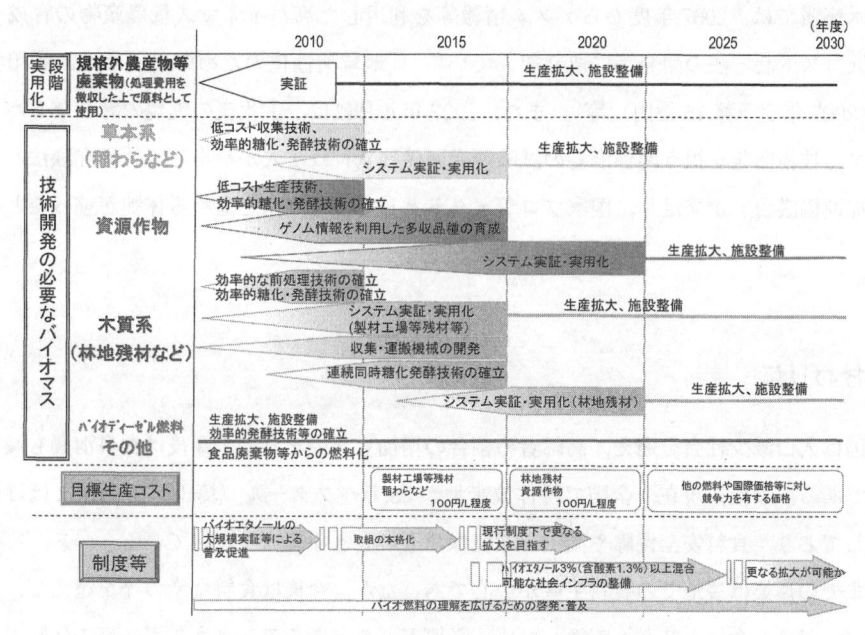

図1 国産バイオ燃料の生産拡大工程表

の生産を行っていく。

具体的な取り組みとして，農林水産省では，原料の調達からバイオ燃料の製造・利用まで一貫した大規模実証を行う「バイオ燃料地域利用モデル実証事業」（2007年度予算85億円）を創設し，バイオエタノールについては北海道上川郡清水町，苫小牧市，新潟市の3地区で事業を実施している。本事業は，エタノールの製造効率等を向上させる技術実証を5年間行い，我が国における国産バイオ燃料の実用化の可能性を示すことを目的としており，実用的規模では我が国初めての取り組みといえる。2011年度までに3地区合計で3.1万キロリットル／年の生産を予定している。

5.2 中長期的な取り組み

国産バイオ燃料の大幅な生産拡大を図るためには，食料や飼料等の既存用途に利用されている部分ではなく，水田にすき込まれている稲わらや製材工場等残材，林地残材などの未利用バイオマスの活用や耕作放棄地等を活用した資源作物の生産に向けた取り組みを進めることが重要である。このため，2030年頃までの中長期的な観点からは，稲わらや木材等のセルロース系原料や資源作物全体から高効率にバイオエタノールを生産できる技術の開発等により，食料供給と競合しないかたちで，他の燃料や国際価格と比較して競争力を有する国産バイオ燃料の大幅な生産拡大を図る。

農林水産省では，2007年度からゲノム情報等を利用した高バイオマス量農産物の育成や資源作物の低コスト栽培法の開発等に取り組んでいる（「地域活性化のためのバイオマス利用技術の開発」（2007年度予算15億円）等）。また，2007年4月には，工程表の実現の鍵となるバイオ燃料に関する技術開発を担う関係府省の試験研究関係独立行政法人が参集して「研究独法バイオ燃料研究推進協議会」が発足し，国家プロジェクトとして技術開発を進める体制が整ったところである。

6 おわりに

　我が国は人口減少社会を迎え，高齢者の割合の増加もあいまって，今後は食料消費も減少する見込みである。また，現在，全国で耕作放棄地が38万ヘクタール（埼玉県の面積とほぼ同じ）も発生しており，食料安全保障や国土・環境保全上の大きな課題となっている。

　これまでの農業は農地での食料生産が中心であったが，今後は食料生産の枠を超えて，環境・エネルギー対策も含めた産業へ転換していく必要があると考える。エネルギー用の作物であれば，食料以外の利用方法を確立し，農地の保全につながるとともに，いざというときには食料生産に転換することも可能である。我が国の食料供給力を維持・向上させるためにも，国産バイオ燃料の取り組みを推進していくことが重要である。

第2章　地方自治体および企業の取り組み

1　沖縄・伊江島におけるバイオエタノール生産の取り組み

寺島義文[*1]，小原　聡[*2]

1.1　サトウキビからのエタノール生産

　二酸化炭素の排出量削減に向けて，石油代替燃料としてのバイオエタノールに対する期待が高まっており，その原料としてサトウキビが注目されている。

　サトウキビは熱帯，亜熱帯地域で広く栽培されている重要な糖質作物である。茎中に蓄積する糖分は主に砂糖生産に利用されているが，酵母による直接変換が可能であることからバイオエタノール生産等の原料としても適している。バイオマス生産能力が高く，副産物の多用途利用が可能であり，特に搾り粕のバガスは製糖工場の熱・電力を賄う循環型の自給エネルギー源として利用されている。窒素固定能力[1]や深い根系，収穫後圃場に残る有機物が豊富である等の有用特性を備え[2]，痩せ地や干ばつ等厳しい自然環境に対する適応性も比較的高い作物である。

　現在，世界のサトウキビ生産量は約13.9億トン（2006年）であり，アジア地域や南アメリカ地域で生産量が多い。多くのサトウキビ生産国では主に砂糖生産に利用され，副産物の糖蜜からバイオエタノール生産が行われている。しかし近年，バイオエタノールに対する世界的な需要の高まりから，ブラジルのように生産地域の拡大により，全生産量の約50％を直接エタノール原料として利用している国も存在する。今後も世界のサトウキビ栽培面積は増加していくと考えられるが，エタノール原料割合の増加や生産地域の拡大は砂糖生産や他の食用作物との競合（食料競合）を引き起こすことが懸念されており，今後は食糧競合を回避しつつ，如何に多くのエタノールを生産するかが重要な課題となっている。

　日本においては，二酸化炭素の排出量削減とともに，砂糖以外の出口の多用途化によるサトウキビ産業の競争力強化の面からもサトウキビからのバイオエタノール生産が期待されている。日本のサトウキビは，主に南西諸島（鹿児島，沖縄）で栽培されており，年間約121万トン（2006年）が生産されている。台風や干ばつの常発，痩せた土壌等の厳しい自然条件から，単位面積当たりのサトウキビ生産量は世界的にも低く，農家の高齢化や高収益作物への転換等によって，こ

[*1]　Yoshifumi Terajima　㈵農業・食品産業技術総合研究機構　九州沖縄農業研究センター
　　　バイオマス・資源作物開発チーム　研究員

[*2]　Satoshi Ohara　アサヒビール㈱　豊かさ創造研究所　副課長

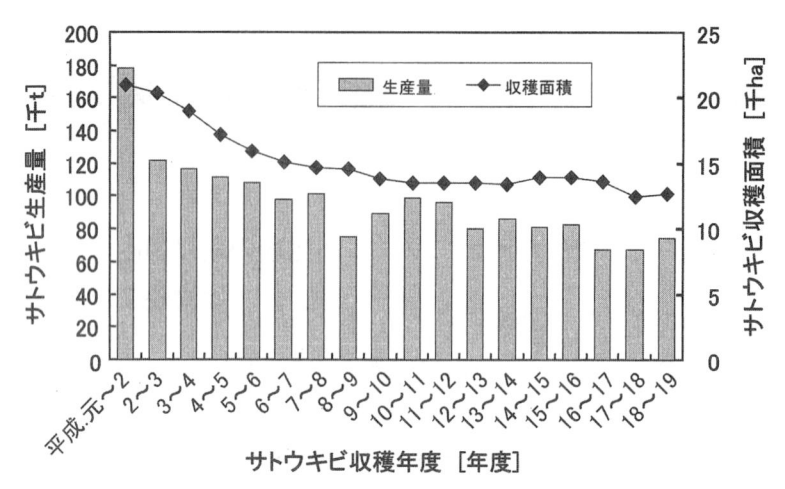

図1　沖縄県におけるサトウキビ生産量，収穫面積の推移[3]

この20年間で生産量が約1/2に激減してきている[1,3]（図1）。しかしながら，サトウキビは厳しい自然環境下でも比較的安定して栽培できる同地域の重要な基幹作物であり，他作物との輪作，梢頭部（葉）やバガス等の副産物利用を通して島嶼農業の成立にとって重要な役割を担っている。将来にわたりサトウキビ産業を存続させていくためには，地球環境の改善に貢献しながら，生産される糖質・繊維質の多用途利用を実現し，有機物やエネルギーの供給を通して島嶼農業・経済との関係をより強化していく必要がある。サトウキビからのエタノール生産は，その実現のための大きな可能性を秘めている。

サトウキビからのエタノール生産では，搾汁液（蔗汁）を直接エタノール生産に利用する方法と，蔗汁から砂糖を抽出した後の副産物（糖蜜）を利用する方法がある。食糧自給率の低い日本では砂糖自給率を維持する必要があることから，後者の方法が検討されてきた。

しかしながら，既存の製糖用品種は，砂糖の抽出効率は高いが単位面積当たり収量が低く，栽培地域が島嶼であることから栽培面積が限られ，1製糖工場当たりの原料処理量が少ない。そのうえ，既存の製糖プロセスは，結晶化を3回行い徹底的に砂糖を回収することから，糖蜜発生量（表1）や残糖量が少なく，多くのエタノール生産量は望めない。また少ない残糖分に対して多くのミネラル分が糖蜜中に残る「塩濃縮」による発酵阻害や，度重なる結晶化により生じたカラメル状のメイラード反応生成物が原因で着色排水の処理も問題となっている。バガスも，砂糖生産のために約90%が熱源として利用されていることから（表1），エタノール生産に必要なエネルギーを賄うことはできず，化石燃料の利用が必要となる。

このように，単位面積当たり糖収量，繊維収量の少ない既存の製糖用品種と砂糖を徹底的に回収する既存の製糖プロセスの利用を前提として，エタノール生産量を増加させようとすると，砂

第2章 地方自治体および企業の取り組み

表1 沖縄県・製糖工場（分蜜糖）におけるバガス，糖蜜の発生・利用状況[3]（2007年）

		沖縄本島	宮古島	石垣島	久米島	伊良部島	南大東島	北大東島	伊是名島
バガス発生量 [t]		62,937	57,310	20,336	14,645	13,358	13,593	4,313	3,784
利用状況	製糖燃料用	55,982 (88.9%)	50,006 (87.3%)	18,463 (90.8%)	13,763 (94.0%)	11,109 (83.2%)	11,075 (81.5%)	3,980 (92.3%)	3,654 (96.6%)
	堆肥原料用	5,100 (8.1%)	5,434 (9.5%)	356 (1.8%)	882 (6.0%)	2,249 (16.8%)	2,518 (18.5%)	333 (7.7%)	130 (3.4%)
	その他	1,855 (2.9%)	1,870 (3.3%)	1,516 (7.5%)	0 (0%)	0 (0%)	0 (0%)	0 (0%)	0 (0%)
糖蜜発生量 [t]		7,753	5,604	2,412	1,401	1,519	1,605	710	614
利用状況	アルコール用	4,877 (62.9%)	0 (0%)	0 (0%)	0 (0%)	0 (0%)	0 (0%)	0 (0%)	0 (0%)
	飼料用	1,657 (21.4%)	5,024 (89.7%)	2,216 (91.9%)	396 (28.3%)	1,519 (100%)	0 (0%)	710 (100%)	198 (32.2%)
	肥料用	42 (0.5%)	0 (0%)	0 (0%)	0 (0%)	0 (0%)	1,051 (65.5%)	0 (0%)	0 (0%)
	その他	284 (3.7%)	555 (9.9%)	196 (8.1%)	0 (0%)	0 (0%)	0 (0%)	0 (0%)	286 (46.6%)
糖蜜平均糖度 [%]		30.9	29.3	28.6	31.1	29.1	42.0	36.7	32.8

糖生産との食糧競合の問題が発生するうえ，化石燃料を消費してエタノールを作ることになり，化石燃料の消費削減というバイオ燃料生産の主目的と矛盾してしまう。

1.2 伊江島における新しいエタノール生産の取り組み[4]

日本におけるサトウキビからのエタノール生産の問題は，①農家の高齢化，重労働等に伴う農家・栽培面積の減少，②台風・干ばつなどの気象災害による原料生産の不安定さ，③原料コスト高と砂糖生産との食糧競合によるエタノール単独生産の困難さ，④製糖副産物を原料とした場合のエタノール生産性の低さとそれに伴うコスト高，⑤エタノール製造エネルギー源としてのバガス不足とそれに伴う石油使用，⑥エタノール生産によるバガス不足が与える地域の畜産，堆肥供給への影響，等々である。日本で事業として成立させるにはこれらの課題を解決する必要がある。

そこで，筆者らのグループは，これらの課題を解決して安定的にエタノール生産ができるように，従来より多収量の新しい原料（高バイオマス量サトウキビ）と新しい生産プロセス（砂糖・エタノール複合生産プロセス）を開発し，2006年より沖縄県伊江島において実証試験を行っている。ここでは，伊江島で行っている具体的な取り組み内容について紹介する。

1.2.1 新しいサトウキビ原料の特徴

伊江島プロジェクトでは，九州沖縄農業研究センターが開発した「高バイオマス量サトウキビ」を原料としている。これは，従来のサトウキビ経済品種（*Saccharum* spp.）とサトウキビ野生種（*S. spontaneum*）との種間交雑，*Miscanthus*属や*Sorghum*属との属間交雑などによっ

て得られた系統の総称である（写真1）。高バイオマス量サトウキビは，従来よりも不良環境（台風・干ばつ）に対する適応性が高く，バイオマス（糖質・繊維質）生産力が優れるなどの特徴を持った系統群である。その中から，生産プロセスに適した糖収量，繊維収量を持つ系統を選抜して原料として利用している。

　具体的に選抜された系統95 GA-24，95 GA-27は，従来の製糖用品種とスイートソルガムの交雑系統である。これらは製糖用品種NiF 8（農林8号）と比較して，単位収量で約2倍，全糖収量で1.5倍，繊維分で3〜4倍も多く得られる原料である[5,6]（表2）。現状の単位面積あたりの砂糖生産量（8トン/ha）を維持した上で，従来より数倍のエタノール生産量が期待できる糖収量を有し，砂糖とエタノールの製造エネルギーを全てバガスとして供給できる繊維分を具えている。これらの原料を利用すれば，栽培面積を増やすことなく，現状の砂糖生産量と従来以上のエタノ

製糖用品種　　　　　　　高バイオマス量サトウキビ
（NCo310）　　　　　　　　（97S-133）

写真1　従来種と高バイオマス量サトウキビの比較
（栽培地：種子島・九州沖縄農業研究センター）

表2　従来種と高バイオマス量サトウキビの収量・組成比較

サトウキビ 品種・系統	単位収量 [t/ha]	蔗糖 [t/ha]	転化糖 [t/ha]	全糖 [t/ha]	繊維分 [t/ha]
NiF 8　（製糖用品種）	79.6	10.7	4.0	14.7	9.8
95 GA-24（高バイオマス）	145.7	17.0	4.4	21.4	26.0
95 GA-27（高バイオマス）	162.5	14.4	6.0	20.3	38.7

第2章　地方自治体および企業の取り組み

ール生産量が望め，製造時の石油使用等の問題についても同時に解決できる可能性がある。

1.2.2　新しいエタノール生産プロセスの特徴[7]

エタノール生産コスト高と食糧競合の問題を解決するため，高バイオマス量サトウキビを原料とする新しい砂糖・エタノール複合生産プロセスを開発した。

新しく考案したプロセスは，現在の製糖産業のプラント・システムにエタノール生産プロセスを組み込み，効率良く砂糖とエタノールを複合生産するものである。高バイオマス量サトウキビを原料として既存の農場，輸送収集ライン，製糖工場を最大限活用することにより，エタノール原料用糖蜜の大幅なコストダウンを図る。具体的には，製糖工場に隣接して新たにエタノール製造設備（発酵～蒸留～脱水膜）を併設し，製糖工場と一連の工程にすることで，砂糖生産とエタノール生産の共通工程（圧搾機，ボイラー等）の設備投資，糖蜜の輸送費を削減する。高バイオマス量サトウキビから排出される大量のバガスを製糖工場のバガスボイラーで燃焼しエネルギーを共用することで，エタノール生産に石油を使用しない。よって環境負荷が小さく製造燃料費も不要になる。プロセス概念図を図2に示す。

一方，製糖工程もエタノール生産を考慮した工程に改良し，従来3回行っていた粗糖の結晶化工程（粗糖収率約95%）を，最も収率の高い1回目の結晶化（粗糖収率約70%）のみに短縮する。効率の悪い2，3回目の結晶化工程を省略することで製糖工程におけるエネルギー効率の向上が図れる。サトウキビ単位重量あたりの粗糖生産性は低下するが，単位面積あたりのサトウキビ収量の増加によって砂糖生産量は現状を維持できる。また，結晶化工程の短縮によって，残糖量が多く，塩濃縮・発酵阻害物質の少ない，良質な糖蜜がエタノール原料として副生する。これによりエタノール収率の飛躍的な向上が期待できる。高付加価値の砂糖を併産することで，原料

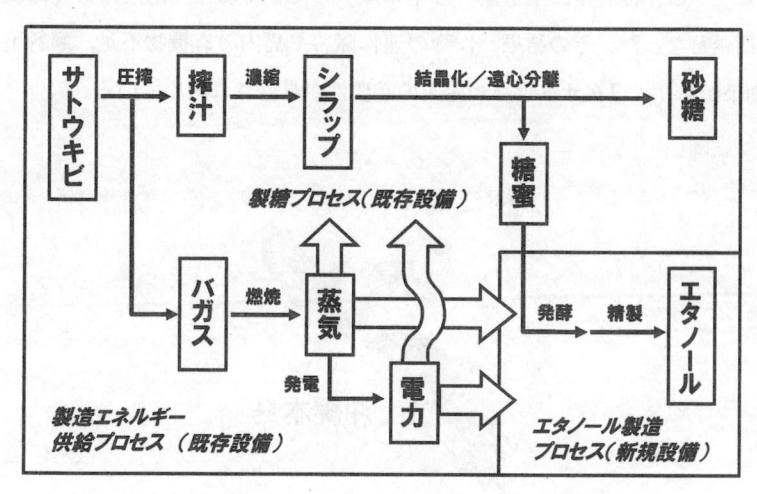

図2　砂糖・エタノール複合生産プロセスの概略図

表3 シミュレーションによる物質生産性，バガスエネルギー寄与率の比較

サトウキビ原料		プロセス	最終製品		副産物	バガス燃焼エネルギー寄与率*
			砂糖	エタノール	バガス	
			[t/ha]	[kL/ha]	[t/ha]	[%]
NiF 8	（従来種）	従来法	9.0	1.6	19.6	96.1
95 GA-27	（高バイオマス量）	新規法	9.1	4.9	66.6	143.6

＊全製造エネルギーに占めるバガス燃焼エネルギー寄与率（％）＝バガス燃焼エネルギー／全製造エネルギー×100［％］

価格を大幅に下げることなく，良質な糖蜜が安価に入手可能になる。

従来の糖蜜からのエタノール生産プロセスと新規の複合生産プロセスについて，物質生産性等についてシミュレーション比較すると表3のようになる。複合生産プロセスでは従来の砂糖生産量を維持したまま約3倍のエタノール生産が可能になることが分かる。全製造工程の1.5倍程度のエネルギーをバガス燃焼で供給できることから，製造に石油を使用しないプロセスも可能になる。このように，砂糖生産で糖質資源，製造燃料資源（バガス）を独占せずエタノール生産へ効率良く資源分配をし，既存インフラを最大限活用することによって多くのメリットが得られる。

1.2.3 「伊江島バイオマスアイランド構想」の概要

伊江島は沖縄本島の北西9kmに位置する一島一村の離島（図3）で，総面積約23 km²の小さな島である。水源不足，土壌保水力の乏しさ，干ばつの頻発により，要水量が少なく台風にも強いサトウキビ生産が産業の中心である。サトウキビ，砂糖生産から排出される葉やバガス，石灰ケーキなどを飼料，肥料として島内で安価に調達できることから，葉たばこ，電照菊などの農業，畜産業（伊江牛）が発展してきた。このような栽培作物の多様化とともに，サトウキビ栽培は昭和58年期をピークに作付面積，生産量とも年々減少してきており，島内にあった製糖工場も平成16年期に閉鎖となった。その結果，作物の連作障害や島内の有機物不足，飼料不足など関連産業へ波及効果があり，現在サトウキビ産業の必要性が見直され始めている。

図3 伊江島の位置

第2章 地方自治体および企業の取り組み

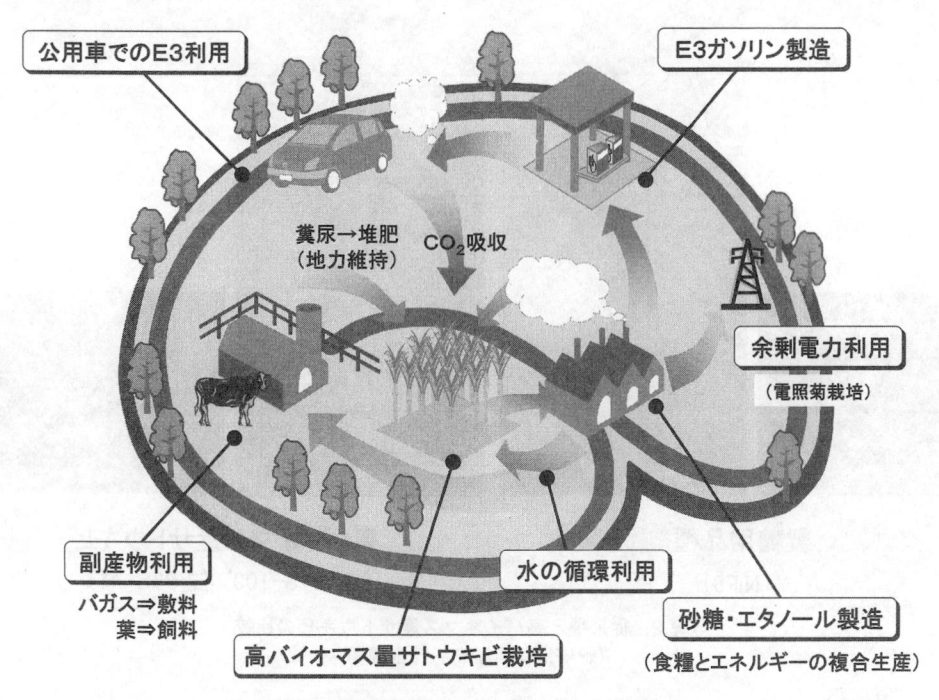

図4 伊江島バイオマスアイランド構想

　そのような状況で，筆者らの提案する新しいサトウキビ，砂糖・エタノール複合生産を中核とした「伊江島バイオマスアイランド構想」を村として打ち出し，地域的に取り組んでいる。

　実証試験は，沖縄県，伊江村，JAおきなわ伊江支店など地域の支援，協力のもと，九州沖縄農業研究センターとアサヒビールが主体となって，農林水産省，経済産業省，環境省，内閣府の4府省連携プロジェクトとして実施している。内容は，高バイオマス量サトウキビの栽培，パイロットプラントでの砂糖・エタノール複合生産，E3ガソリンの製造と公用車での利用，副産物の総合利用など原料から利用まで多岐にわたり，沖縄県バイオマスタウン第1号の取り組みである。概要を図4に示し，各取り組み状況を紹介する。

(1) 高バイオマス量サトウキビ生産

　2004年4月より九州沖縄農業研究センターが主担当となり，約1 haの圃場で数百系統の高バイオマス量サトウキビの栽培試験を行っている。品種登録前の原料であるため，全島的な栽培は行っておらず，主に優良系統の選抜と複合生産用原料の品種登録に向けた収量検定を行っている。収量等のデータ取得後，プラントで原料として利用している。肥沃度，保水力が乏しい伊江島においても，写真2のような高収量な系統（97 S-109, 97 S-41）が開発されている。

(2) 砂糖・エタノール複合生産試験

　2005年に建設したパイロットプラント（写真3）でプロセスの実証試験を行っている。パイロ

バイオリファイナリー技術の工業最前線

製糖用品種　　　　　　　　　高バイオマス量サトウキビ
（NiF8）　　　　　　　　　　（左：97S-109, 右：97S-41）

写真2　従来種と高バイオマス量サトウキビの比較
（栽培地：伊江島・株出圃場）

写真3　砂糖・エタノール複合生産パイロットプラント

ットプラントのフローを図5に示す．プラントは実際の工場をスケールダウンさせた製糖設備とエタノール設備からなり（写真4），高バイオマス量サトウキビ原料30トンから，砂糖2トンとエタノール1.1 kL程度を年間生産する規模（1バッチあたりの処理量1トン）である．

　パイロットプラントでのエタノール製造工程は，高バイオマス量サトウキビから1回だけ砂糖を結晶化した後の1番糖蜜を原料とし，水で希釈し全糖濃度を20～25%に調整した後，酵母を

第2章 地方自治体および企業の取り組み

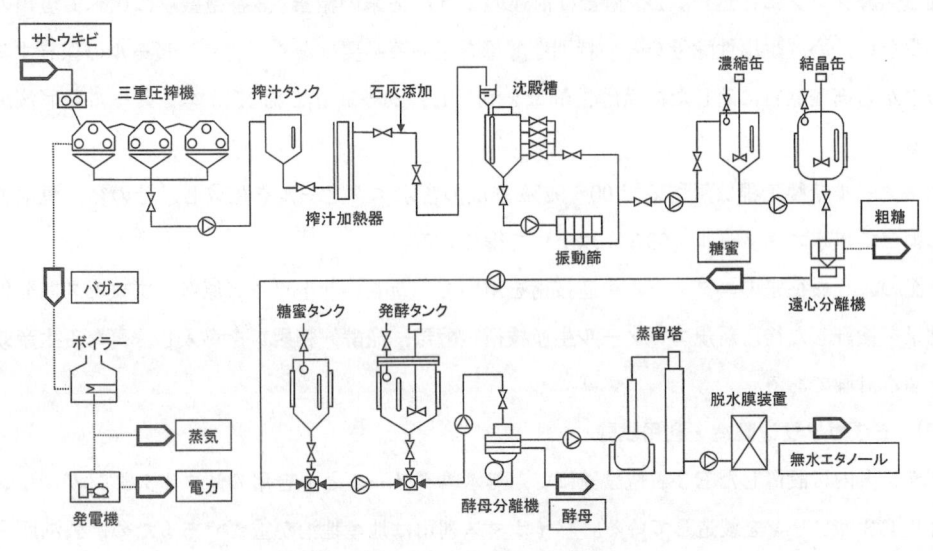

図5 パイロットプラントフロー

①圧搾機，②粗糖結晶缶，③発酵タンク，④脱水膜装置
写真4 パイロットプラント内の各設備

添加し発酵タンクに仕込む。1番糖蜜は前述のように従来の糖蜜（3番糖蜜）に比べて塩類の濃縮が少ないため，耐塩性酵母などの特別な酵母を用いる必要はなく，アサヒビールの保有する菌株の中から糖蜜原料に適した高発酵性酵母を利用し，24〜36 h で約 15% エタノール発酵液を得ている。

エタノール精製工程は蒸留塔で 90〜95% 程度の含水エタノールを生成し，その後，脱水膜装置によって無水エタノール（99.5% 以上）を得ている。

上記のような従来のエタノール生産技術を用いて，新しいサトウキビ原料，プロセス開発による効果を検証した後，新規エタノール生産技術（酵母，発酵，精製）を導入し，更なる生産効率化を図る計画である。

(3) E3ガソリン製造・利用試験

プラント内に設置したE3製造設備にて，無水エタノールと混合用のサブオクタンガソリンを混合しE3ガソリンを製造している。バイオマス利用は地産地消が重要であるため，製油所・油槽所がない伊江島では，ガソリンスタンド等の給油に近いポイントで実用できる2つの小規模回分式混合設備を試験的に設置している。混合設備は，エタノールとガソリンを手動で定量投入してタンク内で混合する「タンクブレンド方式」と，エタノールとガソリンを自動的に定量吸引し配管内で一定比率に混合する「ラインブレンド方式」である。フローを図6に示す。ここでは，環境省からの委託試験として，2つの小規模回分方式についての作業性，品質評価等の比較を行っている。製造されたE3ガソリンは，携行缶（180 L）にて専用スタンド（写真5）に搬送し，伊江村の公用車等（写真6）で利用している。

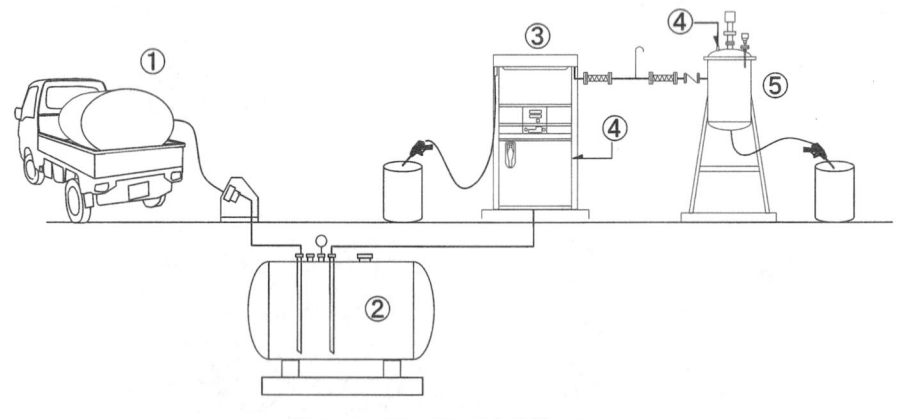

図6　E3ガソリン混合設備フロー
①サブオクタンガソリン，②地下タンク（12 kL）
③ラインブレンド混合設備兼計量機，
④無水エタノール，⑤タンクブレンド混合設備

第2章　地方自治体および企業の取り組み

写真5　E3ガソリン専用給油スタンド

写真6　E3ガソリン利用車

（4）副産物の循環利用

　プラントでの副産物は，島の主要産業である畜産業（伊江牛），養水分の多投入型農業（葉タバコ，電照菊）に利用する。製糖副産物であるバガスや梢頭部（サトウキビの葉の部分）は敷料や飼料として畜産利用されており，製糖副産物（石灰ケーキ）および畜産副産物は地力維持のための肥料として利用できる。このように地域産業とうまく連関した副産物の循環利用のほか，排水（製糖排水，蒸留廃液）の処理・再利用によって，水源の少ない島嶼部での水の効率的循環利用も検討している。

　このように既存の主要産業で無理なくカスケード利用がなされている点が伊江島プロジェクトの大きな特徴である。

1.3 今後の展望

　伊江島での取り組みは，肥料や水を多投入することなく，限られた土地から多くの資源を作り出し，効率的な資源分配によって，食糧とエネルギーを同時生産するという新しい試みである。圃場への低投入でのサトウキビ収量増加と，高付加価値商品である砂糖の併産により，原料価格の大幅な下落を伴うことなく安価なエタノール製造が可能になるため，既存の農家，製糖工場と新規エタノール事業に Win-Win の関係が成立する。

　高バイオマス量サトウキビは台風や干ばつなどの自然災害に比較的強い特徴も併せ持つため，農家の経営安定化に繋がる。また高収量で収益が増えた分，費用のかかる機械収穫化の導入が進めば，農家の過酷な労働も緩和され，栽培面積の減少に歯止めをかけられる。バガスの発生量増加は，バガスを堆肥や飼料の原料にしている農畜産業にとってもメリットが大きい。

　このように自然環境に強い原料と新規複合産業の創出は，日本の南西諸島における農家，製糖産業，周辺産業の安定化，持続的発展に貢献できる可能性がある。また，今後世界的に問題となってくる人口増加とそれに伴う食糧不足，エネルギー不足，水不足，農地減少に貢献できる技術にもなり得る。

　今後は，伊江島を「バイオマスアイランド」のモデルとして，原料開発と加工技術の両面からより効率的なプロセス開発を進め，世界にその技術を発信していきたい。

　本実証試験は，農林水産技術会議「農林水産バイオリサイクル」，農林水産省「バイオマスの環つくり交付金」，NEDO「バイオマス等未活用エネルギー実証試験事業」，環境省「地球温暖化対策技術開発事業」等の研究助成のもと進められている。

文　　献

1) R. M. Boddey et al., *Plant Soil.*, **137**, 111-117 (1991)
2) 野瀬昭博, 熱帯農業, **40**, 222-228 (1996)
3) 沖縄県農林水産部, 平成 18/19 年期さとうきび及び甘しゃ糖生産実績, 77-80 (2007)
4) 小原聡, 寺島義文, 砂糖類情報, **3**, 1-3 (2007)
5) 杉本明ほか, 熱帯農業, **45** (Extra issue 2), 57-60 (2001)
6) 杉本明ほか, 熱帯農業, **46** (Extra issue 2), 49-50 (2002)
7) 小原聡ほか, 日本エネルギー学会誌, **84** (11), 923-928 (2005)

2 岡山グリーンバイオ・プロジェクト

石井　茂*

「晴れの国おかやま」を広報のキャッチフレーズにしている岡山県は，昭和46年から平成12年までの平均値で，降水量1ミリ未満の日が年間276日（県庁所在地の全国第1位）と晴れの日が多く，気候も温暖で自然災害も比較的少ない地域である。また，総面積約7,100平方キロメートルの約7割が森林で，北部は緑豊かな中国山地，南部には多島美に恵まれた穏やかな瀬戸内海が広がる豊かな自然環境にあり，産業分野では，恵まれた自然条件を生かした農林水産業と，昭和30年代から水島工業地帯を中心に発展を遂げてきた製造業に特色がある。

県では，将来の岡山県産業の展望を切り開いていくため，ものづくり産業の重点分野として，①超精密生産技術分野，②医療・福祉・健康関連分野，③バイオ関連分野，④環境関連分野の育成戦略を構築し，岡山版産業クラスターの形成に取り組んでおり，特に，③バイオ関連分野では，平成16年に国から地域再生計画として認定された「岡山グリーンバイオ・プロジェクト」に基づく県内へのグリーンバイオ産業（生物機能利用技術産業）群の形成を推進している。

このプロジェクトは，岡山県が中四国一の農業県であるとともに，県内に独自のバイオ技術を持つ㈱林原生物化学研究所など，バイオマスプラスチック製造技術を備えた企業とプラスチック加工関連企業の幅広い集積があることや，県北を中心に林地残材や製材廃材など豊富な木質資源があり，木質バイオマスの利活用を推進する上で優れた特性があることから，産業政策，環境政策双方の観点から，地球環境にやさしいバイオマスプラスチックと木質バイオエタノールの製造技術開発，生産，利用などに地域を挙げて一体的・集中的に取り組み，地域経済の活性化や新産業・雇用の創出，循環型社会の実現を図ることを目的としたものである。

平成18年12月に県政の基本目標を定めるために策定された「新おかやま夢づくりプラン」の中でも，バイオマス産業クラスターの形成は重点施策の一つとして位置づけられており，バイオマスプラスチック製自動車内装材の開発と木質バイオエタノールの自動車用燃料としての利用を目標とする「岡山発！バイオマス自動車プロジェクト」が平成19年度から新規重点事業として推進されている。

木質バイオエタノールに関する具体的な動きとしては，平成16年度から5年間の計画で，三井造船㈱がNEDO技術開発機構の「バイオマス等未活用エネルギー実証実験事業」の採択を受けて，県北の真庭市にある県営真庭産業団地内で，製材端材を主原料とする製造実証事業に取り組んでいる。

---

*　Shigeru Ishii　岡山県産業労働部　新産業推進課　課長

バイオリファイナリー技術の工業最前線

　実証プラントでは，近隣の製材所から供給される木くずに硫黄系酸触媒を加えて飽和蒸気で加圧し，ヘミセルロースを糖化した後，酵素でセルロースを糖化し，その後，特殊な酵母によってC_5, C_6糖を同時発酵させるプロセスにより，絶乾ベースでの収率25％を目標に研究が進められている。

　主原料として木質バイオマスを利用している背景には，岡山県が西日本有数の国産材取扱県で，県北地域を中心に豊富な森林資源を有しており，特に真庭市には木材市場や多数の製材所があるなど木質バイオマスの利用環境が整っていることがある。また，真庭市は，従来から木質バイオマスの利活用に積極的であり，平成14年に木質資源の多面的な利用を目指して「資源循環型事業連携協議会」を設立したほか，平成18年4月には中国地方では鳥取県の大山町に次いでバイオマスタウン構想を公表するなど，木質資源の活用に地域を挙げて取り組んでいる。

　三井造船㈱の岡山県での取り組みの特徴は，人や家畜の食料と競合しない非食用の未利用資源を有効利用しようとしている点にある。将来，製材端材に加えて，林地残材，風倒木など未利用の森林資源も利活用できるようになれば，二酸化炭素の吸収源や水源のかん養機能を持つ森林の保全にも役立ち，地域の木材事業とうまく組み合わせることで，良質な建材供給者としての地場産業の活性化とともに，地球温暖化防止に貢献する地域としての新たな魅力が加わり，岡山の豊かな自然環境と相まって地域のブランド化も期待できるところである。岡山県も，三井造船㈱の取り組みに積極的に協力しており，同社から実証プラントで製造されたバイオエタノールを譲り受け，ガソリンと混合してE3自動車用燃料を製造し，美作県民局真庭支局の公用車10台と真庭市の公用車3台で試験利用する社会実験（平成17年度～平成19年度）を実施し，走行上の影響調査や将来の普及に向けた県民への啓発活動を行っている。

　一方，これらの実験的取り組みをさらに一歩進め，持続的な産業として地域に定着させるためには，トウモロコシやサトウキビなどのデンプン，糖質系原料を使用する場合と比べ，製造プロセスにおける技術面のハードルが高いとされている製造技術上の課題の他，ガソリン並みの価格で消費者に安定的に供給するための条件となる原料の安価，効率的，安定的な収集・運搬体制や，製造されたエタノールの消費者への供給体制の確保など，事業化の前提となる様々な課題の克服が必要である。そこで，岡山県は，平成18年8月に，真庭市を中心とした地域における木質バイオマス等からの汎用的で市場性のあるエタノールの製造による，新たな産業や雇用の創出の可能性を検討するため，学識経験者，木材事業関係者，行政関係機関等からなる産学官連携組織「おかやま木質バイオエタノール研究会」を設立し，課題克服に向けた検討を行っている。

　同研究会では，①木質バイオエタノールの原材料及びその収集・運搬の検討，②木質バイオエタノールの製造と利活用技術の調査・研究，③木質バイオエタノール製品の実用化と普及に向けての調査・研究，④その他について，各分野の専門家による議論が行われており，これまでに次

第2章　地方自治体および企業の取り組み

の点が主な検討テーマとして整理されている。
① 木質バイオエタノールの原材料およびその収集・運搬の検討
  ・木質ペレットや製紙用の原料として既に活用されている製材廃材の安定確保
  ・林地残材，風倒木の森林からの搬出コスト低減
  ・木質原料の不足を補う他のセルロース系原料の検討
  ・季節変動等により影響される原料需給を安定的に調節する方法
② 木質バイオエタノールの製造と利活用技術の調査・研究
  ・最適製造プロセスの確立
  ・製造コストの低減のための他事業との施設，熱源及びスタッフの共用
  ・希硫酸法での製造過程で発生する発酵残渣や副産物（石膏，リグニン）の活用
③ 木質バイオエタノール製品の実用化と普及に向けての調査・研究
  ・原料ガソリンの調達方法
  ・混合施設の確保
  ・給油所の確保
  ・製品の品質保証
④ その他
  ・E3として利用する場合の二重課税の解消等，インフラ整備に向けた国への提案
  ・施設の整備や運営に対する国への支援要請
  ・地域への経済波及効果を生む地域ブランドの確立

なお，平成19年度においては，NEDO技術開発機構の「地域新エネルギー・省エネルギービジョン策定等事業」の採択を受け，現在の三井造船㈱の実証実験を一つの例として，原料の調達から，製造，流通までのトータルコストや新たな地域産業の創出による地域への経済波及等の試算等により，事業性の見極めや県内での最適事業モデルの構築を行い，公表することとしている。

岡山グリーンバイオ・プロジェクトの取り組みは，岡山県が目指す環境と経済が調和した循環型社会の実現に向け，地球温暖化の防止と地域経済の持続的発展の両立を図り，豊かな自然環境の恵みの中で，県民一人ひとりがいきいきと生活する「快適生活県おかやま」を次世代に継承するための試みであり，その第一歩が県内へのバイオエタノール製造拠点の整備による地産地消型バイオマスエネルギーの導入である。人口約195万人の約6割が県南の岡山市と倉敷市に集中し，中北部のほとんどの市町村で過疎化・高齢化が進み，平成19年3月末現在で県内27市町村中18市町村が過疎地域に指定されている現状において，中山間地域の活性化対策の起爆剤としても大いに期待されるところである。

3 濃硫酸法バイオエタノール製造プロセス（日揮株式会社）

種田大介*

3.1 はじめに

日揮㈱は，濃硫酸法バイオエタノール製造技術の実用化に取り組んでいる。この技術は米国アルケノール社が基本特許を保有し，日揮㈱が独自の開発と改良を加え実用化に結びつけた。本節では，㈱新エネルギー・産業技術総合開発機構の委託事業として実施した「バイオマスエネルギー高効率転換技術開発／セルロース系バイオマスを原料とする新規なエタノール醱酵技術等による燃料用エタノールを製造する技術の開発」（平成13～17年度）の開発成果を紹介する。

3.2 濃硫酸法の基本原理と特徴

濃硫酸法は，木や草のホロセルロース（セルロースとヘミセルロース）を図1に示す様に，2段階で加水分解し単糖を製造する。植物細胞壁中のホロセルロースは，リグニンで保護されているが，濃硫酸（75～85%）は，常圧・常温条件でリグニンを浸透してホロセルロースに到達し，ホロセルロースを加水分解する。ホロセルロースは加水分解されると低分子化し，多糖類を経て最終的にその構成成分であるグルコースやキシロースが作られる。ホロセルロースを濃硫酸（75～85%）で加水分解した場合，加水分解生成物の大部分は硫酸溶液に可溶化する多糖類の状態であり，単糖の生成割合は小さい。そのため，単糖を製造するためには，可溶化した多糖類を低濃度硫酸でさらに加水分解する必要がある。硫酸溶液中の可溶性多糖類と単糖は平衡状態にあり，硫酸濃度が低いほど，単糖比率が高くなる。しかし，硫酸濃度を低くするほど，溶液量の増大（設備費の増大）と単糖濃度の低下を招く。そのため，図1に示すように，我々のプロセスでは，濃硫酸（75～85%）を用いてホロセルロースを加水分解（可溶化）し，その後，30%硫酸条件

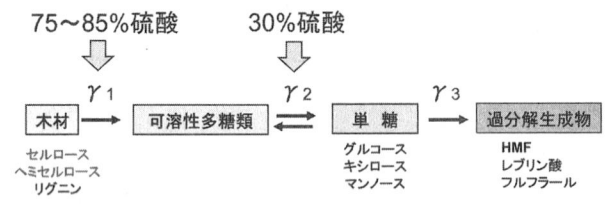

図1 濃硫酸による加水分解の原理

---

* Daisuke Taneda 日揮㈱ 技術開発部 主任研究員

下で，さらに加水分解（単糖化）させている。

　硫酸でホロセルロースを加水分解する方法として，希硫酸（0.5〜2%）を用いる方法と濃硫酸を用いる方法が知られている。いずれの方法においても，過分解の抑制が課題となる。ホロセルロースを硫酸で加水分解し単糖を製造する際，単糖の一部は過分解し，レブリン酸，HMF（5-ヒドロキシメチルフルフラール），フルフラール等が生成する。これら過分解生成物は，単糖収率の低下原因のみならず，発酵阻害物質となる。従って，過分解の抑制が，硫酸加水分解法の重要課題になる（図1参照）。

　この過分解物の生成には操作温度が大きく影響し，操作温度が低いほど生成量が抑制される。一般に希硫酸法では，加水分解が容易なヘミセルロースと難加水分解性であるセルロースとを，異なる操作条件で加水分解する。その理由は，難加水分解性のセルロースを希硫酸で分解するためには操作温度を高くする必要があり，その操作条件でヘミセルロースを加水分解すると，過分解生成物量が増大するためである。一方，濃硫酸法の場合，硫酸濃度が高いため過分解生成物発生量が多いと想像されがちであるが，常温近くでセルロースの加水分解が可能となるため，過分解生成物の発生量を低く抑えられる。そのため，濃硫酸法では，セルロースとヘミセルロースを同時に加水分解することが可能となる。

3.3　濃硫酸法バイオエタノール製造プロセス

　濃硫酸法バイオエタノール製造プロセスの基本フローを図2に示す。バイオマスを10〜15 mmのチップ状に粉砕し，硫酸と混合した後，酸加水分解装置に供給する。酸加水分解装置は2つの装置で構成される。第一の装置（可溶化装置）は，バイオマスと75〜85% 硫酸を接触させ，ホロセルロースを低分子化して硫酸溶液中に可溶化させる装置である。第二の装置（単糖化装置）では，前段の装置で製造されたバイオマスと硫酸との反応生成物に水を加え，約30% の硫酸濃

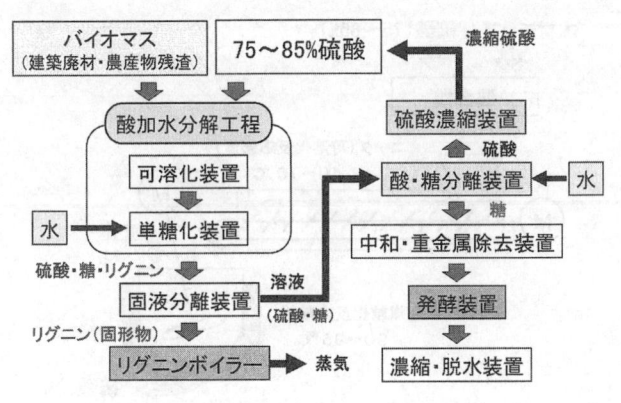

図2　濃硫酸法バイオマスエタノール製造プロセス

度となるスラリーを作る。そしてこのスラリーを約90℃に保持し，低分子化（可溶化）されたホロセルロースをさらに加水分解して，単糖を製造する。可溶化・単糖化の反応は常圧下での操作となる。本プロセスでは，操作条件を最適化し，セルロースとヘミセルロースの加水分解を同時かつ効率的に進行させることを特徴としている。加水分解後のスラリーは，リグニン・硫酸・糖類で構成されるが，このスラリーを固液分離装置で，固体のリグニンと，硫酸・糖の混合溶液とに分離する。リグニンは燃焼し，蒸気あるいは電気エネルギーを回収する。硫酸・糖混合溶液は，酸・糖分離装置で，硫酸と糖に分離する。分離した硫酸は濃縮装置で濃縮し再利用する。分離した糖液は残留硫酸を中和し，これを原料としてエタノール発酵を行う。以下，パイロットプラントにおける主要実験装置の詳細を説明する。

3.3.1 酸加水分解装置

可溶化装置と単糖化装置の模式図を図3に示す。

① 可溶化装置

本装置は，嵩高い木材チップと少量の硫酸とを効率的に接触させることが必要となる。そのため，本装置は化学産業等で使用されているニーダ（混練装置）を改良して用いた。チップ状に粉砕した木材と硫酸の混合物をニーダに供給し，木材を微粉砕しながら硫酸と効率的に接触させ，セルロース及びヘミセルロースを可溶化する。実験装置の写真を図4に示す。

② 単糖化装置

単糖化装置はタンク型反応装置である。ニーダで製造された木と硫酸の反応生成物に水を加え，硫酸濃度約30%のスラリー状態で単糖化反応を行う。

3.3.2 硫酸・糖分離装置

この装置は，イオン交換樹脂を充填した擬似移動層式クロマト分離装置（SMB）である。溶液中の成分と充填剤との親和力の差を利用して糖と硫酸を分離する。SMBは，医薬や食品分野

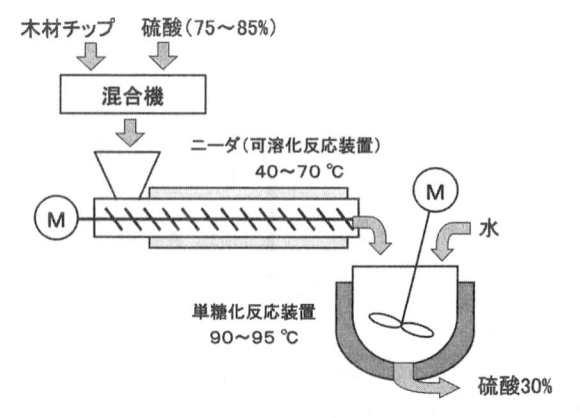

図3 酸加水分解プロセス（可溶化装置と単糖化装置）

第2章 地方自治体および企業の取り組み

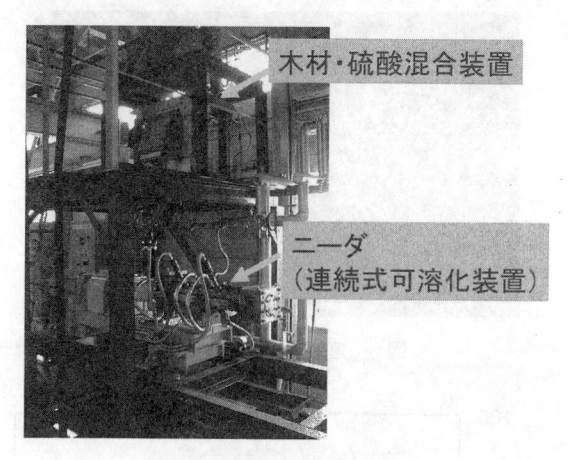

図4 酸加水分解実験装置

図5 硫酸・糖分離実験装置

で実用化されている装置であり，充填剤や操作条件を工夫し，硫酸と糖の分離に適用できることを実証した。その写真を図5に示す。

3.3.3 発酵装置

本開発では，エタノール発酵菌として凝集性酵母やザイモモナスを用いて開発を行った。ここでは，凝集性酵母を使用した連続式発酵プロセスを紹介する。実験装置の写真を図6に示す。発酵槽はドラフトチューブ型の発酵槽であり，発酵槽の外部に，凝集性酵母と溶液の分離装置を設け，発酵槽内の菌体濃度を高濃度に維持できる装置とした。

ヘミセルロースを加水分解すると，五炭糖であるキシロースが生成される。自然界のエタノール発酵菌は，五炭糖を効率的に資化できない。そのため，木や草を原料とするバイオエタノール製造プロセスでは，遺伝子組換え技術を用いて，五炭糖をエタノールに変換する発酵菌の開発が必要となる。本開発では大学に再委託して五炭糖資化性菌の開発を実施した。

図6　連続式発酵実験装置

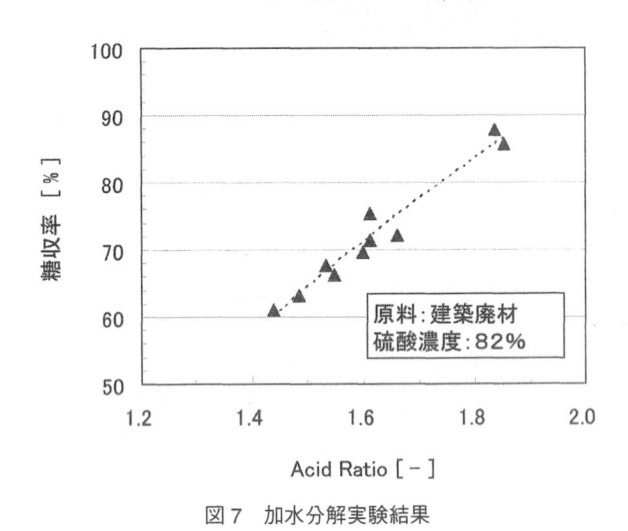

図7　加水分解実験結果

3.4　実験結果

3.4.1　可溶化装置の糖回収率

可溶化装置における実験結果を図7に示す。ここで AR（Acid Ratio）は以下で定義する。

　　AR＝添加した100％換算の硫酸重量／原料バイオマス中のホロセルロース重量

添加する硫酸量が増加するほど，糖回収率が増加することがわかる。添加する硫酸量を増加させると，硫酸・糖分離装置や硫酸濃縮装置の処理規模が増大するため，経済性を鑑み最適設計点を設定する必要がある。

3.4.2　単糖の過分解率

75％硫酸溶液における単糖の過分解率を図8に示す。温度55℃ではグルコースの過分解はほとんど抑制されるものの，温度が高くなるに従い，過分解速度が大きくなることが分かる。

3.4.3　酸糖化液の組成

酸糖化液の単糖組成を図9に示す。建築廃材の場合，スギやマツなどの針葉樹が主となるが，

第2章 地方自治体および企業の取り組み

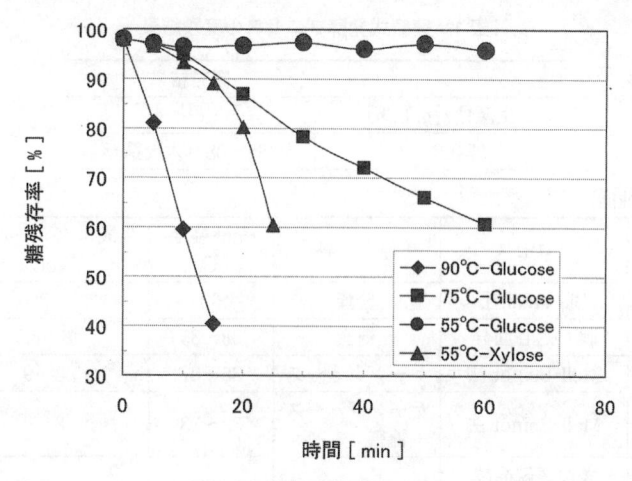

図8 単糖の過分解実験結果

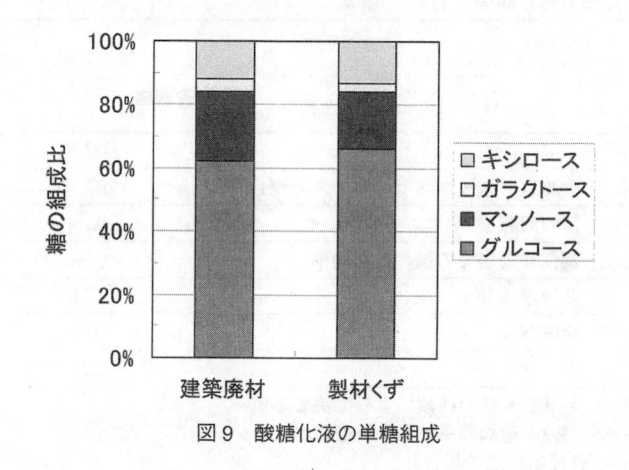

図9 酸糖化液の単糖組成

針葉樹はヘミセルロースの割合が小さいため，糖液中のキシロース濃度は約12%であった。

3.4.4 連続式発酵装置

凝集性酵母KF-7を用いたときの実験結果を表1に示す。この発酵菌は非遺伝子組換え菌であり，実験結果は六炭糖に対する結果である。既存の発酵プロセスと比較し，本研究で開発した連続式発酵装置は，生産性が非常に高い装置であることが分かる。

3.5 エタノール収率

本プロセスのエタノール収率は，表2に示す各項目の値のかけ算で求まる。表2に示す性能が達成できた場合，エタノールの重量収率は約21%となる。

表1 連続式発酵プロセスの実験結果

	開発結果
生産性 [g/L/h]	13〜18
発酵収率 [%]	85〜88（六炭糖）

〈他のプロセスの性能〉

	プロセス	原料	発酵温度 [℃]	生成エタノール濃度 [vol%]	生産性 [g/L/h]
インドネシア	Bio-steel 社	糖蜜	32	7	7〜8
ブラジル	繰り返し回分	糖蜜	33〜35	6〜6.5	4.3
	Mell-Boinot 法	ケーンジュース	36〜37	8〜9	8.5
	Mell-Boinot 法	ケーンジュース＋糖蜜	32〜33	8〜9	12
アメリカ	多段連続発酵（酵母リサイクル）	コーンスターチ	不明	10〜11	4
日本（出水）	繰り返し回分	糖蜜	30	11	2.7

表2 バイオマスエタノールの重量収率

	目標値
セルロース・ヘミセルロースの割合（注1）	0.7
糖の回収率	0.7
擬似移動層での糖の分離効率	0.98
発酵理論効率（注2）	0.51
発酵収率	0.85
トータル	0.21

注1：木材の種類によって決まる値
注2：理論効率であり目標値ではない
［目標値達成の場合］
　木材 1 ton(dry) × 0.21 = 210 kg (262 L)
　　　　　　　　（無水エタノール）

3.6 今後の課題

　濃硫酸法バイオエタノール製造プロセスは，硫酸を再利用するため環境に優しいプロセスである。しかし，その一方，硫酸の濃縮再利用にエネルギーが必要になる。このエネルギー源として，加水分解残渣（リグニン）の燃焼熱利用が考えられる。この場合，硫酸濃縮装置を多重効用缶とすることで，エタノールの蒸留脱水操作を含めて熱バランス上は外部からの燃料供給は不要となる。しかしここで，さらなる原料バイオマスの有効利用を図る場合，他のプロセス排熱の利用を検討する必要がある。硫酸濃縮装置で必要な蒸気温度は150℃ 程度であり，このレベルの排熱は，石油精製プラントや化学工場等では，有効利用しきれず排出されている。この排熱を硫酸濃縮装

置の熱源やエタノールの蒸留脱水の熱源に利用できれば，リグニン燃焼熱から電気を回収することが可能となり，原料バイオマスの有効利用効率が向上する。

　本プロセスで原料となる建築廃材や間伐材等は，エネルギー源として品位の低い物質である。これら低品位エネルギーをエタノールのような高品位エネルギーに変換することは，簡単なことではない。高品位エネルギー変換システムの実用化に際しては，変換技術の高性能化を目指すことは勿論であるが，同時に，技術だけではなくトータルシステムとして，排熱利用等の最適化を図ることが必要不可欠となる。これは，濃硫酸法に対してのみ当てはまる課題ではなく，低品位エネルギーを高品位エネルギーに変換するシステム全てに当てはまる課題となる。今後，外部排熱利用の他，既存の廃液処理設備や廃棄物ボイラーの共用等，他のプラントとのリンクを考慮したバイオエタノールプラントの在り方を検討する必要がある。

日本におけるバイオ燃料の取り組み状況
―バイオディーゼル―

第3章　バイオディーゼル燃料の現状と課題
―京都市の取り組み状況と今後の課題―

中村一夫*

1　はじめに

　近年，国内の多くの自治体では，リサイクル活動の一環として使用済み食用油（廃食用油）を回収し，脂肪酸メチルエステルに変換して，バイオディーゼル燃料として軽油の代替燃料に利用する取り組みが増えている。京都市では図1に示すように，地球温暖化防止京都会議（COP3）の開催に先立ち，市民との連携のもと，平成9年8月から家庭系廃食用油のモデル回収を開始し，順次回収拠点を拡大してきている。平成18年度末時点では，市内約1,000拠点において年間約15万Lの廃食用油を回収し，従来から回収されている事業系の廃食用油と併せて，バイオディーゼル燃料の原料として再生利用している。カーボンニュートラルであるバイオディーゼル燃料は，図2に示すように，本市のごみ収集車や市バスに供給しており，年間約150万Lのバイオディーゼル燃料の利用により，約4,000トンの二酸化炭素削減につながっている。平成16年6月には京都市廃食用油燃料化施設（製造能力：5,000 L/日）が竣工し，アルカリ触媒法によるメチル

〈家庭からの拠点回収の取り組み〉
平成18年12月現在　　約1,000拠点　　回収量　約15万l
平成27年度（目標値）　2,000拠点以上

図1　市民による廃食用油回収の取り組み
―京都市地域ごみ減量推進会議が中心となって―

---

*　Kazuo Nakamura　京都市環境局　施設整備課兼職循環企画課　課長；㈶京都高度技術研究所　研究部長；京都大学　大学院エネルギー科学研究科　准教授

市バス(約95台)　　　　　　　　ごみ収集車(約220台)
B20(20%混合)　　　　　　　　B100(100%)

年間約150万l使用し，約4,000tの二酸化炭素を削減。
図2　市バスやごみ収集車への利用

エステル交換反応と湿式精製プロセスを備えたプラントで燃料製造を開始している。一方，国に対して，我が国におけるバイオディーゼル燃料の普及・拡大に向けた制度の充実を要望してきているが，国においても，地球温暖化の防止や循環型社会の構築の促進の観点から，「バイオマス・ニッポン総合戦略」を閣議決定し，廃食用油や生ごみなどの生物資源の利活用の促進に積極的に取り組もうとしている[1~4]。

ところで，我が国におけるバイオディーゼル燃料は，欧米が菜種や大豆の新油を主な原料とした大規模な燃料化であるのに対して，地球温暖化の防止や循環型社会の構築に向けた地域での最近の取り組みであり，廃食用油の回収とその燃料化といった環境保全活動に重点を置いた自治体やNPOなどが主体となった比較的小規模な取り組みである。従って，組成や劣化状況が異なる変動の大きい廃食用油を原料とするもので，バイオディーゼル燃料の実用化と普及拡大に向けて，今後，品質の規格化などの技術指針や優遇税制を含む支援制度の充実などに取り組んでいく必要がある。これら，我が国のバイオディーゼル燃料を取り巻く現状と課題について，その概要を紹介する。

2　バイオディーゼル燃料化事業の意義と今後の課題

京都市では，地球温暖化の防止と持続可能な循環型社会の構築に向けて，市民・事業者及び行政の連携の下で，具体的な地域循環システムの取り組みとして，家庭や事業所から排出される廃食用油を回収しディーゼル燃料として活用するバイオディーゼル燃料化事業を推進している。この燃料化事業の有用性としては，①化石燃料の使用抑制に伴う地球温暖化防止，②環境にやさしい低公害燃料，③市民啓発（環境意識の向上）としての役割，④循環型社会の形成を促進する誘発剤，等が挙げられる。

しかしながら，京都市のこの様なバイオディーゼル燃料化事業を円滑に推進・拡大していくた

第3章 バイオディーゼル燃料の現状と課題

めには，次のような課題がある。①ごみ収集車はバイオディーゼル燃料だけを使用しているが，市バスには軽油と混合して使用しているため軽油引取税（32.10円/l）の課税対象となり，財政負担が増加する，②地域における先進的な資源循環システムの確立に向けては，きめ細かな市民啓発を行うことにより，家庭からの廃食用油の回収拠点を着実に拡大するとともに，バイオディーゼル燃料の安定的な供給を図るため，燃料化施設の整備にも着手しているが，大きな財政負担となっている。③自動車排ガスの規制強化などに伴う新型車両にも適用できるバイオディーゼル燃料の品質を確保するため，自動車工学，油脂化学，反応工学などの学識経験者などによる京都市バイオディーゼル燃料化事業技術検討会（委員長：池上詢京都大学名誉教授）を設置して，燃料品質の暫定規格（京都スタンダード）の設定にも取り組んでいるが，自動車業界などの関係業界の協力が必要である。従って，今後この様な課題に対して，温室効果ガスの削減や資源の地域循環に寄与するなど多くの意義のあるバイオディーゼル燃料を，「京都議定書」採択の地である我が国において，普及・拡大させていくためには，今後技術や制度面での更なる充実が必要である。具体的には，①バイオディーゼル燃料の品質安定化と適合車両開発促進などのための品質規格の制定，②地域における廃食用油の回収や燃料化施設の整備に対する支援や燃料使用に伴う税制面での優遇措置などバイオディーゼル燃料化事業への支援制度の確立などが重要である。

なお，最近の新たなる取り組みとして，図3に示すように，京都市では①元F1ドライバー片山右京氏と連携を図り，環境にやさしい京都市のバイオディーゼル燃料でパリ・ダガールラリーに挑戦し，世界に地球温暖化防止をアピールするとともに，過酷な気象条件にも耐え得る燃料品

図3 バイオディーゼル燃料の新たなる挑戦

質の改善技術への検討にも着手した。また，②バイオディーゼル燃料化事業の全国への円滑な普及拡大を図るための情報発信として，京都市のバイオディーゼル燃料化事業技術検討会で得られた知見を「バイオディーゼル・ハンドブック」（編纂：池上詢京都大学名誉教授）として出版した。更に，③このバイオディーゼル燃料が，国の「バイオマス・ニッポン総合戦略」や「京都議定書目標達成計画」などに位置づけられ，政府の総合科学技術会議で首相に紹介されるまでになっている。

3 家庭系廃食用油の回収の現状と課題

家庭から排出される廃食用油の回収は，地域に根ざした市民運動として，各地域単位で設立された市民，事業者，行政で構成される「地域ごみ減量推進会議」等が主体となって行っている。回収の手順は，拠点にポリタンクを設置し，月一回の頻度で集め，市が委託した民間業者によって回収されている。現在，市内約1,000拠点において年間約15万リットルを回収しているが，市内の廃食用油の潜在回収量としては，回収拠点の設置密度によって変化するが，現状の約300世帯に一カ所の設置密度であれば，京都市全域で年間約45万リットルが見込まれ，更に，約20世帯に一箇所と拠点の密度を高めると約150万リットルの潜在回収量が推定される。当面は，市民，事業者，行政の連携を強化して，回収拠点が設置されてない未設置学区の解消に向けた取り組みを進めている。なお，我が国全体の食用油の消費量は，日本植物油協会の統計によると年間約110万トン前後で，家庭および業務用の販売比率は約4：6となっている。従って，我が国全体の廃食用油の発生量は，食用油の廃棄率を30～40%として，約33～44万トン（約36万～48万キロリットル）と推定され，有効利用に向けては小さくない潜在量であると考えられる。

4 バイオディーゼル燃料の製造の現状と課題

4.1 バイオディーゼル燃料の原料についての課題

京都市の燃料化施設と製造プロセスを図4, 5に示す。バイオディーゼル燃料の品質は，原料となる廃食用油の性状によって影響を受ける。その影響を及ぼす段階としては，バイオディーゼル燃料を製造する際の反応工程と，精製した燃料の使用過程である。製造する際の反応工程で留意すべき廃食用油の性状としては，酸価や水分などがあり，酸価は廃食用油の劣化状況を示す指標であり，具体的には，廃食用油中の遊離脂肪酸がアルカリ触媒の消費と石鹸生成による燃料化の歩留り低下といった課題を引き起こす。一方，精製した燃料の使用過程で課題を引き起こす可能性のある廃食用油の性状としては，飽和・不飽和脂肪酸組成や不飽和度を示すヨウ素価などが

第3章　バイオディーゼル燃料の現状と課題

図4　廃食用油燃料化施設の外観

図5　バイオディーゼル燃料の製造プロセス概要

あり，これらは，バイオディーゼル燃料の低温流動性や酸化および熱安定性に影響を及ぼす。

したがって，これらの性状項目については，京都市としては原料油脂暫定基準案として，例えば酸価および飽和脂肪酸組成については，それぞれ5 mg/g以下，15%以下と規定している。なお，廃食用油の性状は，排出源によって大きく変動する場合があるので，原料貯槽は可能な限り大きいものとし，混合による均一化を考慮することが重要である[5]。

4.2 バイオディーゼル燃料の精製工程での課題

反応工程でのエステル化率が悪いと，バイオディーゼル燃料中に未反応油が多く残存し，燃料の規格項目であるモノグリセリドや10%残留炭素等が大きくなり，自動車の燃料噴射系統等に技術的な課題を引き起こす可能性があり十分留意する必要がある。また，エステル交換反応により副産物として排出される廃グリセリンや洗浄工程から排出される洗浄廃水の適正処理・リサイクルを確保する必要がある。現在京都市では同一敷地内にあるごみ発電機能を有する焼却施設で適正処理を行っているが，図6に示す京都市のもうひとつのバイオマス利活用への取り組みである生ごみのバイオガス化実証研究プラントにおけるバイオガス化への利用も検討しており[6]，生ごみとの混合発酵により廃グリセリン1トン当り約800 m^{3}のバイオガス化の可能性があることが検証されつつある。この方法が可能であれば，発生したバイオガスによって発電された電気をバイオディーゼル燃料化プラントに供給することにより大きな意味でのクローズド化になる。

4.3 バイオディーゼル燃料の性状面での課題

バイオディーゼル燃料の性状では，原料の項目でも記述したように，低温流動性と長期保管や使用する際の酸化および熱安定性の課題がある[7]。これらは，原料廃食用油中の飽和脂肪酸と不飽和脂肪酸の含有比率の影響を受ける。例えば，図7に示すように飽和脂肪酸量が多ければ多いほど低温流動性（雲点）は悪くなるが，酸化および熱安定性は良くなる。不飽和脂肪酸が多い場合はその逆の結果となる。従って，これらの課題に対しては流動点降下剤や酸化防止剤の適切な

図6 バイオガス化技術実証プラント

第3章　バイオディーゼル燃料の現状と課題

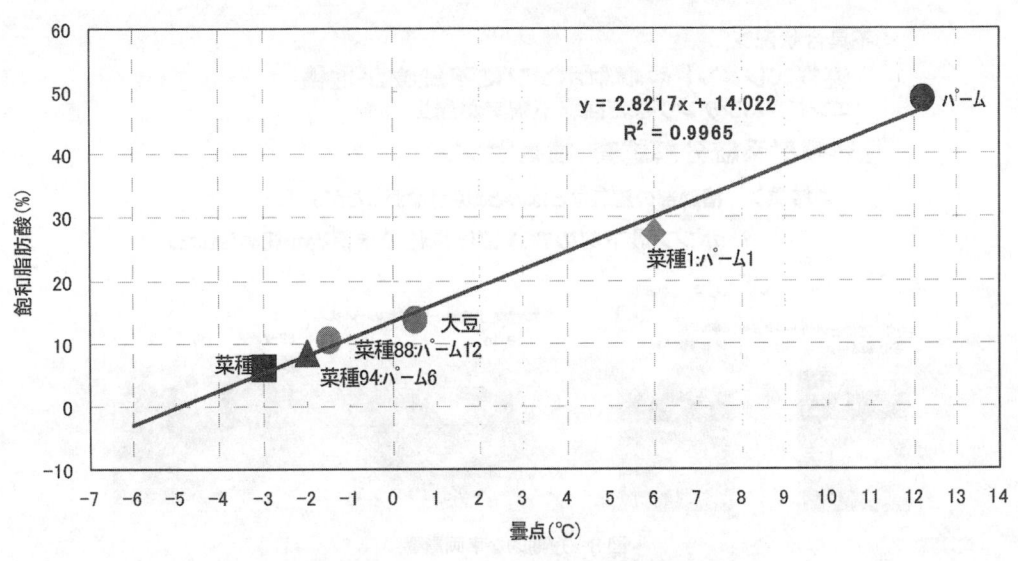

図7　バイオディーゼル燃料の基礎物性

添加対策を施す必要があるが，その他の対策として，原料段階や精製段階での飽和脂肪酸と不飽和脂肪酸の含有比率の調整や低温化による飽和脂肪酸の分離なども考えられる。

5　車両影響に関する現状と課題

5.1　短期的影響についての現状と課題

　長期規制車両，いわゆる平成12年以降に導入された新型車両において，燃料フィルターや噴射ポンプなどの燃料供給系統で一部燃料の影響によると思われる不具合現象が認められた。原因調査を実施した結果，燃料フィルターの付着物や図8に示す噴射ポンプ内の残留物は，燃料の製造過程で副次的に生成するグリセリンや反応触媒のカリウム等が主成分であることが確認され，不具合現象は，精製不十分な燃料の使用により生じたことが推定された。従って，バイオディーゼル燃料の精製については，可能な限り不純物を除去し，燃料の純度を上げることが重要である[8]。

5.2　長期的影響についての現状と課題

　バイオディーゼル燃料化事業開始後，約4年間に渡ってニート使用（バイオディーゼル燃料100％）した車両のゴムホース類や燃料配管の劣化状況を調査した。その結果，NBR（ニトリルブチルゴム）のゴムホースについては，内面にミクロクラックが発生し，交換時期に達していることが明らかになったが，現在，ゴムの部分は，図9に示すように，新車購入時にバイオディー

バイオリファイナリー技術の工業最前線

＜不具合状況＞
燃料エレメントや噴射ポンプに不純物が堆積し
エンジンハンチングなど回転不安定が発生

燃料噴射系統分解調査（噴射ポンプ）

＜結果＞ 摺動部の磨耗などはみとめられなかったが，
ポンプ最下部のTCV部に褐色の堆積物が認められた。

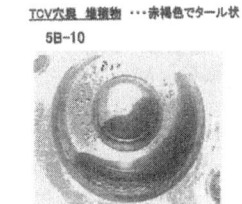

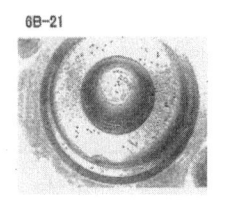

図8 短期的な車両影響

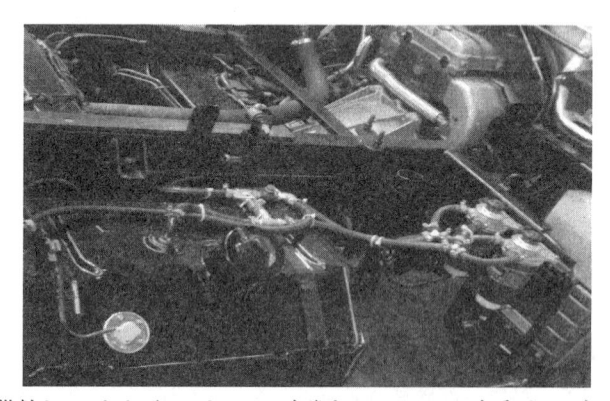

燃料ホースおよびパッキング⇒布巻きホースやフッ素系ゴムに変更

図9 高濃度使用時の車両対策

ゼル燃料に適合したフッ素系ゴムや布巻きゴムを採用しているため，特に問題とはなっていない。また，当初懸念されていた燃料配管内部の銅メッキについては，溶けた痕跡は確認できなかった。なお，同じ燃料配管でも，図10に示すより高温になるリターンパイプでは，軽油使用時と同様に腐食の進行は認められており，より長期の影響を継続して確認する必要はある。

5.3 自動車メーカーの保証の現状と課題

わが国の自動車メーカーに対するアンケート調査によると，バイオディーゼル燃料については再生可能なエネルギーとして非常に興味は示しているものの，燃料規格もない状態では適合車両開発等の対応は難しいというのがおおよその回答であった。また，軽油使用を前提としたディー

第3章 バイオディーゼル燃料の現状と課題

燃料配管の劣化調査(長期的影響)
リターンパイプ内面腐食状態

パイプ内面に赤錆発生、10〜15μmの腐食孔あり

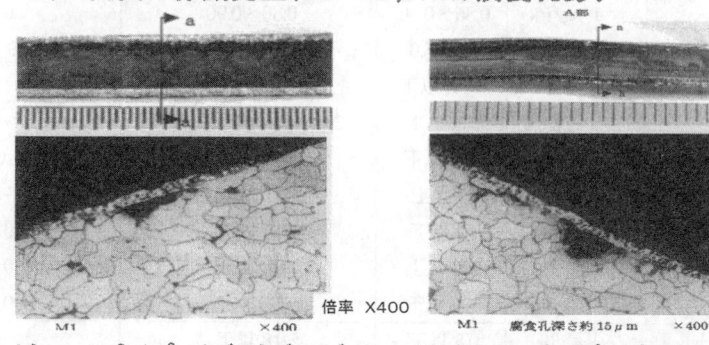

リターンパイプ (バイオディーゼル)　　リターンパイプ (軽油)

高温になるリターンパイプでは，軽油使用時と同様に腐食の進行が認められ，さらに長期の影響を継続確認。

図10　長期的な車両影響

ゼルエンジン車両への使用についても原則メーカーの保証は得られないことから，車両に不具合が生じた場合は，使用者および燃料供給者の責任で対応せざるをえない状況である。一方，バイオマスエネルギーの利用を積極的に進めようとする欧米では，バイオディーゼル燃料の使用を前提とした適合車両の開発も行われ，Mercedes-Benz，Volkswagen，Peugeot等の車両メーカーは車種によっては最新のコモンレール式高圧噴射ポンプを使用した車両にも保証することを示している事例がある。

6　バイオディーゼル燃料の品質規格と今後の排ガス規制への対応と課題

6.1　バイオディーゼル燃料の品質規格

今後，広くバイオディーゼル燃料を普及させるためには，車両影響を考慮した燃料の品質規格を設定することが重要である。すでにバイオディーゼル燃料の品質が規格化されている欧米の先進地域に対して，わが国ではまだ規格化されていないが，最近，国においても，品質確保法の観点からその検討が開始された。地域資源リサイクルの推進および地球温暖化防止の促進の観点から，バイオディーゼル燃料の導入に積極的に取り組む京都市では，実車走行から得られた知見に加えて，欧州統一規格のドラフトや欧米の規格事例を基礎情報として，新型車両にも適用できるバイオディーゼル燃料の品質を確保するために表1に示す暫定規格（京都スタンダード）を策定した。特に，冬季低温時の影響として，流動点と目詰点については，京都での冬季の最低気温を

表1 京都市バイオディーゼル燃料の暫定規格（京都スタンダード）

項　　目	単位	京都市 暫定規格案 2002.3	EU 規格 EN 14214 2003.7	アメリカ ASTM D 6751 2002.3
密度（15℃）	g/ml	0.86〜0.90	0.86〜0.90	0.88
動粘度（40℃）	mm²/s	3.5〜5.0	3.5〜5.0	1.9〜6.0
流動点	℃	−7.5 以下	—	—
目詰点	℃	−5 以下	−20〜+5（気候による）	—
10% 残留炭素	%	0.30 以下	0.30 以下	0.50 以下（100% 燃料）
セタン価		51 以上	51 以上	47 以上
硫黄分	ppm	10 以下	10 以下	500 以下
引火点	℃	100 以上	101 以上	130 以上
水分	ppm	500 以下	500 以下	500 以下
モノグリセライド	%	0.8 以下	0.8 以下	—
ジグリセライド	%	0.2 以下	0.2 以下	—
トリグリセライド	%	0.2 以下	0.2 以下	—
遊離グリセリン	%	0.02 以下	0.02 以下	0.02 以下
全グリセリン	%	0.25 以下	0.25 以下	0.24 以下
メタノール	%	0.2 以下	0.2 以下	—
アルカリ金属類（Na＋K）	mg/kg	5 以下	5 以下	—
酸価		0.5 以下	0.5 以下	—
ヨウ素価		120 以下	120 以下	—

　実車走行の知見　⇒　燃料物性に加え，バイオ特有の規格項目を追加
　EU 規格は，酸化安定性（110℃），リノレン酸メチルエステル含有量など規定。

考慮した数値とした。また，フィルターの目詰りや粘性を高め噴射特性にも影響を及ぼす遊離グリセリン，未反応油等のグリセライド類については，車両影響を考慮した厳しい数値を設定した。

6.2　今後の排ガス規制への対応と課題

　バイオディーゼル燃料は，軽油と異なり含酸素燃料であり，図11に示すように，軽油と比較して黒煙を含む粒子状物質（PM）や炭化水素（HC）は少なくなるが，窒素酸化物（NO_x）は増加する傾向がある。米国（US EPA）で調査された軽油使用時との排ガス濃度増減比較では，NO_xはバイオディーゼル燃料を100%で使用した場合には軽油使用時に比べて約10%程度高くなるが，PM，CO，HCの低減率は非常に高く，総合的に低エミッションで環境に優しい燃料である。ところで，ディーゼル自動車の排ガスの規制については，窒素酸化物（NO_x）や粒子状物質（PM）を中心として，平成17年度から新長期規制が実施されるが，この内容は現在のガソリン車とほぼ同等で，世界で最も厳しいレベルの排ガス規制である。従って，今後規制対象車に採用される高圧燃料噴射，排気再循環技術や排気酸化触媒，De-NO_x触媒技術などに対するバイオデ

第3章 バイオディーゼル燃料の現状と課題

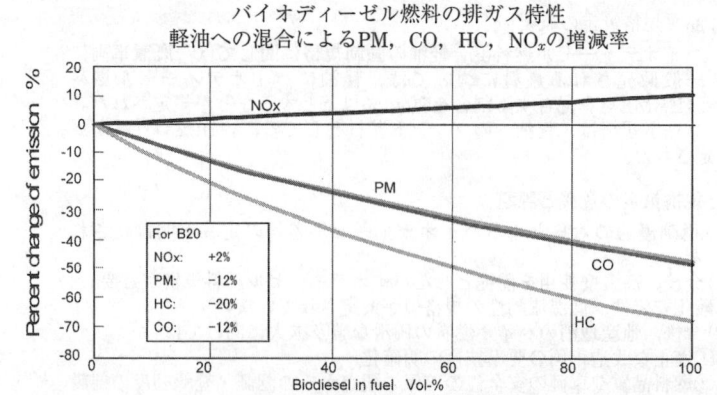

バイオディーゼル燃料の排ガス特性
軽油への混合によるPM，CO，HC，NO$_x$の増減率

For B20
NOx: +2%
PM: −12%
HC: −20%
CO: −12%

Source: US-EPA

ディーゼル自動車の排ガスの規制については，窒素酸化物（NO$_x$）や粒子状物質（PM）を中心として，平成17年度から新長期規制が実施されるが，この内容は現在のガソリン車とほぼ同等で，世界で最も厳しいレベルの排ガス規制である。

図11 バイオディーゼル燃料の排ガス特性と排ガス規制

ィーゼル燃料の対応可能性の検証，更には，その際に必要とされる燃料特性など，今後とも，円滑にバイオディーゼル燃料化事業を推進するためには，適正な燃料品質と車両の健全性の確保に向けた技術的な検討に取り組むことが重要である。

7 バイオディーゼル燃料についての国および海外の最近の動向

7.1 国の動向

京都市では，平成13年度から国家要望として「バイオディーゼル燃料による地域循環システムの確立に向けた制度の充実」の中で，①バイオディーゼル燃料の品質安定化と適合車両開発の促進などのための日本工業規格（JIS）の制定や②廃食用油燃料化事業への支援制度の確立などを，国に提案してきた。一方，国において，地球温暖化防止や循環型社会づくりに向けて，バイオディーゼル燃料や生ごみのバイオガス化等のバイオマスエネルギーの利活用を促進するため，「バイオマス・ニッポン総合戦略」（平成14年12月）が閣議決定された。これに対して，経済産業省，環境省および国土交通省，更には農林水産省などの各省庁では，バイオディーゼル燃料などバイオマス由来の自動車燃料について，①安全性確認や品質評価や②自動車排ガスや車両への影響等を調査する各種検討会を設置するなど，燃料品質の規格化，バイオマス燃料対応車両開発や税制優遇を含む支援制度の充実に向けた検討および取り組みがなされてきた。その中で，最近，経済産業省総合エネルギー調査会の燃料政策小委員会から，図12に示すように，品質確保法上のバイオディーゼル燃料混合軽油の強制規格と軽油へのブレンド基材としてのニート（100%）

149

```
1. 品質規格策定の概要
(1) バイオディーゼル燃料混合軽油の強制規格に関しては，既販車両に
    一般販売される燃料については，軽油にバイオディーゼル燃料
    （FAME）を混合する割合を5.0wt%以下とするなどが規定された。
(2) ニート規格は，軽油へのブレンド基材としてのFAME燃料性状が規
    定された。

2. 規格策定の意義と課題
(1) 税制優遇の対象となるバイオディーゼル燃料の定義が明確化され
    た。
(2) 今後，高濃度使用を前提としたバイオディーゼル燃料規格が必要。
    （酸化安定性，低温流動性の規格値が策定されていない）
(3) 今後，地産地消のバイオ燃料の円滑な普及拡大に向けては
    ① 適正な改造車両の要素技術の明確化
    ② 燃料品質や車両の安全性の確保の観点からの認証・登録制度の創設
    ③ 欧米の様な税制優遇とその具体的な仕組みの創設
    などが望まれる。    ⟹  全国協議会の設立が必要
```

図12 バイオ混合軽油の規格と今後の課題

バイオディーゼル燃料の規格案が策定・提示され，平成19年度から品質確保法上のバイオディーゼル燃料混合軽油の強制規格として，一般販売に際してはB5（軽油への混合は5%）上限との規定がなされた。

7.2 海外における動向

バイオディーゼル燃料については，図13に示すように，主に欧米において積極的に利活用されているが，その植物原油は，欧州の場合は主にバージンの菜種油であり，米国ではバージンの大豆油である。しかし，最近になって僅かではあるが廃食用油も利用される様になって来ている。バイオディーゼル燃料の品質規格は，オーストリアの菜種油メチルエステルなどが最初で，その後，ドイツ，フランス，イタリアなどで規格が策定され，最近では，欧州がEUの統一規格，米国も品質規格を定めた。更にバイオディーゼル燃料の年間生産量や導入促進措置については，ドイツが約100万kl，フランスが約50万klと欧州の生産量が大きい。この様な結果は，欧州では特にバイオ由来の燃料に対して，鉱物油税などの免税措置を講ずるなど政策的に導入促進を図っていることも大きな要因になっていると考えられる[9]。

なお，最近，マレーシアやインドネシアなどの東南アジアでも，パーム油のバイオディーゼル燃料の生産・利用の動きがあり，これらに対応して原料となる粗パーム油（CPO；Crude Palm Oil）増産計画があり，マレーシアでは現状の年産1,200万トンに加え2020年までには500万トンの増産を予定している[10]。

第3章 バイオディーゼル燃料の現状と課題

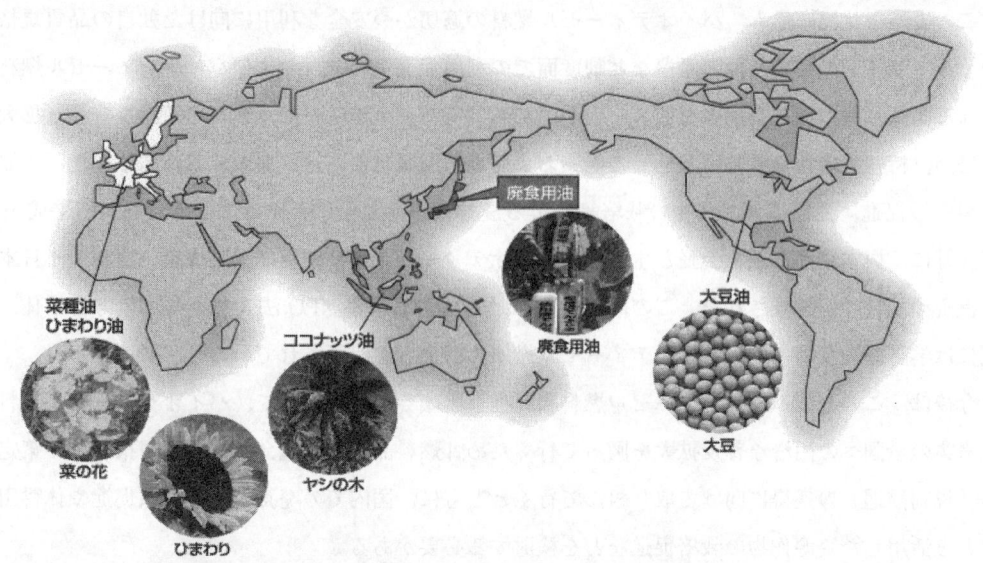

欧米では，主として新油からバイオディーゼル燃料を製造。
欧米では，品質規格の制定，税制面での優遇策。
年間生産量は，ドイツでは約100万kL，フランス約50万kL，日本約0.5万kL。

図13 世界のバイオディーゼルの状況

8 バイオディーゼル燃料の普及拡大に向けて

　平成17年4月に閣議決定された京都議定書目標達成計画において，輸送用バイオ燃料については原油換算50万kl相当の導入が見込まれるとともに，平成18年3月に新たに「バイオマス・ニッポン総合戦略」が閣議決定され，国が主導して，導入スケジュールを示しながら，バイオマス由来輸送用燃料を計画的に利用するために必要な環境の整備を行っていくとしている。
　こうした中で，地域におけるNPO法人や企業，地方自治体等の事業体が中心となって，廃食用油等を原料にバイオディーゼル燃料を製造し，利用するといった取り組みが全国的な拡がりを見せており，バイオマス由来輸送用燃料としての確固たる地位を築きつつある。しかしながら，利用拡大が進む一方で，品質面で劣悪なものや製造工程で産出されるグリセリンや洗浄廃液の不適切な処理が散見されるなど，バイオディーゼル燃料に対する信頼が失われかねない新たな課題が表面化しつつある。こうしたことから，この取り組を進める多くの事業体が，一定の品質基準の中で，バイオディーゼル燃料の適切かつ安全な利用を進めていくことが，きわめて重要である。また，バイオディーゼル燃料を軽油混合した場合の課税措置は，バイオディーゼル燃料の普及・促進を阻害するものとなっており，欧米等でバイオ燃料の利用促進政策として実施されている税制優遇をぜひとも実現していく必要がある。

バイオリファイナリー技術の工業最前線

　このような状況に鑑み，バイオディーゼル燃料の適切かつ安全な利用に向けた独自の品質規格やガイドラインの作成，税制優遇など制度面での利用促進策の検討およびバイオディーゼル燃料に係る関係者間の意見交換等を通じ，我が国におけるバイオディーゼル燃料の円滑な普及・拡大に努め，持続可能な資源循環型社会の構築および地球温暖化の防止，地域における地産地消の取り組みの促進，更には資源作物の栽培等による農林業の活性化に資することを目的に，平成19年3月に，桝本京都市長を会長とする全国バイオディーゼル燃料利用推進協議会（事務局：日本有機資源協会）が設立された。この協議会には，地域におけるNPO法人や企業，地方自治体，更には学識経験者等多くのバイオディーゼル燃料の関係者が参画されている。

　今後は，この全国バイオディーゼル燃料利用推進協議会を中心として，バイオディーゼル燃料化事業の全国への円滑な普及拡大を図って行くため「燃料品質の協議会規格と利用指針」の策定と「税制優遇」の獲得に向けて取り組んで行くとともに，国内での廃食用油の回収促進や休耕田などを活用した資源作物の栽培促進などを検討する必要がある。

　なお，資源作物の栽培・利用や燃料製造に際しては，油脂類やバイオ燃料の活用だけでなく，バイオマスである作物全体の活用や燃料製造に伴う廃グリセリンなどについてバイオガス化や熱分解ガス化などのバイオマス変換技術を用いた利活用も検討し，今後，バイオマス全体の徹底した有効利用を図っていくことも重要な課題である。

文　　献

1) 中村一夫，若林完明，小林純一郎，廃食用油から生成したバイオディーゼル燃料の活用について，第17回エネルギー・資源学会研究発表会講演論文集，pp. 265-268（1998）
2) 中村一夫，京都市におけるバイオディーゼル燃料化事業の取り組み，環境技術，33, 7, 501-506（2004）
3) 中村一夫，京都市における循環型社会の構築に向けた取組みについて，環境研究，No. 130, pp. 78-85（2003）
4) 中村一夫，「バイオマス利活用の事例—バイオディーゼル燃料化事業」政策総合研究所，総合政策提案誌『新政策』特集号「バイオマス・ニッポンへの技術開発」（2003年7月）
5) 中村一夫，池上詢，京都市における廃食用油の排出実態とその転換燃料の性状について，廃棄物学会論文誌，Vol. 17, No 3, pp. 193-203（2006）
6) 中村一夫，南秀明，京都市におけるバイオガス化技術実証研究プラントの取組について，都市清掃，第52巻，第231号，pp. 353-356（1999）
7) 中村一夫，坂志朗，池上詢，バイオディーゼル燃料の酸化安定性とその改善，エネルギ

第 3 章　バイオディーゼル燃料の現状と課題

　　　ー・資源学会論文誌,　Vol. 27,　No 5　(2006)
 8)　中村一夫,　塩路昌宏,　池上詢,　バイオディーゼル燃料の性状と車両影響及びその対策,　エネルギー・資源学会論文誌,　Vol. 27,　No 6,　(2006)
 9)　日本貿易振興機構,　欧州におけるバイオディーゼル燃料性状規格—現状と将来展望 (2004.3)
10)　総合資源エネルギー調査会石油分科会石油部会第 11 回燃料政策小委員会資料「輸入バイオディーゼル燃料の供給安定性及び経済性」(2003 年 9 月)

第4章 バイオディーゼル燃料の製造法と品質

関口静雄*

1 はじめに

バイディーゼル燃料（略称 BDF；Bio Diesel Fuel，以下 BDF と称する）は，油脂をアルカリ触媒存在下，メタノールでエステル交換し製造される脂肪酸メチルエステルであり，発熱量，粘度，セタン価などの物性が軽油に類似していることから軽油代替燃料として注目され，特に欧州を中心にその実用化が進んでいる。しかしながら，BDF の製造においては，製造業者がそれぞれ独自に開発または改良したプロセスを使用するため，原料が同一であっても最終品質は製造業者毎に異なるのが実情である。そこで，BDF の製造法と品質について概説する。

2 BDF 原料

BDF の原料としては，ナタネ油，ダイズ油，ヒマワリ油，オリーブ油，パーム油，ヤシ油など植物系の油脂が主に使用される。また一部の地域では，牛脂，豚脂，魚油などの動物系油脂も使用されている。欧州ではナタネ油が BDF 原料の 80% 近くを占め，東欧ではヒマワリ油が，また南欧ではオリーブ油も使用されている。これに対し，米国ではダイズ油が，また東南アジアではパーム油が主に使用されるなど，BDF 原料は地産地消の様相が強い。一方，油脂資源に乏しい日本では，一般家庭，学校やレストランの厨房およびテーマパークなどから廃棄される廃食油を原料に，小規模ながら BDF が製造されている。

表1 油脂の生産性および生産量

油脂名	植物名	種子・果実中の平均油分（％）	油脂の生産性（トン／ha）	資源量（単位：万トン）(2005年度の世界生産量)
ナタネ油	アブラナ	35	0.5〜0.9	1,573
ダイズ油	ダイズ	17	0.3〜0.4	3,286
ヒマワリ油	ヒマワリ	35	0.5〜0.8	1,050
パーム油	パーム（アブラヤシ）	20	4	3,333

---

* Shizuo Sekiguchi　ライオン㈱　研究開発本部　企画管理部　副主席研究員

第4章 バイオディーゼル燃料の製造法と品質

しかし，特に欧州では，ここ数年の間にBDFの生産が急増し，2006年度の生産量は400万トンに達している[1]。そのため，原料となるナタネ油はすでに不足し，新原料として生産性が高く，かつ資源量の多いパーム油の輸入がすでに始まっている。なお，表1に各種油脂の生産性と生産量を示した[2~4]。

3 BDFの製造プロセス

現在の主力原料であるナタネ油，ダイズ油および廃食油からBDFを製造するプロセスの概要を図1に纏めた。工業規模でBDFを製造する際に大量に入手可能な出発原料としては，最も安価な未精製の粗原料（粗ナタネ油，粗ダイズ油など），リン脂質を20 ppm以下まで除去した高度脱ガム油（特にダイズ油の場合はリン脂質含有量が2~3%と多く，かつEU規格ではリン含有量が10 ppm以下と規定されているため，徹底した脱ガムによりリン脂質を除去しておくことが必要となる），および脱ガム，脱酸，脱色，脱臭と高度に精製された食用グレードのRBD精製油（Refined Bleached and Deodorant oil）の3種がある。廃食油の場合は，食用油（RBD精製油）を使用し廃棄したものであるため，静置分離や濾過によりゴミや水分を除去すればRBD精製油と同様に取り扱える。

3.1 前処理工程

搾油したばかりの粗原料からBDFを製造する場合，粗原料には遊離脂肪酸の他，リン脂質，タンパク質，樹脂状のガム質，色素など，種々の狭雑物が含まれている。これらの狭雑物はエス

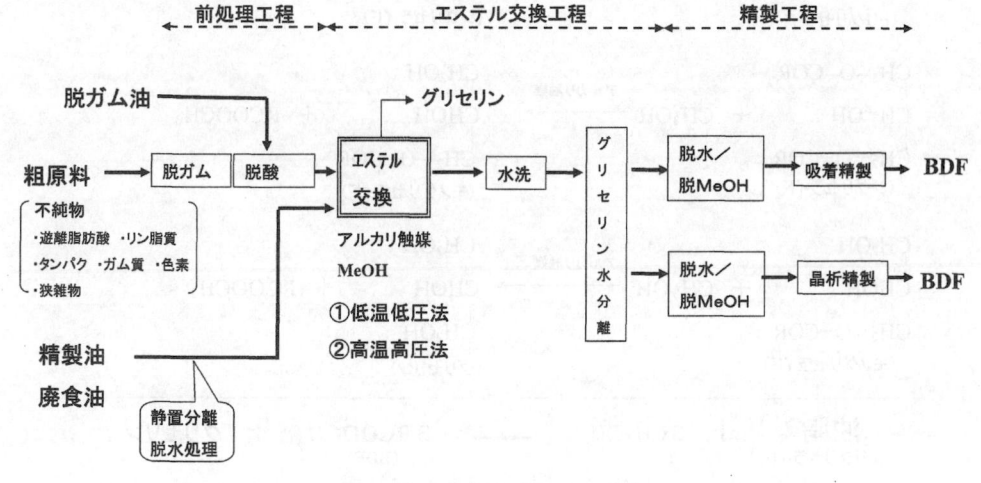

図1 BDFの製造プロセス（例）

テル交換反応を阻害するため，エステル交換前の前処理で除去する必要がある。BDFを製造する時の前処理は，用途が燃料用のため，食油製造時に行われる脱色（活性炭や活性白土による色素の除去）と脱臭（水蒸気を吹き込み，低揮発成分を除去する）は必要なく，脱ガムと脱酸のみが行われる。脱ガムは微量のリン酸（0.01～0.1%）と濾剤を粗原料に添加し，リン脂質，タンパク質，樹脂状のガム質などの狭雑物を凝集させた後，濾過により除去する方法が一般的である[5]。また脱酸は，粗原料に含まれる遊離脂肪酸を除去するのが目的であり，食油製造で一般的に行われているアルカリ脱酸（脱ガム油にNaOH水溶液を加え，遊離脂肪酸を石鹸に転化して除去する方法）や，物理脱酸（脱ガム油を水蒸気蒸留し，脂肪酸を留出除去する方法）が用いられる[5]。このように前処理された油が，次のエステル交換反応に供される。但し，出発原料として食油（RBD精製油）を用いる場合は脱ガムと脱酸は必要としない。また高度脱ガム油から出発する場合は，脱酸処理が必要となる。

3.2 エステル交換工程

BDF製造の基本となる油脂のエステル交換反応を図2に示した。

原料油脂は3分子の脂肪酸がグリセリンとエステル結合したトリグリセライドの構造を有し，アルカリ触媒存在下（工業的にはNaOH，KOH，CH$_3$ONaが使用されている）で過剰量のメタノールと反応させると，まず脂肪酸1分子がエステル交換し脂肪酸メチルエステル（BDF）とジグリセライドが生成する。さらに2分子目の脂肪酸がエステル交換するとBDFとモノグリセ

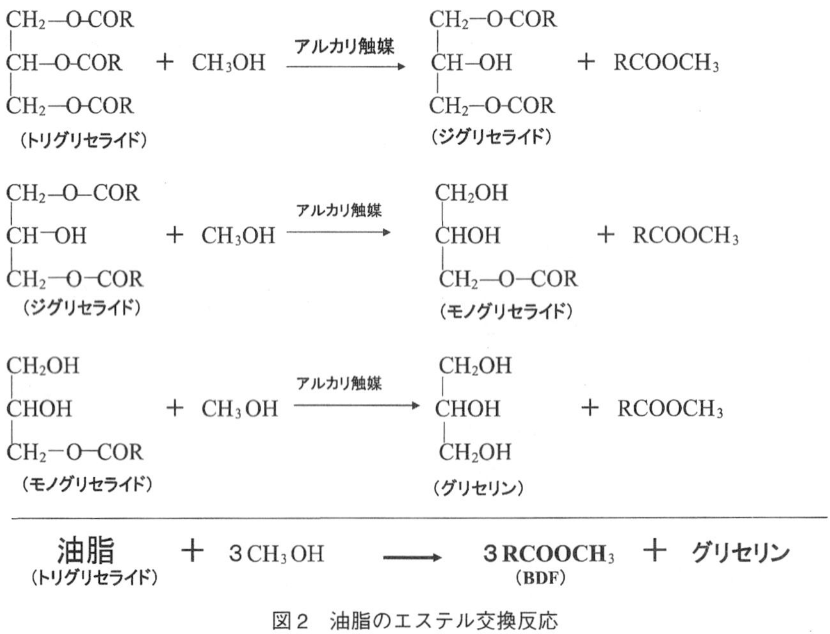

図2　油脂のエステル交換反応

第4章　バイオディーゼル燃料の製造法と品質

ライドが，そして3分子目の脂肪酸がエステル交換されるとBDFとグリセリンが生成する。つまり，エステル交換反応は逐次反応のため，反応が化学量論的に完結しない限り，未反応のトリグリセライドのほか，中間体であるジグリセライドおよびモノグリセライドが反応系内に不純物として残存することになる。この他にもグリセリン，アルカリ触媒と脂肪酸との反応により副生する石鹸（RCOOM，M＝Na，Kなど），また反応時に添加するメタノールなど，BDFの不純物の大半はこの工程で混入または副生する。

　このエステル交換反応は，常温常圧法（60〜70℃，常圧）と高温高圧法（200〜300℃，100〜200気圧）の2法があるが，最近では常温常圧法が一般的となっている。高温高圧法の場合は，不飽和脂肪酸を多く含む原料（ナタネ油，ダイズ油など）ではエステル交換時に不飽和結合の近傍が空気による自動酸化を受け，過酸化物やカルボニル化合物を生成し，結果としてBDFの経日保存安定性（酸化安定性）が悪化する傾向がある。

　このエステル交換は，通常は2段階で行われる。第一段目のエステル交換で93〜95％のエステル交換反応率を得，副生するグリセリンを分離除去した後，第二段目のエステル交換により反応率98％以上を得る。また，副生するグリセリンを脂肪酸メチルエステルとの比重差を利用し，反応槽の底部から抜き出しながら3段階でエステル交換を行っている例もある。

3.3　BDF精製工程

　エステル交換で副生する石鹸，BDFに溶解しているメタノールやグリセリンなどは，次に温水で洗浄し，下層へ洗い出す（水洗工程）。高品質なBDFを得ようとすれば，この水洗工程は必須であり，この工程で不純物を極力BDF層から下層のグリセリン水に洗い出しておく必要がある。水洗後にBDFに残存する水分およびメタノールは，次に常圧蒸発や真空蒸発により除去回収される。ここで回収された水／メタノール液は精留を行い，精製メタノールとボトム水に分けられ，精製メタノールはエステル交換工程にリサイクル使用される。

　この様にして得られた粗BDFは，次に吸着処理（活性白土に不純物を吸着させ，濾過または遠心分離により取り除く），晶析処理（粗BDFを冷却し，高融点不純物を結晶として析出させた後，濾過により除去する）等の精製を加えBDF製品とする。

　以上がBDF製造の一連の工程であるが，製造業者によっては水洗工程の省略，精製処理の省略など製造プロセスがまちまちであり，結果としてBDF品質は製造業者毎に異なってくる。

3.4　BDFの性状

　現在欧州で市販されているナタネBDFと米国市場でのダイズBDFの品質を表2に示した。
　BDFの純度はナタネBDFで97％，ダイズBDFで約98％である。メチルエステルの純度は，

バイオリファイナリー技術の工業最前線

表2 BDFの性状分析例

項 目	単 位	EU規格	ナタネBDF	ダイズBDF
メチルエステル含有量（BDFの純度）	%	96.5以上	97.1	97.6
密度（15℃）	g/cm³	0.86-0.90	0.8823	
粘度（40℃）	mm²/s	3.50-5.00	4.32	1.9-6.0
引火点	℃	120以上	171	130以上
硫黄含有量	mg/kg	10.0以下	5	0.05以下
炭素残渣（10%蒸留残渣）	%	0.3以下	0.1以下	0.05以下
セタン価		51以上	55.9	47以上
硫酸化灰含有量	%	0.02以下	0.001以下	0.02以下
水分含有量	mg/kg	500以下	220	1,950
銅板腐食（50℃，3時間）	Rating	Class-1	11	NO-3 max. (N/A)
酸化安定性（110℃）	hr	6.0以上	6.5	
総汚濁度（EN 12662）	Mg/kg	24以下	14	
酸価	mgKOH/g	0.50以下	0.33	0.48
ヨウ素価		120以下	117	127
リノレン酸メチル含有量	%	12.0以下	8.44	
ポリ不飽和メチルエステル含有量（>=4db）	%	1以下		
メタノール含有量	%	0.20以下	0.1	0.1以下
モノグリセライド含有量	%	0.8以下	0.38	0.03
ジグリセライド含有量	%	0.2以下	0.05	0.17
トリグリセライド含有量	%	0.2以下	0.01	0.13
遊離グリセリン	%	0.02以下	0.009	0.01以下
総グリセリン	%	0.25以下	0.12	0.24
アルカリ金属（Na+K）	mg/kg	5.0以下	1	5 max.
アルカリ土類金属（Ca+Mg）	mg/kg	5.0以下	0.5	5 max.
リン含有量	mg/kg	10.0以下		0.001以下

いずれも欧州BDF規格（メチルエステル含有量96.5%以上）に適合しているが，不純物の総量は約2%と多い。不純物としては，エステル交換での未反応物（トリグリセライド）および中間体（モノグリセライド，ジグリセライド）のほか，脂肪酸（EU規格ではAV値（酸価）で示される），石鹸（EU規格ではアルカリ金属含有量），メタノール，グリセリンおよび水分等が混入している。BDF中の不純物は，構造材料の金属腐食，部材の劣化，燃料フィルターおよび燃料供給ラインでの目詰まりや堆積など，エンジントラブルの原因となる[6,7]（図3参照）。今後のBDF需要拡大に伴う軽油への混合比率の増加を考慮すれば，一層の高純度化が必要となる。

また，BDFのEU規格はナタネBDFを対象に策定されており，例えばヨウ素価は120以下と規定されている。従って，米国市場で主力のダイズBDFはヨウ素価が130～150と高いため，欧

第4章 バイオディーゼル燃料の製造法と品質

<BDF不純物>
- 水分
- 脂肪酸（酸価）
- MeOH

- モノグリセライド
- ジグリセライド
- トリグリセライド
- 遊離グリセリン
- アルカリ金属
- アルカリ土類金属、

<想定されるエンジントラブル>
- ・金属腐食
- ・部材の劣化
  （燃料供給ライン、ゴムの膨潤など）

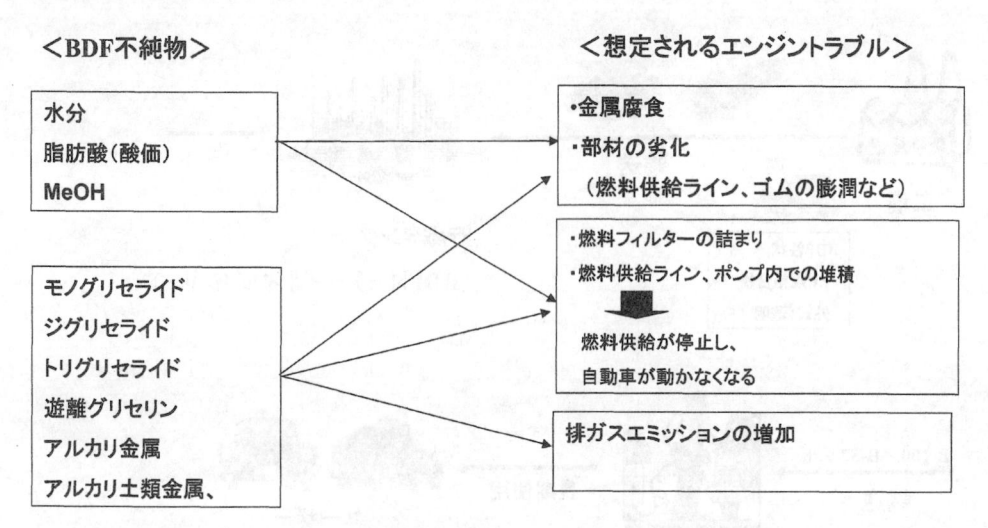

- ・燃料フィルターの詰まり
- ・燃料供給ライン、ポンプ内での堆積

燃料供給が停止し、
自動車が動かなくなる

・排ガスエミッションの増加

図3 BDF不純物と想定されるエンジントラブル

州市場ではダイズBDFの単独使用は困難であり，ナタネBDFとの混合使用が必須となるなど，不具合が生じている。今後，世界的視野でのBDF統一規格の作成が必要と思われる。

4 BDFの酸化安定性と不純物

BDFに対するユーザーの要望は，エンジントラブルを起こさない高純度品のほか，良好な酸化安定性も挙げられる。製造直後のBDFはEU規格に合致し，かつ外観も透明なものが多い。しかし，工場で製造されたBDFが輸送，タンク貯槽，軽油とのブレンド，ガソリンスタンドへの輸送・販売，自動車燃料としての長期使用など，一連のライフサイクルの中で空気により徐々に酸化劣化を起こすことが知られている（図4）。BDFの酸化劣化が進むと粘度の上昇，酸化開裂による腐食性の強い低級脂肪酸（蟻酸，酢酸，プロピオン酸など）の生成，BDFの重合による沈殿物の生成などが生じ，エンジン構造材料の腐食，フィルターや燃料供給ラインでの堆積・目詰まりなどの原因となる[6,7]。この酸化劣化は，BDFを構成する特にリノール酸，リノレン酸などのポリ不飽和脂肪酸の空気による自動酸化に起因するが[8]，トリグリセライド，ジグリセライド，モノグリセライドおよび長鎖脂肪酸などのBDFに混入する不純物もまた酸化を受ける。一方，この酸化劣化は，光や熱あるいは輸送コンテナや貯槽タンクから溶出する金属イオンなどで促進されるが，BDFに含まれる金属分，石鹸分，水分等によっても促進されるため，酸化安定性改善の意味でもBDFの高純度化は重要である[9]。参考までに，BDFの酸化安定性に影響する因子を図5に纏めた。

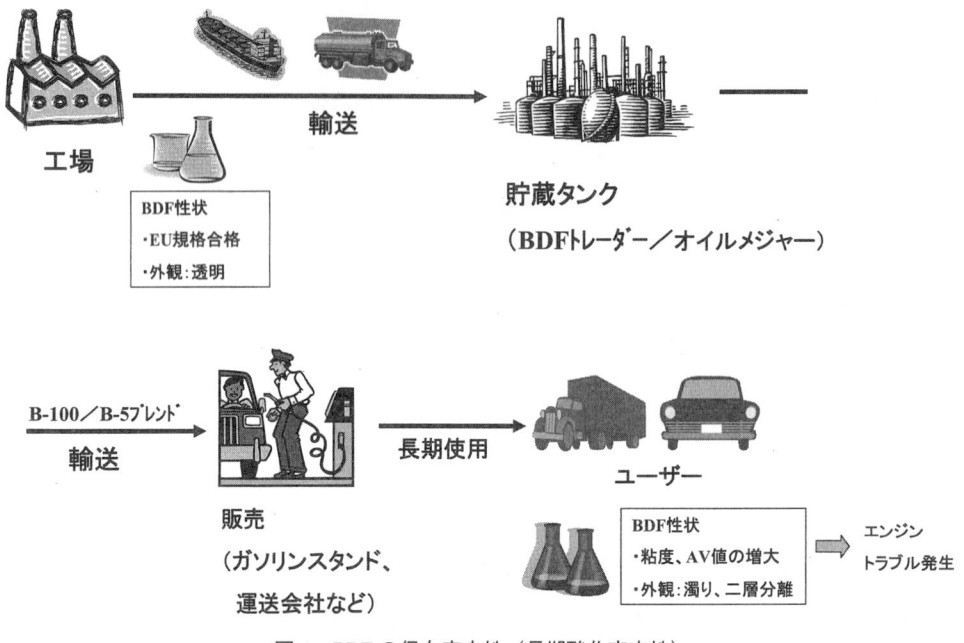

図4　BDFの保存安定性（長期酸化安定性）

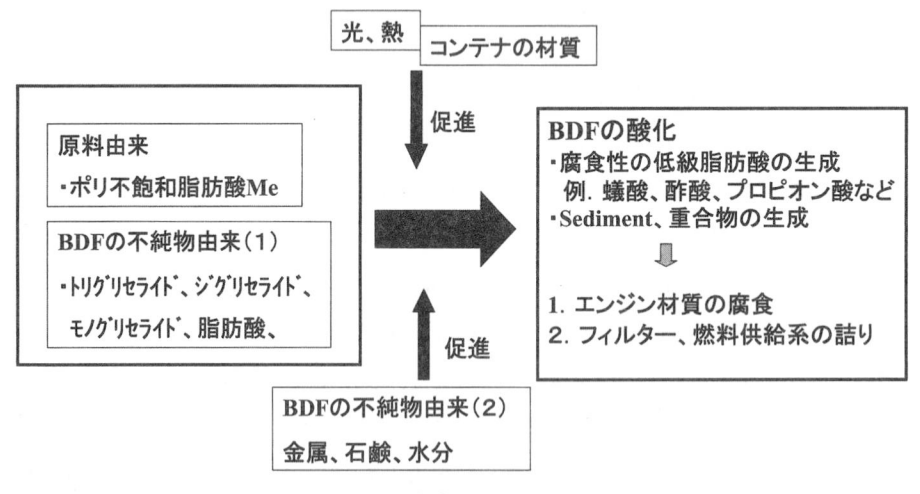

図5　DFの酸化安定性に影響する因子

5　BDF製造プロセスと不純物の推移

　図6は，搾油直後の粗原料からBDFを製造する一連の各工程で混入または副生する不純物と，それらを除去する過程を纏めたものである。

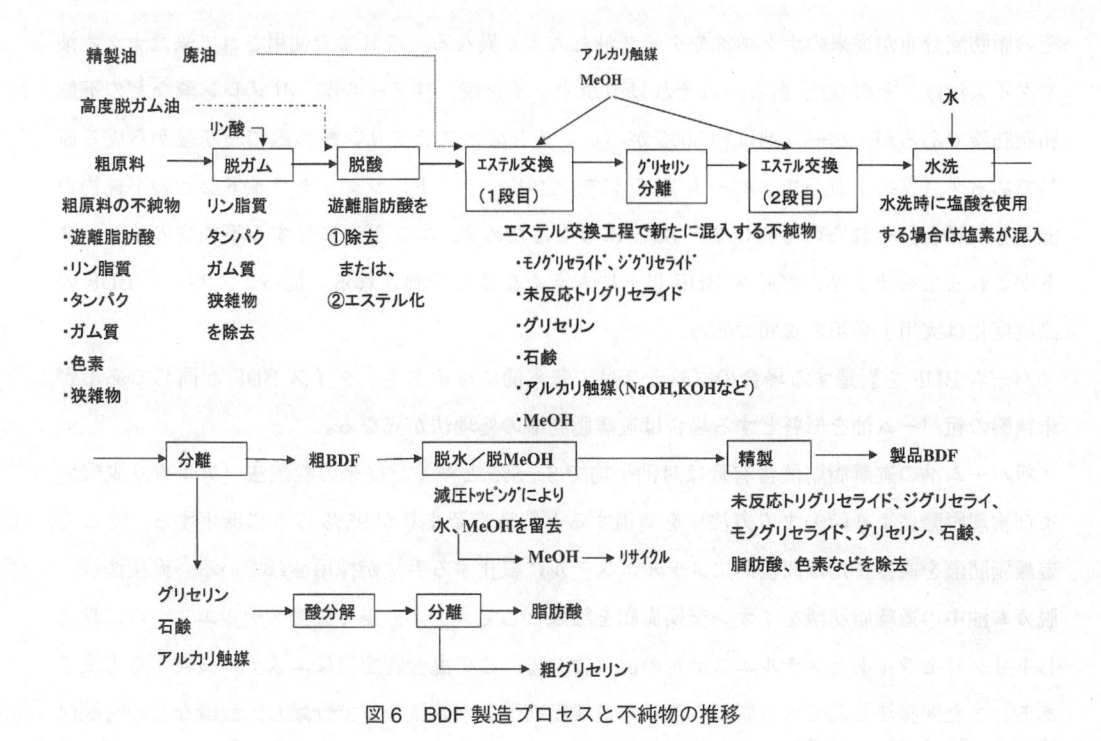

第4章 バイオディーゼル燃料の製造法と品質

図6 BDF製造プロセスと不純物の推移

　粗原料に混入している不純物は，脱ガムおよび脱酸の前処理で確実に除去することによって，高いエステル交換反応率を得ることが可能となる。特にリン脂質は界面活性を有し，また遊離脂肪酸はアルカリ触媒を消費して石鹸を生成するため，いずれもエステル交換反応の阻害要因になる。エステル交換工程で副生する石鹸およびグリセリンは，燃料系での目詰まりや堆積の原因となるため，水洗でBDF層から洗い落とすことが重要である。また，石鹸を酸分解し脂肪酸に転化すると同時に，副生する食塩で水洗後の分離効率を上げる目的で水洗時に塩酸を使用する方法もあるが，食塩は腐食性が強いため装置材質の選定に注意を要する。また，吸着処理や晶析処理などの最終精製は，トリグリセライド，ジグリセライド，モノグリセライドなどの高融点不純物の除去と，微量の残存する石鹸やグリセリンなどを除去する最後の砦としての役割を持たせる意味で重要となる。いずれにしても，高品質なBDFを製造するためには，各工程で混入または副生する不純物を着実に除去するプロセス設計を考える必要がある。

6 パームBDFの製造プロセス

　パーム油はその資源量と生産性の高さから，今後のBDF需要拡大を補う原料として注目を集めているだけでなく，従来のナタネ油やダイズ油に比べ酸化安定性が良い。しかし，パーム油は，

その脂肪酸分布が従来のナタネ油やダイズ油と大きく異なる。これまで使用されて来たナタネ油やダイズ油は，その90％あるいはそれ以上がオレイン酸，リノール酸，リノレン酸などの不飽和脂肪酸であるが，パーム油は約50％がパルミチン酸とステアリン酸の飽和脂肪酸から成る原料である[10]（表3）。従って，パームBDFにモノグリセライド，ジグリセライドなどの不純物が混入した場合，それらの融点は70～80℃にもなるため[10]，エンジンに対する不純物のインパクトがこれまでのナタネ，ダイズBDF以上に大きくなると予測される。従って，パームBDFの高純度化は実用上必須の課題である。

　パームBDFを製造する場合のプロセスは，基本的にはナタネ，ダイズBDFと同じであるが，未精製の粗パーム油を原料とする場合は遊離脂肪酸の処理法が異なる。

　粗パーム油の遊離脂肪酸含有量は対油平均で3～5％と多く，従来の脱酸法（アルカリ脱酸および物理脱酸により除去する方法）を適用すると製造歩留まりが95％以下に低下する。そこで，遊離脂肪酸を直接または間接的にメチルエステルに転化する手法が採用されている。直接法は，脱ガム油中の遊離脂肪酸をイオン交換樹脂を触媒としてメタノールで直接メチルエステルに転化しトリグリセライドとメチルエステルの混合物を得，この混合物を次にエステル交換する方法である。また間接法としては，脱ガム油から遊離脂肪酸を水蒸気蒸留で分離し，硫酸などの酸触媒存在下，メタノールでメチルエステルに転化し，これと並行して遊離脂肪酸を除去したトリグセ

表3　BDFの原料と脂肪酸組成

| 原料油脂 | IV | 構成脂肪酸の炭素分布（％平均値） ||||||
| | | 飽和脂肪酸 ||| 不飽和脂肪酸 |||
		ミリスチン酸 (C14)	パルミチン酸 (C16)	ステアリン酸 (C18 F0)	オレイン酸 (C18 F1)	リノール酸 (C18 F2)	リノレン酸 (C18 F3)
ナタネ油	95～127		5	2	58	25	10
ダイズ油	123～142		5	5	30	55	5
パーム油	45～55	1	44	5	40	10	

表4　遊離脂肪酸の処理プロセス

処理法		対象油脂	プロセスの概要
遊離脂肪酸の除去		ナタネ油 ダイズ油	脱ガム油から，アルカリ脱酸または水蒸気蒸留により遊離脂肪酸を除去。工程にリサイクルしない。
グリセリンエステル化	間接法	パーム油	脱ガム油→水蒸気蒸留→脂肪酸分離→グリセリンエステル→エステル交換工程にリサイクル
メチルエステル化	直接法		脱ガム油→メチルエステル化→エステル交換（イオン交換樹脂）
	間接法		脱ガム油→水蒸気蒸留→脂肪酸分離→メチルエステル化→BDFに混合　　　　　　　　（触媒：硫酸）

ライドをエステル交換する事により得られるメチルエステル (BDF) に混合する方法などがある。また水蒸気蒸留で分離した遊離脂肪酸を硫酸とグリセリンで処理しグリセリンエステルに変換した後，エステル交換工程に戻す方法もある（表4参照）。

粗パーム油からパーム BDF を製造している日本国内の例としては，ライオンケミカル坂出工場があり，リン酸脱ガム，遊離脂肪酸の直接処理，2段エステル交換，水洗，BDF 精製によりメチルエステル純度 99.5% の高品質が得られている。

文　献

1) 油脂，Vol. 59, No. 3 (2006)
2) 油脂，Vol. 53, No. 4, p. 40-47 (2000)
3) 油脂，Vol. 50, No. 5, p. 41-50 (1997)
4) 油脂，Vol. 52, No. 2, p. 57-62 (1999)
5) 福永，松井，渡辺，新版油脂製品の知識，幸書房 (1997)
6) 経済産業省資源エネルギー庁，バイオデイーゼル燃料の安全性・排ガス性状検証試験計画について（平成15年12月3日）
7) 経済産業省資源エネルギー庁，BDF混合軽油の規格化に係わる検討結果について（平成19年4月）
8) 稲葉，平野，新版脂肪酸の化学第2版，幸書房 (1990)
9) 塩谷，後藤，星野，自動車技術，Vol. 60, No. 1, p. 94-99 (2006)
10) 日本油化学協会，油脂化学便覧・改訂三版，丸善 (1990)

第5章　バイオディーゼル燃料の生産技術

福田秀樹*

1　はじめに

　近年，植物油および廃食用油をメタノールと反応（メタノリシス反応と呼ばれる）させて得られるメチルエステルが，既存の軽油に代替可能なバイオディーゼル燃料（Biodiesel Fuel；略称BDF）としてその利用が期待されている。BDFは，酸性雨の原因となる硫黄酸化物（SO_x）がほとんど発生せず，バイオマス資源由来であるため，排気ガスに含まれる黒煙が軽油に比べて少なくなるといった利点を有する。BDFの主要生産国はヨーロッパに集中しており，総生産量は2006年度の段階で300万トン／年を越えている。またアメリカにおいてもBDFの生産量は30万トン／年レベルに達している。

　現在，メタノリシス反応は水酸化カリウムや水酸化ナトリウムなどのアルカリ触媒を使用する方法が採用されているが，①生産物の精製のために多段階の水洗が必要，②遊離脂肪酸の除去が必要，③副生産物のグリセリンの回収が困難，などいくつかの課題を残している。一方，微生物が生産するリパーゼ酵素を触媒として用いる場合，生産物はアルカリを含有しないため，複雑なプロセスを必要とせず生産物や副生産物であるグリセリンを回収することが可能である。

　ここでは，図1に示すような微生物細胞膜や細胞壁内に固定化されたリパーゼ酵素や細胞表層

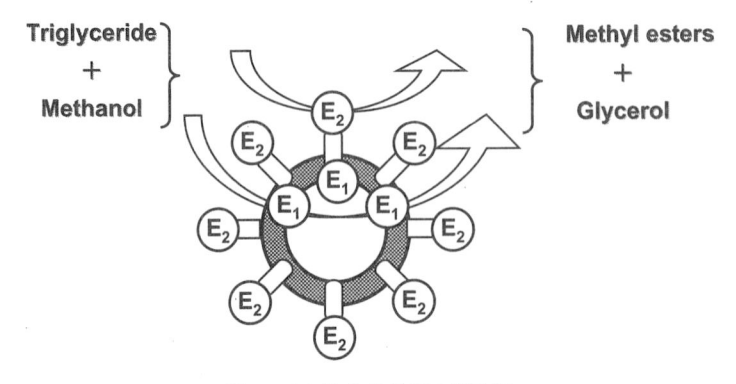

図1　全細胞生体触媒の概略図
E_1：細胞膜内および細胞壁内酵素，E_2：細胞表層提示酵素

* Hideki Fukuda　神戸大学　自然科学系先端融合研究環長　教授

第5章 バイオディーゼル燃料の生産技術

にリパーゼ酵素を提示した微生物を直接メタノリシス反応に利用する全細胞生体触媒（whole cell biocatalyst）を用いたBDFの生産技術について概説する。このような方法は，微生物の培養後，菌体を回収して直ちに反応に使用することができるので，従来の分泌酵素を用いる方法に比べて複雑な工程が少なく，酵素触媒の製造コストを著しく低減させることができる[1〜5]。

2 微生物細胞内リパーゼ酵素を利用する方法

2.1 糸状菌 Rhizopus oryzae を利用する方法

BDFの生産に用いるリパーゼは，本来，油脂の基本構造のトリグリセリドを加水分解してグリセリンと脂肪酸を生成する酵素である。しかし最近，この反応以外にもエステル化をはじめとする様々な反応を触媒することが明らかになってきた。Kaiedaら[6]は，糸状菌 Rhizopus oryzae が生産するリパーゼが，有機溶媒を含まない条件下で，油脂のメタノリシス反応を効率的に触媒することを見出した。この反応は，一定量の水や遊離脂肪酸の混在に関わらず進行するため，廃食用油などを原料とする場合に特に有効である。

筆者らは，リパーゼ生産能力の高い R. oryzae IFO 4697 株をポリウレタン製の多孔質担体（Biomass support particles；略称BSPs）に固定化させ，それを直接リパーゼ酵素剤として用いる技術を考案した。図2に示すように，R. oryzae は液体培養において菌糸を伸長させて生育するが，BSPsと共存して培養する過程で，菌体が自発的に固定化される。こうした菌体のBSPsへの固定化は電気的作用によるものではなく，菌糸の機械的な絡みつきによるものであるため，原理的には他の糸状菌にも広く応用が可能である。培養で得られた固定化菌体は，ろ過による回収後自然乾燥するだけで，従来の固定化酵素と同じように反応に利用できる。

固定化菌体のリパーゼ活性を高めるためには，培養液に添加する基質関連物質の種類が重要な因子となる。Banら[1]は，オリーブ油やオレイン酸の添加が R. oryzae の菌体メタノリシス活性

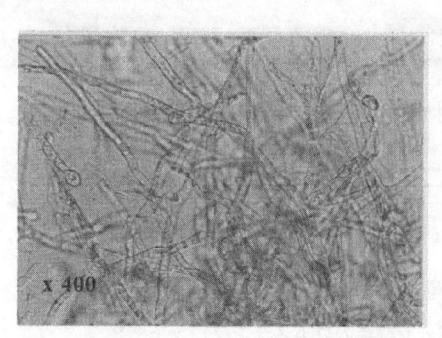

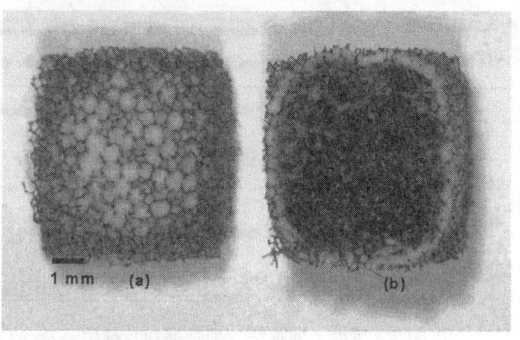

図2　R. oryzae 菌体（左）およびBSPs固定化菌体（右）写真
(a)：BSPs表層，(b)：BSPs断面

を向上させるのに有効であることを示した。こうして得られた菌体を，4〜20%(w/w)の水を含む大豆油のメタノリシス反応の触媒に用いたところ，80%(w/w)以上の高いメチルエステル転換率が得られた。このように，本プロセスでは菌体とBSPsを加えて培養するだけで，自然に高活性の固定化酵素（菌体）が調製できる。したがって，高価なリパーゼを用いる従来の酵素プロセスに比べて，工業的に著しく有利であると考えられる。

2.2 *R. oryzae* が生産するリパーゼの種類および局在性

これまで多くの糸状菌リパーゼは，培養初期に細胞内で生合成され，一時的に細胞表面に留まった後，すみやかに細胞外へ放出される分泌型酵素であると考えられてきた。そのため，糸状菌のリパーゼ生産に対しては，培養液へ酵素を大量に分泌させるための培養条件を検討する研究が積極的に行われてきた。一方，糸状菌の細胞を直接酵素剤として反応に用いる場合，リパーゼの菌体外への分泌を抑制し，いかにして菌体リパーゼ活性を高めるかが重要となる。筆者らは，*R. oryzae* の培養条件の検討により，①菌体のBSPsへの固定化や，②オリーブ油など基質関連物質の培養液への添加が，菌体メタノリシス活性を高めることを見出した。しかしながら，これら菌体リパーゼ活性を高める培養条件の変化により，異なるリパーゼが生産されているのか，あるいは細胞に留まるリパーゼ量が変化しているのかといった基礎的な情報は明らかにされていない。本項では，各培養条件において *R. oryzae* が生産するリパーゼ（ROL）の種類を特定，ROLが細胞のどの部位に局在しているのかについて述べる。

R. oryzae の細胞を分画し，ウェスタンブロット法により解析した結果を図3に示す。培養時にBSPsを加えないサスペンジョン培養では，膜画分に31 kDaのリパーゼ（略称ROL 31）のみが存在し，細胞壁および菌体外に34 kDaのリパーゼ（略称ROL 34）とROL 31が存在していた。また，細胞壁におけるROL 34の量は培養時間にほとんど影響を受けないのに対し，膜画分の

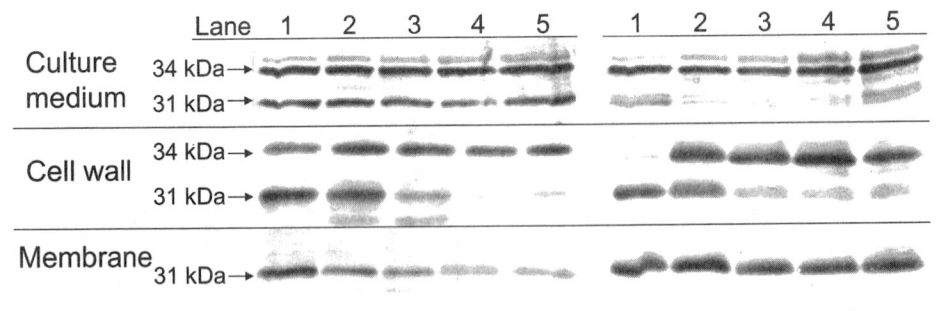

図3 培地，細胞壁，細胞膜から抽出したリパーゼ酵素のウエスタンブロット解析
サスペンジョン培養(左)および固定化培養（右）
レーン1〜5はそれぞれ培養開始後24，48，72，96，120時間後のサンプルを示す。

第5章 バイオディーゼル燃料の生産技術

ROL 31 は培養経時とともに著しく減少することが分かった。一方，菌体を BSPs に固定化させて培養した場合，培養後期においても著量の ROL 31 が膜に存在していた。菌体外では，ROL 34 が大量に分泌されているのに対し，ROL 31 の分泌は強く抑制されていた。したがって，R. oryzae は少なくとも2種類のリパーゼ（ROL 31 と ROL 34）を生産し，菌体の BSPs への固定化操作は，膜に局在する ROL 31 の菌体外への分泌を抑制することが明らかとなった[7]。

2.3 ROL の生合成機構

前項で確認された分子量の異なる2つの ROL の細胞内における生合成機構について概説する。図4に示すように，ROL をコードする遺伝子配列は，①分泌シグナルとして作用する pre 配列，②タンパク質の立体構造形成を介助する役割などを有する pro 配列，③ROL 本体の mature 配列から構成される。分子量の異なる ROL のアミノ酸配列の解析により，ROL 31 は mature 配列がアミノ酸に翻訳されたタンパク質であり，ROL 34 は ROL 31 に pro 配列由来の 28 アミノ酸が結合したタンパク質であることが分かった。すなわち，ROL 34 と ROL 31 は全く異なるタンパク質ではなく，ROL 前駆体からの異なるプロセシングにより生じるタンパク質であることが明らかとなった[7]。

2.4 膜局在型 ROL の量とメタノリシス活性の相関性

培養液に添加する基質関連物質の種類を変化させると，比メタノリシス活性（U/mg-dry cell）にも変化が見られる。これらの菌体を解析したところ，細胞壁の ROL 34 にはあまり影響を及ぼさないにも関わらず，膜に局在する ROL 31 の量には顕著な差が確認された。さらに，膜の ROL 31 の量と菌体の比メタノリシス活性との間には正の相関性が存在することが分かり，R. oryzae の菌体メタノリシス活性には，膜に局在する ROL 31 が重要な役割を担っていることが強く示唆

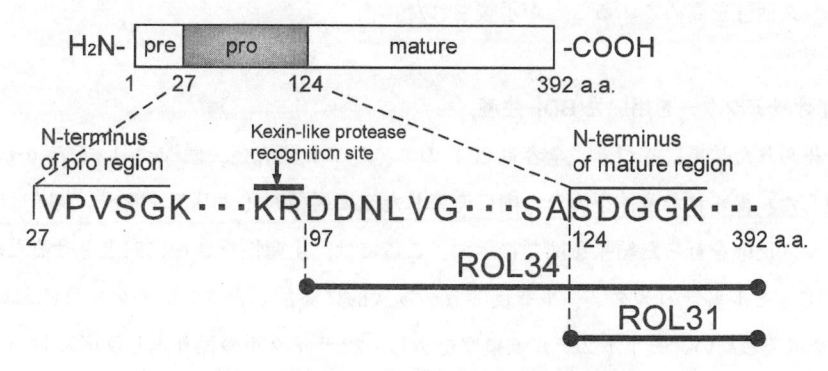

図4 ROL をコードする遺伝子配列の概略図
pre 配列（26 アミノ酸），pro 配列（97 アミノ酸）および mature 配列（269 アミノ酸）より構成。

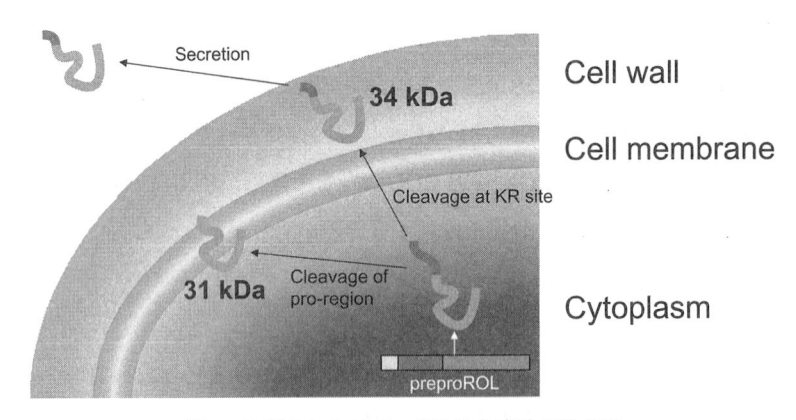

図5 生産されたリパーゼの局在機構の模式図

された[7]。2つのROLの間に著しい酵素活性の違いが生じる理由は現在不明であるが，①酵素のアミノ末端領域が活性部位に作用し，酵素活性そのものを調節している，あるいは②膜に局在するROL 31が，周辺の物質（脂質など）との相互作用によりその立体構造に影響を受けていることなどが推察される。

以上の結果に基づき，R. oryzae が細胞内で生産するリパーゼの局在機構を図5にて模式的に示す。染色体上の遺伝子より転写・翻訳されたROLの前駆体（pre-pro-ROL）は，小胞体膜におけるpre配列の切断後，2つの異なるプロセシングを受ける。このうち，pro配列が完全に除かれた場合，ROL 31が細胞膜に留まることになる。一方，pro配列のカルボキシル末端28アミノ酸が残された場合，ROL 34が細胞壁に局在し，培養条件に関係なく容易に細胞外へ分泌されることになる。このようにR. oryzae は，異なるプロセシングによって同一遺伝子から生じるリパーゼの局在性を変化させていることが明らかとなった。さらに，菌体のBSPsへの固定化操作や基質関連物質の培養液への添加により，著量のROL 31が細胞膜に蓄積し，R. oryzae の菌体メタノリシス活性を高めていることが示唆された。

2.5 バイオリアクターを用いたBDF生産

前項で得られた結果に基づき，全容量20 Lのエアリフト型培養装置[5]を用いてR. oryzae を大量に培養した。得られた菌体をカラム内に充填した充填層型バイオリアクター（図6）によってメタノリシス反応を行った結果を図7に示す。ここでは，生産性をさらに向上させるため，大豆油に対して4モル当量のメタノールを反応液へ逐次的に添加した。1サイクル目において90%（w/w）を越える高いメチルエステル転換率を示し，22サイクルの繰り返し反応においても転換率は82%を越え，長期間高い酵素活性を維持した。以上の結果より，whole cell biocatalyst を充填したバイオリアクターが実用的なBDF生産に利用可能であることが示唆された。

第5章 バイオディーゼル燃料の生産技術

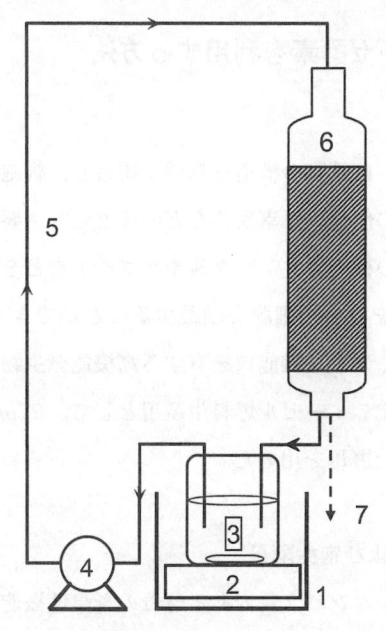

図6 充填層型バイオリアクターによる
メタノリシス反応の実験装置概略図
1：超音波発生装置，2：マグネチックスター，
3：基質貯蔵器，4：送液ポンプ，5：チューブ，
6：BSPs固定化菌体充填バイオリアクター，
7：生産物

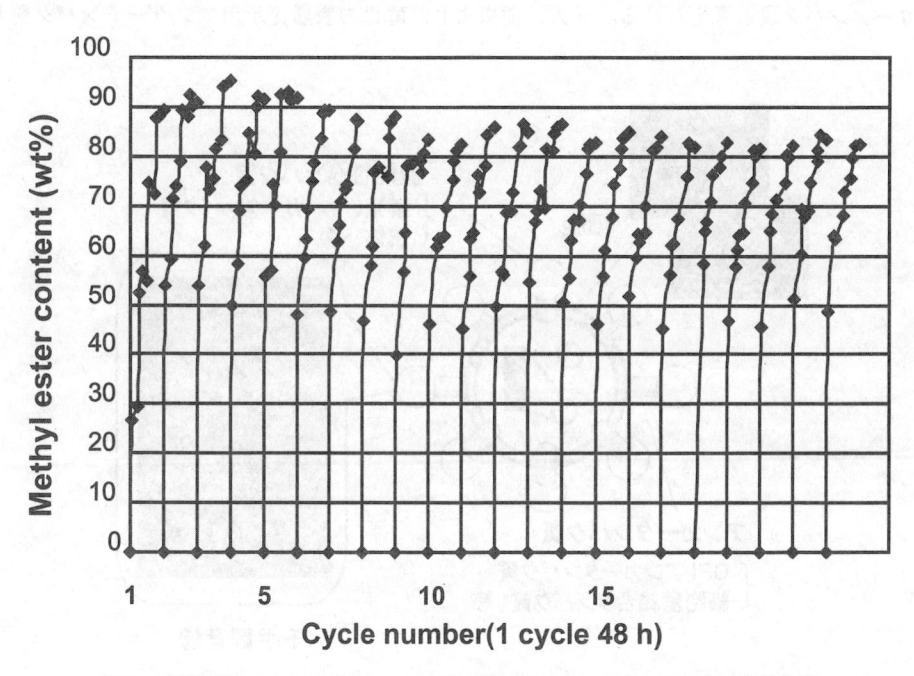

図7 充填層型バイオリアクターによる繰り返しメタノリシス反応の実験結果

3 細胞表層提示リパーゼ酵素を利用する方法

3.1 細胞表層提示技術

細胞表層（細胞壁，細胞膜）は細胞の構造や形態を維持し，細胞や外界との隔離をするだけでなく，物質の認識やシグナルの伝達，酵素反応などの場として重要な役割を果たしている。この細胞表層のタンパク質と種々の機能性タンパク質やペプチドなどを融合させ，細胞表層に提示させることにより，新しい機能を持った細胞を創製することができる[8,9]。このような微生物は，あたかも千手観音のように多くの手（機能）を有する高機能微生物としてその利用が期待される（図8参照）。筆者らは，バイオディーゼル燃料生産用として，*R. oryzae* IFO 4697 由来のリパーゼ酵素（ROL）を表層提示した酵母を用いた。

3.2 表層提示用プラスミドおよび宿主酵母

本稿で用いた提示用アンカータンパク質である酵母の凝集性機能ドメインをコードした遺伝子 Flo 1 p を図9に示す[10]。Flo 1 p タンパク質の長さの影響を検討するため，アミノ酸残基 1-1099（FSProROL）および 1-1417（FLProROL）をコードする2種類のドメインを用いた。この場合，*ROL* 遺伝子のN末端側が Flo 1 p タンパクのC末端側と結合され融合遺伝子が構築されることになるが，ROLの活性部位がC末端側に存在することから Flo 1 p は ROL 提示用として有効なアンカータンパク質と考えられる。一方，従来より，酵母の表層提示用アンカータンパク質とし

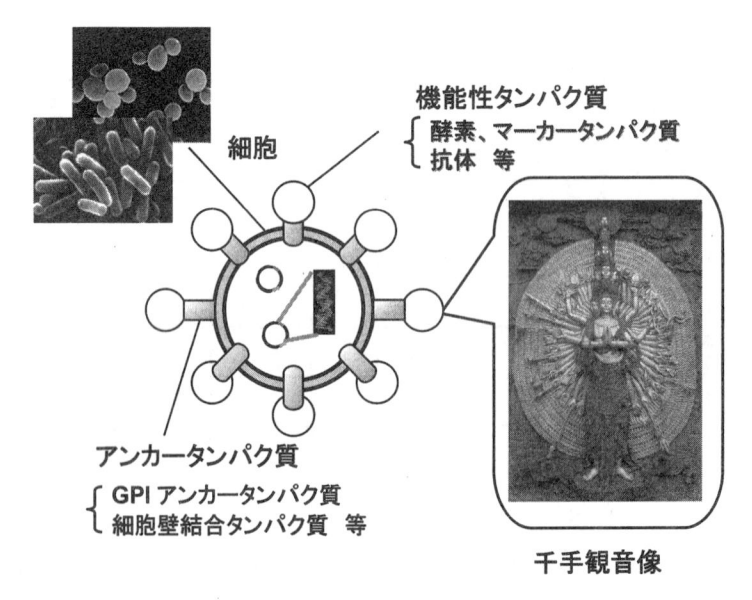

図8 細胞表層提示技術の概念図

第 5 章　バイオディーゼル燃料の生産技術

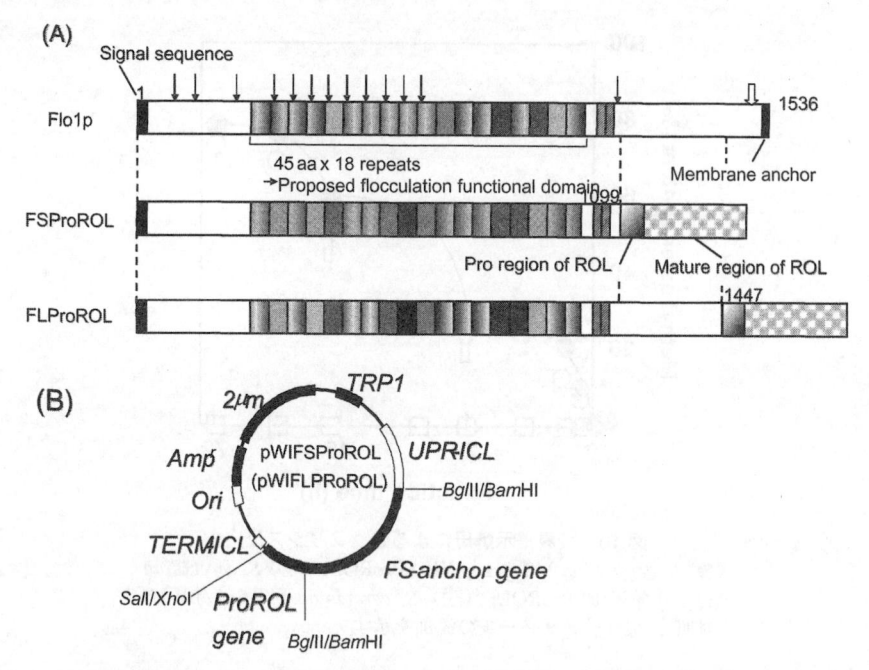

図 9　(A) 表層提示用アンカータンパク質 Flo 1 p と FSProRol および FLproROL 遺伝子の配列，
(B) 酵母発現用プラスミド（pWIFSProROL および pWIFLProROL）

て α-アグルチニン[8,9]がよく用いられているが，この場合，*ROL* 遺伝子の C 末端側と Flo 1 p と が結合されるので酵素の活性は低いものと予想される。

また，表層提示用プラスミドは図中(B)に示す *pWIFSProROL* および *pWIFLProROL* をそれぞれ使用し，いずれも分泌シグナルシーケンスを有しているが C 末端側の GPI アンカー付着シグナルは欠損している。

3.3 表層提示酵母によるメタノリシス反応

宿主酵母は *Saccharomyces cerevisiae* MT 8-1（*MATa ade2 his3 leu2 trp1 ura3*）を用い，培地には SDC 培地（2% カザミノ酸を含む SD 培地）を用い，酵母を回収した。FSProROL および FLProROL を表層提示した酵母を用いて，3 回のメタノール添加によるメタノリシス反応を行った場合の結果を図 10 に示す[10]。FSProROL および FLProROL の場合，72 時間後のメチルエステル濃度はそれぞれ 78.6% および 73.5% に達した。また，FSProROL の場合，初期速度を基準にしたメチルエステル生産性は 3.2 g-メチルエステル/L/min に達し，分泌酵素を用いた場合とほぼ同程度の高い水準となった。従来の α-アグルチニンをアンカータンパク質として用いた場合，酵素活性は 4.1 IU/g-乾燥菌体[11]と低い数値であったが，FSProROL および FLProROL のいずれの場合も酵素活性は 60 IU/g-乾燥菌体以上に達し，約 15 倍も増加した。

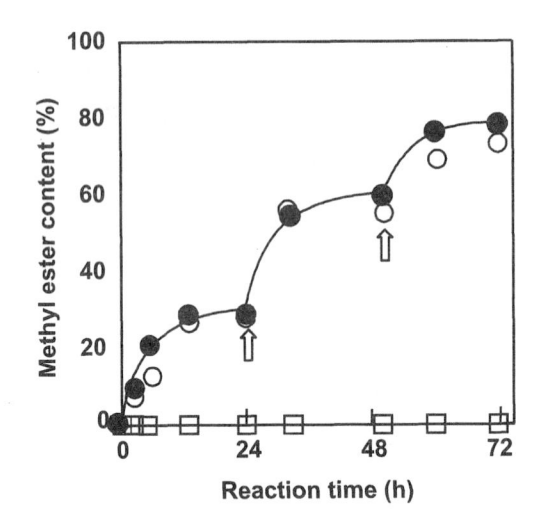

図10 表層提示酵母によるメタノリシス反応
(●) *S. cerevisiae* MT 8-1/pWIFSProROL, (○) *S. cerevisiae* MT 8-1/pWIFLProROL, (□) *S. cerevisiae* MT 8-1/pWI 3 (対照), 矢印：メタノールの添加を示す

以上のことから，Flo 1 pを表層提示用アンカータンパク質として用いた場合，C末端側に活性部位のあるROL酵素は高い活性を示し効果的なメタノリシス反応が可能であることを示した。

4 おわりに

バイオディーゼル燃料は，植物由来の再生可能資源を利用することから，硫黄など有害な成分をほとんど含まない。したがって，燃焼ガスがクリーンであり，既存のディーゼル車にそのまま使用できる。さらに，ディーゼルエンジンはガソリンエンジンに比べ熱サイクルが著しく高いことはよく知られていることから，欧米では既にバイオディーゼルに関する規格化がなされ，制度的な後押しもあるため生産量が急速に増加している。現在，わが国においても自治体レベルではあるが廃食用油からの生産が行われ，製品の規格も制定されつつある。

ここで示した全細胞生体触媒法は，酵素の製造コストの低減が可能であり実用化が期待される。今後，バイオリアクターを用いた反応条件の最適化や，酵素活性の高い遺伝子を導入した生体触媒の技術開発が必要である。

一方，副生産物として排出されるグリセリン量もバイオディーゼル燃料の生産量が増加するに伴い飛躍的に増加すると思われ，高付加価値製品への変換などの新規な技術開発も今後要求されることを最後に付け加えておきたい。

第5章 バイオディーゼル燃料の生産技術

文　献

1) K. Ban, M. Kaieda, T. Matsumoto, A. Kondo, H. Fukuda, *Biochem. Eng. J.*, **8**, 39-43 (2001)
2) T. Matsumoto, S. Takahashi, M. Kaieda, M. Ueda, A. Tanaka, H. Fukuda, A. Kondo, *Appl. Microbiol. Biotechnol.*, **57**, 515-520 (2001)
3) K. Ban, S. Hama, K. Nishizuka, M. Kaieda, T. Matsumoto, A. Kondo, H. Noda, H. Fukuda, *J. Mol. Catal. B : Enzymatic*, **17**, 157-165 (2002)
4) T. Matsumoto, H. Fukuda, M. Ueda, A. Tanaka, A. Kondo, *Appl. Environ. Microbiol.*, **68**, 4517-4522 (2002)
5) M. Oda, M. Kaieda, S. Hama, H. Yamaji, A. Kondo, E. Izumoto, H. Fukuda, *Biochem. Eng. J.*, **23**, 45-51 (2005)
6) M. Kaieda, T. Samukawa, T. Matsumoto, K. Ban, A. Kondo, Y. Shimada, H. Noda, F. Nomoto, K. Ohtsuka, E. Izumoto, H. Fukuda, *J. Biosci. Bioeng.*, **88**, 627-631 (1999)
7) S. Hama, S. Tamalampudi, T. Fukumizu, K. Miura, H. Yamaji, A. Kondo, H. Fukuda, *J. Biosci. Bioeng.*, **101** (2006) in press.
8) Murai, T., Ueda, M., Atomi, H., Shibasaki, Y., Kamasawa, N., Osumi, M., Kawaguchi, T., Arai, M., Tanaka, A., *Appl. Microbiol., Biotechnol.*, **48**, 499-503 (1997)
9) Murai, T., Ueda, M., Yamamura, M., Atomi, H., Shibasaki, Y., Kamasawa, N., Osumi, M., Amachi, T., Tanaka, A., *Appl. Environ. Microbiol.*, **63**, 1362-1366 (1997)
10) Matsumoto, T., Fukuda, H., Ueda, M., Tanaka, A., Kondo, A., *Appl. Environ. Microbiol.*, **68**, 4517-4522 (2002)
11) Washida, M., Takahashi, S., Ueda, M., Tanaka, A., *Appl. Microbiol. Biotechnol.*, **56**, 681-686

第6章　バイオディーゼル機関における燃焼過程

千田二郎*

1　はじめに

　化石燃料の大量消費にともなう資源の枯渇問題，さらには地球温暖化等の環境問題の観点からバイオマスエネルギーは代替燃料として脚光を浴びており，その中でも植物由来のバイオディーゼル燃料（以下，BDF）に注目が集まっている。植物は毎年生産できる恒久資源であり，その成長過程における光合成によって大気中のCO_2を吸収するため，この植物を原料とするBDFを燃焼し，エネルギー源として利用すれば，結果的に排出されるCO_2は「増加ゼロ」とみなされる[1]。これらのことから，BDFは環境調和型・資源循環型エネルギーとして有望視されている。ここ日本においては，さらなる環境負荷低減のため，リサイクルされる廃食油を原料とするBDFが近年注目され始め，既に一部の自治体がディーゼル代替燃料として導入している[2,3]。筆者らの研究室では，これまで京都市で製造されたバイオディーゼル燃料を用いて，その噴霧の性状，蒸発噴霧の特性，噴霧燃焼火炎の性状および小型単気筒エンジン内での燃焼過程の解析など一連の実験的研究を行ってきた[4~6]。さらにディーゼル車輌に適用し，実走行状態での燃焼性能をオンボード計測によって明らかにしている[7]。また近年，バイオディーゼル燃料の蒸発特性と粘性を改良すべく，その燃料に低沸点の炭化水素燃料を混合した燃料改質研究も行っている[8]。

　本報では，実際に自治体のディーゼル車等で使用されている製造方法の異なる廃食油BDFを供試燃料として使用した。実験では，ディーゼル燃焼過程の可視化評価を目的として急速圧縮膨張装置を使用し，各種供試燃料に関する着火・燃焼特性の基礎解析を行った。ここで，燃焼機構の把握には画像二色法を，詳細な火炎内すす生成機構の把握にはレーザ誘起赤熱法（LⅡ）を適用し，各結果の評価を行った。さらに単気筒空冷式の小型高速直噴式ディーゼル機関による各燃料の機関性能および排気特性の評価を行った。

2　供試燃料

　植物油および廃食油そのものは，粘度が軽油の10倍程度と高いうえに低セタン価特性を有す

---

*　Jiro Senda　同志社大学　工学部　教授

第6章　バイオディーゼル機関における燃焼過程

るためディーゼル燃焼における着火性が悪く，既存のディーゼル機関での使用には適していない。そこで，油脂類の主成分であるトリグリセリドをエステル交換反応により脂肪酸メチルエステルに変換することで，着火性および粘度を軽油に比較的近い性状に改質しディーゼル燃料として利用している。

　図1にエステル交換反応を示す。植物油にアルコールおよびアルカリ触媒の水酸化カリウム（KOH）または水酸化ナトリウム（NaOH）を加え，大気圧場において320〜330 K で 5〜6 時間かけて，グリセリンおよびエステル化物に分解する。この反応により得られるエステル化物をディーゼル燃料として利用している。本実験では京都市で製造されている廃食油バイオディーゼル燃料（以下 B 100），JIS 2 号軽油（Gas oil）と B 100 を混合体積分率で 80 対 20 の割合で混合した燃料（以下 B 20）および和歌山市で使用されているバイオ燃料（i-BDF）を用いた。なお，i-BDF は精製植物油と灯油を混合体積分率で 30 対 70 の割合で混合した燃料である。表1に各供試燃料の性状を示す。各バイオディーゼル燃料は Gas oil に対し，動粘度が約2倍と高いが，セタン指数がほぼ同等で，硫黄分が非常に少なく，燃料中に酸素原子を有する含酸素燃料という特徴を有する。また B 100 に関しては，図2に示すように，高沸点・低揮発性の燃料であることも特徴である。

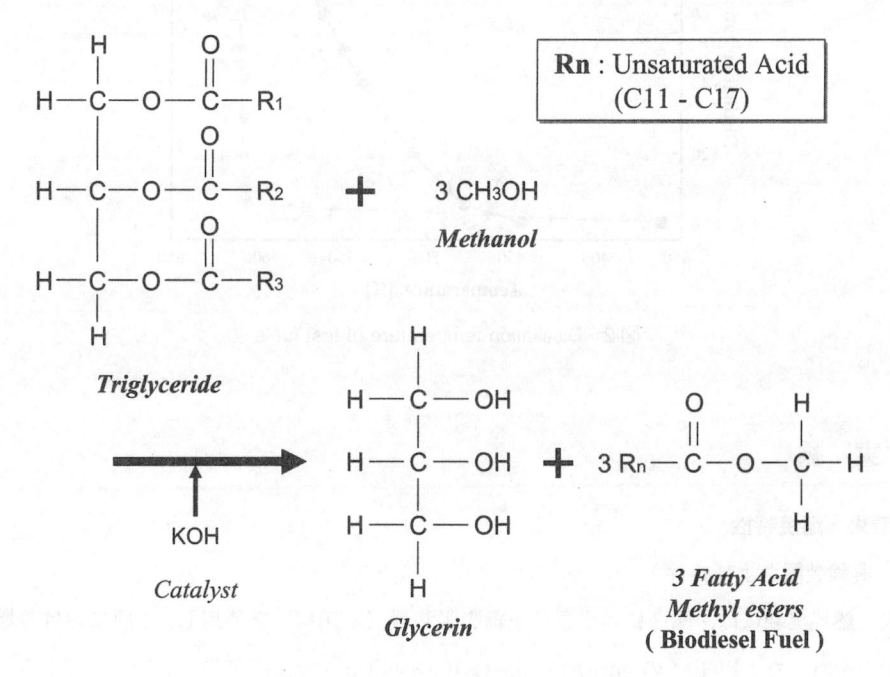

図1　Transesterification of fatty acid

表1　Fuel properties

		JIS No. 2 Gas oil	Bio diesel fuel (B 100)	i-Bio diesel fuel (i-BDF)
Density	[kg/m³]	832〜838	887〜889	825〜830
Kinematic viscosity	[mm²/s]	2.8	5.5	3.2〜4.5
Cetane Index		55〜56	51〜52	52〜54
Flash point	[K]	332〜341	471〜473	322〜323
Distillation T 10	[K]	488〜498	606〜616	451〜463
Distillation T 50	[K]	548〜558	609〜619	480〜518
Distillation T 90	[K]	605〜618	628〜641	581〜598
Clog point	[K]	264〜271	267〜270	231〜232
Carbon	[mass%]	86.7	77.1〜77.9	
Hydrogen	[mass%]	12.8	11.7〜11.8	
Oxygen	[mass%]	—	11.1〜11.2	
Sulfur	[mass%]	0.02〜0.05	0.0001	0.002〜0.020
Calorific value	[MJ/kg]	44.5〜45.5	37.7	44.0〜45.0

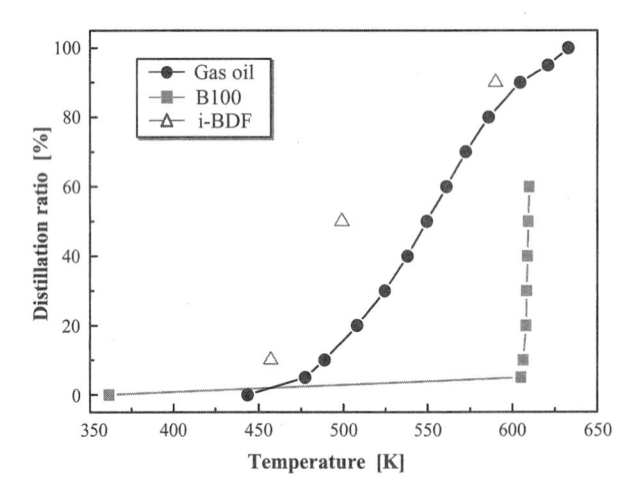

図2　Distillation temperature of test fuels

3　実　験

3.1　着火・燃焼特性

3.1.1　実験装置および条件

　着火・燃焼実験には，図3に示す急速圧縮膨張装置（RCEM）を使用し，1回における燃焼過程の把握を行った．RCEMのbore×strokeは100×450 mmで，排気量は3,534 ccである．燃料噴射装置は電子制御方式を採用し，RCEMのクランク角度をロータリーエンコーダーにより読

第6章 バイオディーゼル機関における燃焼過程

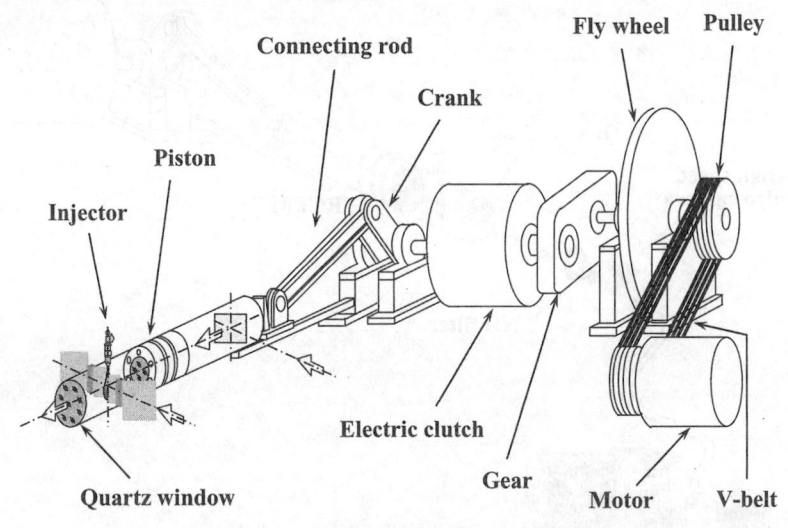

図3 Schematic diagram of RCEM

表2 Experimental condition

Equivalent crank speed	200 [rpm]
Water jacket temperature	353 [K]
Compression ratio	15
Injection nozzle dimension	$d_n = \phi 0.18$ [mm], $l_n/d_n = 4.17$
Injection pressure	20 [MPa]
Injection quantity	10.0 ± 1.0 [mg]
Injection timing	5.0 ± 0.25 [deg. CA BTDC]
Excess-air ratio	25
Ambient temperature at injection	730 [K]
Ambient pressure at injection	3.2 [MPa]
Initial cylinder pressure	0.1 [MPa]
Fuel temperature	$T_{fuel} = 313$ [K]
Fuel	Gas oil, B 20, B 100, i-BDF

み出し，任意の噴射時期・噴射期間で燃料を噴射できる．

表2に着火・燃焼実験の実験条件を示す．噴射時期は5.0°BTDC，噴射量は10 mgで一定とした．

3.1.2 直接撮影法

図4に示す直接撮影光学系を用い，燃焼場における火炎特性の把握を行った．RCEM内の輝炎は，ハイスピードビデオカメラにより撮影した．ここで，火炎からの輝炎は火炎中のすすが発光している部分であり，すすが存在する目安となる[9]．

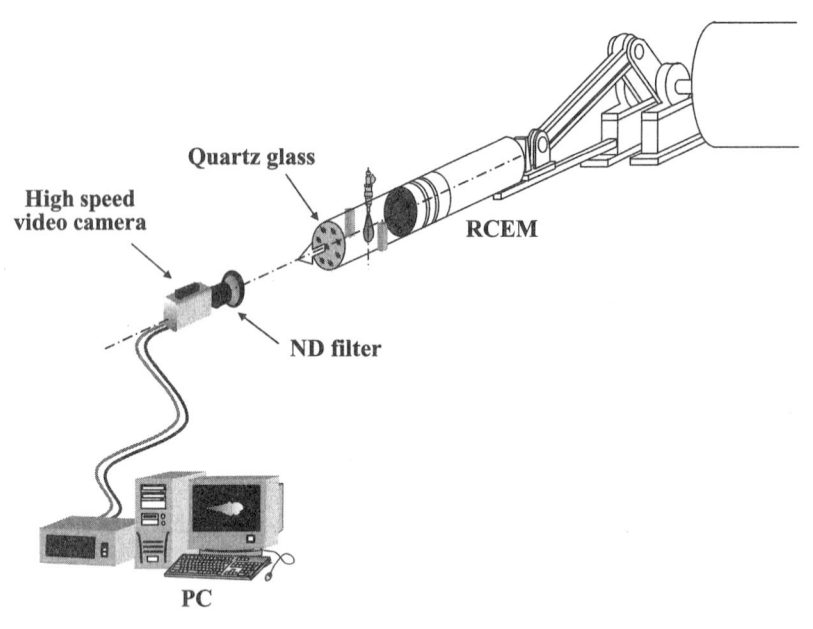

図4 Optical measurement system for direct photography

3.1.3 画像二色法

噴霧火炎内のすす粒子群からのふく射による連続スペクトルに着目し，すすの酸化や消滅に影響する火炎温度と光路上に存在するすすの総粒子数を示す指標であるKL値を算出する方法が画像二色法である[10,11]。

光学系を図5に示す。燃焼室内の現象はダイクロイックミラー（赤反射50%，反射波長590 nm）により分光し，2台のハイスピードビデオカメラにより撮影される。カメラの前には，透過中心波長620 nm（半値幅8 nm）および透過中心波長482 nm（半値幅18 nm）の光干渉フィルタを設置した。また，最適な輝炎発光強度を得るためNDフィルタを用いた。

3.1.4 レーザ誘起赤熱法

強力なレーザシートを噴霧火炎中のすす粒子に照射し，粒子の温度をすすの蒸発温度（約4,500 K）まで瞬間的に上昇させ，このときすす粒子が放射する白熱光（黒体放射）を検出する。レーザシート断面内のすす情報が得られ，火炎二次元断面におけるすす粒子濃度を可視化するものである[12]。

図6に光学系を示す。光源にはNd:YAGレーザの第二高調波（l=532 nm）を用い，各種シリンドリカルレンズにより高さ38 mm，厚さ0.25 mmのシート光を形成し，RCEM側面の石英ガラスを通過させ，燃焼室内ノズル中心軸上に照射する。LIIシグナルはレーザシート光の入射軸に対して直角方向からI.I.付CCDカメラ（I.I.のゲート幅20 ns）により検出した。なお，I.I.

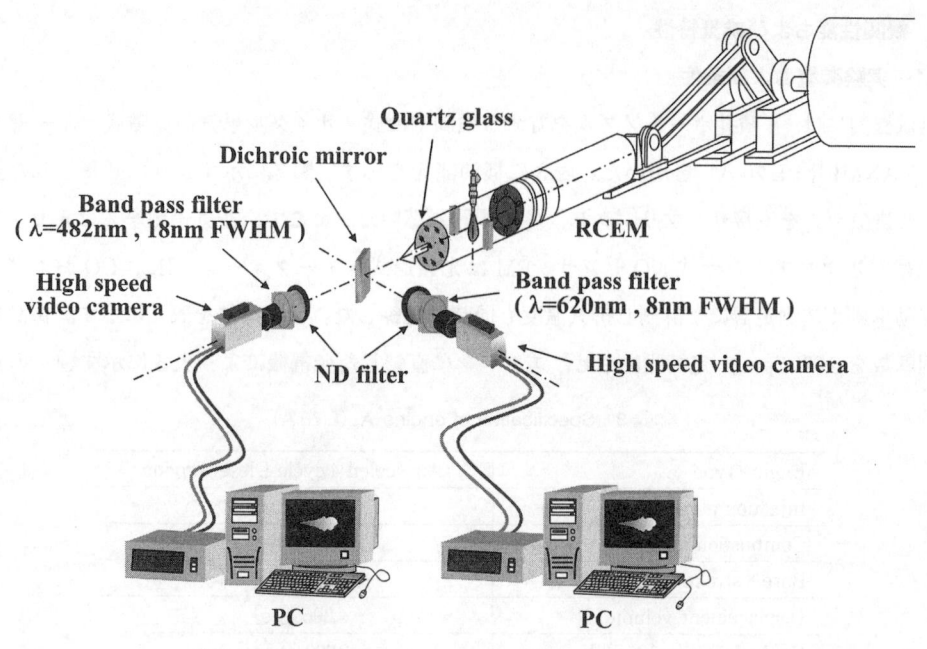

第6章 バイオディーゼル機関における燃焼過程

図5 Optical measurement system for two color method

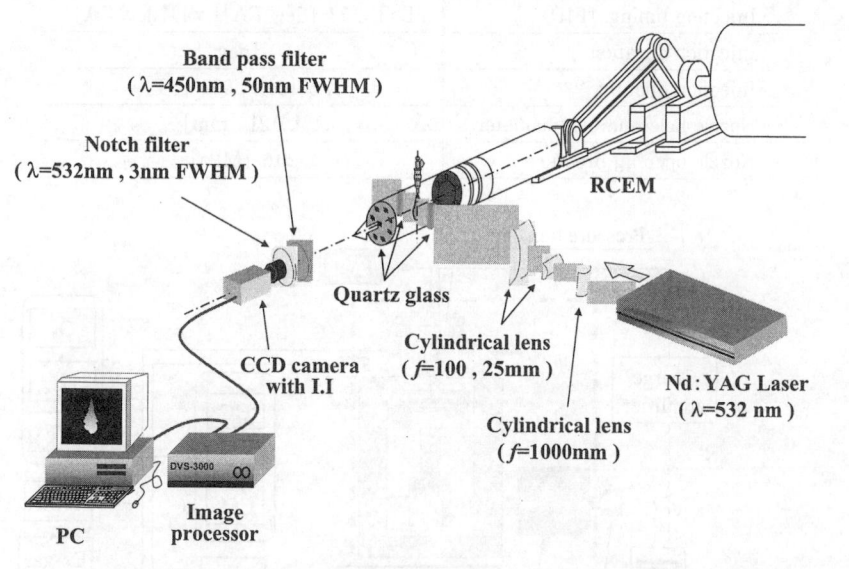

図6 Optical measurement system for LII method

付CCDカメラの手前に透過中心波長450 nm（半値幅3 nm）の光干渉フィルタと，弾性散乱光を除去するために中心波長532 nm（半値幅3 nm）のノッチフィルタを取り付けた．

179

3.2 機関性能および排気特性

3.2.1 実験装置および条件

供試機関には，4噴孔ホールノズルを有する強制空冷式4サイクル単気筒直噴式ディーゼル機関（YANMER：L70A）を用いた。表3に機関諸元を示す。図7に示すように延長された排気管から排気ガスを直接サンプリングし，各計測器に導いた。ここで，空気過剰率λはλセンサ，NO_xはジルコニアセンサ式NOセンサ，PMは光透過式スモークメータ，HC，COおよびCO_2は自動車排ガス測定器にて計測し排気温度も同時に記録した。実験条件を表4に示す。供試機関の回転数を3,600 rpm一定で駆動させ，エンジンに直結した発電機により表5に示す種々の負荷

表3 Specification of engine-A (L 70 A)

Engine type	Air cooled 4 cycle Diesel Engine
Injection pump type	Bosch type
Combustion system	Direct injection
Bore×stroke	$\phi 78 \times 62$ [mm]
Displacement volume	296 [cc]
Equivalent rated speed	3,600 [rpm]
Engine output (standard)	4.4 [kW]
Injection timing (FID)	BTDC 14 [deg. CA] ±1 [deg. CA]
Injection duration	20 [deg.]
Injection quantity	17.5 [cc]/1,000 [ST]
Nozzle hole number/diameter	4/0.21 [mm]
Nozzle opening pressure	20.6 [MPa]

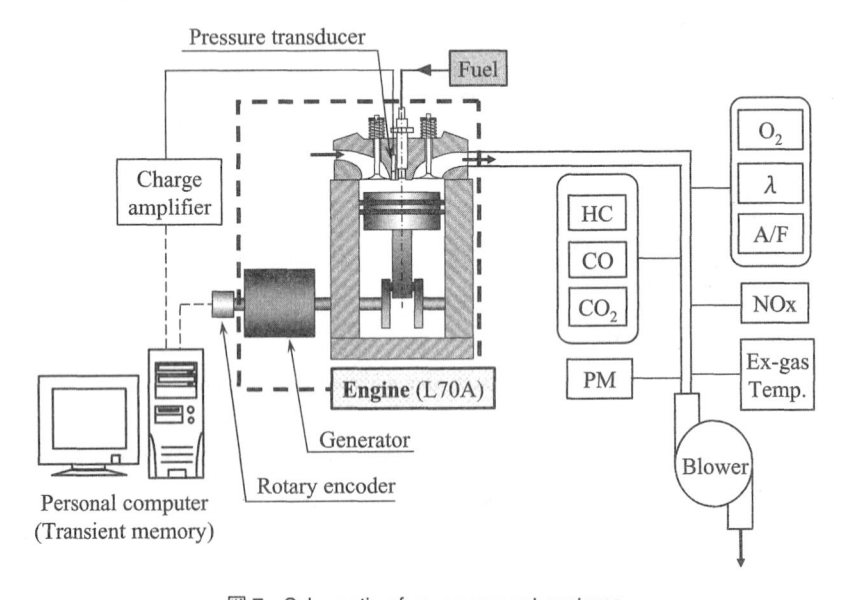

図7 Schematic of measurement systems

第6章　バイオディーゼル機関における燃焼過程

表4　Experimental condition（Engine-A）

Displacement volume	296 [cc]
Bore × Stroke	φ78×62 [mm]
Combustion chamber shape	Toroidal Type
Top clearance	0.6 [mm]
Compression ratio	19.0
Injection timing	14 [deg. CA BTDC]
Engine Load	11, 23, 46, 55, 66, 76, 88 [%]
Fuel	Gas oil, B 20, B 100, i-BDF

表5　Operating condition

Engine load [%]	BMEP P_{me} [MPa]	Torque T [kgf·m]	Load W [kgf]	Engine output [kW]
11	0.046	0.147	0.205	0.542
23	0.092	0.307	0.428	1.133
43	0.176	0.573	0.800	2.119
55	0.222	0.733	1.024	2.710
66	0.268	0.880	1.228	3.252
76	0.310	1.013	1.414	3.745
88	0.356	1.173	1.638	4.337

$n = 3,600$ rpm

を設定し，筒内指圧計測および排気ガス計測を同時に行った。

4　実験結果および考察

4.1　着火および燃焼特性

4.1.1　筒内指圧線図解析

図8に，各供試燃料の着火実験から計測された筒内圧力をもとに算出した熱発生率を示す。

予混合的燃焼期間に着目すると，Gas oil，B 20，B 100，i-BDF の順に熱発生率は増大し，拡散的燃焼期間は Gas oil，B 20，i-BDF，B 100 の順に減少する。特に i-BDF に関しては，着火遅れおよび後燃え期間が他の燃料に比べ長期化している。

ここで，主に高沸点成分から構成される B 100 は，可燃混合気形成過程に十分な時間を要するため，着火遅れ期間は長期化する。さらに，B 100 は含酸素燃料であることから理論空燃比の低下，つまり噴霧火炎内の平均当量比の低下につながる[9]。このため，全燃料における予混合的燃焼期間の熱発生率のピーク値が i-BDF に次いで大きく，その後の拡散的燃焼期間の熱発生率の

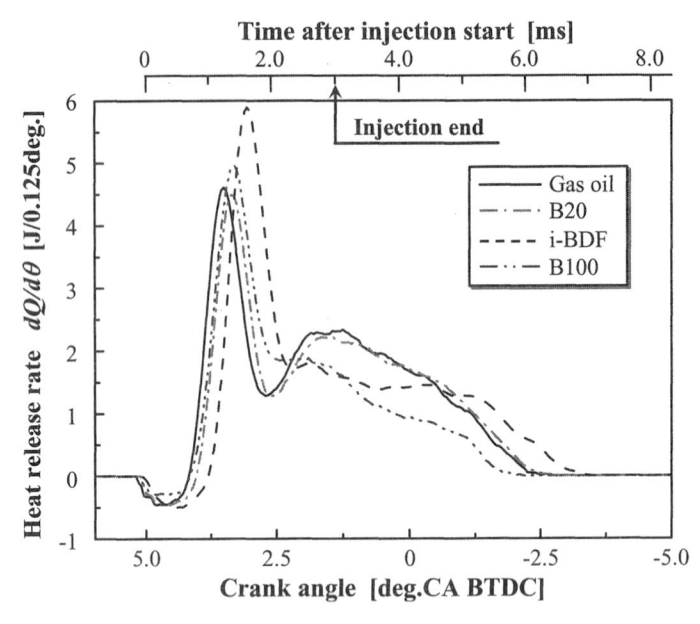

図8 Comparison of combustion characteristics

減少傾向は，他の燃料に比べ顕著となると考えられる。

4.1.2 直接撮影法

図9には直接撮影により得られた噴霧火炎からの輝炎を比較した時系列画像を示す。

Gas oil，B 20，B 100の順に輝炎領域は狭くなる傾向を示す。また，燃料噴射開始後9.0 msの画像からは，B 100の輝炎はほぼ消滅しているのに対し，他の燃料はその時期においても輝炎が十分に確認できる。図10に各燃料の平均輝度値を噴射開始後からの時系列で表わす。

全体的に，各燃料に対する平均輝度値は，廃食油（BDF）混合割合の増加に順じて減少している。特に，B 100の平均輝度値はGas oilに比べ，すべての時期において明らかに小さいことが分かる。これは，含酸素燃料であるB 100の理論空燃比は他の燃料に比べて低く，燃料を完全燃焼させるのに必要な火炎内への導入酸素が少なく済む[13]ためである。そのため不完全燃焼を起こしにくくなり，輝炎の発生が少なくなったと考えられる。

また，i-BDFの平均輝度値に関しては，燃料噴射開始後6.0 msまではB 100と同様の増加傾向を示す。これは，図8に示されるようにi-BDFの着火遅れの長期化が影響を及ぼしていると考えられる。しかし，変曲点後にはB 20と同様，または多少の減少傾向を示す。

4.1.3 画像二色法による火炎温度解析

画像二色法により算出した火炎温度の解析画像を図10に示す。Gas oilの火炎温度は噴霧火炎中間領域で高い。しかし，B 20，B 100の順にほぼ均一な火炎高温度領域が噴霧火炎全体に分布している。一方，i-BDFの噴霧火炎は高温度領域の火炎形成が遅れ，噴霧火炎全域において比

第6章 バイオディーゼル機関における燃焼過程

(a) Direct photography

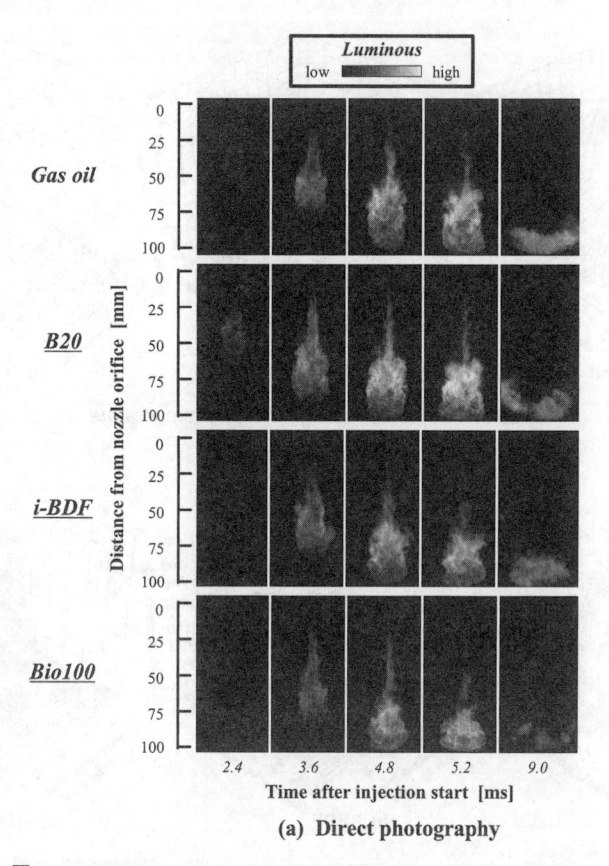

図9 Temporal change of flame pattern by direct photography

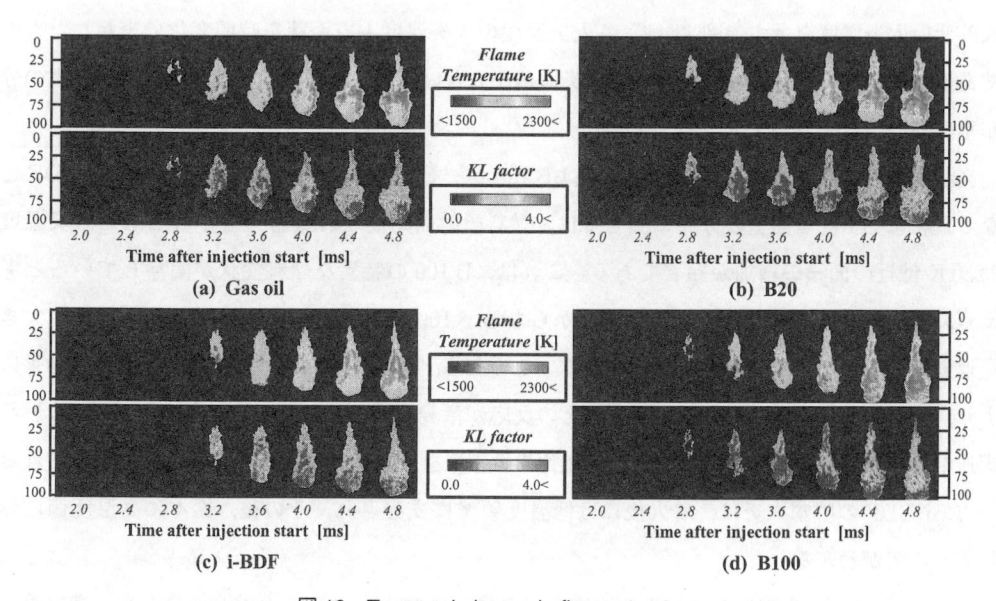

(a) Gas oil (b) B20 (c) i-BDF (d) B100

図10 Temporal change in flame structure

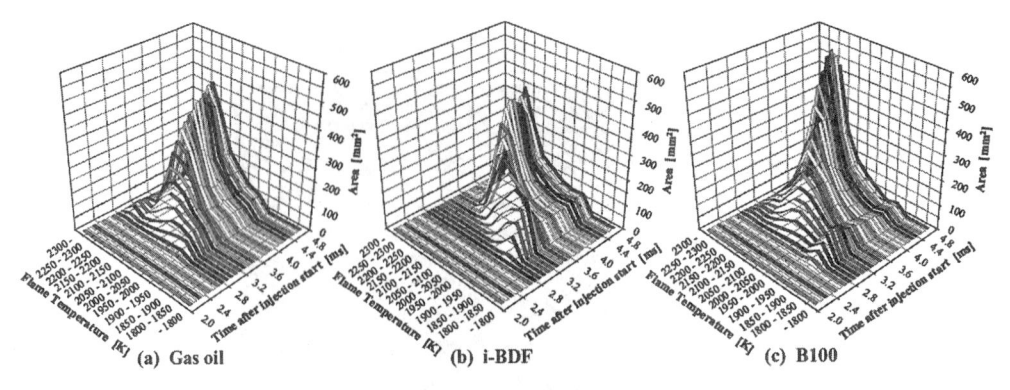

図 11 Temporal change in flame temperature

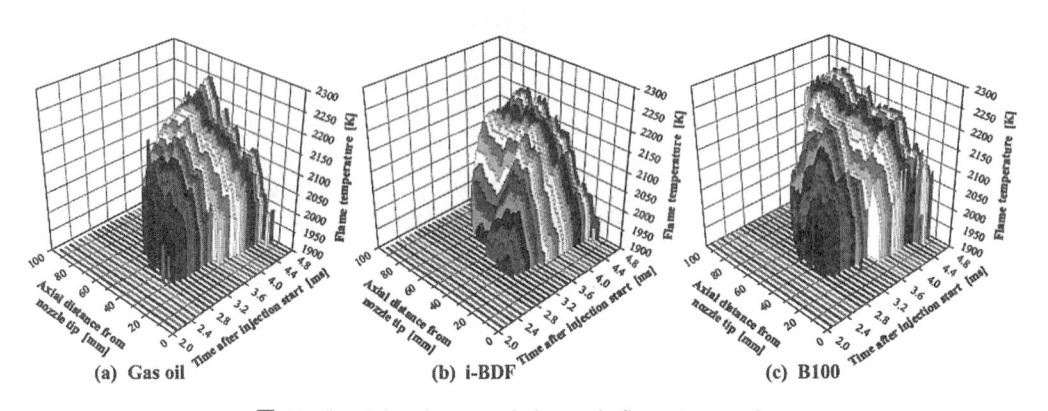

図 12 Spatial and temporal change in flame temperature

較的低い火炎温度を示す。図11は，各火炎温度の火炎温度占有面積を時間変化で表わしたものである。つまり，各温度領域における火炎面積が大きいほど，噴霧火炎内部はその火炎温度の分布率が高いことを表わす。

　高温度領域に存在する火炎面積の分布はB 100が一番大きく，次いでGas oilおよびi-BDFとなる。特にB 100の面積の分布に関しては，燃料噴射開始後4.4 ms付近を中心とした火炎温度2,250 K付近の面積の増加が顕著である。これは，B 100の特異な燃料性状が関与していると考えられる。つまり，高粘性・高沸点成分からなるB 100の噴霧軸心部には，Gas oilに比べ大きな運動量を有した未蒸発の燃料が存在する。このため，燃焼後半における燃料の蒸発促進効果により，火炎中心に巻き込む空気と混合気との反応が活発化する。このことに加え，B 100は燃料構造中に酸素原子を有するため，理論空燃比の低下[13]を引き起こすことも要因として挙げられる。一方，i-BDFの噴霧火炎は，着火後には低温度領域に支配され，その後，徐々に高温度側に移行することがわかる。

　図12は，ノズル先端から噴霧軸下流方向における噴霧火炎内の各火炎温度分布を，燃料噴射

第 6 章　バイオディーゼル機関における燃焼過程

開始からの時系列で表わした図である。

　Gas oil の火炎高温度領域は，前述したように噴霧火炎中間領域を中心とする分布特性を示す。一方，B 100 の火炎高温度領域は燃料噴射開始 3.6 ms 以降，噴霧火炎先端付近において多少の増大傾向を示すが，ほぼ均一な火炎温度分布を示す。これは，B 100 の分留温度が高く，燃焼中においても噴霧軸心部および下流部に高沸点成分からなる大きな運動量を有した未蒸発の燃料が存在する[5]ためであると考えられる。一方，i-BDF の噴霧火炎温度は Gas oil および B 100 よりも低く，燃料噴射開始後 3.6 ms まではノズル近傍での火炎温度が高く，それ以降は噴霧火炎先端付近に火炎高温度領域が移行している。i-BDF を主に構成する 70 vol.％の灯油の分留温度が Gas oil の分留温度よりも最大で約 100 K 低く，それに比べ廃食油は高沸点成分から構成されている。このため，batch-distillation 効果[14,15]がこの i-BDF に関しても成り立つと考えられる。つまり，燃料噴射後は i-BDF を主に構成する灯油成分の急激な蒸発のため，ノズル近傍ではこの灯油成分の蒸気が支配的[16]であり，さらにこの蒸発潜熱の影響により，噴霧内の火炎温度は低下する[17]と考えられる。このため，燃焼前半は緩慢な燃焼が続き低温度領域が支配的となり，燃焼後半は噴霧火炎先端付近に存在する 30 vol.％の廃食油成分の蒸発が促進され，燃焼が活発化することにより，比較的高温の火炎温度が得られると考えられる。

4.1.4　L II による噴霧火炎内のすす生成特性

　噴霧火炎根元部に存在するすす粒子群は，燃料性状によりその存在割合が大きく異なる。そこで，噴霧火炎根元部（噴霧軸下流方向 35～55 mm）におけるすす生成過程の詳細把握のため，レーザ誘起赤熱法（L II）を適用した。図 13 に噴霧火炎断面内におけるすす発光強度分布の時系列画像を示す。

　一部の画像においてすす発光強度が減衰していると思われるが，Gas oil，B 20 ともにすす発

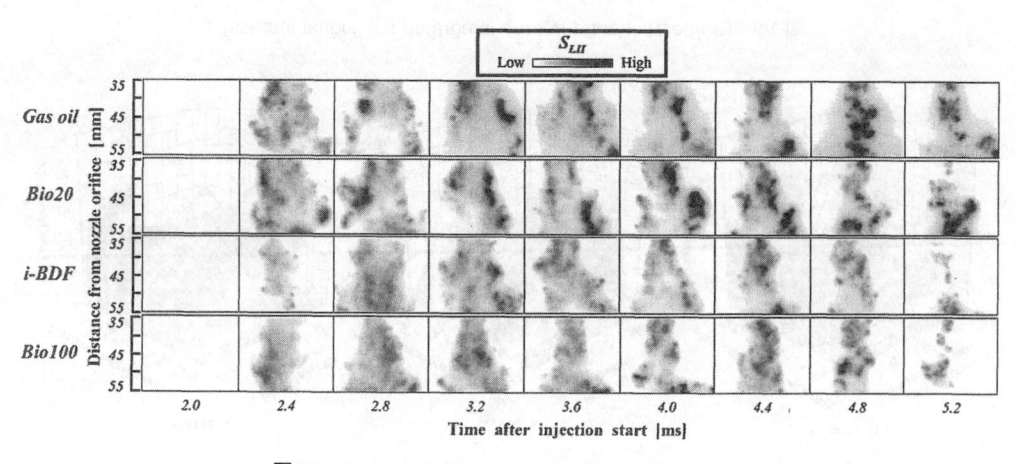

図 13　Temporal change in soot distribution by L II

光の高強度領域が常に観察できる。つまり，すす生成が活発であると考えられる。しかし，燃料噴射開始後 5.2 ms の B 100, i-BDF のすす発光強度は弱く，その時期におけるすす発光分布も小さいことが観察できる。

図 14 に時系列変化に対する面積積算すす発光強度値の分布を燃料ごとに示す。

燃焼期間中における Gas oil の各すす発光強度値分布は常に大きい。特に，燃料噴射終了の影響で噴霧の運動量が減少する燃料噴射開始後 4.4 ms 以降の面積積算すす発光強度値の増大が顕著である。B 100 および i-BDF は燃料噴射開始後 2.4～2.8 ms に面積積算すす発光強度値のピークを示すが，その後はリニアに減少する。ここで，燃焼後半の噴霧根元領域における B 100, i-BDF の火炎温度分布は Gas oil に比べ高い。つまり火炎高温度領域の分布により，すす生成が活発化することよりもすす酸化の促進が勝り[18]，噴霧火炎断面内におけるすす濃度の低下につながったと考えられる。

図 15 に噴霧軸下流方向 35～55 mm の範囲における L II シグナル強度分布を時系列で示す。

噴霧軸下流方向 35～55 mm における Gas oil のすす発光値はほぼ均等に分布し，その強度は常

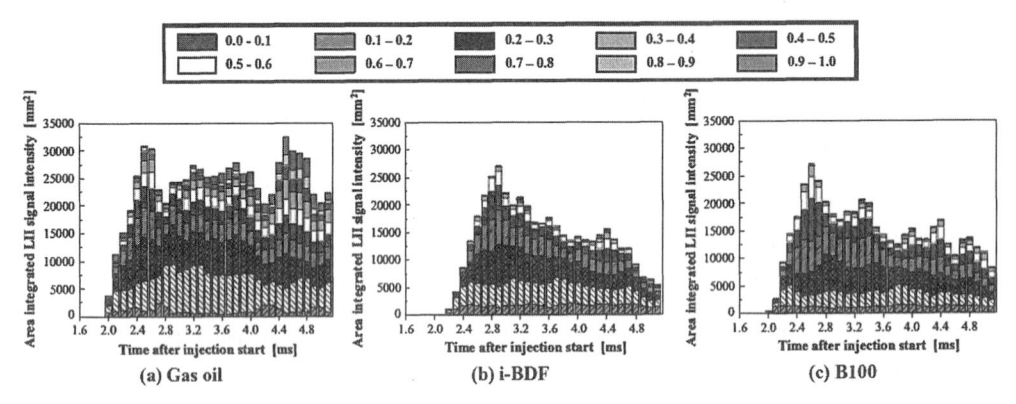

図 14　Temporal change in area integrated L II signal intensity

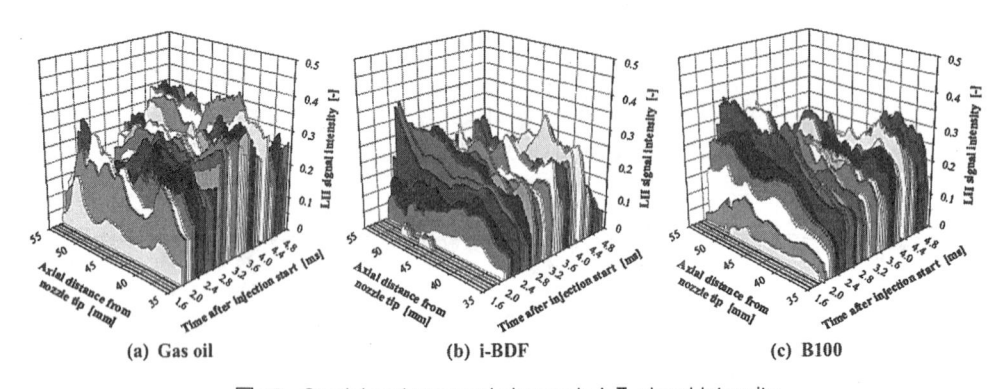

図 15　Spatial and temporal change in L II signal intensity

第6章 バイオディーゼル機関における燃焼過程

に高い。しかし，i-BDF は噴射開始後 2.5 ms 近辺を中心として，噴霧軸下流方向 55 mm 付近における発光強度が高いが，時間の経過とともにその強度値は減少する。B 100 に関しても噴射初期には i-BDF と同様の傾向を示すが，燃焼後半期における噴霧軸下流方向 35～40 mm のすす発光強度の再増加が確認できる。燃料噴射終了の影響で噴霧の運動量が減少し，微粒化の悪化により比較的粒径の大きな燃料油滴が形成される。さらに，高沸点成分からなるこの燃料油滴の一部が，燃料蒸発温度以下の温度で分解する[18]と考えられるため，燃焼後半期におけるすす生成が再促進したと思われる。

4.1.5 機関性能および排気特性

筒内に取り付けた圧力センサから得られた同条件 100 サイクル以上の筒内圧力データを基に，熱発生率の解析を行った。供試燃料および負荷条件をそれぞれ変化させた際の筒内圧力線図および熱発生率線図を代表負荷ごとにまとめ，図 16 に示す。各負荷条件の着火時期に着目すると，Gas oil が最も遅く，廃食油（BDF）混合割合が増加するほど早まっている。また，予混合的燃焼期間に関しては，Gas oil の熱発生の上昇率が一番大きくなっている。これは，本実験の機関においては噴射された燃料が壁面に衝突し燃焼しているため，噴射開始後の燃料の空気との物理的な混合は燃料性状によらずほぼ同等で，着火遅れ期間は燃料の化学的な性質の影響を強く受けるためであると考えられる。すなわち，BDF 廃食油（BDF）混合割合の増加にともない，高沸点成分の含有割合が増加し，着火性が向上するため，着火遅れ期間は短期化したものと考えられる。

次に，拡散的燃焼期間に着目すると，Gas oil の熱発生率は他の燃料に比べ大きな傾向を示し，廃食油（BDF）混合割合が増加するにつれ熱発生率の低下が確認できる。これは，廃食油（BDF）混合燃料の発熱量の低さが影響していると考えられる。

また，後燃え期間については，Gas oil を除く全燃料で長期化していることが確認でき，燃焼が悪化していると考えられる。これは，廃食油（BDF）混合燃料の粘性が Gas oil に比べ大きく，高沸点・低揮発性の燃料特性を有することにより，このような傾向を示したと考えられる。つまり，廃食油（BDF）混合燃料の特異な燃料特性により，燃料噴射後の燃料噴霧の微粒化が阻害され，ピストン表面に多くの燃料が付着したことで，緩慢な燃焼が持続したと考えられる。

最後に，各負荷条件における B 20 と i-BDF の圧力線図および熱発生率に注目すると，ほぼ同様の発達傾向を示している。このことから，本実験に用いた機関 A においては，燃料製造方法の違いによらず，ほぼ同じ量の廃食油（BDF）を混合した燃料を使用すれば，指圧線図特性はほぼ同様の傾向を示すと考えられる。

図 17 に機関性能および排気特性を正味平均有効圧力 P_{me} で整理し示す。

NO_x 濃度に関しては，全燃料とも排出傾向は類似しており，各濃度値の差もほとんど見られ

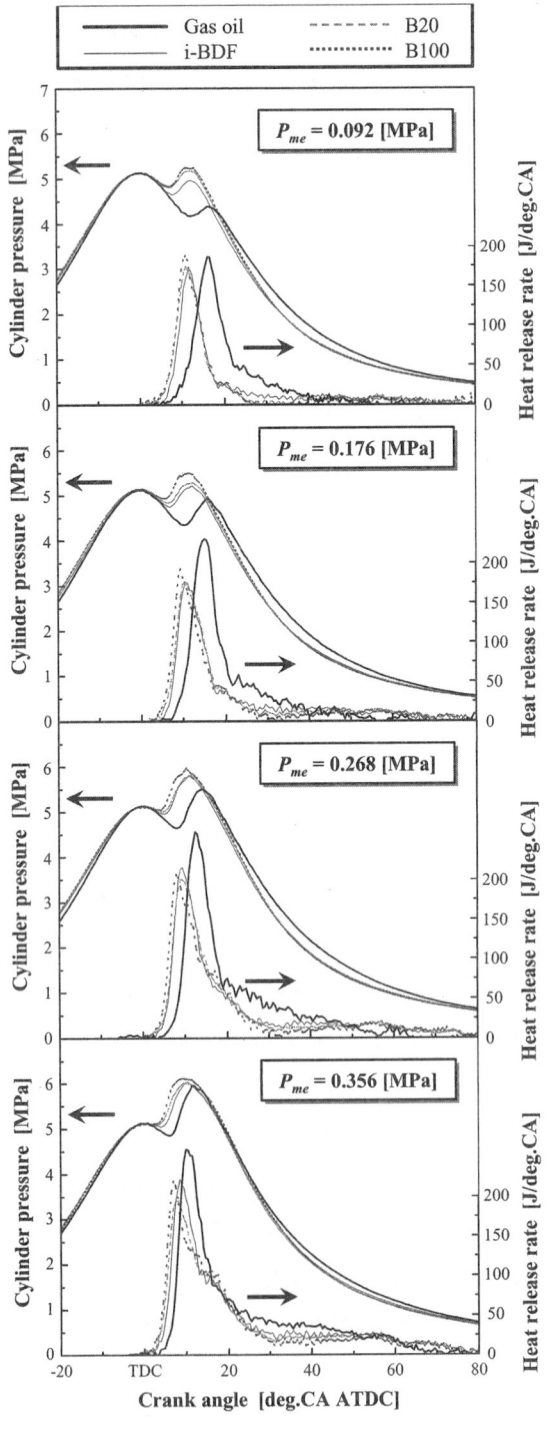

図16 Heat release rate at each fuel

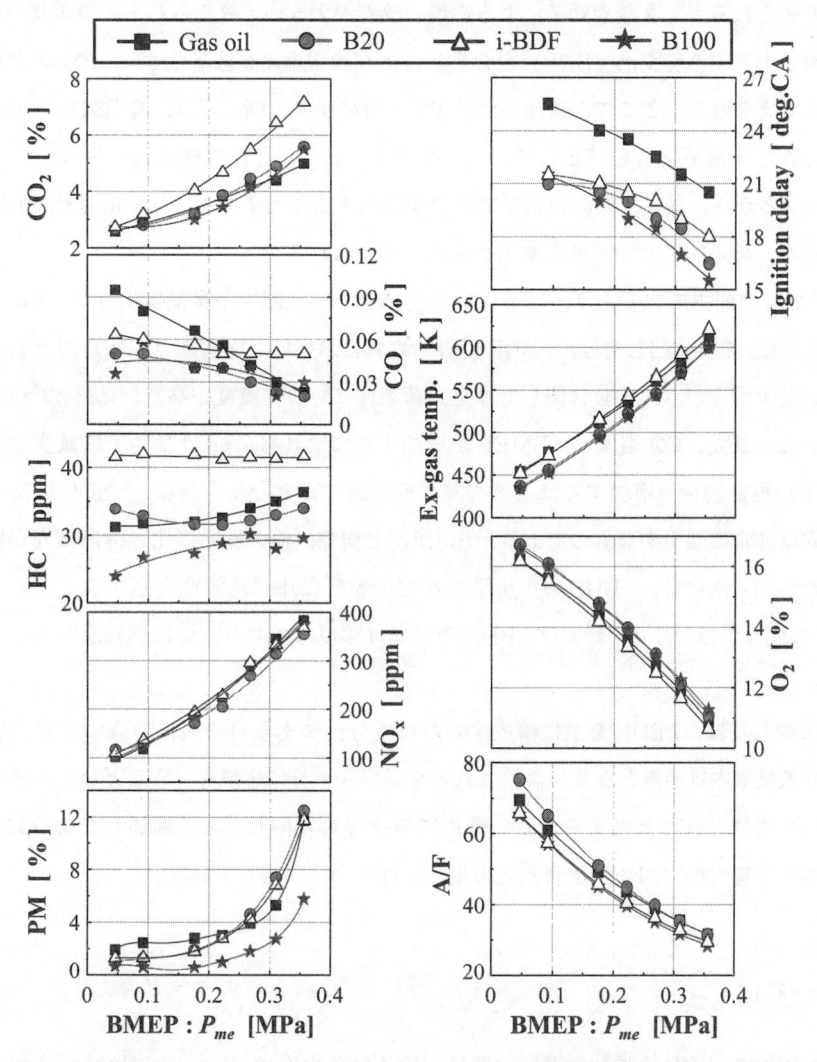

第6章 バイオディーゼル機関における燃焼過程

図17 Combustion and emission characteristics with engine load in engine experiments

ない。

　PM濃度は，全負荷条件においてB20およびi-BDFは，ほぼ同様の排出傾向を示す。また，中負荷程度まで排出濃度はGas oilに比べ少ないが，高負荷時ではその関係が逆転する。ここで，指圧線図の後燃え期間に注目すると，高負荷となるにつれ，Gas oilは他の燃料に比べその期間が短縮していることがわかる。これは，多量に燃料を必要とする高負荷時には，高粘性・低揮発性の廃食油（BDF）混合燃料は燃焼室壁面に多くの燃料が付着し堆積するが，揮発性の高いGas oilは壁面に接触，付着しても速やかに蒸発，燃焼してしまうためと考えられる。B100のPM濃度に関しては，全負荷条件において小さいことがわかる。この場合も，燃料の一部は壁面に付

着すると考えられるが，含酸素効果による燃焼の改善が大きいと考えられる。つまり，燃料構造中に酸素原子を有する廃食油（BDF）混合燃料は，理論空燃比を低下させ[13]，PM 濃度の低下に寄与したと考えられる。ここで，排出される PM，特にすすに関しては，高温火炎内の酸素不足により生じたすす前駆物質を核として，これが凝集し成長・合体を繰り返し生成したものである[19]。このことから，後燃え期間の影響で燃焼が悪化することよりも，拡散的燃焼期間での PM 生成の改善が，結果的に PM 濃度を減少させたと考えられる。

CO は燃焼の中間生成物であり，燃焼反応が完結しない状態で多量に排出され，HC との関連が大きい[20]。HC 濃度に関しては，i-BDF 以外の燃料において，廃食油（BDF）混合割合の増加にともない減少するが，i-BDF に関しては全負荷条件に対して濃度が高く，ほぼ 42 ppm 一定で推移している。また，CO 濃度は，BMEP が増加するにつれ Gas oil はリニアに減少するが，廃食油（BDF）混合割合が増加するほどその減少率は緩やかとなる。特に，i-BDF に関してはその減少傾向は非常に緩やかなものであり，HC 濃度と同様，他の燃料に比べ排出傾向が顕著に異なる。また，CO_2 濃度は，i-BDF の排出濃度が他の燃料に比べ高濃度を示すことがわかる。空燃比 A/F に関しては，B 100 および i-BDF の傾向は類似しており，他の燃料よりも小さな値を示す。

i-BDF に関しては，i-BDF を主に構成する灯油成分，つまり自着火性の低い低沸点成分の存在[21]により燃焼室内は過濃となり，供給される全燃料が十分に燃焼を行うことなく，燃料の多くが HC として排気されたと考えられる。最後に着火遅れに関しては，前述したように，BMEP の増加，および廃食油（BDF）混合割合の増加に伴ない，短縮している。

5 おわりに

①B 100 および i-BDF の拡散的燃焼期間における熱発生率は，Gas oil に比べ減少傾向を示す。特に，i-BDF の着火遅れ期間および後燃え期間は長期化する傾向にある。
②燃料製造方法の違いによらず，廃食油（BDF）混合割合の増加に伴ない，積算平均輝度値は減少する。
③噴流軸下流方向における燃焼領域は燃料による差は現われないのに対し，噴流軸下流方向および噴流軸半径方向に存在する輝炎領域は廃食油（BDF）混合割合の増加に伴ない減少する。
④Gas oil の火炎高温度領域は噴霧火炎中間領域に存在する。しかし，B 100 の火炎高温度領域は噴霧火炎全体に均一に存在し，KL 値分布は Gas oil に比べ著しく減少する。一方，i-BDF の火炎高温度領域の形成は遅れ，高 KL 値がノズル近傍の噴霧火炎外縁部に集中して存在する。

第6章 バイオディーゼル機関における燃焼過程

⑤噴霧火炎根元部で測定した各測定範囲および各時間帯における Gas oil のすす発光強度値の分布は常に高い。しかし，B 100 および i-BDF のすす発光強度値は，時間の経過とともに顕著な減少傾向を示す。

⑥含酸素燃料である廃食油（BDF）混合燃料の PM 濃度は，Gas oil に比べ減少傾向が顕著である。

⑦廃食油（BDF）混合燃料の NO_x 濃度は，Gas oil とほぼ同等の排出特性を示す。

⑧非メチルエステル化燃料である i-BDF の HC 排出濃度は非常に高く，機関運転条件の影響を受けやすい。

文　　献

1) 坂井，バイオマスが拓く 21 世紀のエネルギ，58-62, 77-79，森北出版（1999）
2) Ikegami, M., Meeting for Investigation into the actual conditions for diesel exhaust gas emissions with alternative fuels, JSAE（2002）
3) 京都市環境局ほか，バイオディーゼル燃料の製造と使用に関する調査・報告書，7-65（2002）
4) 奥井，鈴木，千田，廃食油バイオディーゼル燃料の直噴式ディーゼル機関適用化研究（第1報），日本マリンエンジニアリング学会誌，40-46（2005）
5) 奥井，鈴木，千田，廃食油バイオディーゼル燃料の直噴式ディーゼル機関適用化研究（第2報），日本マリンエンジニアリング学会誌，40-46（2005）
6) 鈴木，羽原，千田，廃食油バイオディーゼル燃料の直噴式ディーゼル機関適用化研究（第3報），日本マリンエンジニアリング学会誌，40-46（2005）
7) 奥井，塚本，千田，"実走行におけるバイオディーゼル機関の性能及び排気特性―車載型計測機器によるリアルタイム計測"，自動車技術会，58-7, 35-40（2004）
8) 池田，羽原，千田，"低沸点燃料混合によるバイオディーゼル燃料の軽質化に関する研究"，自動車技術会秋季大会学術講演前刷集，No. 106-06, 11-14（2006）
9) 飯田，大橋，機論，60-575, 363-370（1994）
10) 飯田，日本機械学会，95-29，講習会教材，69-77（1995）
11) 飯田，大橋，機論，60-575, 363-370（1994）
12) 三浦，渡部，稲垣，中北，日本機械学会第 71 期通常総会講演会論文集（Ⅲ），940-10, 873-875（1994）
13) 北村，伊藤，千田，藤本，自動車技術会論文集，Vol. 34, No. 1, 33-45（2003）
14) Kramer, H., Einecke, S., Schlz, C., Sick, V., Nattrass, S. R., Kitching, J. S., SAE Paper, 98-2467（1998）
15) Styron, J. P., Kelly-Zion, P. L., Peters, J. E., White, R. A., SAE Paper, 01-0243（2000）

16) 千田, 田中, 廉, 芦田, 藤本, 機論, 67-660, 267-272 (2001)
17) 川野, 和田, 千田, 藤本, 自動車技術会秋季大会学術講演会前刷集, 104-02, 1-4 (2002)
18) 広安, LEMA, No. 467, 13-22 (2001)
19) 吉原, エンジンテクノロジー, 2-5, 19-24, 山海堂 (2000)
20) 浜崎, 木下, 高木, 田中, 機論, 63-612, 303-307 (1997)
21) 島田, 千田, 川野, 川上, 藤本, 日本機械学会年次大会講演論文集, II, 545-546 (2001)

第4篇
日本の自動車業界から見たバイオ燃料

バイオガソリン導入の取り組みについて

古志秀人*

1 はじめに

「京都議定書目標達成計画」(平成17年4月28日に閣議決定)では,「輸送用燃料(ガソリン・軽油)におけるバイオマス由来燃料の利用について,経済性,安全性,大気環境への影響及び安定供給上の課題への対応を図り,実証を進めるとともに,これらの課題を踏まえた最適な導入方法を検討した上で,その円滑な導入を進める」とされている。同計画では,2010年度の輸送用燃料におけるバイオマス由来燃料の導入量として原油換算50万klが見込まれており,その方法として,①ETBE混合ガソリン,②地域におけるバイオエタノール混合ガソリン(E3),③バイオディーゼル燃料(BDF),の3つが想定されている。

石油業界は,バイオマス燃料を自動車用燃料として利用するに当たり,長期的・安定的に確保され,環境にやさしく,過度のコストアップや利便性の低下がなく利用者への負担が少ない現実的なものでなければならないとする観点から,バイオガソリン(バイオETBE配合)(以下,「バイオガソリン」という)の導入に向けて一般消費者向け試験販売を開始した。この試験販売は,2010年度の本格導入に先駆けて実施するものであり,以下にその概要を紹介する。

2 石油業界のバイオエタノール導入方針

石油連盟は「輸送用燃料におけるバイオマス由来燃料の利用」に係る政府の要請を踏まえ,以下の方針で取り組むことを決定(2006年1月)した。

① 石油連盟加盟各社は,輸送用燃料におけるバイオエタノール利用について積極的に取り組み,2010年度において,ガソリン需要量の20%相当分に対して一定量のバイオエタノールをETBE(エチルターシャリーブチルエーテル)として導入することを目指す(約36万kl／年＝原油換算約21万kl／年)。

※石油業界の取り組みは,京都議定書目標達成計画の導入目標の約40%に相当する。

② 導入にあたっては,大気環境に悪影響を及ぼさないこと,車の安全性や実用性能を損なわ

---

* Hideto Koshi 石油連盟 技術環境安全部 部長

ないことに鑑み，バイオエタノールをそのままガソリンに混入するのではなく，バイオエタノールからETBEを製造し，これをガソリンに混合することを予定する。
③ ただし，導入に先立ち，ETBEは化審法における第二種監視化学物質と判定されているため，ETBEをガソリンに混合するために必要なリスクアセスメントと，これを踏まえた環境への暴露を防止する対策の検討・実施を関係省庁の指導を得つつ取り組む。

3 実証事業の概要

石油連盟会員各社は前述の方針に基づき，2007年4月27日よりバイオガソリンの流通実証試

写真1

目的	① バイオガソリン（バイオETBE配合）の流通（試験販売） ② SS地下タンクからの漏洩に関する監視対策の検証 ③ リスク対策実施のためのSS立地場所の地下水マップ作成
期間	2007年4月～2009年3月末まで（2年間）

全体フロー

バイオマス燃料供給有限責任事業組合（JBSL） → 製油所* → 石油連盟 → 元売(10社) 出光興産、東燃ゼネラル石油、太陽石油、コスモ石油、九州石油、三井石油、昭和シェル石油、新日本石油、ジャパンエナジー、エクソンモービル → SS 東京都・神奈川県・千葉県・埼玉県 2007年度 50箇所 2008年度 100箇所（予定）

図1 バイオETBE流通実証事業の概要（2007年3月現在）

験（試験販売）（以下，「実証事業」という）を関東周辺50ヵ所のSS（サービスステーション）で開始した（写真1）。これは，経済産業省の「バイオマス由来燃料導入実証事業」を石油連盟が受託して実施するもので，バイオガソリンを各石油各社の流通ルートに乗せ，SSにおいて試験販売を行うことで，各種の実証試験を実施するものである。

実証事業の概要を図1に示す。実証事業では，①地下タンクからの漏洩監視対策が十分であること，②常時監視システム（漏洩検知センサー・臭気センサーの設置，データの収集）の有効性を検証するとともに，③土壌汚染と人体への暴露に係るリスク対策について十分な知見を得るため，地下水に係るデータベースの構築を行うこととしている。

4 バイオガソリン供給に当たっての課題

4.1 バイオエタノールの確保

バイオガソリンの供給に当たり，バイオETBEの原料となるバイオエタノールの安定かつ低廉な確保が最も重要な課題である。石油業界が必要とするバイオエタノール36万klの調達については，国産では多くを期待できないことから，当面は海外からの輸入に依存せざるを得ない。

全世界のバイオエタノール輸出可能量は100～200万kl程度と推定されているが，一定の輸出余力がある国はブラジルのみで，2006年の輸出実績では340万klであったことを考えると極めて心もとない。加えて最近は，ブラジルでは国内でのバイオエタノール消費量が増加して輸出余力が低下する可能性があることや，原料のサトウキビが長期的には不作の年もありうること等を考慮しなければならない。

本来バイオエタノールを導入している各国は，国内の農産物資源の有効活用の観点から導入を促進しているが，わが国のように当初から輸入によって必要量を確保する国はなく，ほぼ100%をブラジルに依存する可能性が高いわが国の場合，中東諸国への依存が90%を超える原油と同様，安全保障上の問題が懸念されるところである。今後，海外調達源の多様化や国内での木質系セルロース（廃材等を原料）をバイオエタノール化する技術の早期開発など，コストを含めた大規模なブレークスルーが必要である。なお，バイオエタノールの輸入価格は図2に示すとおり，熱量等価でガソリンと比して50～70円/lと割高になっている。

4.2 バイオETBEの確保

バイオETBE（以下，ETBE）は図3の反応式のとおり，バイオエタノールとイソブテンから合成される。国内の製油所において利用可能なイソブテンは，63万トン/年と推定されており，経済的にETBEを生産できる範囲の上限として一つの目安となっている。もし不足する場合は

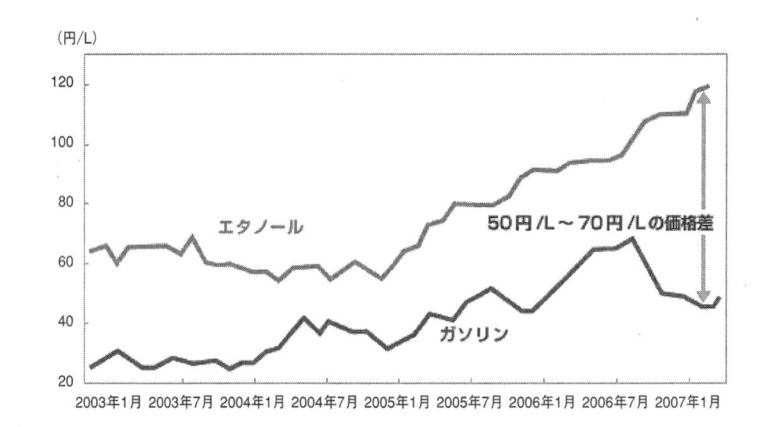

図2 ガソリン価格とエタノールの輸入価格の推移

図3 ETBEの製造反応式

別途イソブテン製造のためのブタンの異性化・脱水素装置が必要となる。

ETBE製造装置については，既存のMTBE製造装置からの転用が可能であれば経済的に有利である。日本では一部の石油会社がMTBEの生産を2001年度まで行っていたが，仮にそれらがすべてETBEの生産に転用可能と仮定するとETBEの導入量84万kl／年には及ばないものの，それらの生産能力は最大40万kl／年程度と見られている。

2008年度以降，石油各社はETBE生産体制の整備を開始すると見られるが，この時点での国産バイオエタノールの生産能力は4万kl前後と見られ，ETBE製造向けの需要を完全に満たすにはいたらない。このため海外からのバイオエタノール輸入が必要となっている。また，2010年度のETBEの生産能力も最大でも84万klの約半分しか供給できない見込みであることから，ETBEの海外からの輸入も継続する見込みである。

4.3 JBSLの設立

上記の状況から，石油連盟加盟10社はETBE，バイオエタノールを共同で調達することを目的に，2007年1月26日，「バイオマス燃料供給有限責任事業組合（JBSL）」を設立（設立基金は4億円）した。

JBSLとしての事業の第1号は，実証事業に向けたETBEの輸入で，本年2月9日にフランスで船積みされ，4月6日にバイオガソリンの現在の製造所である新日本石油精製㈱根岸製油所に到着（輸入数量は約7,800 kl）した。また，7月30日には第2船（約7,900 kl）も到着し，バイオガソリンの生産向けに供されている。

5 バイオETBEの活用

海外ではスペインやフランス，ドイツなどでETBEを利用している。一方，米国や中南米諸国，インド・タイといった東南アジア諸国，カナダ，スウェーデンなどではバイオエタノールを直接混合するE5やE10（数値は混合比率）を実施している。

これらの利用方法にはそれぞれメリット，デメリットがあるが，石油業界としてはわが国のガソリン供給体制，環境規制等をもとに個別に検討を加え，バイオエタノールの直接混合ではなく，ETBEを7%程度混合することで，バイオ燃料導入を図ることとした。理由は以下のとおりである。

5.1 国における検討

「総合資源エネルギー調査会石油分科会石油部会　燃料政策小委員会ETBE利用検討ワーキンググループ」（以下「WG」という。）は，ETBEの供給安定性，経済性，環境影響，安全性等の課題について検討を行い，以下の結論を取りまとめている。

① ETBEの供給安定性について

ETBEの供給安定性は，バイオエタノールおよびイソブテンの供給安定性の双方に依存する。現在のバイオエタノールの国際貿易状況およびイソブテンの国内供給余力にかんがみれば，バイオエタノールの量が国内ガソリン消費量約6,000万klの3%（約180万kl）を下回る範囲であれば，ETBEの供給は当面量的に問題なく安定供給が確保できると考えられる。

② ETBEの経済性について

ETBEの経済性は，バイオエタノールおよび製造コストの双方に依存する。エタノールについては，ガソリン価格との連動性や，ガソリンより割高である等の課題がある。ETBEの製造コストについては，年間約82万kl程度のETBEの生産の場合，ガソリンより割高であるもののバイオエタノールより安く，経済性が良好であるとの試算結果を得た。

③ ETBEの環境影響について

ETBE混合ガソリンは，製造から燃焼までのトータルのCO_2排出量が，通常のガソリンに比べ少ないと試算されている。

また，ETBE混合ガソリンを使用した場合の市販車両への影響を確認した結果，排出ガス，排出ガス後処理システムの耐久性，光化学スモッグの原因となる燃料蒸発ガス等に悪影響を与えないとの試験結果を得た。

④ ETBEの安全性について

ETBEは，化学物質の審査および製造等の規制に関する法律（以下「化審法」という）の，「継続的に摂取される場合には人の健康を損なうおそれがある化学物質に該当する疑いのある化学物質」（「第二種監視化学物質」）と判定された。このため，ETBEを使用するに当たっては，ETBEのリスクを評価し，リスクを適切に管理・低減するための対策を講ずることが重要である。

5.2 品質確保への対応

バイオエタノール直接混合は，水分の吸収により相分離（水を吸収したバイオエタノールとガソリンが分離する）を起こすため品質確保上の問題がある。

バイオエタノール混合ガソリンに僅かな水分が混入した場合，水とバイオエタノールは相溶性があることから，水層へバイオエタノールが移動することでガソリンとバイオエタノールが相分離する。相分離した場合，残されたガソリン相側もオクタン価等のガソリン品質自体に変化が生じ，揮発油等の品質確保等に関する法律やJISで定められている自動車ガソリンとしての規格を満たさなくなることもある。図4にエタノール混合ガソリン中の水分量と相分離温度の関係を示しているが，エタノール3%混合の場合には水分が約0.1 vol%を超えると相分離を起こす。

高温多湿のわが国では，移送中等における水分発生を極力防ぐ必要があり，そのためにはSSへガソリンを配送する直前にタンクローリーにバイオエタノールを混合するオペレーションを行

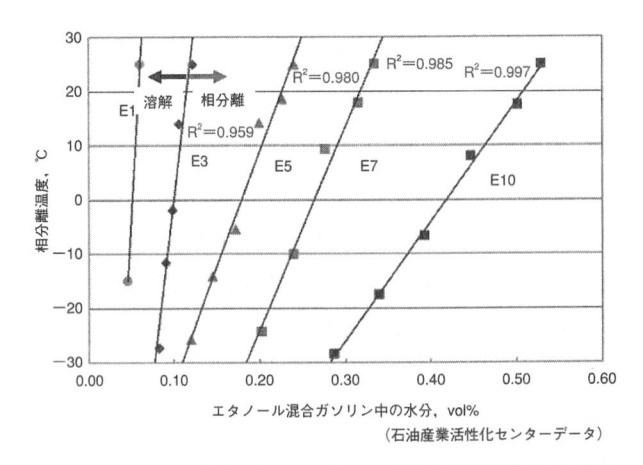

図4　エタノール混合ガソリン中の水分量と相分離温度の関係

うことになる。このため，全国で30ヵ所ある製油所だけではなく，約200ヵ所ある油槽所とさらに必要によってはその先の供給施設にバイオエタノール混合装置を設置する必要が生じる可能性があり，かなりの投資が必要であるとの結論に達した。さらに，SS搬入時および搬入後も，定期的に水分混入有無の確認が必要となり，このためのSS側の負担もかなり過大になるものと見られている。

　また，流通途上での混合作業が発生する結果，ガソリンの品質保証を石油元売企業として行うことが困難になること，ガソリン税の脱税の懸念などが指摘されている。

　一方，ETBE混合ガソリンについては，ETBE自体が水との混和性が低く相分離は生じない。

　また，ETBEは製造設備の初期コストはかかるものの，製油所での品質コントロールが利用可能となるため，品質保証や環境対策上は有利である。製油所から出荷して以降は現在のガソリン流通ルートがそのまま使え，石油元売企業が品質を保証できる。

5.3 大気環境や自動車の実用性能への影響

　バイオエタノールの直接混合はガソリンの揮発性の増加を招き，光化学スモッグの原因となる恐れがあることや，さらには混入比率によっては自動車側の改造も必要となるなどの問題が生じるが，ETBEは揮発性の上昇もないことから大気汚染への懸念も低い。

　バイオエタノールをガソリンへ混合するとガソリン自体の揮発性（蒸気圧）が高くなること，また，ゴム部材からのガソリン成分の透過量が増加する場合がある。例として，バイオエタノールを3％以上ガソリンに混合した場合，リード蒸気圧（37.8℃における蒸気圧でJIS K 2258で測定法が規定されている）が6〜7 kPa程度上昇するが，ETBEではこのようなことはない。

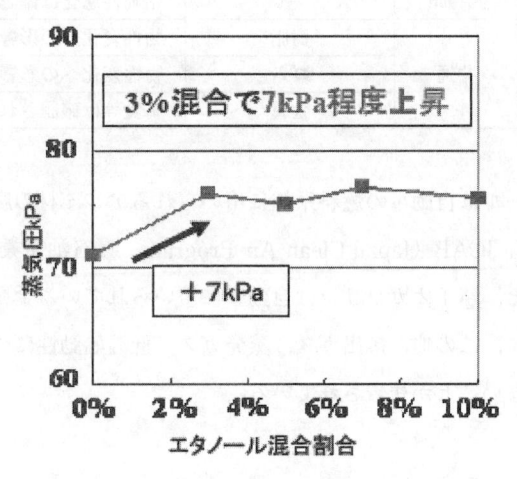

図5　エタノール混合割合と蒸気圧上昇の関係

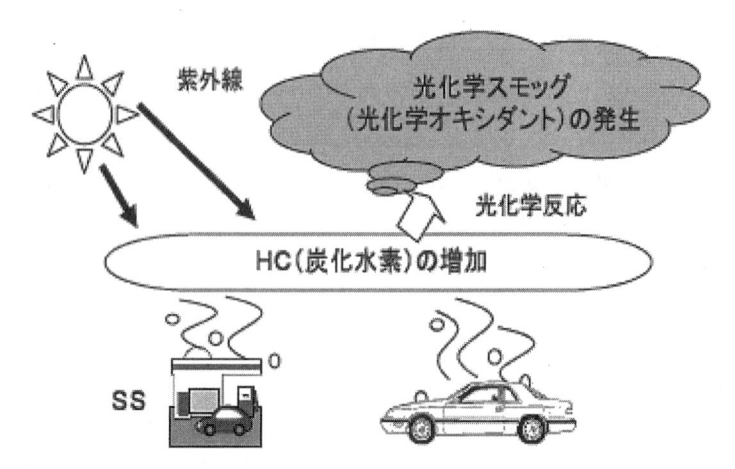

図6 蒸発ガスの増加と光化学スモッグの発生プロセス

表1 JCAPにおけるETBE混合ガソリンの評価試験結果

項　目	車両種類	評価項目	結　果
排出ガス・燃費	四輪車	CO, No$_x$, HC	影響は確認されなかった
		CO$_2$	わずかな低下が確認された
		燃費	わずかな悪化が確認された
		アルデヒド	アセトアルデヒドの増加が確認された（11 MODE）
	二輪車	CO, No$_x$, HC	CO, HCの低下傾向が見られた
		CO$_2$	顕著な影響は確認されなかった
		燃費	顕著な影響は確認されなかった
		アルデヒド	アセトアルデヒドの増加が確認された
排ガス装置耐久性	四輪車	触媒熱負荷，劣化	影響は確認されなかった
蒸発ガス性能	四輪車	DBL/HSL	増加は確認されなかった
低温始動性	四輪車		始動性悪化は確認されなかった
材料	共通	樹脂	物性変化への影響は確認されなかった
		ゴム	物性変化への影響は確認されなかった
		金属	腐食等は確認されなかった

　また，バイオエタノールは自動車の燃料系統に用いられるアルミ材の腐食やゴム部材の膨潤を引き起こすことがある。JCAP（Japan Clean Air Program,㈶石油産業活性化センター実施）が実施した実験によると，バイオガソリンは自動車に用いられている金属部材の腐食やゴム，樹脂の膨潤を引き起こさず，この他，排出ガス，蒸発ガス，低温始動性についても一般のガソリンに対して大きな差異がないことが報告されている。

5.4 ETBEの化学物質としてのリスク対策

ETBEの供給量は2010年度には84万kl／年が予定されている。ETBEが化審法の第二種監視化学物質に指定されたことを踏まえ，現在，2007年度末を目途に，製造・流通過程における環境への漏洩などにより生じうるリスク評価の検討が国によって進められている。石油業界は，その結果に基づきリスク管理・低減のための対応策を着実に実施していく予定である。

6 今後の展開

実証事業の今後の展開について図7に示す。今回の実証事業は，2007，2008年度の2ヵ年間を予定しており，対象SSは2008年度には本年度の倍の100ヵ所程度とする計画である。その後は石油各社の自主的な取り組みに移行し，2009年度には対象SSを1,000ヵ所に拡大した後，本格導入開始の2010年度において全国展開の予定である。使用するETBEの量は，本年度の1.2万klから2010年度には84万kl（バイオエタノール36万kl相当）と70倍となり，政府から石油業界に要請のあった目標数値を達成することとなる。

今回の実証事業によって得られた知見は別途国が実施しているETBEのリスク評価検討等と合わせて，バイオガソリンの本格導入に向けた取り組みに活用されることとなるが，今後の普及に当たっては十分な経済性を持たせるための支援措置，エネルギー自給率向上に資する国産バイオエタノールのコスト低減や量的拡大など国の積極的な支援が望まれる。

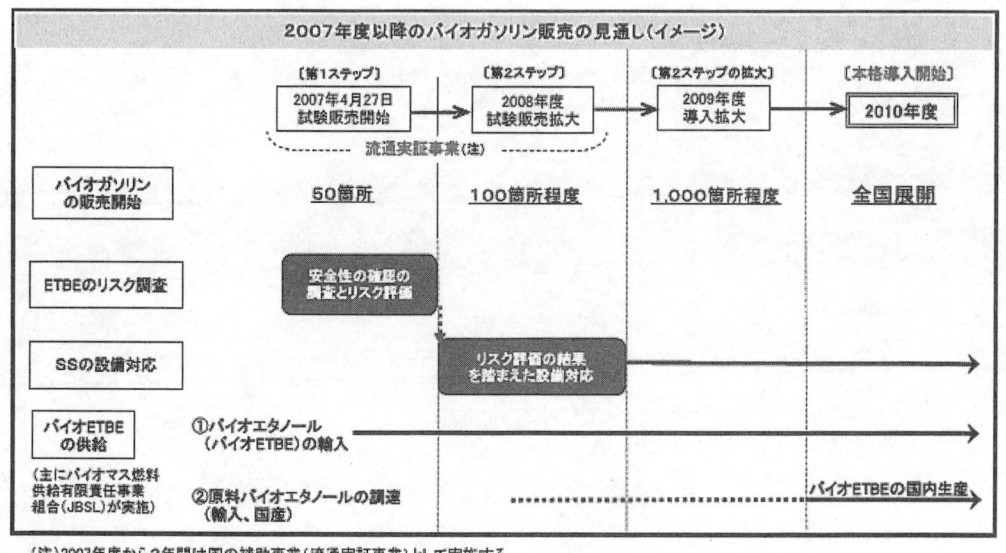

図7　バイオガソリンの今後の展開

第5篇
日本におけるバイオ燃料開発の研究状況

第1章　発酵技術の最前線

1　微生物機能を用いたバイオマス前処理技術開発

渡辺隆司*

1.1　バイオマスの糖化・発酵前処理

　木化した植物組織の中でセルロース，ヘミセルロースは，リグニンにより被覆されているため，これらの細胞壁多糖をセルラーゼ，ヘミセルラーゼで加水分解するためには，細胞壁の密なパッキングを破壊して細胞壁多糖を露出させる前処理が必要となる。蒸煮，水蒸気爆砕，アンモニア爆砕（AFEX；Ammonia fiber explosion），CO_2爆砕，蒸煮，粉砕，オゾン酸化，ソルボリシス（酢酸，エタノール，高沸点アルコール，フェノールなどの溶媒を用いた高温加熱処理），酸処理，アンモニア，苛性ソーダ，水酸化カルシウム等によるアルカリ処理，金属錯体-過酸化物処理，マイクロ波照射，電子線照射，γ線照射，超音波処理，木材腐朽菌処理，及びこれらの複合処理など様々な前処理法がこれまで検討されてきた[1,2]。

　木材酵素糖化前処理法の中で，爆砕，蒸煮，マイクロ波照射，ソルボリシス等熱化学的手法の多くは，一般に広葉樹材に比較して針葉樹材に対する前処理効果が低いことが知られている。針葉樹の中でも，我が国の人口林の約6割を占めるスギ材は特に前処理効果を得ることが難しい。例えば，マイクロ波照射水熱反応はリグノセルロースの酵素糖化前処理に有用であり[1,2]，広葉樹ブナ材に対しては93％（多糖当たりの還元糖収率）という高い酵素糖化率を与えるが，針葉樹ヒノキに対しては61％，スギ材に対しては，最大でも36％の酵素糖化率しか与えない[3]。こうした問題点を打開するため，針葉樹材の爆砕前処理では，硫酸やSO_2，有機酸，ルイス酸，アルカリ過酸化水素等を触媒として使用する方法が検討されてきた[4〜7]。しかしながら，有害な薬品を使用することは酵素糖化法のメリットを損なうことになる。また，熱化学的処理においては，糖骨格の熱分解が起こる温度と前処理効果が得られる温度域が近接しているため，前処理温度を下げて発酵阻害物質の生成を最小限に抑えることが望ましい。こうした点を背景として，木材腐朽菌によるリグニン分解反応を木質バイオマスの酵素糖化前処理法として利用することが注目されている。本節では，木材腐朽菌を中心に微生物機能を用いたバイオマス前処理技術を紹介する。

＊　Takashi Watanabe　京都大学　生存圏研究所　生存圏診断統御研究系　バイオマス変換分野　教授

1.2 バイオマス前処理に適した木材腐朽様式

　木材腐朽菌による腐朽型は，褐色腐朽，白色腐朽，軟腐朽の3つの型に分けられる。それぞれの腐朽型を生じる菌を，褐色腐朽菌，白色腐朽菌，軟腐朽菌と呼ぶ[8]。褐色腐朽菌は，腐朽初期からセルロースとヘミセルロースを激しく分解し，リグニンも酸化的に低分子化するが，完全に分解することはない。腐朽の進展した木材は，残存リグニンが多いので褐色を呈する。腐朽材は乾燥すると収縮し，縦横の亀裂が生じることが多い。褐色腐朽菌は主としてヒドロキシルラジカルの攻撃によりセルロースとヘミセルロースを激しく分解するが，この菌を粉砕処理と組み合わせて，木材の酵素糖化前処理に利用する試みも行われている[9]。

　軟腐朽菌は，褐色腐朽菌と同様に主としてセルロースとヘミセルロースを分解するが，リグニンも部分的に分解するものもある。軟腐朽菌のほとんどは子嚢菌と不完全菌であるが，接合菌の中にも木材の重量減少を起こす菌もある。軟腐朽は，高含水率の木材に多く発生する。

　白色腐朽菌は，一般にセルロース，ヘミセルロースだけでなく，リグニンも同時に分解する。腐朽材が淡色化や白色化を呈するものが多いことから白色腐朽菌と呼ばれるが，白色腐朽菌であっても腐朽材が濃色化するものもある。セルロース，ヘミセルロース，リグニンの分解割合は，菌の種類，樹種，腐朽の進行状況により異なるが，腐朽の進展した木材では，3成分をほぼ同時に分解するものが多い。しかしながら，*Ceriporiopsis subvermisopra* などの白色腐朽菌は，セルロースを残してリグニンとヘミセルロースを優先的に分解する。このタイプの菌は，選択的白色腐朽菌と呼ばれ，パルプ化や酵素糖化発酵の前処理に有用である（図1）。

　白色腐朽菌は，4種あるリグニン分解酵素のうちの少なくとも1種類を菌体外に分泌する。リグニン分解酵素はリグニンモデル化合物を酸化分解できる酵素であり，過酸化水素を電子の受取り役とするペルオキシダーゼとしては，リグニンペルオキシダーゼ（LiP；Lignin peroxidase），マンガンペルオキシダーゼ（MnP；Manganese peroxidase），LiPとMnPのハイブリッド型酵素である多機能型ペルオキシダーゼ（VP；Versatile peroxidase）が知られている。また，酸素を電子の受取り役とするオキシダーゼとしては，ラッカーゼ（LacまたはLcc；Laccase）がリグニン分解酵素に分類される。白色腐朽菌のリグニン分解では，リグニン分解酵素の他に，マンガン非依存性のペルオキシダーゼ，セロビオースデヒドロゲナーゼ，グルコースオキシダーゼ，アリルアルコールオキシダーゼ，シュウ酸オキシダーゼ，グリオキシル酸オキシダーゼ，フェリリダクターゼ，キノンリダクターゼなどの酸化還元酵素，遷移金属に配位する低分子代謝物，アリルアルコールなどの酵素メディエーター，脂肪酸などの過酸化前駆体等が連携して分解が達成される。例えば，二価マンガンの三価マンガンへの酸化は，マンガンペルオキシダーゼによる直接酸化以外に，フェノールの酸化によって生じたフェノキシラジカルや，酸素の還元により生じたスーパーオキシドアニオンラジカルによっても起こる。従って，マンガン酸化能をもたない酵

第1章　発酵技術の最前線

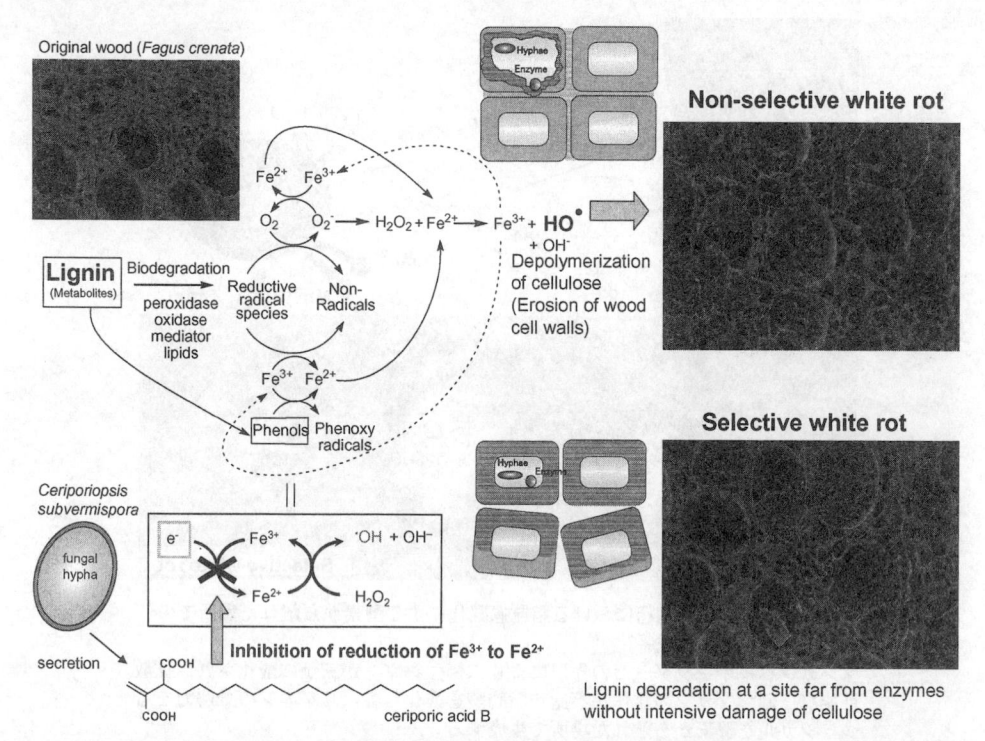

図1　選択的および非選択的白色腐朽菌の木材腐朽様式と新規代謝物によるフェントン反応の抑制[64〜69]
酵素は分子量が大きいため，木材細胞壁内に侵入できない。非選択的白色腐朽菌は，フェントン反応によりヒドロキシルラジカル（·OH）を生成させて木材細胞壁を侵食し，大きく開いた孔に酵素が侵入してリグニンとセルロースを同時分解する。選択的白色腐朽菌は，木材細胞壁に酵素や菌糸を進入させることなく，酵素から離れた場所のラジカル発生系でリグニンを高選択的に分解する。新規代謝物 ceriporic acid B による Fe^{3+} の還元の抑制はセルロースの分解を抑えることによりリグニン分解の選択性を高める。

素も木材腐朽においては，マンガンの酸化に関与しうる。

代表的な白色腐朽菌である Phanerochaete chrysosporium では，リグニンペルオキシダーゼがリグニンの芳香環から1電子を引き抜いてリグニンのカチオンラジカルを生成し，このラジカルの電子移動に伴って，リグニンユニット間をつなぐエーテル結合や炭素-炭素結合，側鎖の Cα-Cβ 結合，芳香環などが連鎖的に開裂してリグニンが低分子化する。P. chrysosporium では，低窒素，高酸素条件でリグニンペルオキシダーゼの分泌が促進され，リグニンの分解速度も上昇する。しかし，C. subvermispora のように，リグニン分解酵素の分泌とリグニンの分解速度が一致しない白色腐朽菌も多く，リグニン分解系は複雑で多岐に渡る。リグニン分解においては，リグニンのフェノール性水酸基がエーテル結合した非フェノール性ユニットを酸化できるか否かが，分解力を大きく左右する。このため，非フェノール性リグニンモデル化合物を分解できる酵素の探索が行われ，リグニンペルオキシダーゼ（LiP）が見出された。多機能型ペルオキシダーゼ（VP）も非フェノール性リグニンモデル化合物を酸化分解する。一方，マンガンペルオキシダー

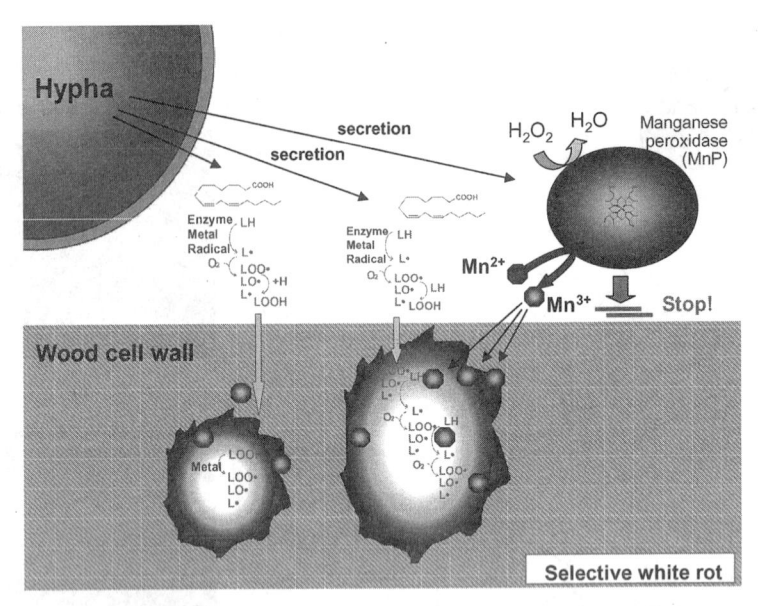

図2 選択的白色腐朽における脂質過酸化による酵素から離れた場所での
ラジカル生成系[77~79]

マンガンペルオキシダーゼの作用により二価マンガンが三価に酸化され，拡散可能な三価マンガンの錯体が不飽和脂肪酸を酸化して，リグニンの分解力をもつラジカルを酵素から離れた場所で生成する。

ゼやラッカーゼは，非フェノール性ユニットを直接酸化できない。しかしながら，これらの酵素が不飽和脂肪酸を酸化してラジカルを生成すると非フェノール性リグニンユニットが酸化分解される（図2, 3）。この他，ラッカーゼやペルオキシダーゼは，HBT［1-hydroxybenzotriazole］，violuric acid，ABTS［2,2′-azino-di-(3-ethylbenzothiazoline-6-sulfonic acid)］，NHA［N-acetyl-N-phenylhydroxylamine］などのメディエーター存在下で非フェノール性リグニンユニットを酸化分解する。酵素・メディエーター反応の木材腐朽への関与については不明な点が多い。

1.3 木材腐朽菌による飼料化前処理

白色腐朽菌によるリグニン分解をバイオマス変換に利用する試みは，飼料化とバイオパルピングを中心に研究されてきた。飼料化はリグニンによる細胞壁多糖の被覆を破壊して，反芻家畜がバイオマス中のセルロースやヘミセルロースを分解・利用しやすくする処理であり，糖化前処理とみなすこともできる。反芻家畜は，4つ胃があり，第一胃をルーメンと呼ぶ。ルーメンには，植物細胞壁を糖化する微生物群が生息しており，リグニンによる多糖の被覆をはがすことができれば，消化効率，即ち分解性が向上する。

白色腐朽菌を用いて，イナワラ，バガス，コーンストーバー，コットンストークスなどの草本系リグノセルロースを飼料化する試みは，*Pleurotus ostreatus*[10~12]，*Stropharia rugosoannu-*

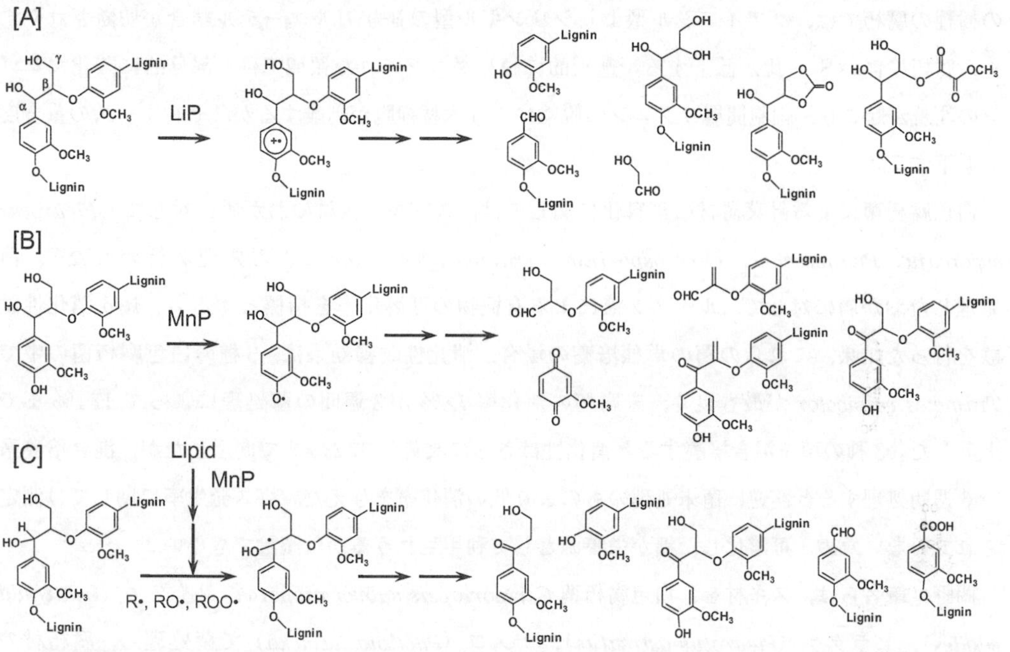

第1章　発酵技術の最前線

図3　リグニンペルオキシダーゼおよびマンガンペルオキシダーゼによるリグニンの分解[92,93]
リグニンペルオキシダーゼはリグニンの非フェノール性ユニットを分解できる。マンガンペルオキシダーゼは，リグニンの非フェノール性ユニットを分解しないが，不飽和脂肪酸が共存すると，脂肪酸を酸化してラジカルを生成させ，非フェノール性ユニットを分解する。図に示した以外にも，様々なフラグメントが生成する。

lata[12]，*Ganoderma lucidum*[12]，*Agrocybe aegarita*[13]，*Pleurotus eryngii*[13]，*Kuehneromyces mutabilis*[13]，*Phanerochaete chrysosporium*[14~19]，*Cyathus stercoreus*[14,16,18~21]，*Ceriporiopsis subvermispora*[17~21]，*Pleurotus sajorcaju*[14,15]，*Phlebia brevispora*[16]，*Lentinus crinitus*[22]，*Peniophora utriculosa*[16]，*Pleuruotus florida*[18]，*Pleuruotus citrinopileatus*[23]，*Lentinus tuberregium*[24]など300種を越える菌株で検討されてきた[15]。白色腐朽菌 *Pleurotus sajorcaju* は，1.5トン規模のイナワラの固体培養に利用され，水酸化ナトリウム，アンモニア，尿素による化学処理を上回る消化性改善効果を示した[24]。また，リター分解菌 *Stropharia rugosoannulata*[25] による飼料化も試みられている。リター分解菌とは，樹木から落ちた枯葉や枯枝などの堆積層（リター）を分解する菌群のことを指し，マンガンペルオキシダーゼやラッカーゼを分泌する担子菌も含まれる。

　白色腐朽菌は草本類のみでなく，木材の家畜飼料化にも利用されている。チリ南部では，*Ganoderma australe* 等の白色腐朽菌を用いて木材を腐朽させ，腐朽木材から家畜飼料を作る *palo podrido* と呼ばれる飼料化法が1世紀以上に渡って行われている。菌処理によって消化率は75％上昇する[26]。*palo podrido* では，S/V比が高く，脱リグニンされやすい *Eucryphia cordifolia* や *Nothofagus dombeyi* などの広葉樹材において顕著な消化性向上効果を示す。これら

の樹種の腐朽では，グアイアシル型よりシリンギル型のβ-アリルエーテル結合が切断されやすく，腐朽に伴いS/V比が低下する。選択的に脱リグニンされた領域では，部分的に酸化マンガンの沈着が起こり，細胞間層リグニンの脱離により木材細胞が剥離するが，セルロースの重合度も低下する。

　白色腐朽菌による針葉樹材の飼料化に関しては，スプルース材のおが屑に対して，*Pleurotus sajorcaju*，*Phanerochaete chrysosporium*，*Trametes versicolor* による処理が行われた[27]。菌処理したおが屑に対して，ルーメン液による有機物の可溶化率を指標とする *in vitro* 消化性試験を行った結果，これらの菌の単独培養の場合，消化性改善効果は，3種の白色腐朽菌の中で *Trametes versicolor* が最も良く，未腐朽の消化率7.8%が3週間の菌処理によって17.1%まで上昇した。3種の菌を混合培養すると消化性はさらに改善し37.7%まで向上したが，混合培養系で6週間処理すると，逆に菌未処理のものより低い消化率を与えた。ガス発生率に関しては測定されていないため，可溶化した糖が栄養源として利用されうるかは議論できない。

　岡野，筆者らは，スギ材を，白色腐朽菌 *Ceriporiopsis subvermispora*，シイタケ（*Lentinula edodes*），ヒラタケ（*Pleurotus ostreatus*），ナメコ（*Pholiota nameko*）で菌処理し，腐朽材の反芻家畜ルーメン液による *in vitro* 消化性試験を行った[28,29]。その結果，白色腐朽菌を接種していないスギ材の有機物消化率は，4.7〜6.8%の間であったのに対し，選択的白色腐朽菌 *C. subvermispora* を培養したスギ材の消化率は，44.6%まで上昇した（図2）。これは，日本標準飼料成分表に記載されている蒸煮爆砕処理スギ材のTDN（Total Digestible Nutrients，消化できる栄養分総量）11.0%の4倍に当たる。また，菌未接種のスギ材のルーメン微生物による *in vitro* ガス発生量は，4〜17 ml/gであったのに対し，*C. subvermispora* を培養したスギ材のガス発生量は，最大107 ml/g，シイタケ（*Lentinula edodes*）を培養したスギ材のガス発生量は，最大58 ml/gであった。これに対し，ヒラタケ（*Pleurotus ostreatus*）やナメコ（*Pholiota nameko*）で処理したスギ材の *in vitro* ガス発生量は，それぞれ23 ml/gと27 ml/gであり，ほとんど腐朽処理の効果が認められなかった。

1.4　木材腐朽菌を用いた糖化・発酵前処理

　C. subvermispora によるスギ材処理は，下水汚泥を用いたスギ材のメタン発酵前処理にも効果を示した[30]。小麦フスマを含むスギ材チップに *C. subvermispora* を植菌し，8週間培養すると，腐朽スギ材の多糖（ホロセルロース）あたり35%，原料スギ材あたり25%の転換効率でバイオガス（メタン濃度55〜60%）が生成した（図4）。腐朽処理においては，小麦フスマの添加が前処理効果を高めた。Takeらは，スギ材を爆砕処理，リファイナー処理，蒸煮処理，木材腐朽菌処理した後にメタン発酵を行い，前処理効果を比較した[31]。木材腐朽菌としては，*Ischno-*

第1章　発酵技術の最前線

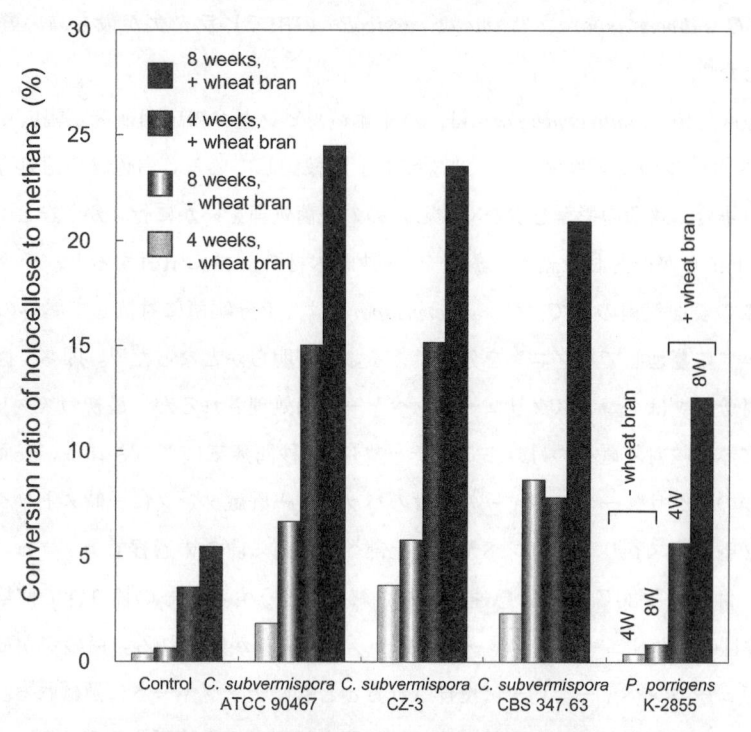

図4　白色腐朽菌処理スギチップのメタン発酵[30]
白色腐朽菌処理（8週間）したスギチップを30日間メタン発酵した。腐朽前の原料木材中のホロセルロースに対するメタンの転換効率を示す。

derma resinosum, *Fommla fraxinm*, *Mycoleptodonoides aitchisonii*, *Trichaptum abietinum*, *Cyathus stercoreus*, *Trametes hirsuta* を使用した。その結果，258℃，5分の爆砕処理により1gのスギ材から180 mlのメタン（理論収率の65%）が生成したが，腐朽菌処理で最も高い値を与えた *Cyathus stercoreus* 処理木材からのメタン生成量は43 ml（理論収率の15%）であった。

　選択的白色腐朽菌 *C. subvermispora* は，メタン発酵の他，木材の酵素糖化・エタノール発酵前処理においても，糖化促進効果を示した[29,32]。*C. subvermispora* でブナ材チップを8週間腐朽させ，腐朽材を180℃でエタノリシスし，得られた不溶性パルプ画分をセルラーゼと酵母 *Saccharomyces cerevisiae* AM 12 で併行複発酵すると，エタノール収率が1.6倍増加した。本菌は，さらにオイルパームの空果房（EFB）[33]，バガス[34]，スギ材[35]の糖化発酵促進効果を示した。木材腐朽菌を木材の酵素糖化前処理に利用する試みは，この他，白色腐朽菌 *Pheblia tremellosus*[36]，*Phanerochaete chrysosporium*[37]，ヒラタケ[38]，IZU-154[39]，褐色腐朽菌オオウズラタケ[38]，などで報告されている。また，ムギワラの酵素糖化に対しては，ヒラタケ（*Pleurotus ostreatus*）[40]，*Pycnoporus cinnabarinus*[40]，*Phanerochaete sordida*[40]，コーンストーバーには，*Cyathus stercoreus* が高い前処理効果を示した[41]。また，イナワラに対してはヒラタケ，*Phanerochaete chry-*

sosporium, *C. subvermispora*, *Trametes versicolor* の中でヒラタケが最も高い酵素糖化前処理効果を示した[42]。

　選択的白色腐朽菌 *C. subvermispora* は，バイオパルピングへの応用研究が幅広く行われ[43~47]，50トン／日スケールのセミコマーシャルプラントが稼働している。白色腐朽菌処理を大規模スケールで行う場合，雑菌の影響を少なくするための滅菌処理をいかに行うかがひとつのポイントとなる。Akthar らが検討した結果，蒸気を15秒間木材チップに噴射すると，チップの表面が殺菌され，この表面殺菌のみで，*C. subvermispora* は，十分雑菌に対抗して屋外のチップヤードで木材チップに蔓延してリグニンを分解できることが明らかとなった[45]。即ち，図5に示したとおり，木材チップは2つのスクリューコンベヤーで菌処理されるが，最初のスクリューコンベヤーの中段に蒸気噴射装置をつけ，ここでチップは15秒間蒸気にさらされる。表面滅菌されたチップは2つのスクリューコンベヤーの中段のバッファー貯蔵タンクに一時ストックされ，そこからさらに2番目のスクリューコンベヤーで上部へ運ばれる。この過程でチップはエアーブローにより100℃付近から30℃以下に急速に冷却される。とうもろこしの搾り汁で前培養された植菌源は，2番目のスクリューコンベヤーで木材チップに振りかけられる。菌のかかった木材チップは，スクリューコンベヤーで均一に攪拌されるとともにチップヤードに運ばれる。培養は野積みされた状態で2週間行われる。野積みしている間木材チップを放置すると，チップは発酵熱で40℃付近まで温度が上昇する。このため，チップパイルの下部から滅菌した湿った空気を吹き込んで27~32℃の最適な温度に制御する。このように，大規模な白色腐朽菌処理には特別な装置は必要なく，少ない設備投資で大規模な処理が実施可能である。

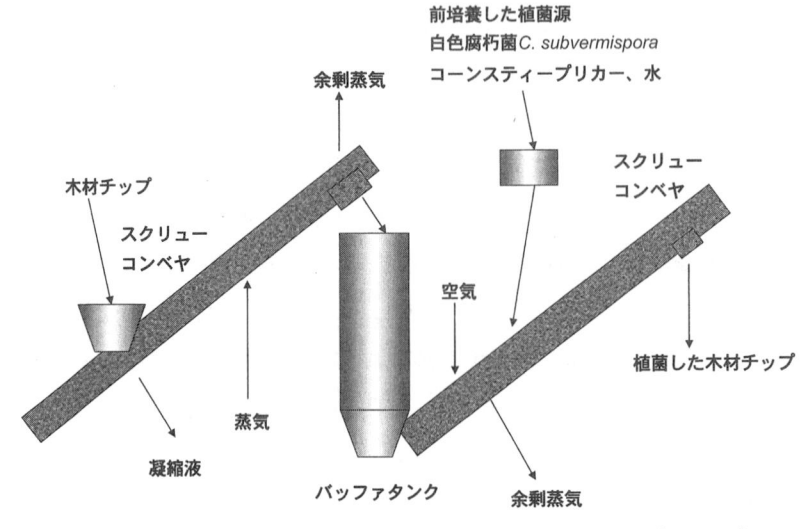

図5　白色腐朽菌によるバイオパルピングのセミコマーシャルプラント[45]

第1章　発酵技術の最前線

我が国で白色腐朽菌処理を実用化するためには，国産の白色腐朽菌を利用することが望ましい。このため，筆者らは，前処理効果をもつ白色腐朽菌を国内より分離し，選抜した菌の減滅菌状態での屋外腐朽実証試験とマイクロ波ソルボリシスや粉砕と組み合わせた前処理法の開発を行っている[48]。新規白色腐朽菌 *Phellinus* sp. SKM 2102 株は，マンガンペルオキシダーゼとラッカーゼを産生し，腐朽初期からリグニン中のβ-O-4結合を激しく切断する。本菌は，*C. subvermispora* と同様，腐朽初期に木材中の脂質を分解する特徴がある。

1.5　白色腐朽菌のリグニン分解の選択性の制御

Ceriporiopsis subvermispora は，セルロースを残してリグニンを高選択的に分解する選択的白色腐朽菌であり，バイオパルピングへの応用研究が幅広く行われてきた[43〜47]。*C. subvermispora* は，酵素から遠く離れた場所のリグニンを広範囲に分解し，リグニンによるセルロースの被覆を外す。この腐朽過程は，アストラブルーとサフラニンによる二重染色後の光学顕微鏡観察や免疫電顕により明らかにされている[47,49,50]。選択的白色腐朽菌 *C. subvermispora* は，リグニン中のβ-O-4アリルエーテル結合を腐朽の初期から激しく切断する。一方，β-1，β-5，β-β，4-O-5結合の分解率は低い。また，腐朽により，側鎖にCH_3, CH_2などの飽和型の構造が生成する[51]。メタン発酵前処理においても，本菌はβ-O-4アリルエーテル結合を腐朽初期から分解し，この主要結合の切断が前処理効果と関連していると考えられている[30]。従来，白色腐朽菌による木材の酵素糖化前処理では，リグニンの大きな重量減少を利用してセルラーゼ，ヘミセルラーゼとの反応性を高める方法が一般的であったが，*C. subvermispora* による酵素糖化前処理やバイオパルピングでは，長期間の培養によってリグニンそのものを除去するのではなく，木材の重量減少が5%以内の培養初期に，腐朽によるリグニンの構造変化とそれに続く化学的あるいは物理的処理を利用してセルロースへのリグニンの被覆をはずすプロセスを構築する。

選択的白色腐朽菌の機能強化には，活性酸素種の制御が一つの鍵となる。空気中に存在する酸素分子は，三重項酸素と呼ばれ分子中に不対電子を2個もつビラジカルである。この三重項酸素は，金属錯体やラジカルとの反応により活性酸素種と呼ばれる反応性の高い分子となる。活性酸素種の中で，酸素の一電子還元体であるスーパーオキシド（O_2^-）はMn^{2+}のMn^{3+}への酸化，不均化によるH_2O_2の発生，Fe^{3+}のFe^{2+}への還元など木材腐朽において多様な働きをしている。O_2^-によってFe^{3+}がFe^{2+}に還元されるとH_2O_2との反応によってさらにヒドロキシラジカル（·OH）あるいは鉄の酸素錯体が生成する。フェントン反応と呼ばれるこの反応はリグニンを部分酸化する他，セルロースを激しく損傷させるためリグニン分解の選択性を損なう[52,53]。

セルロースを優先的に分解する褐色腐朽菌ではこうした·OH発生系を積極的に利用している[54〜57,63]。リグニンとセルロースを同時に分解する白色腐朽菌でも，·OH発生系の関与が指摘

バイオリファイナリー技術の工業最前線

されている[57~62]。白色腐朽菌によるリグニン分解は，木材中の微量な鉄イオンと酸素の存在下のラジカル反応で進行する。また，リグニン分解物であるフェノール類はFe^{3+}の良い還元剤である。このため，白色腐朽菌によるリグニン分解の選択性を高めるためには，フェントン反応による水酸化ラジカルの生成を抑制する機構が必要と考えられる。実際，選択的白色腐朽菌 *C. subvermispora* は，ヒドロキシラジカル（・OH）の生成を抑制する代謝物セリポリック酸を産生する[64~69]（図1）。この代謝物はイタコン酸骨格にアルキルあるいはアルケニル側鎖をもつ新規代謝物であり，*C. subvermispora* の脱脂したブナ木粉培地から単離された[64~69]。セリポリック酸Bは，Fe^{3+}のFe^{2+}への還元を抑制することによって，フェントン反応によるヒドロキシルラジカルの生成を抑える[69]。Fe^{3+}の還元剤ヒドロキノン，過酸化水素，Fe^{3+}をセルロースと混合すると，フェントン反応によりヒドロキシラジカルが生成してセルロースの分子量が急激に低下するが，この反応系に *C. subvermispora* の代謝物セリポリック酸Bを加えると，セルロースの低分子化が強力に抑制される。この効果は木材腐朽の生理的pH領域である酸性から弱酸性条件下において顕著である。Fe^{2+}と過酸化水素の直接反応系においても，セリポリック酸Bは，セルロースの低分子化を抑制する[68]。また，*C. subvermispora* はエンドグルカナーゼを生産するがセロビオヒドロラーゼ活性が低い[70]。こうした菌体外代謝物の機能とセルラーゼの生産プロファイルが選択性に寄与しているものと思われる。

仲亀らは，非選択的白色腐朽菌 *C. hirsutus* をバイオパルピングに応用するため，セルラーゼであるセロビオヒドロラーゼⅠとⅡ（CBHⅠ，CBHⅡ），エンドグルカナーゼ（EG）およびセロビオースデヒドロゲナーゼ（CDH）のアンチセンスDNAを *cdh* プロモーターと *mnp* ターミネーターの間にタンデムに連結したアンチセンスプラスミドを構築し，*C. hirsutus* を形質転換した[71]。その結果，形質転換株ではCDHとCBH活性が顕著に抑制された。広葉樹 *Eucalyptus globulus* を野生株および形質転換株で菌処理した後，クラフトパルプ化したところ，セルラーゼ活性を抑制した形質転換株のパルプ収率は，野生株より上昇し，引き裂き強度などのパルプ強度も上昇したが，菌未処理のコントロールよりは強度は低下していた。多数のアイソザイムをもつEGの活性は抑制されていないことから，今後はEG活性の効果的な抑制方法の研究が必要である。

Erikssonらは，バイオパルピングと飼料化を目的として，白色腐朽菌 *Polypolus adustus*（*Bjerkandera adusta*），*Phanerochaete chrysosporium*，*Phlebia radiata*，*Phlebia gigantean* 等のセルラーゼ欠損変異株を作製した[72~74]。*P. chrysosporium* のセルラーゼ欠損株（Cel 44）によるバイオパルピングでは，メカニカルパルプ製造に必要なエネルギーインプットが菌未処理のものに比較し23%減少した。これらの白色腐朽菌の野生株とセルラーゼ欠損変異株をスプルースなどの針葉樹材に腐朽させ，腐朽状態をSEMで観察したところ，野生株とセルラーゼ欠損

第1章 発酵技術の最前線

株の間で，菌の生育に大きな違いはないが，木材細胞壁の薄壁化は，野生株のみで起こったと報告している[74]。この実験は，これらの白色腐朽菌による木材細胞壁の薄壁化にヒドロキシルラジカルなどの低分子ラジカル種とともにセルラーゼが関与することを示唆する。

Karunanandaa らは，*P. chrysosporium* の野生株とセルラーゼ欠損株，及び *Cyathus stercoreu* の野生株をコーンストーバーとイナワラの飼料化処理に利用した[75]。コーンストーバーとイナワラを *Cyathus stercoreus* で15日及び30日間腐朽処理し，菌処理物の反芻家畜ルーメン微生物による消化性を評価した。その結果，トウモロコシとイナワラの消化性はそれぞれ37%と45%改善されたが，*P. chrysosporium* の野生株とセルラーゼ欠損株は，ヘミセルロースとセルロースを分解し，消化性の改善は認められなかったと報告している。この実験では，リグニン分解と消化性の改善には，直接的な相関は認められていない。

また，白色腐朽菌 *C. subvermispora* FP-90031 でイネ科のバミューダグラスを処理すると，ルーメン微生物による *in vitro* 消化性が85%改善された[76]。これに対し，*Phellinus pini* RAB-83-19 と，*P. chrysosporium* K-3 のセルラーゼ欠損変異株である 3113 株と 85118 株は，消化性改善効果を示さなかった。親株である *P. chrysosporium* K-3 の消化性改善率は 36% であり，セルラーゼ欠損変異株より逆に高かった。これらの例では，セルラーゼ欠損株による菌処理においても，セルロースが分解されることから，ヒドロキシラジカルなどの活性酸素種あるいはラジカル種によるセルロースの分解が腐朽の選択性に大きく関与していると推察される。

以上のように，白色腐朽の選択性は，セルラーゼのみでなく，菌体外での活性酸素種やラジカルによって大きく影響を受ける。白色腐朽菌には酵素から遠く離れた場でリグニンを分解する選択的白色腐朽菌と，酵素を細胞壁内に進入させて木材成分を分解する非選択的白色腐朽菌があり（図1），さらに，同一の菌でも腐朽条件によってリグニン分解の選択性は大きく異なる。*P. chrysosporium* においては，同一の材への腐朽において，選択的白色腐朽が起きる場所と，細胞壁の侵食を伴う非選択的白色腐朽が起きる場所が同時に観察されているが，腐朽様式を切り替える制御機構は不明である[50]。選択的白色腐朽菌 *C. subvermispora* は，木材腐朽の初期に飽和および不飽和脂肪酸とマンガンペルオキシダーゼ（MnP）を産生し[77]，MnP や拡散可能な Mn^{3+} 錯体を開始剤とする脂質過酸化によりアシルラジカルを chain carrying ラジカルとするラジカル連鎖反応を起こす[78,79]（図2）。MnP による脂質過酸化反応は，非フェノール性リグニンモデルを分解し，β-アリルエーテル結合の切断やCα-Cβ結合を切断する[80]。また，脂質過酸化中間体のモデルである有機ヒドロペルオキシドを金属錯体と反応させてカーボンセンターラジカルを生成させると，非フェノール性合成リグニンが低分子化するみでなく[81]，木材細胞壁および細胞間層中のリグニンが分解してパルプ化が起き，木材細胞が剥離する[82,83]。こうした結果は，金属錯体を開始剤とする過酸化前駆体や過酸化中間体のラジカル反応が *C. subvermispora* における酵

217

素から遠く離れた場所でのリグニン分解機構の一つとなることを示す。筆者らは，脂質過酸化などの選択的白色腐朽菌の機能解析と能力増強のため，*C. subvermispora* の不飽和脂肪酸生合成酵素である Δ9-及び Δ12 デサチュラーゼの遺伝子クローニングと同菌の形質転換系の開発，ラジカルを制御する代謝物の機能解析，リグニン分解に直接関与するラジカル種の反応解析を行っている[84]。これまで，白色腐朽菌によるリグニン分解は，非選択的白色腐朽におけるリグニン分解酵素の直接反応と酵素-メディエーター反応を中心に研究が行われてきた。選択的白色腐朽では，代謝物由来のラジカルのリグニンへの直接攻撃が研究対象となっている。しかしながら，選択的白色腐朽における酵素から遠く離れた場でのリグニン分解にはさらに多様な反応系が存在すると予想され，その解析が望まれる。

1.6 微生物コンソーシアムを用いたバイオマス分解

自然界では，単一の微生物のみが存在する環境は稀であり，多様な微生物群が協調してバイオマスを分解・利用していると考えられる。メタン発酵はその典型的な例である。メタン発酵では，水素が種間で伝達され，共生系を安定に保つ重要な因子となっている。近年では，周囲の水素濃度に応答して特異的に発現するメタン発酵菌の遺伝子が示されている[85]。

一方，リグニンを含むバイオマスの分解における共生系の研究例は少ない。自然界にみられる複数の微生物によるバイオマス分解を制御できれば，バイオマス変換を効率化できる可能性がある。このため，バイオマスを分解する微生物コンソーシアムの最小単位をフラスコ内で再現し，バイオマスの糖化・発酵に応用する研究が行われている。春田と五十嵐は，イナワラの微生物コンソーシアムを 16 S rRNA 遺伝子に基づく denaturing gradient gel electrophoresis (DGGE)，定量 PCR，fluorescence *in situ* hybridization (FISH)，キノンプロファイル分析などにより詳細に解析して，生ゴミやイナワラの分解に関与する主要な微生物群の動態を明らかにした[86]。次に，微生物集団源として様々な堆肥化処理物を選び，これらをろ紙を含む液体培地に接種して継代培養を繰り返した。この継体培養には，性質の異なる集積培養系の混合も行われた。これらの操作を 2 年間にわたって繰り返し，50℃ の液体静置培養で 4 日以内に添加した稲わらの半分以上を可溶化し，8 日目には 80% 以上を可溶化する微生物集団を取得した。これらの安定した微生物集団の微生物群の変化を DGGE などにより解析するとともに，主要な細菌を分離して，イナワラを安定して分解する最小微生物コンソーシアムを再構築した。*Clostridium straminisolvens* CSK 1 株と他の単離した 3 種の好気性細菌との 4 種混合培養系は，元の微生物集団と同等のセルロース分解活性を示し，分解活性を 20 世代以上の植え継ぎ後も安定に維持した[86]。このような再構築した微生物コンソーシアムにメタン発酵菌やエタノール発酵菌を添加することにより，イナワラからメタンやエタノールを生産する試みも行われている[87]。また，森岡，片岡らは，

第1章　発酵技術の最前線

コンポスト中に存在するセルロース分解性細菌である *Thermobifida fusca* と糖の資化能をもたない *Ureibacillus thermosphaericus* を共培養すると，水生植物の分解速度が著しく高くなることを見出し，その分解促進機構の解析を進めている[88]。

　一方，シロアリの腸内には原生動物や細菌類が共生し，シロアリは，これらの共生系により木材を栄養源として分解・利用している[89,90]。現在，シロアリの個体やそのホモジネートを利用した木材からの水素やメタンの生産に関する研究が行われている[91]。イエシロアリ職蟻は，抗生物質を投与することにより水素排出量が増加し，最大で 17.5 nmol／個体／h の水素を発生した。1コロニー 50 万頭と仮定すると，1日当たり 5 L／コロニー／日の水素が生産される。シロアリの腸からの水素発酵菌の分離も行われており[91]，今後の進展が期待される。

1.7　微生物を用いたバイオマス前処理の展望

　リグノセルロース系バイオリファイナリーの構築において，酵素糖化率を向上させる前処理の開発は大きな鍵の一つであり，選択的白色腐朽菌の機能解析と強化，前処理への応用研究の果たす意義は大きい。白色腐朽菌は，リグニンの被覆を剥がすことにより酵素糖化率を高める他，バイオマス中の発酵阻害物質の分解に寄与する。また，白色腐朽菌と加熱反応と併用した場合，加熱処理の条件を緩和させることにより発酵阻害物質の生成そのものを低減させる。さらに，原料の粉砕や圧縮のエネルギーを下げることにより，原料調製や輸送時の CO_2 排出量を低下させる。例えば，イナワラの空隙率は 90% を越える。これをトラックで輸送することは，空気を輸送することに等しい。イナワラを木材腐朽菌処理すると湿潤と細胞壁が脆くなることにより，容易に圧縮できる。木材においても菌処理すると粗粉砕が容易になる。原料調製から輸送を含む菌処理の多面的効果を総合的に評価してシステム設計することが必要である。また，バイオマス分解における複合微生物系の解析と利用はこれまで研究例が少なく，ようやくその有用性が強く認識されるようになった。今後，バイオマス変換の大きなツールになると期待される。

文　　献

1) 渡辺隆司：木材学会誌，53，1-13（2007）
2) 渡辺隆司：ウッドケミカルスの新展開，シーエムシー出版，87-106（2007）
3) 越島哲夫，真柄謙吾：木材研究・資料　24，1-12（1988）
4) Nguyen, Q. A. *et al.* : *Appl. Biochem. Biotechnol.*, 77, 133-142（1999）

5) Clark, T. A., Mackie, K. L. : *J. Wood Chem., Technol.*, **7**, 373-403 (1987)
6) Sudo, K., *et al.* : *Holzforshung*, **40**, 339-345 (1986)
7) 前川英一:木材学会誌, **38**, 522-527 (1992)
8) 高橋旨象:きのこの生物学シリーズ6, きのこと木材, 築地書館 (1989)
9) 鮫島正浩, 羽生直人:バイオマスエネルギー高効率転換技術開発平成18年度成果報告会予稿集, 新エネルギー・産業技術総合開発機構, 165-166 (2007)
10) Tripathi, J. P., Yadav, J. S. : *Animal Feed Sci. Technol.* **37**, 59-72 (1992)
11) Hadar, Y. *et al.* : *J. Biotechnol.*, **30**, 133-139 (1993)
12) Kamra, D. N. *et al.* : *J. Appl. Animal Res.*, **4**, 133-140 (1993)
13) Karunanandaa, K., Varga, G. A. : *Animal Feed Sci. Technol.*, **63**, 273-388 (1996)
14) Zadrazil, F., Puniya, A. K. : *Biores. Technol.*, **54**, 85-87 (1995)
15) Zadrazil, F. *et al.* : *J. Appl. Animal Res.*, **10**, 105-124 (1996)
16) Chen, J. C. *et al.* : *J. Sci. Food Agric.*, **68**, 91-98 (1995)
17) Akin, D. E. *et al.* : *Appl. Environ. Microbiol.*, **59**, 4274-4282 (1993)
18) Akin, D. E. *et al.* : *Animal Feed Sci. Technol.*, **63**, 305-321 (1996)
19) Gamble, G. R. *et al.* : *Appl. Environ. Microbiol.*, **62**, 3600-3604 (1996)
20) Akin, D. E. *et al.* : *Appl. Environ. Microbiol.*, **61**, 1591-1598 (1995)
21) Gamble G. R. *et al.* : *Appl. Environ. Microbiol.*, **60**, 3138-3144 (1994)
22) Capelari, M., Zadrazil, F. : *Folia Microbiologica*, **42**, 481-487 (1997)
23) Mukherjee, R., Nandi, B. : *J. Sci. Indust. Res.*, **60**, 405-409 (2001)
24) Flachowsky, G. *et al.* : *J. Appl. Animal Res.*, **20**, 33-40 (2001)
25) Isikhuemhen, O. S. *et al.* : *J. Sci. Indust. Res.*, **55**, 388-393 (1996)
26) Agosin, E. *et al.* : *Appl. Environ. Microbiol.*, **56**, 65-74 (1990)
27) Asiegbu, F. O. *et al.* : *World J. Microbiol. Biotechnol.*, **12**, 273-279 (1996)
28) Okano, K. *et al.* : *Animal Feed Sci. Technol.*, **120**, 235-243 (2005)
29) 渡辺隆司:"エコバイオエネルギーの最前線―ゼロエミッション型社会を目指して―", シーエムシー出版, 東京, 2005, pp. 68-78.
30) Amirta, R. *et al.* : *J. Biotechnol.*, **123**, 71-77 (2006)
31) Take, H. *et al.* : *Biochem. Eng. J.*, **28**, 30-35 (2006)
32) Itoh, H. *et al.* : *J. Biotechnol.*, **103**, 273-280 (2003)
33) Syafwina *et al.* : Proc. The Fifth Intern. Wood Sci. Symp., Kyoto, Japan, 2004, pp. 313-316.
34) Samsuri, M. *et al.* : Proc. The Fifth Intern. Wood Sci. Symp., Kyoto, Japan, 2004, pp. 317-323.
35) Tanabe, T. *et al.* : Proc. Intern. Symp. Wood Sci. Technol., Yokohama, Japan, 2005, 1, pp. 215-216.
36) Mes-Hartree, M. *et al.* : *Appl. Microbiol. Biotechnol.*, **26**, 120-125 (1987)
37) Sawada, T. *et al.* : *Biotechnol. Bioeng.*, **48**, 719-724 (1995)
38) Hiroi, T. : *Mokuzai Gakkaishi*, **27**, 684-690 (1981)
39) Nishida, T. : *Mokuzai Gakkasishi*, **35**, 649-653 (1989)
40) Hatakka A. I. : *Eur. J. Appl. Microbiol. Biotechnol.*, **18**, 350-357 (1983)

第1章　発酵技術の最前線

41) Keller, F. A. *et al.* : *Appl. Biochem. Biotechnol.*, **105**, 27-41（2003）
42) Taniguchi, M. *et al.* : *J. Biosci. Bioeng.*, **100**, 637-643（2005）
43) Akhtar, M. *et al.* : *Holzforschung*, **47**, 36-40（1993）
44) Akhtar, M. *et al.* : *Tappi J.*, **75**, 105-109（1992）
45) Akhtar, M. *et al.* : Abst. of 8th Intern. Conf. on Biotechnol in the Pulp and Paper Industry, Helsinki, Finland, 2001, pp. 39-41
46) Messner, K. : "Forest Prodcuts Biotechnology", Bruce, J., Palfreyman, J. W., eds. Taylor & Francis, London, 1998, pp. 63-82
47) Messner, K., Srebotnik, E. : *FEMS Microbiol. Rev.*, **13**, 351-364（1994）
48) 渡辺隆司：バイオマスエネルギー高効率転換技術開発平成18年度成果報告会予稿集，新エネルギー・産業技術総合開発機構，163-164（2007）
49) Blanchettee, R. A. *et al.* : *J. Biotechnol.*, **53**, 203-213（1997）
50) Srebotnik, E., Messner, K. : *Appl. Environ. Microbiol.*, **60**, 1383-1386（1994）
51) Guerra A. *et al.* : *Appl. Environ. Microbiol.*, **70**, 4073-4078（2004）
52) Gierer, J. : *Holzforschung*, **51**, 34-46（1997）
53) Henriksson, G. *et al.* : *Biochim. Biophys. Acta*, **1480**, 83-91（2000）
54) Kirk, T. K. : *Holzforschung*, **29**, 99-107（1975）
55) Kirk, T. K., Adler, E. : *Acta Chem. Scand*, **24**, 3379-3390（1979）
56) Hyde, S. M., Wood, P. M. : *Microbiology*, **143**, 259-266（1997）
57) Backa, S. *et al.* : *Holzforschung*, **47**, 181-187（1993）
58) Anaka, H. *et al.* : *J. Biotechnol.*, **75**, 57-70（1999）
59) Barr, D. P. *et al.* : *Arch. Biochem. Biophys.*, **298**, 480-485（1992）
60) Guillén, F. *et al.* : *Arch. Biochem. Biophys.*, **383**, 142-147（2000）
61) Kremer, S. M., Wood, P. M. : *Eur. J. Biochem.*, **205**, 133-138（1992）
62) Guillén, F. *et al.* : *Arch. Biochem. Biophys.*, **339**, 190-199（1997）
63) Jensen, K. A. Jr. *et al.* : *Appl. Environ. Microbiol.*, **67**, 2705-2711（2001）
64) Enoki, M. *et al.* : Proc. the 44 th Lignin Symposium, Gifu, Japan, 1999, pp. 69-72.
65) Enoki, M. *et al.* : *Chem. Phys. Lipid*, **120**, 9-20（2002）
66) Amirta, R. *et al.* : *Chem. Phys. Lipids*, **126**, 121-131（2003）
67) Watanabe, T. *et al.* : *Biochem. Biophys. Res. Commun.*, **297**, 918-923（2002）
68) Rahmawati, N. *et al.* : *Biomacromolecules*, **6**, 2851-2856（2005）
69) Ohashi, Y. *et al.* : *Org. Biomol. Chem.*, **5**, 840-847（2007）
70) Sethuraman, A. *et al.* : *Biotechnol. Appl. Biochem.*, **27**, 37-47（1998）
71) Nakagame, S. *et al.* : Proc. of 13 th International Symposium on Wood Fibre and Pulping Chem., Auckland, New Zealand, 2005, **2**, pp. 323-329.
72) Eriksson, K. E., Goodell, E. W. : *Can. J. Microbiol.*, **20**, 371-378（1974）
73) Ander, P., Eriksson, K. E. : *Physiologia Plantarum*, **41**, 239-248（1977）
74) Eriksson, K. E. *et al.* : *Holzforschung*, **34**, 207-213（1980）
75) Karunanandaa, K. *et al.* : *J. Sci. Food Agric.*, **60**, 105-112（1992）
76) Akin, D. E. *et al.* : *Appl. Environ. Microbiol.*, **59**, 4274-4282（1993）

77) Enoki, M. *et al.* : *FEMS Microbiol. Lett.*, **180**, 205-211（1999）
78) Watanabe, T. *et al.* : *Eur. J. Biochem.*, **267**, 4222-4231（2000）
79) Watanabe, T. *et al.* : *Eur. J. Biochem.*, **268**, 6114-6122（2001）
80) Jensen, K. A. *et al.* : *Appl. Environ. Microbiol.*, **62**, 3679-3686（1996）
81) Watanabe, T. *et al.* : *J. Biotechnol.*, **62**, 221-230（1998）
82) Messner, K. *et al.* : ACS Symposium Series 845 "Wood deterioration and preservation", American Chemical Society : Washington, DC, pp. 73-96（2003）
83) 渡辺隆司：木質系有機資源の新展開，シーエムシー出版，東京，pp. 68-79（2005）
84) 渡辺隆司ほか：二酸化炭素固定化・有効利用技術等対策事業，プログラム方式二酸化炭素固定化・有効利用技術開発平成16年度「先端的研究」成果報告書，財団法人地球環境産業技術研究機，pp. 59-62（2005）
85) 中村浩平，鎌形洋一：環境バイオテクノロジー学会誌，**5**，81-89（2006）
86) 春田伸，五十嵐泰夫：環境バイオテクノロジー学会誌，**4**，29-39（2004）
87) 平成17年度二酸化炭素固定化・有効利用技術等対策事業，プログラム方式二酸化炭素固定化技術開発，微生物集団系システム創成による革新的バイオ変換プロセスのための基盤技術の開発成果報告書，平成18年3月，財団法人地球環境産業技術研究機構
88) 森岡こころほか：第59回日本生物工学会大会講演要旨集，216（2007）
89) 大熊盛也：生物工学，**85**，215-217（2007）
90) Hayashi A. *et al.* : *J. Biosci. Bioeng.*, **103**, 358-67（2007）
91) 川口聖真，吉村剛：第2回持続的生存圏創成のためのエネルギー循環シンポジウム―バイオマス変換と宇宙太陽発電―講演要旨集，27-34（2006）
92) Hammel, K. E. : *New J. Chem.*, **20**, 195-198（1996）
93) 渡辺隆司：バイオマスハンドブック，社団法人日本エネルギー学会編，オーム社，176-183（2002）

2 エタノール発酵微生物の開発
2.1 凝集性酵母によるエタノール発酵

木田建次*

2.1.1 はじめに

地球温暖化防止や各国のエネルギー戦略，農業政策から，バイオマスからの燃料用バイオエタノールの生産が再度注目されるようになり，アメリカ，ブラジルはもちろんのこと中国やヨーロッパで燃料用バイオエタノールの増産や開発が急ピッチで進められている。わが国においても新・国家エネルギー戦略の中で燃料用バイオエタノールの普及が謳われるようになった。

このような現状を踏まえ，ここでは世界のバイオエタノール製造技術の紹介と，筆者らが長年研究してきた凝集性酵母を用いた連続発酵法による廃糖蜜やセルロース系バイオマス（建築廃材），デンプン質系バイオマス（農産廃棄物，家庭系生ごみ）からのバイオエタノール生産技術の紹介を行う。

2.1.2 エタノール発酵プロセスの変遷と問題点

バイオエタノールは燃料用，飲料用，医薬品・化粧品および工業用原料等と多くの用途を有しており，世界における製造量は年々増加している。そのため，より安価で生産性の高いエタノール製造技術の開発が望まれ，図1に示したように従来の回分発酵から遠心分離機を用いた繰返し回分発酵（Melle-Boinot 法）[1~3]，および菌体を循環あるいは循環しない多段連続発酵法[4]が実用化されている。

ブラジルでは主としてケーンジュースであるが糖蜜も用いられ，75% が Melle-Boinot 法で残り 25% が菌体循環式多段連続発酵法などでバイオエタノールが製造されている。ケーンジュー

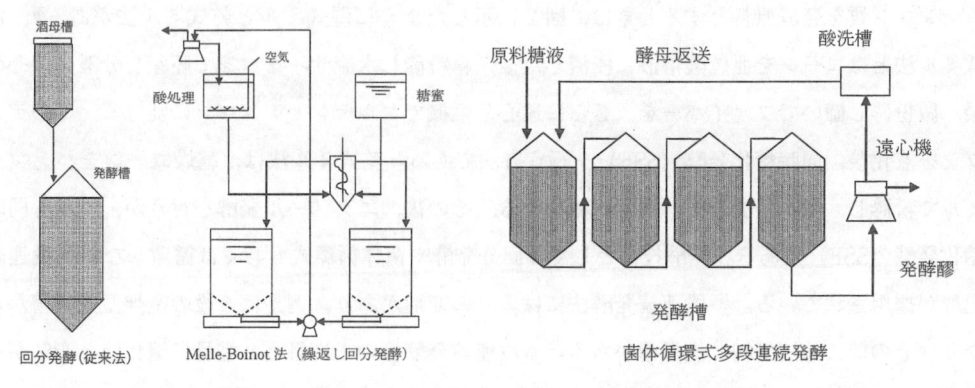

図1 実用化されているバイオエタノール製造プロセス

* Kenji Kida 熊本大学大学院 自然科学研究科 工学系 教授

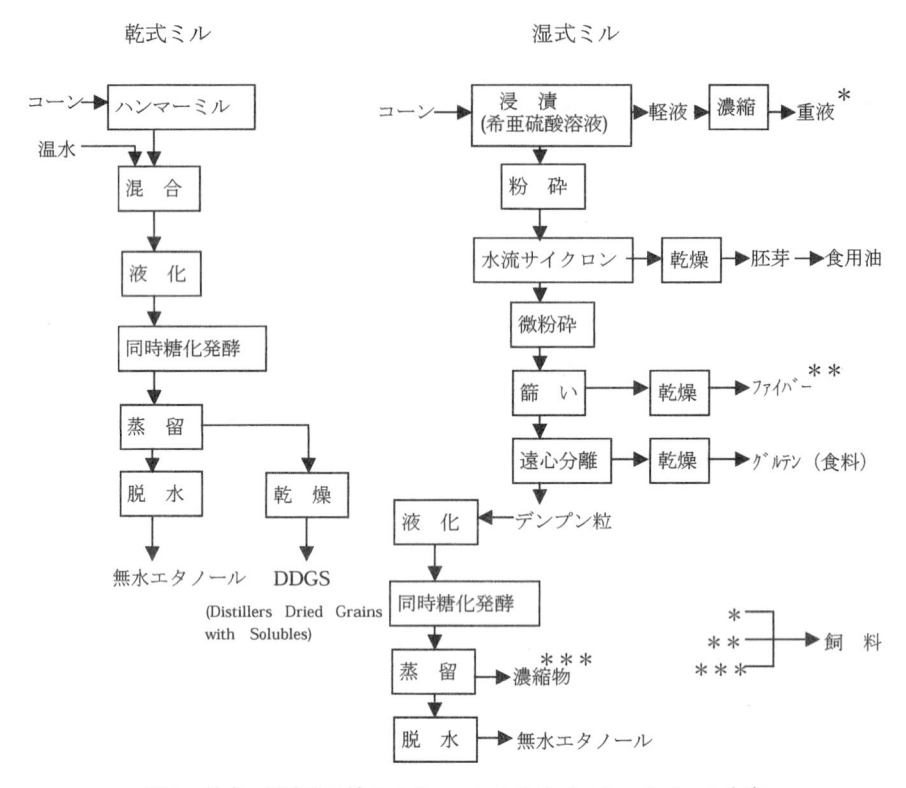

バイオリファイナリー技術の工業最前線

図2 乾式・湿式ミル法によるコーンからのバイオエタノール生産

スはライムで清澄化後，滅菌処理した後，回分発酵に用いられる。回分発酵が終了すると醪を遠心分離することにより酵母を回収し，希硫酸で酸処理した後，次の回分発酵に再使用する。発酵中の雑菌汚染防止のためにペニシリンのような抗菌剤も使用されている。

　デンプン質を発酵原料とするときは，図2に示したように湿式ミルと乾式ミル法がある[5]。湿式ミル法とはコーンを亜硫酸溶液に浸漬した後，粗粉砕し水流サイクロンで胚芽を分離し，その後，微粉砕し篩いでファイバーを，さらに遠心分離機でグルテンとデンプンに別ける。このデンプンを液化後，同時糖化発酵（SSF）を行う方法である。乾式ミル法は，乾燥コーンをハンマーミルで粉砕し，温水と混合後，液化，糖化する。その後，エタノール発酵を行うが，これも同時糖化発酵（SSF）である。発酵技術としては回分発酵や菌体循環式もしくは循環しない多段連続発酵が採用されている。多段連続発酵法には多くの変形があり，例えば6段の撹拌型発酵槽からなり，その前に前培養槽と酒母槽がある。多段連続発酵槽の1塔目と2塔目に糖化液と空気が供給され，3塔目以降は撹拌だけされ，この時の最終醪中のエタノール濃度は9〜11 v/v%である。

　糖蜜を発酵原料とする場合も，多段連続発酵や回分発酵が採用されているが，2003年7月にインドネシアで見学したBio-steel社の連続発酵法は菌体循環式単段連続発酵（図3参照）であ

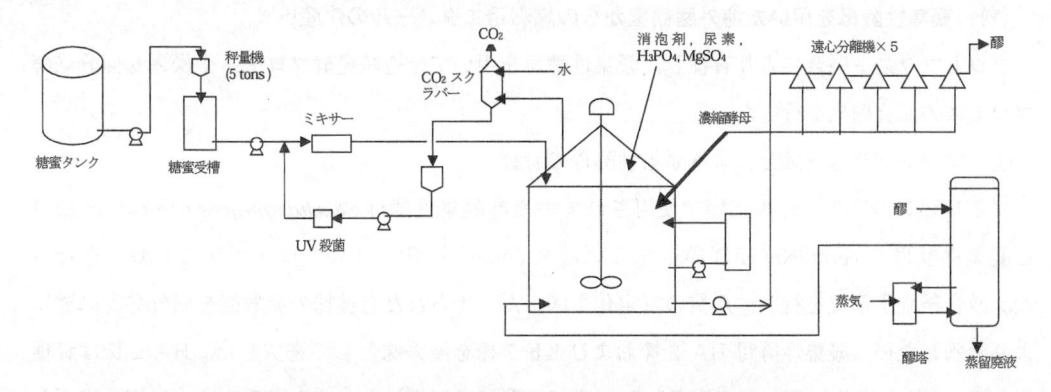

図3 蒸留廃液の半量を返送する菌体循環式単段連続発酵プロセス

り，耐塩性酵母 *Schizosaccharomyces pombe* を用いて醪塔から排出される蒸留廃液の半量を発酵槽に戻すことにより廃液量を 12 から 6.5〜7 l/l-ethanol に削減していた。この時の生成エタノール濃度および生産性は，それぞれ 7 v/v%，7〜8 kg/m^3/h であったが，連続発酵期間は 10 日間と短かった。

2.1.3 当研究室での燃料用バイオエタノール製造に関する研究

発酵技術は，生産性を高め製造コストを削減するために回分発酵法から繰返し回分発酵法，連続発酵法へと変遷している。また，わが国で 20 年前か 30 年前に固定化酵母法[6〜8]による連続発酵プロセスの開発が行われた。これらの技術は，発酵槽内に酵母を高濃度に保持することによりエタノール生産性を高めようとするものである。しかし，Melle-Boinot 法や菌体循環法では固液分離工程（遠心分離機）が，固定化酵母法では固定化する工程が必要となり，プロセスが複雑となる。燃料用・工業用エタノールのように大量生産を必要とするプロセスを実用化していくためには，生産性および発酵歩合の向上は勿論であるが，プロセスの単純化も重要な要素である。凝集性酵母法は，固液分離や固定化工程が省略できることから，最も単純なプロセスになると考えられ，すでにグルコースやケーンジュース，黒糖などを発酵原料とするエタノール発酵に関する研究が報告されている[9〜13]。しかし，凝集性酵母を用いた連続発酵技術の実用化例はほとんどない。

そこで，筆者らは，凝集性酵母を用いて糖蜜からの工業用・燃料用エタノールの連続発酵プロセスの開発を行った。その結果，高エタノール濃度下での無殺菌長期連続発酵技術や繰返し回分発酵技術を確立した。これらの成果に基づき，建築廃材などのセルロース系バイオマスや沖縄産糖蜜，農産廃棄物（廃ジャガイモなど），生ゴミからの燃料用エタノールの生産のためのプロセス開発を実施している。ここではこれらの研究内容に関して概略する。

（1） 凝集性酵母を用いた海外産糖蜜からの燃料用エタノールの生産[14,15]

プロトプラスト融合により育種した凝集性酵母を用いて，連続発酵プロセスや繰返し回分発酵プロセスの研究開発を行った。

① プロトプラスト融合による凝集性酵母の育種

フィリピンのアルコール工場で使用されていた非凝集性酵母 *Saccharomyces cerevisiae* EP 1 と凝集性酵母 *S. cerevisae* IFO 1953 あるいは *S. cerevisae* IR 2 とのプロトプラスト融合を行った。融合後胞子形成を行い，形質の安定化を図った。得られた育種株の発酵能を回分発酵試験により評価した後，凝集性酵母 HA-2 株および KF-7 株を優秀株として選抜した。HA-2 株は育種した HS-2 株を馴養したもので糖蜜からの連続発酵試験に用いた。また KF-7 は，当初，繰返し回分発酵試験に用いたが，その後は連続発酵試験に用いている。さらに，KF-7 株から自己消化法により耐塩性を有する凝集性酵母 K 211 株を取得し，高濃度仕込みでの繰返し回分発酵試験に使用した。

② 塔型リアクターを用いた無殺菌連続発酵プロセスの開発

リアクターとして図4に示したように，頭部に固気液三相分離部を有する塔型リアクターを用いた。このリアクターと育種した凝集性酵母 HA-2 株を用いて，ⅰ）単段連続発酵プロセスの開発，ⅱ）通気下での連続発酵プロセスによる凝集性の安定化，ⅲ）無殺菌長期連続発酵プロセスの開発，ⅳ）二段直列連続発酵プロセスによる高濃度・高生産性・無殺菌連続発酵プロセスの開発の手順で連続発酵プロセスの開発を行った。

塔型リアクター1塔を用いて糖蜜を殺菌することなく連続発酵を可能とする条件を検討した結果，糖蜜培地にメタカリ（$K_2S_2O_5$）200 mg/l を添加することにより無殺菌連続発酵が可能とな

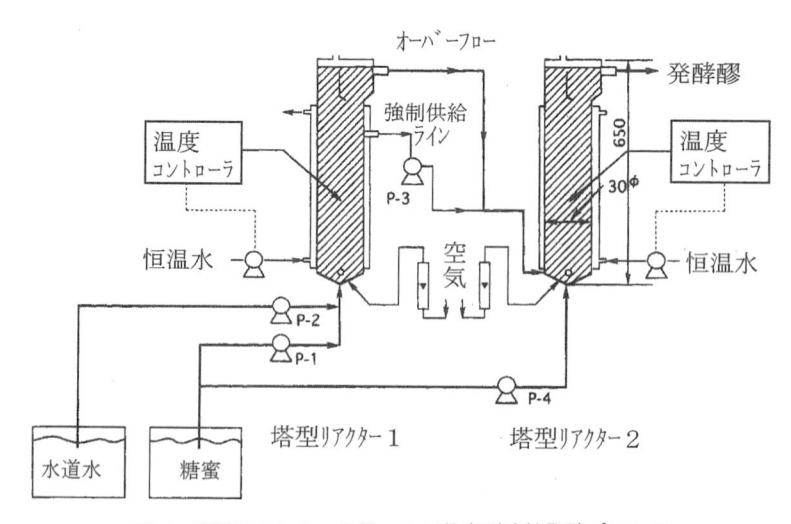

図4 塔型リアクターを用いた二段直列連続発酵プロセス

第1章　発酵技術の最前線

った。また，二段直列連続発酵の方が単段連続発酵よりも各糖蜜濃度において生成エタノール濃度が高かった。最終的に図4に示した二段直列連続発酵法において，酵母の活性を維持するために各塔に微量の通気，また直線阻害式に基づき1塔目の活性の高い酵母を2塔目に強制供給することにより，$D=0.2\,h^{-1}$の条件においても2塔目の生菌数を$1.4\times10^9\,cells/ml$に維持することができ，その結果生成エタノール濃度P 85 g/lを達成することができた。この値（P：85 g/l，PD：17 g/l/h）は，長期無殺菌連続発酵条件下で達成したもので，世界的に高い評価を得ている（図5　□Aは本成果）。なお，参考として報告されている生成エタノール濃度とその時の生産性を図5に併記した[16]。図から明らかなように，生成エタノール濃度が高くなると生産性が低くなる，すなわち発酵能が阻害されることが分かる。以上のような開発手順（i～iv）により高エタノール濃度下で長期無殺菌連続発酵技術を確立した。

この実績に基づき，環境省プロジェクトの一つに参加し，海外産糖蜜に比べて塩濃度が約2.5倍高い沖縄産糖蜜（灰分含量，150 mg/g-糖蜜）からのバイオエタノール生産プロセスの開発を，リアクターの後段に沈降分離部を設置した塔型リアクターと凝集性酵母KF-7株を用いて行っている。発酵醪中の生成エタノール濃度を8 vol%に抑えることにより，150日間の長期連続発酵試験が可能となり無殺菌長期連続発酵技術を確立することができた。この時の生成エタノール濃度および生産性は，$D=0.2\,h^{-1}$の条件でそれぞれ65 g/l，13 g/l/hであった。なお本研究開発では，後述する(4)項に記載したようにゼオライト膜にイオウが悪影響することから糖蜜培地にメタカリを添加することなく無殺菌連続発酵試験を実施した。また，同一条件で発酵温度の検討を行ったところ，発酵温度33℃で菌体活性が最も高かった。そこで，発酵温度33℃の条件で入口

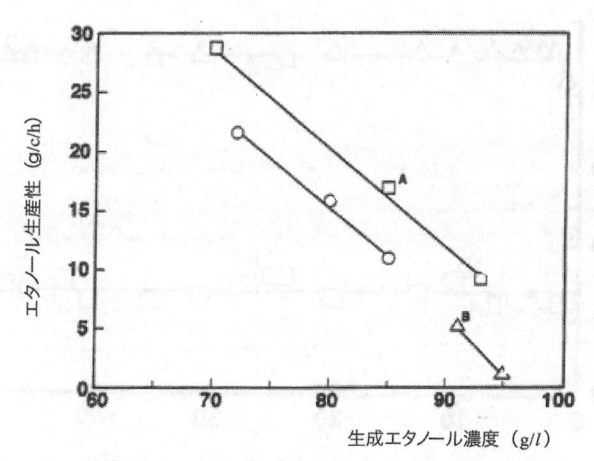

図5　生成エタノール濃度と生産性の関係（発酵温度30℃，
　　　糖蜜培地からのバイオエタノール生産）
　（□：固定化酵母による連続発酵，○：凝集酵母による連続発酵，
　△：回分or繰返し回分発酵）

糖濃度を高めることにより，生成エタノール濃度 70 g/l，生産性 14 g/l/h を達成することができた。今後は蒸留廃液削減のためのプロセス開発を行い，実用化につなげていく予定である。

③　繰返し回分発酵による燃料用エタノール製造技術の開発[17,18]

既存のプラント（発酵槽が主として機械撹拌型）を用いて高エタノール濃度下で工業用・燃料用エタノールが効率的に生産できないかとのニーズに応えるために，凝集性酵母 KF-7 株を用いた繰返し回分発酵技術の開発を行った。エタノール発酵用酵母でも高エタノール濃度下で基質（エネルギー源）がなくなると急激に死滅していくので，自動化繰返し回分発酵装置の開発を行った。回分発酵試験結果に基づき，発酵が終了すると通気と撹拌を自動的に停止させ，酵母が沈降した後，発酵醪を自動的に引き抜き，その後新しい糖蜜培地を供給し，通気と撹拌を始めることにより次の発酵を開始させるプログラムを作成した。KF-7 を育種した耐塩性を有する凝集性酵母 K 211 株を用いて繰返し回分発酵を行った結果，2～3 回の繰返し回分発酵後に発酵時間は 22 時間から 13 時間に短縮され，図 6 に示したように約 50 回の安定した繰返し回分発酵が可能となり，本条件で生成エタノール濃度 91 g/l，生産性 5.3 g/l/h を達成した（図 5　△B 参照）[19]。また本研究で，酵母の死滅とともに菌体中のトレハロース含量は減少すること，発酵温度が 30℃ から 33℃，35℃ と高くなるほどトレハロース含量が減少することを明らかにした[20]。繰返し回分発酵の特徴は，凝集性酵母を用いることにより発酵終了後，遠心分離機を用いることなく，静置するだけで酵母を簡単に回収できることであり，回分発酵技術としては世界に冠たるもので

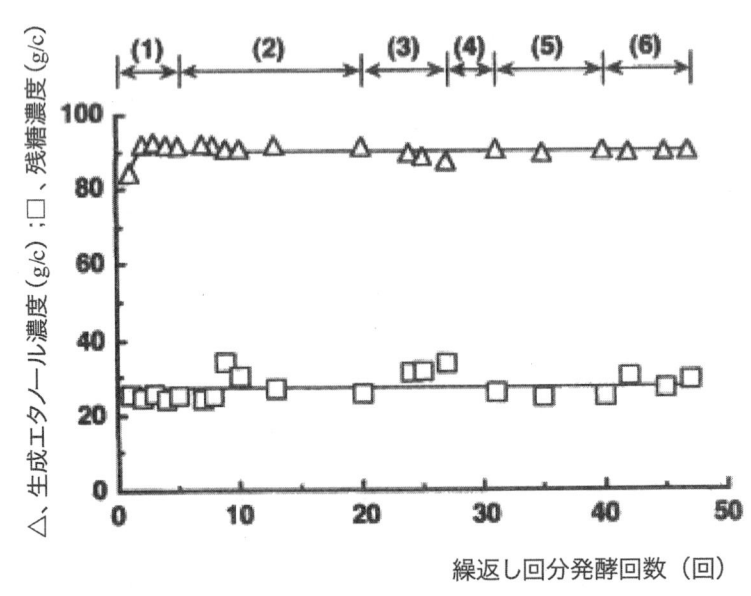

図 6　耐塩性・凝集性酵母による全糖濃度 22% 糖蜜培地での繰返し回分発酵
(1), (4)：30℃，(2), (5)：33℃，(3), (6)：35℃

第1章　発酵技術の最前線

ある。なお自動化されていないが，機械撹拌型発酵槽を用いた繰返し回分発酵法による工業用エタノール製造技術は，わが国の日本アルコール産業㈱出水工場で実用化されている。

④　機械撹拌型リアクターを用いた無殺菌連続発酵プロセスの開発

既存のプラント（発酵槽が主として機械撹拌型）を用いて高エタノール濃度下で海外産糖蜜での長期連続発酵ができないかとの同様なニーズに応えるために，凝集性酵母 KF-7 株と後段に沈降分離槽を有する機械撹拌型発酵槽を用いて連続発酵試験を実施した。各槽に空気を微量通気する二段直列連続発酵法により，$D = 0.075\ h^{-1}$ の条件のおいて2段目発酵槽の生菌数を $4-4.5 \times 10^8$ cells/ml に維持することができ，その結果，生成エタノール濃度 80 g/l，生産性 8 g/l/h を達成することができた。今後，実用化していくために実証試験を計画している。

(2) デンプン質系廃棄物である廃ジャガイモからのバイオエタノールの生産

農産廃棄物として廃ジャガイモと食品製造工程から排出されるシロップを用いて，連続発酵法による燃料用エタノール製造技術の開発を行った。廃ジャガとシロップを重量比で 2:1 に混合した後，酵素液化→糖化を行った。糖化液をさらにシロップと重量比で 1:3.8 に混合し（糖濃度，130.5 g/l），回分発酵試験により培地組成の検討を行った。硫安などの無機塩を加えることにより生成エタノール濃度は 60 g/l に達した。凝集性酵母 KF-7 を用いた塔型リアクターに無機塩を添加した混合液（糖濃度，146.5 g/l）を殺菌することなく連続供給し，発酵試験を行った。表1に示したように $D = 0.4\ h^{-1}$，発酵温度 33℃ の条件で生成エタノール濃度 65 g/l，生産性 20 g/l/h を達成することができた。

(3) 生協食堂残飯からのバイオエタノールの生産

人口減少の社会においても，2030年の人口予測では大都市や政令指定都市，県庁所在地の人口は増加する。そこで，筆者らは生ごみを都市型バイオマス資源としてとらえ，熊本大学黒髪北キャンパスの生協食堂から排出される残飯からのバイオエタノール生産を試みた。残飯は腐敗しやすいので衛生面から鮮度保持技術を確立する必要がある。乳酸菌培養液を残飯の表面に散布し重石を置くことを繰り返したところ，生ごみを1週間から10日間腐敗させることなく保存する

表1　廃ジャガイモと廃シロップからの連続発酵によるバイオエタノールの生産

連続発酵条件		発酵醪分析値		発酵試験結果	
希釈率 D (h^{-1})	発酵温度 (℃)	生成エタノール濃度 (g/l)	残糖 (g/l)	発酵収率 (%)	生産性 (g/l/h)
0.2	30	68.0	2.9	92.6	13.6
0.3	30	68.0	2.9	92.6	20.4
0.3	33	62.5	8.1	88.4	18.8
0.4	33	65.0	6.2	89.3	26

（入口糖濃度，146.5 g/l）

ことができた。また鮮度保持することにより，酵素糖化によるグルコース回収率は，腐敗した残飯と比較して10%強向上した。そこで，約1週間保存した生ごみに水を添加し（重量比で1：0.5），粉砕，酵素糖化した後，得られた糖化液（グルコース濃度64 g/l）を用いて連続発酵試験を行った。糖化液は殺菌することなく塔型リアクターに連続供給し，希釈率 D を段階的に上げていった結果，$D = 0.8 \, h^{-1}$，発酵温度30℃，pH無制御の条件で生成エタノール濃度約30 g/l，生産性約23 g/l/h を達成することができた。

都市型資源循環モデル事業とするためには，事業系だけでなく家庭系生ごみからのバイオエタノール製造技術の開発を行っていく必要がある。平成18年度は，熊本市の協同モデル事業で新町の25軒の家庭と鮮度保持試験を行うことができたので，平成19年度はバイオマス等未活用エネルギー事業調査事業で350軒の家庭と鮮度保持試験に取り組んでいる。皆さんの環境意識も高く，住民参加型モデル事業として熊本市および熊本県とともに生ごみからの燃料用バイオエタノール生産を事業化していく予定である。

(4) セルロース系バイオマス（建築廃材）からの燃料用エタノールの生産

NEDOプロジェクト「バイオマスからの高効率エネルギー変換技術開発」の中でバイオエタノール製造技術に参加し，2002～05年度にわたってバイオマスからの燃料用エタノール製造プロセスの開発を行った。

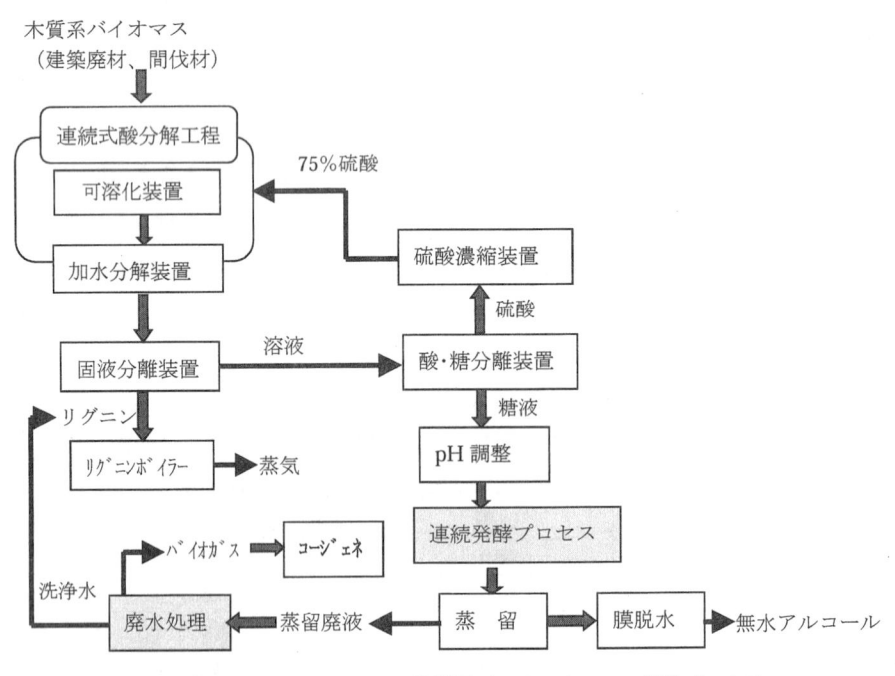

図7 木質系バイオマスからの燃料用バイオエタノール製造プロセス

第1章 発酵技術の最前線

バイオエタノール製造技術開発は，日揮㈱およびアルコール協会を中心に大学との産学官共同研究により実施した。原料は主として建築廃材で，図7に示したように濃硫酸で加水分解した後，硫酸を分離して得られた酸糖化液を用いて凝集性酵母 KF-7 でエタノール連続発酵を行い，発酵醪を蒸留および膜脱水で燃料用エタノールを製造するものである。筆者らは，上述したように凝集性酵母による糖蜜からのエタノール発酵に関して多くの実績を有していることから[14~20]，本プロジェクトでは①凝集性酵母によるエタノール連続発酵および蒸留廃液の処理プロセスの開発と，②耐酸性および耐熱性を有する凝集性酵母の育種を担当したが，ここでは①のプロセスに関して概略する。

開発当初，酸糖化液にメタカリ（$K_2S_2O_5$）を添加することにより無殺菌連続発酵プロセスを確立できたが，膜脱水に使用しているゼオライト膜にイオウが悪影響することが分かった。そこで，メタカリ無添加で無殺菌長期連続発酵の検討を行った結果，発酵 pH 4, $D = 0.2\ h^{-1}$ の条件で可能となり，本条件での生成エタノール濃度 65 g/l，発酵収率 85% で，この時の生産性 PD は 13 g/l/h に達した[21]。

一方，アルコール蒸留廃液には SO_4^{2-} が pH 4 において約 3,000 mg/l 含まれていたので，固定床型リアクターでメタン発酵と脱硫同時処理を行った（表2参照）。メタン発酵槽の上部に空気をバイオガス発生量に対して 7.5% 供給することにより，バイオガス中の H_2S 濃度は約 10,000 ppm から 100 ppm 以下に低減でき，TOC 容積負荷を 3 g/l/d まで高めることが可能となった。また，メタン発酵処理水には NH_4^+-N が約 400 ppm 含まれていたので，表2に示した循環式生物学的脱窒・硝化処理で NH_4^+ とメタン発酵で残存する有機酸を同時除去した。その結果，硝化処理水の N は約 35 ppm まで減少し，主として NO_3^- として残存していた。

なお，本技術（建設廃材等からの燃料用エタノール生産）は，米国 DOE バイオリファイナリー建設プロジェクトに採択され，日揮㈱と米国 Arkenol 社などとの共同で実用化されるとのこ

表2　蒸留廃液の生物学的処理と各工程における水質の変化

蒸留廃液 → 脱硫メタン発酵 →f→ 脱窒処理 →3f→ 好気性処理 →3f→ 硝化処理 →f→ 処理水（2f 循環）

	蒸留廃液	脱硫メタン発酵	脱窒処理	好気性処理	硝化処理		処理水
TOC (mg/l)	20,350	1,030	527	420	296	275	275
SO_4^{2-} (mg/l)	3,000	1	ND	ND	ND	ND	ND
NO_3^--N (mg/l)	75	39	32	4	25	30	30
NH_4^+-N (mg/l)	388	84	31	31	10	4	4
CODcr (mg/l)	65,000	6,950	2,877	1,280	950	840	840
BOD (mg/l)	50,000	1,150	475	217	137	137	137

2.1.4 今後の展望

　世界の燃料用エタノールの生産は，現時点では主としてケーンジュースや糖蜜，デンプン質を原料として発酵法により生産されている。一方，わが国では輸入した糖蜜からの工業用エタノール生産を事業化してきたが，蒸留廃液の問題でほとんど実施されなくなった。また，わが国の食糧事情からデンプン質系よりも木質系バイオマスからの燃料用エタノール生産のための製造プロセスの開発が先行した。しかし，現時点での世の中の動きは，糖質系やデンプン質系であり，この情勢を踏まえてわが国においても事業化のためのモデル事業が始まった。

　化石燃料は枯渇する資源であり，また原油価格が1バレル60ドル死守というOPECの姿勢（2007年11月現在，90〜100ドル/バレル）から，代替エネルギーとしての燃料用エタノールの増産は，アメリカやブラジル，中国を筆頭に各国でますます加速されるものと予想される。わが国も輸入だけに頼らずに，地域特性を活かしたバイオマス資源からの燃料用エタノールの生産を目指す必要がある。

　世界の開発状況を見ると，食糧との競合を避けるために木質系・草本系バイオマス資源からの燃料用エタノール生産に関する研究が盛んに行われるようになった。わが国では先行した技術成果に基づき，バイオエタノールジャパン関西が製造プラントを建設し，建設系廃木材からのエタノール製造が商用化している。わが国が開発してきた技術は，主として希硫酸法や濃硫酸法である。一方，世界の動きは，前処理→酵素糖化が主流となっている。海外の研究開発内容を注視し，2020〜30年に向けてソフト・ハードバイオマスからの燃料用エタノール生産技術を開発していくことが緊急の課題である。

　バイオマスから製造された燃料用エタノールは，生活スタイルを変えることなく自動車燃料として使用していくことができる。したがって，エネルギー戦略だけでなく，地球温暖化防止にも大きく貢献できることから，技術の開発だけでなくわが国の政策として実用化することが肝要である。

文　　献

1) Lindeman, L. R., Rocchiccioli, C., *Biotechnol. Bioeng.*, **20**, 1107 (1979)
2) 上田誠之助, 醗酵と工業, **38**, 1028-1033 (1980)
3) 斉藤健, 化学と工業, **32**, 520-522 (1979)

第1章　発酵技術の最前線

4) Cysewski, G. R., Wilke, C. R., *Biotechnol. Bioeng.*, **20**, 1421-1444 (1978)
5) Singh, V., New Technology for Value Added Processing of Corn for Dry Grind Ethanol, in World Fuel Ethanol Congress, 28-31/Oct/01, Beijing Hotel (China)
6) Wada, M., Kato, J., Chibata, I., *Eur. J. Appl. Microbiol. Biotechnol.*, **8**, 241-247 (1980)
7) 八木桂明，日本能率協会シンポジウム，バイオマスとバイオテクノロジー '84，講演要旨，3-25 (1984)
8) 長島実，東真幸，野口貞夫，大塚恵一，日本能率協会シンポジウム，バイオマスとバイオテクノロジー '84，講演要旨，3-33 (1984)
9) Rosario, E. J., Lee, K. J., Rogers, P. L., *Biotechnol. Bioeng.*, **21**, 1477 (1979)
10) Seki, T., Myoga, S., Savitree, L., Uedono, S., Jaroon, K., Taguchi, H., *Biotechnol. Lett.*, **5**, 351-356 (1983)
11) Prince, I. G., Banford, J. P., *Biotechnol. Lett.*, **4**, 469-474 (1982)
12) Kuriyama, H., Seiko, Y., Murakami, T., Kobayashi, H., Sonoda, Y., *J. Ferment. Technol.*, **63**, 159-165 (1985)
13) 西田良一，化学経済，**8**，26-32 (1985)
14) K. Kida, M. Yamadaki, S. Asano, T. Nakata, Y. Sonoda, *J. Ferment. Bioeng.*, **68**, 107-111 (1989)
15) K. Kida, S. Asano, M. Yamadaki, K. Iwasaki, T. Yamaguchi, Y. Sonoda., *J. Ferment. Bioeng.*, **69**, 39-45 (1990)
16) 木田建次，森村茂，鍾亜玲，生物工学会誌，**75**，15-34 (1997)
17) K. Kida, S. Morimura, K. Kume, Y. Sonoda, *J. Ferment. Bioeng.*, **74**, 169-173 (1992)
18) 鐘亜玲，森村茂，木田建次，生物工学会誌，**73**，109-112 (1995)
19) S. Morimura, Z. Y., Ling, K. Kida, *J. Ferment. Bioeng.*, **83**, 271-274 (1997)
20) Z. Y., Ling, S. Morimura, K., Kida, *J. Ferment. Bioeng.*, **80**, 204-207 (1995)
21) Y. Tang, M. An, K. Liu, S. Nagai, T. Shigematsu, S. Morimura, K. Kida, *Process Biochemistry*, **41**, 909-914 (2006)

2.2 アーミング酵母によるエタノール発酵

近藤昭彦*

2.2.1 はじめに

21世紀に入って，資源・環境問題はますます深刻になりつつあり，石油を代表とする化石資源の枯渇問題から再生可能資源の導入や省エネルギー化，そして温室ガス削減に向けてバイオマスの大幅導入が極めて大きな課題となっている。この様な変革を進めるために，現在精力的に取り組まれているのが，バイオマスからのエタノール製造である。バイオマスから発酵法により製造されるエタノールは「バイオエタノール」とよばれる。バイオエタノールは多様な液体燃料として利用できるとともに，多くの基幹化学品の出発原料となる。

現段階でのバイオエタノール生産に関しては，ブラジル，米国が世界をリードしている。ブラジルではサトウキビ由来の糖液から，また米国ではコーンデンプンをアミラーゼにより糖化して得られるグルコースを原料として生産が行われている。米国を見ても近年，バイオエタノールの生産量は急拡大を続けており，2006年で1,985万kLに達しており，ブラジルを抜いて世界一の生産国となった。問題は，原料として利用できるコーンに限界があることである。こうした需要をまかなうためには，どうしてもリグノセルロース系バイオマスからのバイオエタノール生産が必須となり，米国エネルギー省（DOE）を中心とした研究開発が精力的に行われている。また，デンプンからのバイオエタノール生産においても如何に省エネルギー的に生産を行えるかが極めて重要な課題である。日本においても，「バイオマス・ニッポン総合戦略」の下，研究開発が活発に行われている。本稿では，バイオエタノール生産における技術課題，将来の方向性，我々の取り組みについて紹介する。

2.2.2 リグノセルロースからのバイオエタノールの生産

米国でのリグノセルロース系バイオマスのターゲットは，コーンストーバー（農産廃棄物である茎や葉等），スイッチグラス，ポプラ等が想定されている。一方我が国においては，廃材や古紙等の廃棄物，稲わらやバガス（サトウキビの搾りかす）等の農産廃棄物等が想定されて開発が行われてきている。リグノセルロース系バイオマスの利用がコーン等のデンプン系バイオマスよりも困難なのは，その構造が複雑であるためである。リグノセルロース系バイオマスは，セルロース，ヘミセルロース，リグニンからなる（図1）。セルロースはグルコース（C6糖）から構成され，ヘミセルロースはグルコースに加えて，キシロースやアラビノース等のC5糖から構成されている。木質系バイオマスでは，C5糖の含有率は低いが，コーンストーバーやスイッチグラス等のソフトバイオマスでは，30〜40%と含有率は高い。

---

* Akihiko Kondo　神戸大学大学院　工学研究科　応用化学専攻　教授

第1章　発酵技術の最前線

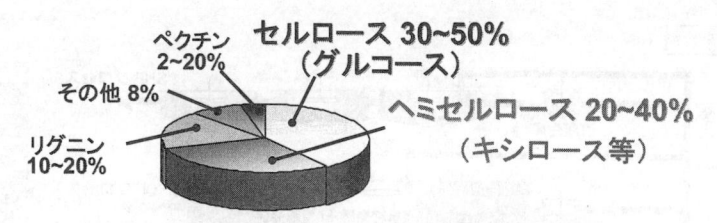

図1　リグノセルロースの構成成分

　リグノセルロース系バイオマスからのバイオエタノール生産は，「バイオマス前処理・糖化→酵母によるバイオエタノール発酵」で行われるが，最大の問題はその製造コストである。製造コストの低減を考えていく上では，まずバイオマス前処理・糖化工程を簡略かつ省エネルギー的に革新していくことが極めて重要である。次に得られる糖は，C5糖とC6糖の混合物であるため，これを総て収率よくバイオエタノール発酵できる微生物の開発が求められる。残念ながら多くの微生物はC5糖を発酵することができないので，効率の良いC5糖発酵性をいかにして微生物に付与するかは大きな課題となる。特に，C6糖が存在するときに，C5糖を効率よく発酵する微生物を創製することが大きな課題である。バイオマスの糖化・発酵を通じてのバイオエタノール収率はプロセスの経済性に大きく影響するため，全体を統合して最適化することが重要である。また，プロセス自体は常に微生物による汚染にさらされているため，実用化に当たっては微生物の混入が起こりにくい条件下で発酵生産できることが大切である。すなわちプロセス全体のオペレーションが簡便であることが強く求められる。

　リグノセルロースからのバイオエタノールは現状ではその商業的な生産に至っていない。バイオエタノールの需要を考えたとき，その実用化に向けた研究開発を加速することが極めて重要である。

2.2.3　今後の発展を考える上での方向性—コンソリデーティッドバイオプロセス（CBP）—

　図2には，リグノセルロースからのバイオエタノール生産プロセスを示すが，下に行くほどシステムインテグレーションによる簡略化が進んだものである。前処理は大きくいって，①糖化までを行う手法（濃硫酸法や超臨界法等で非酵素的手法と呼ばれることもある）と，②酵素による糖化を促進するよう物理化学的処理を行う手法（水熱法，アンモニア爆砕法，希硫酸法等）の2つに分けられる。しかしながら，たとえ糖化までを行う前処理を採用した場合でも完全に単糖まで分解することは難しく，エタノール収率を向上させるためには，実際には多少なりとも酵素を加える必要がある。図において現在までの世界の開発の中心はSSCF（Simultaneous saccharification and co-farmentation）である。米国では，様々な前処理とセルラーゼやヘミセルラーゼによる糖化を組み合わせたSSCFプロセスの開発が精力的に行われている。技術開発としては，プロセス全体をより簡略化する方向であるのは明白である。このためには，バイオマスの糖化に

SHF：Separate hydrolysis and fermentation
SSCF：Simultaneous saccharification and co-fermentation
CBP：Consolidated bioprocessing

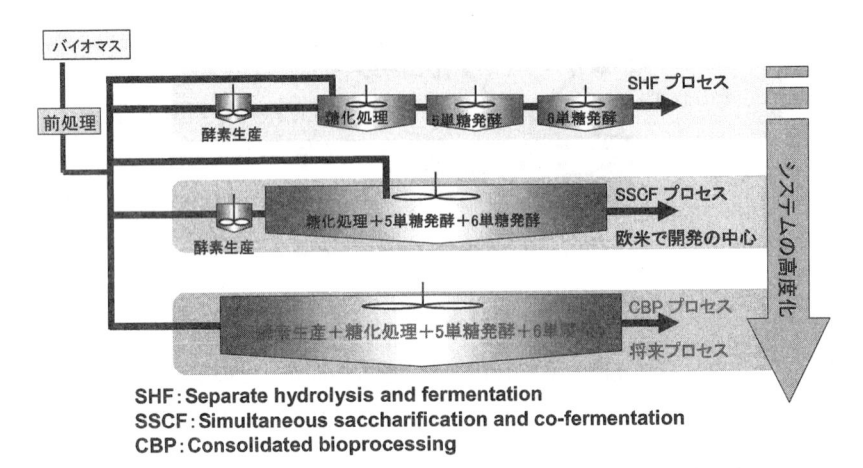

図2 コンソリデーティッドバイオプロセス（CBP）の開発

必要な酵素群を生産し，糖化と得られる多様な糖（5単糖と6単糖の混合物）の発酵を同時に効率よく行えるようなスーパー微生物を開発していく必要がある。こうしたスーパー微生物を活用したコンソリデーティッドバイオプロセス（Consolidated Bioprocessing；CBP）の開発が極めて重要になるが，世界的にも，このプロセスコンソリデーションの流れが大きな潮流となっている。米国においても，今年度から3カ所に連邦政府の支援を受けてのバイオ燃料センターが設置され，長期的なビジョンにたったバイオ燃料研究が開始されているが，大きな方向性として"プロセスコンソリデーション"が強く打ち出されている[1]。

もう一つの重要な方向性は，リグニンを含めたバイオマスの完全利用である。リグニンを構成する芳香族化合物を利用した有用化学品の生産やプラスチックの生産は，プロセスの経済性を上げていく上でも極めて重要である。統合的な生産システムの最適化を行っていく必要がある。

2.2.4 微生物によるバイオマス変換におけるキーテクノロジー―アーミング技術―

前節で述べた様に，CBPによるバイオマスからの化学原料や燃料生産におけるキーテクノロジーの一つとなるのが，微生物の細胞表層に酵素等の機能性タンパク質をディスプレイして，細胞に新しい機能を付与する細胞表層工学技術（アーミング技術）である。現在，酵母を中心に様々な微生物でその応用が開拓されつつある。筆者らは，酵母や乳酸菌における細胞表層工学技術を開拓しつつある。細胞表層工学は，これまで化学的な手法を用いて行われてきた物質生産を，微生物機能を利用した生産へと切り替えるうえで，中心技術の一つとして期待されている。細胞表層（細胞壁，細胞膜）は細胞の構造や形態を維持するだけでなく，物質の認識やシグナルの伝達，酵素反応等の場として重要な役割を果たしている。この細胞表層に種々の機能性タンパク質やペプチドをディスプレイして，新しい機能を持った細胞を創製することが活発に行われ，細胞表層工学として展開してきている[2~5]。特に酵母を使った細胞表層ディスプレイ系は，酵母が遺

第 1 章　発酵技術の最前線

伝的解析の進んだ真核細胞であり，安全性が高く，堅牢な細胞壁構造を持つこと等，利点が多い。

　酵母 *Saccharomyces cerevisiae* の細胞表層は，グルカン層と，それに結合して細胞表層に局在する糖タンパク質とからなる頑丈な細胞壁で覆われている。酵母から動植物の広い範囲にわたって真核生物の細胞表層に局在する糖タンパク質は，N 末端に分泌シグナルと C 末端に GPI（グリコシルフォスファチヂルイノシトール）アンカー付着シグナルという 2 つの疎水性シグナルを持ち，GPI アンカーを介してグルカン層に共有結合する。酵母では，性凝集素タンパク質である α-agglutinin と a-agglutinin や，凝集性酵母におけるレクチン様凝集タンパク質であるフロッキュリン Flo 1 が代表的な GPI アンカー付着シグナルを持つタンパク質である。したがって，目的タンパク質を，こうした GPI アンカー付着シグナルを持つタンパク質との融合タンパク質として発現させることで，細胞表層ディスプレイできる（図 3(A),(B)）[2〜5]。また，Flo 1 の細胞壁付着領域を活用したまったく新たな方法も開発されている（図 3(C)）。現在までに，筆者らは酵母で，ペプチドから分子量のかなり大きなタンパク質（例えば，分子量 136 kDa の *Aspergillus aculeatus* β-glucosidase）まで多種多様な分子のディスプレイに成功している[5]。また，目的タンパク質の N 末および C 末のどちらを利用しても細胞表層ディスプレイできる様にアンカーの開発を行っている（図 3）[5]。いずれの場合も酵母では，細胞 1 つ当たり 10^5〜10^6 個とかなり多くの分子がディスプレイできることが明らかとなっている[6]。

　また，バクテリアにおいても，*Lactobacillus* や *Lactococcus* 属に代表される乳酸菌[7]や，大腸菌[8]，コリネ型細菌[9]等の各種の細胞表層ディスプレイ系の開発も進んでおり，目的に応じて選択することが可能になってきている。

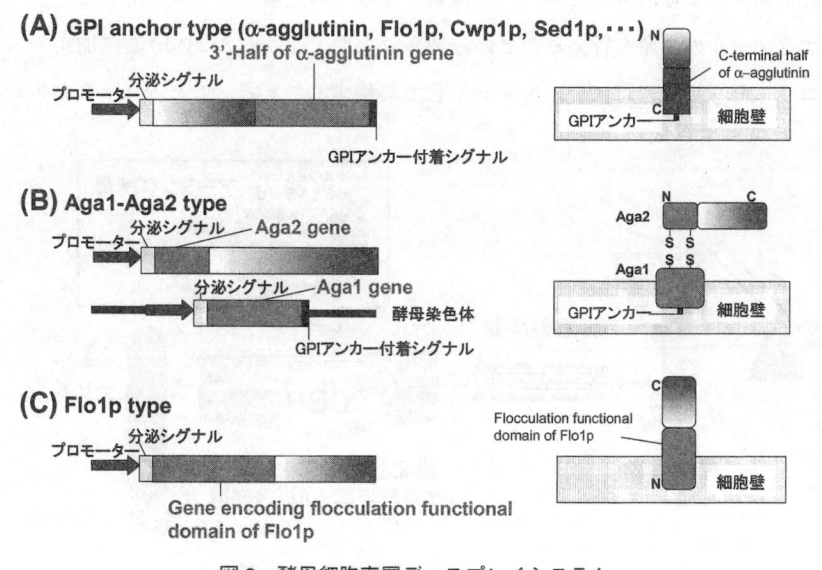

図 3　酵母細胞表層ディスプレイシステム

2.2.5 リグノセルロース系バイオマスからのバイオエタノール生産

　図4に示すように，セルラーゼやヘミセルラーゼを細胞表層に提示したアーミング微生物にＣ5発酵性を賦与することで，CBPに用いる微生物を創製することが可能である。前処理や酵母に提示すべき酵素群は，バイオマスの種類によって異なるが，基本的には多くのバイオマスに適用可能な基本システムである。表層に提示した酵素の活性を向上させることで，前処理をより簡略化できる。ここで，細胞表層に酵素を提示する利点は，連続発酵や繰り返し発酵を行ううえで，酵素が細胞に"固定化"されているために細胞をリアクター内に保持させると自動的に酵素も保持できる点にある。また，細胞表層に提示された酵素は遊離状態より高い安定性を示す場合も多い。

　リグノセルロース資源はセルロース，ヘミセルロース，リグニンの複合体であるが，純粋なセルロースにおいても，その分解には複数の酵素の関与が必要である（図5A）。まずエンド型セルラーゼであるエンドグルカナーゼが非結晶領域を分解し，生じた末端からエキソ型セルラーゼであるエキソセロビオヒドロラーゼが結晶領域を分解する。さらに両セルラーゼの相乗作用で，セルロースはセロビオースを主生成物とする可溶性のセロオリゴ糖にまで分解された後，β-グルコシダーゼによってグルコースへと変換される。したがって，各種セルロース資源から直接バイオエタノール生産できる酵母を創製するには，いくつかのセルラーゼを細胞表層にディスプレイして集積する必要がある（図5B）。筆者らは，まず酵母 S. cerevisiae の細胞表層にエンドグルカナーゼとβ-グルコシダーゼとを，α-アグルチニンを用いてディスプレイすることを試みた[10]。両酵素の細胞表層へのディスプレイがプレートアッセイで確認できたため，大麦β-グルカン（分岐構造を持つ可溶性のセルロース繊維）を唯一の炭素源として発酵したところ，効率よくバイオエタノールの生産を行えることが確認された[10]。これら2つの酵素に加えてエキソセロビオヒドロラーゼを細胞表層にディスプレイして集積することで，アモルファスセルロースから

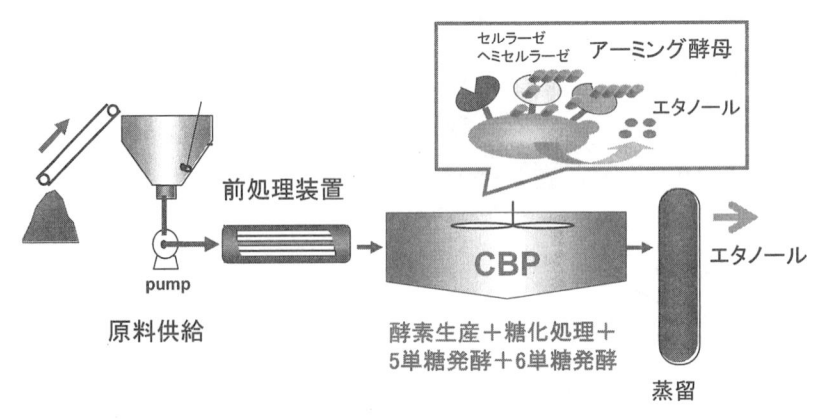

図4　アーミング酵母を活用したCBP

第1章 発酵技術の最前線

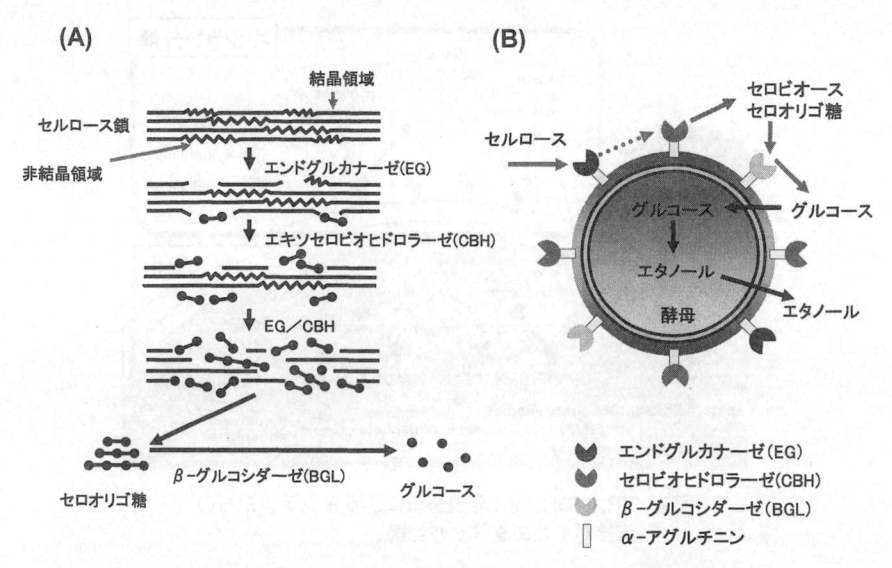

図5 セルロースの酵素による分解(a)およびセルラーゼを細胞表層ディスプレイしたアーミング酵母によるセルロースのバイオエタノールへの変換(b)

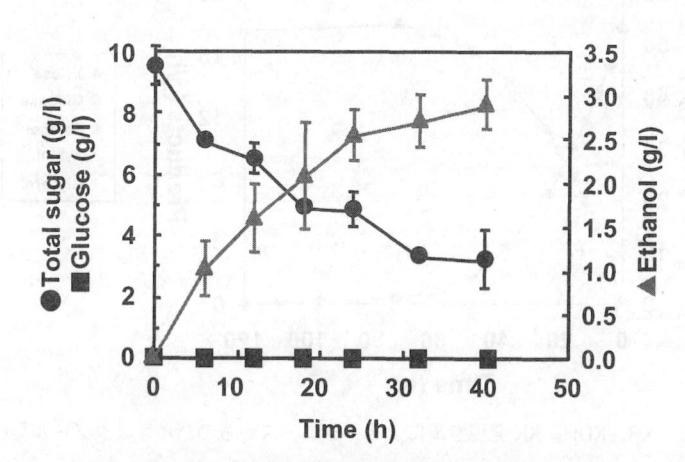

図6 エンドグルカナーゼ，エキソセロビオヒドロラーゼ，β-グルコシダーゼを細胞表層ディスプレイしたアーミング酵母によるセルロース原料（β-グルカン）からの直接バイオエタノール生産

も直接バイオエタノールが生産できた（図6)[11]。

さらにヘミセルロースの主成分であるキシランおよび，その加水分解物であるキシロオリゴ糖やキシロースから直接バイオエタノール発酵可能なアーミング酵母の創製を試みた（図7)[12]。酵母はキシロースの様なC5糖を発酵できないため，まずキシロース代謝に必要な酵素，Pichia stipitis 由来のキシロースレダクターゼ（XR）とキシリトールデヒドロゲナーゼ（XDH），S. cerevisiae 由来のキシルロキナーゼ（XK）を菌体内に過剰発現させた。これら3種類の酵素を

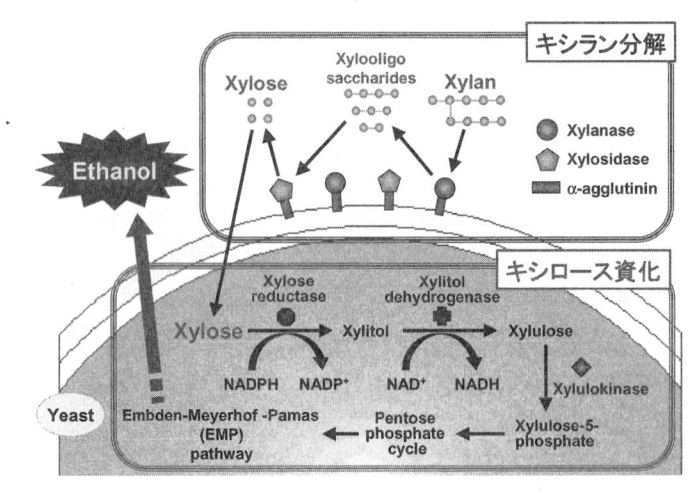

図7 XR，XDH，XK発現酵母によるキシランからの
直接バイオエタノール発酵

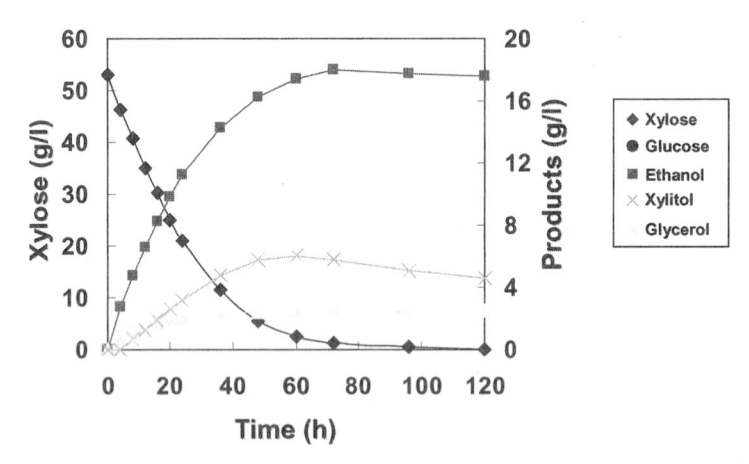

図8 XR，XDH，XK発現酵母によるキシロースからのバイオエタノール発酵

発現させた酵母は，キシロースからの直接発酵が可能であった（図8）。そこで，このキシロース発酵性酵母の細胞表層にキシラン分解酵素をディスプレイし，キシランを原料としたバイオエタノール発酵を検討した。キシラン分解酵素（T. reesei キシラナーゼと Aspergillus oryzae β-キシロシダーゼ）は，アミラーゼやセルラーゼ等の表層ディスプレイと同様に，α-アグルチニンを利用して酵母 S. cerevisiae の細胞表層に提示した。各酵素は活性を有した状態で酵母の細胞表層に提示されていることが確認され，さらにこの酵母がキシランをキシロースに分解可能であることが明らかとなった。したがって，このアーミング酵母による同時糖化・発酵では，図5に示す様に酵母の細胞表層に提示されたキシラン分解酵素がキシランをキシロースに分解し，次いでキシロースが酵母内に取り込まれ，酵母のペントースリン酸経路を経由してバイオエタノー

第1章 発酵技術の最前線

ルに変換されると期待された。発酵試験の結果，キシランを分解し，キシロースを炭素源としてバイオエタノールを生産していることが明らかとなった。

2.2.6 アーミング酵母を用いたリグノセルローからのバイオエタノール生産例

具体的なバイオマス変換へのアーミング酵母の利用として，木材チップ等のセルロース資源からのバイオエタノール生産をNEDOのプロジェクトにおいて検討した。この場合は，実用的なバイオエタノール生産速度を達成するために，前処理としてはかなり厳しい条件のものであるが，確実な分解が可能な濃硫酸法を用いている。そして，濃硫酸法とキシロースおよびセロオリゴ糖発酵能力を付与したアーミング酵母と組み合わせを試みた。すなわち木質系バイオマスをまず，濃硫酸処理等の物理化学的処理を行うことで，ヘミセルロースをほぼ分解するとともに，セルロースを可能な限り分解する。得られる糖混合物（グルコース，ペントース，オリゴ糖，セルロース部分分解物等を含む）をアーミング酵母で発酵させてバイオエタノールを製造しようとするものである。アーミング技術の活用により，セルロースを完全に分解しなくても発酵が可能となるため，前処理への負荷を小さくできる。また，酵素等の添加が不要であるため，低コスト化が可能であると考えられる。図9は，キシロース発酵性を持つ酵母の細胞表層にβ-グルコシダーゼを発現させ，セロオリゴ糖発酵性を持たせたアーミング酵母を用いて，モデル混合糖（キシロース，マンノース，セロビオース）からの発酵を，コントロールの酵母と比較した結果を示す。アーミング酵母においては，大きく収率が向上することがわかる。この酵母を用いて，濃硫酸処理で得られる混合糖からの発酵を行ったが，糖化液中に含まれるキシロースやセロオリゴ糖の発酵

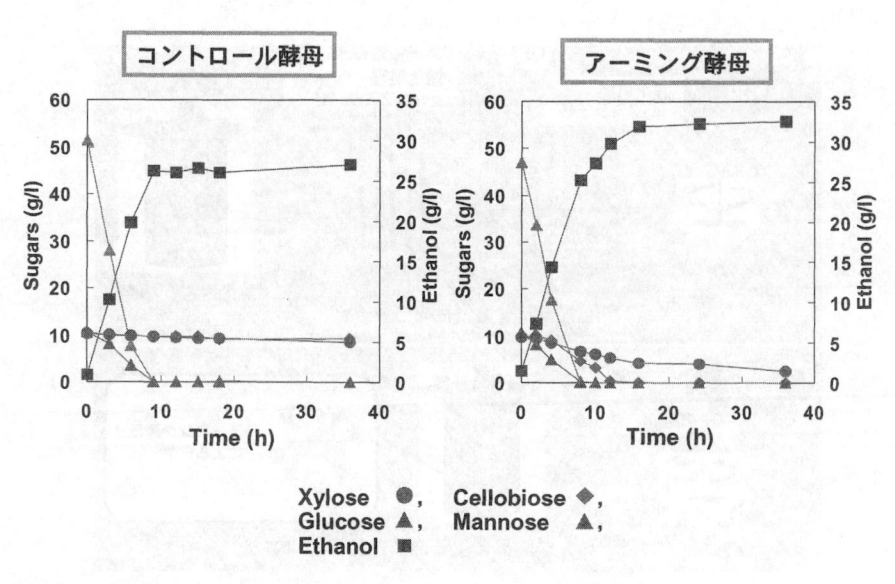

図9 コントロール酵母およびキシロース・セロオリゴ糖発酵性アーミング酵母による混合糖からのバイオエタノール発酵

が可能となるため，同様に収率が大きく向上することが明らかとなった[13]。また，発酵阻害はほとんど見られなかった。この様に，濃硫酸法のように厳しい条件でも完全に単糖まで分解することは難しいため，アーミング技術を用いることが重要であるといえる。現在，様々な前処理法との組み合わせについて検討を行っている。

2.2.7 デンプン系バイオマスからのバイオエタノール生産

デンプンからのバイオエタノール生産においても，糖化と発酵を同時に行える微生物を用いてCPBを構築することで，大幅な省エネルギー化とコスト削減が可能となる。現在行われているコーンスターチ等のデンプンからのバイオエタノール発酵生産プロセスを図10に示す。まずデンプンにα-アミラーゼ（液化酵素）を作用させるとともに，高温蒸煮処理（140～180℃）することで，デンプンを液化し，これにグルコアミラーゼ（糖化酵素）を作用させることで，グルコースへの分解（糖化）を行い，酵母によりバイオエタノール発酵を行う。デンプン系の場合は，総てC6糖となるため，発酵自体は容易である。一方出来るだけ省エネルギー化を図るため，微生物汚染を防ぐことを目的とした程度の前処理を行ったデンプンからの発酵が重要となる。筆者らは，アーミング技術を用いて細胞表層に各種のアミラーゼを提示した新機能アーミング酵母を創製し，可溶性デンプンや低温蒸煮デンプンを原料としたバイオエタノール発酵を行ってきた[14,15]。さらには，蒸煮処理を行わない生デンプンからの直接バイオエタノール変換にも成功した[16]。

ここでは，アミラーゼ表層提示酵母を用いて生デンプンを炭素源としたバイオエタノール生産

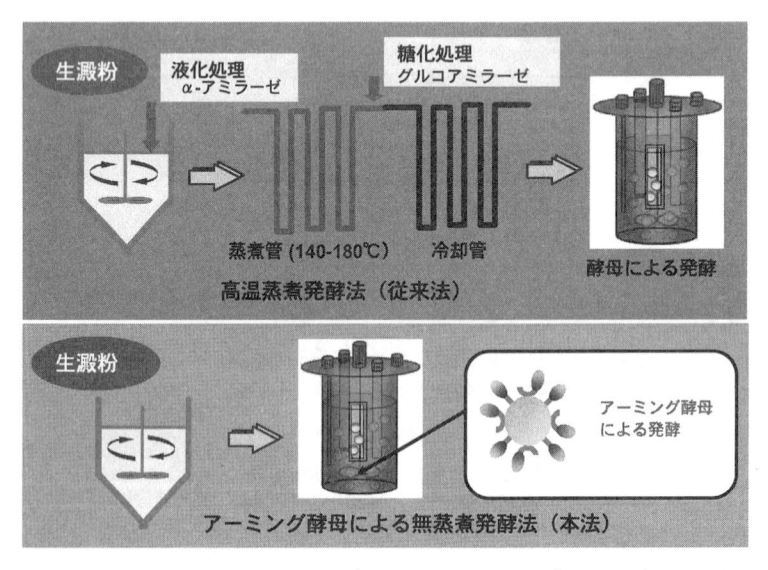

図10　生デンプンからの直接バイオエタノール発酵生産—従来プロセスとアーミング酵母を用いるプロセスの比較

第1章　発酵技術の最前線

を紹介する。すなわち，*Rhizopus oryzae* グルコアミラーゼを α-アグルチニンと融合させた形で発現させ，*Streptococcus bovis* の α-アミラーゼを Flo 1 p と融合させた形で発現させた。ここで，2つの酵素を異なるアンカーで提示した理由は，*R. oryzae* グルコアミラーゼは N 末側にデンプン結合ドメイン（SBD）を持つため，C 末側に α-アグルチニンを融合させ，*S. bovis* の α-アミラーゼは逆に C 末側に SBD を持つことから，N 末側に Flo 1 p を融合させるシステムを用いた。創製したアーミング酵母を用いて，無蒸煮デンプンを直接の炭素源としたバイオエタノール発酵を試みた。酵母菌体は SD 選択培地中で好気条件下において生育させた後，集菌し，新鮮な無蒸煮デンプンを含む培地中に移して嫌気条件下でバイオエタノール発酵を行った。発酵試験の結果，この酵母は発酵条件下で効率よく無蒸煮デンプンを分解し，分解により生じるグルコースを代謝してバイオエタノールを生産していることが明らかとなった（図11）[16]。また，図12

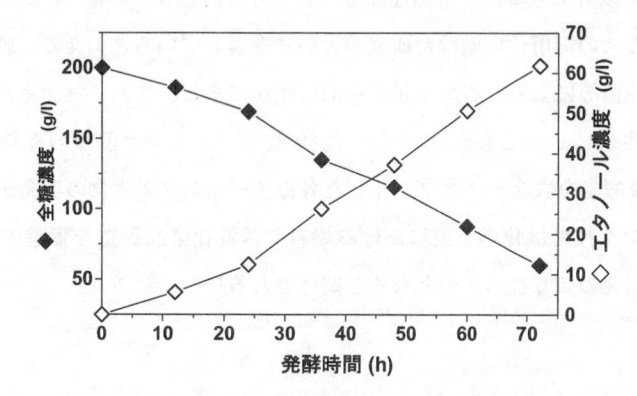

図11　α-アミラーゼおよびグルコアミラーゼを表層ディスプレイするアーミング酵母による生デンプン（コーン）からの直接バイオエタノール発酵

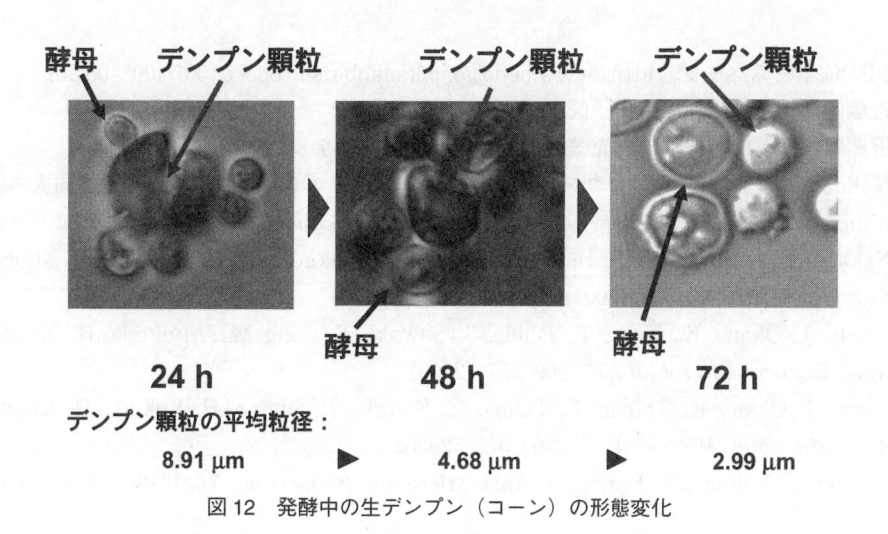

24 h　　　48 h　　　72 h

デンプン顆粒の平均粒径：
8.91 μm　▶　4.68 μm　▶　2.99 μm

図12　発酵中の生デンプン（コーン）の形態変化

には，デンプン粒子形態の経時変化を示すが，分解により徐々にサイズが小さくなっていることがわかる。このアミラーゼ表層提示酵母を用いることで，デンプンからのバイオエタノール発酵においてコスト上昇の原因となっているデンプン分解酵素の添加やデンプンの蒸煮処理を省略することが可能となると考えられる。この結果は世界的に見ても前例のない成果であり，高効率，低コストなデンプン資源からのバイオエタノール生産プロセスの実用化が大きく前進すると期待される。

2.2.8 おわりに

　以上，バイオエタノール生産に向けたアーミング酵母を具体例としてアーミング技術について紹介した。アーミング酵母の育種においては，実用酵母株の遺伝子工学に関する基盤的な研究開発も重要であり，例えば酵母ゲノムに多くの遺伝子を導入する方法などの開発が進んでいる[17]。また，S. cerevisiae 以外にも多様な耐熱性酵母の利用も検討されている[18]。この様に，バイオエタノール生産プロセスの実用化に向けた研究が大いに進展しているといえる。乳酸生産に関しても，アーミング乳酸菌等により，省エネルギー的に生産できる。また，油脂系バイオマスからのバイオディーゼル生産においてもそのリパーゼ表層提示アーミング酵母の有効性が示されている[19]。さらに多彩な酵素を表層ディスプレイした各種アーミング微生物の開発が進められていることから，アーミング技術は化学工業における燃料や基幹化学品製造を促進するコンソリデーティッドプロセス開発の切り札の一つとなると期待される[20,21]。

文　　献

1) NEDO ホームページ，http://www.nedo.go.jp/kankobutsu/report/1007/1007-08.pdf
2) 近藤昭彦，植田充美，遺伝子医学，5，299（2001）
3) 近藤昭彦，福田秀樹，植田充美，田中渥夫，生物工学会誌，79，363-367（2001）
4) 植田充美，近藤昭彦（編），コンビナトリアル・バイオエンジニアリング，化学同人（2003）
5) Kondo, A., Ueda, M. (Review), *Appl. Microbiol. Biotechnol.*, 64, 28-40 (2004)
6) Nakamura, Y., Shibasaki, S., Ueda, M., Tanaka, A., Fukuda, H., Kondo, A., *Appl. Microbiol. Biotechnol.*, 57, 500-505 (2001)
7) Narita, J., Okano, K., Kitao, T., Ishida, S., Sewaki, T., Sung M.H., Fukuda, H., Kondo, A., *Appl. Environ. Microbial.*, 72, 269-275 (2006)
8) Narita, J., Okano, K., Tateno, T., Tanino, T., Sewaki, T., Sung M.H., Fukuda, H., Kondo, A., *Appl. Microbiol. Microbial.*, 70, 564-572 (2006)
9) Tateno, T., Fukuda, H., Kondo, A., *Appl. Microbiol. Biotechnol.*, 74, 1213-1220 (2007)

第 1 章　発酵技術の最前線

10) Fujita, Y., Takahashi, S., Ueda, M., Tanaka, A., Okada, H., Morikawa, Y., Kawaguchi, T., Arai, M., Fukuda, H., Kondo, A., *Appl. Environ. Microbiol.*, **68**, 5136-5141 (2002)
11) Fujita, Y., Itoh, J., Ueda, M., Fukuda, H., Kondo, A., *Appl. Environ. Microbiol.*, **70**, 1207-1212 (2004)
12) Katahira, S., Fujita, Y., Mizuike, A., Fukuda, H., Kondo, A., *Appl. Environ. Microbiol.*, **70** 5037-5040 (2004)
13) Katahira, S., Mizuike, A., Fukuda, H., Kondo, A., *Appl. Microbiol. Biotechnol.*, **72**, 1136-1143 (2006)
14) Kondo, A., Shigachi, H., Abe, M., Uyama, K., Matsumoto, T., Takahashi, S., Ueda, M., Tanaka, A., Kishimoto, M., Fukuda, H., *Appl. Microbiol. Biotechnol.*, **58**, 291-296 (2002)
15) Shigechi, H., Uyama, K., Fujita,Y., Matsumoto, T., Ueda, M., Tanaka, A., Fukuda, H., Kondo, A., *J. Molec. Catal. B*, **17**, 179-187 (2002)
16) Shigechi, H., Koh, J., Fujita, Y., Matsumoto, T., Bito, Y., Ueda, M., Satoh, E., Fukuda, H., Kondo, A., *Appl. Environ. Microbiol.*, **70**, 5407-5414 (2004)
17) Akada, R., Kitagawa, T., Kaneko, S., Toyonaga, D., Ito, S., Kakihara, Y., Hoshida, H., Morimura, S., Kondo, A., Kida, K., *Yeast*, **23**, 399-405 (2006).
18) Hong, J., Wang, Y., Kumagai, H., Tamaki, H., *J. Biotechnol.*, **130**, 114-123 (2007).
19) Matsumoto, T., Fukuda, H., Ueda, M., Tanaka, A., Kondo, A., *Appl. Environ. Microbiol.*, **68**, 4517-4522 (2002)
20) 近藤昭彦，ケミカルエンジニアリング，**50** (12), 53-60 (2005)
21) 近藤昭彦，化学装置，**48** (7), 20-28 (2006)

2.3 ザイモモナス菌によるエタノール発酵

簗瀬英司*

2.3.1 はじめに

　現在，発酵原料はサトウキビや糖蜜などの蔗糖を主要な成分とする糖質，およびトウモロコシや芋類などのデンプン質に限定されていることから，燃料用エタノール生産は食糧輸出に余力をもつ国に限定されることになる。しかし，燃料用あるいは工業用のバイオエタノール生産のための潜在的な発酵原料としては，食糧と競合しない未利用のリグノセルロース系バイオマス，すなわち森林間伐材，稲わら，籾殻，バガス，茅，竹などの未利用農林産廃棄物に加え，建築廃材，古紙・廃紙，都市ゴミなどの一般産業廃棄物が想定され，これらリグノセルロース系バイオマスの総廃棄物量は年間約4,000万トンに達している。これら未利用バイオマスをエタノールに変換すると，理論的には1,000万トンのバイオエタノールが製造でき，我が国のガソリン需要の約1/4をまかなうことが可能となり，温室効果ガスを25%削減できることになる。しかし，未利用の廃棄物，すなわちセルロース，ヘミセルロース，およびリグニンを構成成分とするリグノセルロース系バイオマスを発酵原料としてバイオエタノールを生産する場合には，原料に適した発酵生産プロセスの構築が必須となることから，新規なバイオエタノール生産菌の育種が急務とされている。

　天然には，木質系および草本系のリグノセルロース系バイオマスから直接エタノールを効率よく発酵生産する微生物は存在しない。そのため現状では，リグノセルロース系バイオマスの物理的（熱，臨界点，マイクロウエーブ）あるいは化学的（酸，アルカリ）な前処理糖化工程により調製される糖液が発酵原料となり，次いで，これら糖液に含まれる糖質をエタノールに変換する発酵工程の2段階からなるプロセスをデザインすることになる。リグノセルロース系バイオマスの前処理糖化液に含まれる糖質成分は，木質系あるいは草本系により異なっているが，主要な糖質はセルロースに由来するグルコースである。しかし，糖化液にはヘミセルロースに由来するキシロースやアラビノースなどのC_5糖（ペントース），さらには未分解のセルロースやヘミセルロースも混在しており，エタノール回収の低下の原因となっている。この様な背景から，従来の発酵菌を凌駕する新規なエタノール生産菌の創製が国の内外の多くの研究者により検討されており，高速度発酵細菌であるザイモモナス菌（*Zymomonas mobilis*）が注目されている。

2.3.2 菌学的性質

　ザイモモナス菌はグラム陰性の通性嫌気性細菌であり，1912年にBarkerとHillierにより初めて発見された後，1928年にLindnerによりメキシコの酒（プルケ）の発酵菌として分離され

---

　*　Hideshi Yanase　鳥取大学　工学部　生物応用工学科　教授

た。現在，ザイモナス菌は1属1種にまとめられており，subsp. として *mobilis* と *pomaceae* に分類される[1]。ザイモナス菌は，2～6μm×1～1.4μm の桿菌であり，胞子形成能はもたない。一般に運動性は認められないが，一部の株は鞭毛により運動性を示す。本菌の生育には炭素源としてグルコース，フルクトース，あるいはスクロースが不可欠であり，5.0～7.5 の範囲の pH で生育するが，pH 4.5 以下では生育が著しく低下する。最適な生育温度は，25～30℃ であるが，38℃ での生育も報告されている。しかし，40℃ で生育可能なザイモナス菌は希である。栄養因子としてパントテン酸やビオチンの要求性が報告されている。

2.3.3 エタノール発酵機構と特性

(1) エタノール発酵機構

酵母のエタノール発酵では，グルコースは EMP 経路によりピルビン酸を経てエタノールを生成する。しかし，ザイモナス菌にはフルクトース 6-リン酸からフルクトース 1, 6-二リン酸を生成する酵素がないため EMP 経路は作動せず，Enter-Doudoroff 経路によってグルコースがピルビン酸に代謝された後，これよりエタノールを生成する[2]。EMP 経路では1モルのグルコースから2モルの ATP が生成するが，Entner-Doudoroff 経路では ATP を1モル生成する。そのため，消費グルコースあたりの菌体生成量は酵母に比べて少ない。TCA サイクルは不完全であるために，本菌を好気的に培養しても ATP の生成量は増加せず，従って菌体量の増加も認められない。Rogers らは，ザイモナス菌のグルコースからのエタノール生成速度が著しく速く，また，その収率も高いことを初めて報告した（表1）[3]。すなわち，グルコース濃度が 10～20% の場合，エタノール収率は 1.9 モル以上となり，理論値の 96～97% に達する。この値は，酵母の場合に比べてもかなり高い。グルコース濃度が 25% の場合にはエタノール収率は多少低下し，92.5% となる。これに対して，*Saccharomyces carsbelgensis* の場合は，25% の糖濃度でのエタノール収率は 86% である。他方，生成する菌体量も両者の間では著しい差があり，ザイモナス菌の菌体生成量は酵母の半分以下であった。このような菌体生成量の差は，両菌における解糖系の相違，すなわち，生成 ATP 量の差によると推定される。

表1 *Zymomonas* 細菌のエタノール発酵速度

Kinetic parameters	Z. mobilis	S. carlsbergensis
Specific growth rate, m	0.133	0.055
Specific ethanol productivity, q_p	2.53	0.87
Specific glucose uptake rate, q_s	5.45	2.08
Cell yield, $Y_{x/s}$	0.019	0.033
Ethanol yield, $Y_{p/s}$	0.472	0.438
Ethanol yield (% of theoretical)	92.5	85.9

（文献3引用）

一般的な細菌は1～2％のエタノールにより生育阻害を受けるが，ザイモナス菌は高いエタノール濃度に耐性を示す。この耐性機構はその細胞膜組成に特徴が認められ，ステロール誘導体であるホッパノイド（pentacyclic tritepenoid）含量の高いことが報告されている[4]。このホッパノイドがエタノールによる細胞膜の溶解を阻止しているものと考えられている。

(2) エタノール連続発酵特性

Rogersらは，Z. mobilis ATCC 29191株によるグルコースからのエタノール連続発酵を検討している[5]。グルコース濃度が10％の場合には，希釈率が0.13/hr以下では残糖はほとんど認められず，エタノール濃度は49 g/lであった。しかし，15％以上のグルコース濃度では生成エタノール濃度が50 g/lとなり，そのため生育の阻害が認められた。このような生成エタノールによる生育阻害は，70～80 g/lのエタノール濃度で生育阻害を起こさない菌株の分離により解決されている。一方，ザイモナス菌は単位菌体あたりのエタノール発酵能が酵母に比べて大きいことから，高い菌体濃度でのエタノール生成量の増大が期待される。Rogersらは，菌体の膜リサイクルシステムを用いた発酵槽での連続発酵を検討している。グルコース濃度が100 g/l，希釈率が2.7/hrの条件下で，菌体濃度は38 g/l，最終エタノール濃度は44.5 g/l，エタノール生産速度は120 g/l·hrであった。酵母によるエタノール連続発酵では，菌体の増殖のために微量の空気の供給が必要とされている。しかし，ザイモナス菌は好気的な培養によって菌体生成量の増加や生育速度の上昇は認められない。このことは，高濃度菌体による連続発酵系に適しており，返送菌体の活性を保つために微量の空気を供給する必要がない。

2.3.4 全ゲノム解析と糖代謝関連遺伝子

ザイモナス菌の酵母よりも優れたエタノール生産性はユニークな糖代謝とエタノール生合成を構成する遺伝子群の発現制御によることが解明されるとともに，2004年にSeoらの研究グループによりZ. mobilis ZM4株の全ゲノムが解読された[6]。ザイモナス菌内での糖代謝関連酵素遺伝子群の発現量は30～50％とされている。以下に特徴的な糖代謝関連酵素遺伝子を紹介する。

(1) 解糖系酵素遺伝子

ザイモナス菌の解糖系酵素のなかで，グリセルアルデヒド3-リン酸脱水素酵素（GAP）とホスホグリセリン酸キナーゼ（PGK）は中心的な酵素である。GAPは解糖系酵素量の約5％と推定されており，PGKはATPを生成する特に重要な酵素である。Conwayらは，これら遺伝子がオペロンを形成すること，また，いずれの酵素遺伝子も他の細菌や真核生物の対応する遺伝子と相同性が高いことを明らかにしている[7,8]。ピルビン酸脱炭酸酵素（PDC）遺伝子はいくつかの研究グループによりクローン化されている。PDCはNAD$^+$生成系の酵素であり，酵母，糸状菌，植物などの真核生物には存在するが，細菌には存在することは稀である。PDC遺伝子を酵

第1章　発酵技術の最前線

母とザイモモナス菌で比較すると，37アミノ酸からなる一つの領域を除いて相同性は少なく，ピルビン酸に特異的でチアミンピロリン酸を補酵素とする大腸菌のピルビン酸脱水素酵素とも相同性は認められなかった[9]。

(2) エタノール脱水素酵素遺伝子

ザイモモナス菌には2種のアルコール脱水素酵素，ADHIとADHIIが存在する。ADHIはZn，ADHIIはFeを含む。ADHI遺伝子（*aghA*）は酵母，哺乳動物のADHと相同性があるが，ADHII遺伝子（*adhB*）とは相同性が認められていない[10,11]。アセトアルデヒドからのエタノール合成反応に主として働くエタノール脱水素酵素はADHIIである。

(3) スクロース代謝系酵素遺伝子

Yanaseらは，スクロース発酵の初期代謝に関与するスクロース加水分解酵素，菌体内インベルターゼ（E1），菌体外レバンスクラーゼ（E2），菌体外インベルターゼ（E3）を分離精製して，それらの性質を明らかにするとともにこれら酵素遺伝子をクローン化した[12,13]。E1遺伝子は酵母，*Bacillus subtilis*，大腸菌のインベルターゼ遺伝子とN末端領域において高い相同性が認められた。他方，糖転移酵素であるE2と加水分解酵素であるE3遺伝子間では全体に高い相同性が認められた。さらに，菌体外E2とE3酵素の生産と分泌を促進する遺伝子をクローン化して，塩基配列を決定している[14]。これら遺伝子の解析は，ザイモモナス菌における酵素分泌の機構を明らかにする上で大変重要である。

また，スクロース発酵においては，副産物としてソルビトールの蓄積が報告されている。ソルビトールはスクロースの加水分解により生成するフルクトースの還元反応により生成するが，この反応にはグルコース-フルクトース酸化還元不均化酵素が関与している[15]。この酵素の特徴は，酵素蛋白質にNADP(H)が非共有結合的に強く結合し，グルコースの酸化とフルクトースの還元の共役反応を触媒する。ザイモモナス菌におけるグルコース-フルクトース酸化還元不均化酵素の生理的な役割は未だ明確ではないが，ソルビトールの菌体内蓄積が耐糖性獲得に働いていると考えられている。

(4) 全ゲノム解読

ザイモモナス菌の全ゲノムDNAは2004年に解読された[6]。*Zymomonas mobilis* ZM4（ATCC 31821）の全ゲノムは2,056,416 bpの環状DNAであり，大腸菌のゲノムの約半分のサイズである。ゲノム上には1,998の遺伝子がコードされていると推定され，3種のリボゾームRNA転写系が存在する（表2，3）。特徴的な点は，一般的な糖代謝経路であるEMP経路のキー酵素である6-ホスホフルクトキナーゼとTCAサイクル上の2種の酵素，2-オキソグルタレート脱水素酵素とマレート脱水素酵素を欠損しており，前に述べたように，グルコース代謝は嫌気性細菌には珍しい酸化的な糖代謝経路であるEntner-Doudoroff経路が利用されている。さらに，これ

249

バイオリファイナリー技術の工業最前線

表2 *Zymomonas* 細菌のゲノム DNA 解読

Length (bp)	2,056,416
G + C content (%)	46.33
Open reading frames	
Coding region of genome (%)	87
Total number of predicted ORFs	1,998
ORFs with assigned function	1,346 (67.4%)
Conserved hypothetical protein	258 (12.9%)
ORFs with no database match	394 (19.7%)
RNA element	
Stable RNA (percent of genome)	0.84%
16 S, 23 S and 5 S rRNA genes	3
tRNA	51

(文献6引用)

表3 ゲノム上に推定した遺伝子群の COG 分類

COG categories	No. of genes
Information storage and processing	
J. Translation, ribosomal structure and biogenesis	141
K. Transcription	85
L. DNA replication, recombination and repair	87
Cellular processes	
D. Cell cycle control, mitosis and meiosis	20
V. Defense mechanisms	25
T. Signal transduction mechanisms	60
M. Cell wall/membrane biogenesis	120
N. Cell motility	40
U. Intracellular trafficking and secretion	47
O. Post-translational modification, protein turnover, chaperones	81
Metabolism	
C. Energy production and conversion	85
G. Carbohydrate transport and metabolism	76
E. Amino acid transport and metabolism	171
F. Nucleotide transport and metabolism	54
H. Coenzyme transport and metabolism	96
I. Lipid transport and metabolism	53
P. Inorganic ion transport and metabolism	93
Q. Secondary metabolites biosynthesis, transport and catabolism	32
Poorly characterized	
R. General function prediction only	198
S. Function unknown	104
Not in COG	539

All genes were classified according to the COG classification, http://www.ncbi.nlm.nih.gov/COG/

(文献6引用)

第1章 発酵技術の最前線

らゲノム解析情報を利用して，Tsantili は linear program 解析によりザイモモナス菌の C_6 糖や C_5 糖の糖代謝ネットワークの最適化を試みている[16]。

2.3.5 代謝工学的育種技術による発酵性糖種の拡大

ザイモモナス菌の優れた発酵能を利用した未利用リグノセルロース系バイオマスからのバイオエタノール製造を可能にするために，遺伝子組換え技術を用いたザイモモナス菌の発酵性糖種の範囲の拡大が検討されている。先に述べたように，ザイモモナス菌の野生株は発酵性糖の種類がグルコース，フルクトース，およびスクロースに限られる。一方，草本系や木質系のバイオマスを発酵原料としてバイオエタノールを製造するためには，現状ではバイオマスの酸加水分解により得られる酸処理糖化液が直接の発酵原料として利用され，，グルコース以外にもヘミセルロースの構成糖であるC5（キシロース，アラビノース）を含むことから，ザイモモナス菌への C_5 糖の並行発酵性の付与が第一の課題となっている。さらには，セルロースやヘミセルロースの糖化並行発酵性の付与も重要な課題と位置づけることができる。以下に，代謝工学的育種技術を利用した育種の現状を紹介する。

（1） キシロース発酵性付与

ザイモモナス菌はヘミセルロースの主要成分であるキシロース発酵性を示さない。一般的に細菌におけるキシロース代謝は酵母などの真核生物とは異なり，細胞内に取り込まれたキシロースはキシロースイソメラーゼ(XI)により異性化されてキシルロースへと変換された後，キシルロ

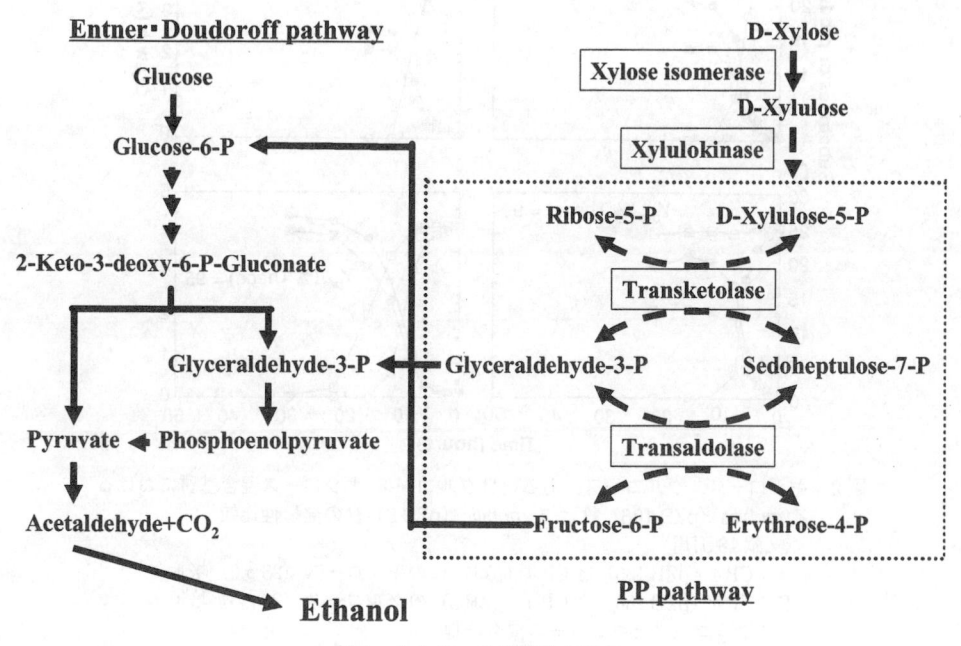

図1 キシロース発酵性の付与

ースはキシルロキナーゼ(XK)によりキシルロースリン酸へとリン酸化を受けてペントースリン酸経路により代謝される（図1）。Feldmannらは，ザイモモナス菌のキシロース代謝を詳細に解析し，XIやXKの欠損がキシロース非発酵性の原因と結論した[17]。そこで，*Klebsiella pneumoniae* 由来のXI遺伝子（*xylA*）とXK遺伝子（*xylB*）をクローニングしてザイモモナス菌由来の強力なプロモーター遺伝子（P*gap*：ピルビン酸脱炭酸酵素由来）制御下に挿入し，導入した。ザイモモナス菌内でのXIやXKは大腸菌内と同程度に発現することが確認できたが，組換え株のキシロースでの生育とエタノール発酵性は認められなかった。その原因としては，細胞内に取り込まれたキシロースが変換されて生成するキシルロースリン酸がペントースリン酸経路に効率よく導入されないことが推定された。そこで，ペントースリン酸経路の重要な酵素であるト

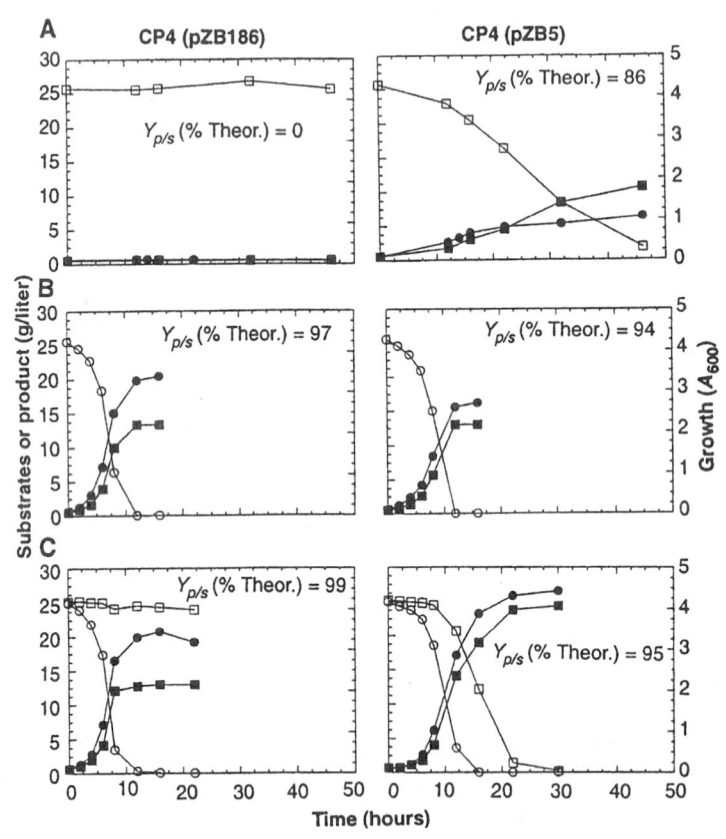

図2 キシロース，グルコース，あるいはグルコース-キシロース混合基質における
　　 Z. mobilis（pZB 186）株と *Z. mobilis*（pZB 5）株の発酵性比較
　　 （文献18引用）
　　 A：CP 4（pZB 186）とCP 4（pZB 5）のキシロース（25 g/l）培地
　　 B：CP 4（pZB 186）とCP 4（pZB 5）のグルコース（25 g/l）培地
　　 C：グルコースとキシロース混合培地
　　 ●：生育，○：グルコース，□：キシロース，■：エタノール

第1章 発酵技術の最前線

ランスケトラーゼ（TK）遺伝子（*tkt*）を *E. coli* からクローン化して，*xylA/xylB* との共発現を検討した。これら3種の酵素遺伝子は効率的に発現したが，キシロースでの生育は認められなかった。

この結果をふまえ，Zhang らは，XI と XK とともにペントースリン酸経路の改良を行った[18]。*Escherichia coli* 由来の *xylA* と *xylB* をクローン化して Pgap 制御下に挿入し，さらに *Escherichia coli* のペントースリン酸経路上の重要な酵素，トランスアルドラーゼ（TA）とトランスケトラーゼ（TK）の遺伝子（*tal*, *tktA*）をクローン化してザイモモナス菌由来の強力なプロモーター遺伝子（P*eno*：エノラーゼ由来）制御下に挿入し，これらキシロース代謝に必要な4種の酵素遺伝子を導入した（図2）。組換え株では，XI，XK，TA，および TK の発現とともにキシロース発酵性が認められ，25 g/l のキシロースから理論収率の86％に相当する 11 g/l のエタノール生産に成功している。

(2) アラビノース発酵性付与

アラビノースも主要なヘミセルロース成分の一つである。ザイモモナス菌へのアラビノース発酵性付与が検討されている。Deanda らは，アラビノースをキシルロースリン酸へと変換するために，*E. coli* 由来の3種の酵素遺伝子，アラビノースイソメラーゼ（*araA*），リブロキナーゼ（*araB*），およびリブロースリン酸エピメラーゼ（*araD*）をクローン化して Pgap 制御下に挿入し，先の *tal/tktA* との共発現を検討した（図3）[19]。組換え株では，アラビノースはリブロース，

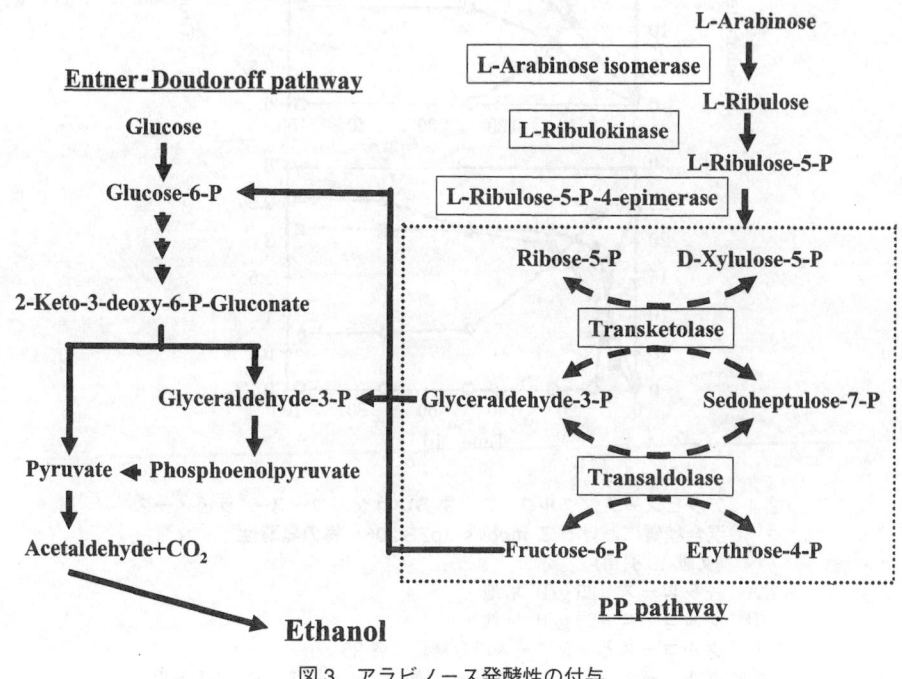

図3 アラビノース発酵性の付与

リブロースリン酸を経てキシルロースリン酸へと変換された後，ペントースリン酸経路へと導入され，エタノールを生成した。最終的に組換え株は，25 g/l アラビノースから理論収率の 84% に相当するエタノールを生産したが，100 hr の培養ではアラビノースは残存した（図4）。

(3) ガラクトース発酵性付与

Yanase らは，ヘミセルロース成分の一つであるガラクトース発酵性付与を検討している[20]。ガラクトースからのエタノール生成は認められないが，ガラクトースを細胞内に取り込みガラクトン酸として蓄積する。そこで，ガラクトースをグルコース6リン酸へと変換するために，

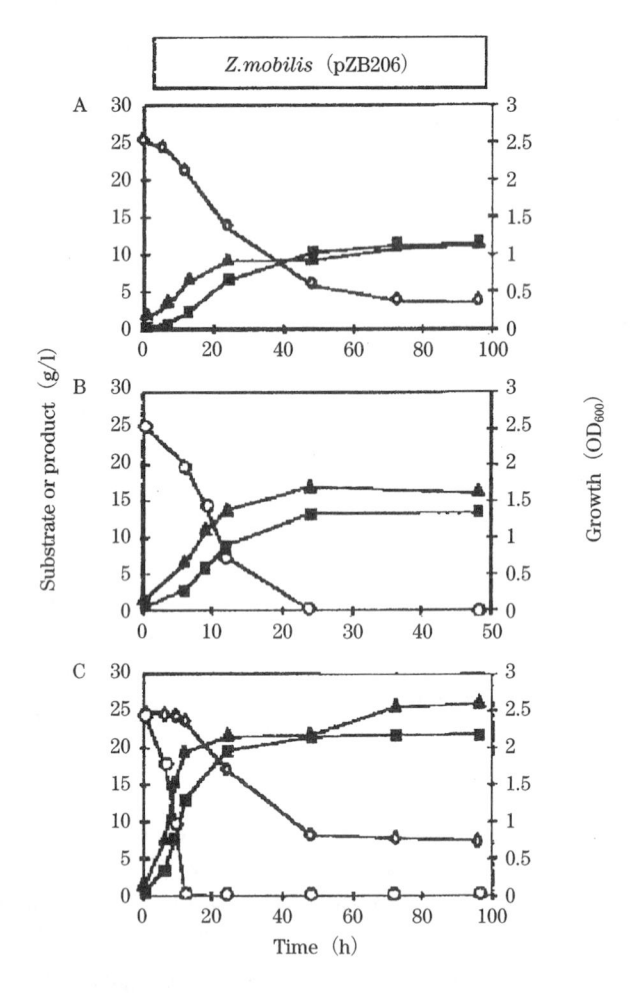

図4 アラビノース，グルコース，あるいはグルコース-アラビノース混合糖質における *Z. mobilis*（pZB 206）株の発酵性
（文献 19 引用）
A：キシロース（25 g/l）培地
B：グルコース（25 g/l）培地
C：グルコースとキシロース混合培地（各 25 g/l）
○：グルコース，◇：キシロース，■：エタノール，▲：OD 600

第1章　発酵技術の最前線

E. coli 由来の3種の酵素遺伝子，UDP-ガラクトースエピメラーゼ（galE），ガラクトースリン酸ウリジルトランスフェラーゼ（galT），およびガラクトキナーゼ（gakK）をクローン化して Z. mobilis 由来プロモーター制御下に挿入し，導入した。組換え株では，ガラクトースはガラクトースリン酸，UDP-ガラクトースを経てグルコース6リン酸へと変換された後，解糖系へと導入されて，エタノールを生成した。

以上のように，ザイモナス菌ではヘミセルロース構成糖であるキシロース，アラビノース，およびガラクトースの発酵性付与には成功しており，リグノセルロース系バイオマスの酸処理糖化液中に含まれる糖質からのエタノール生産に有用である。さらに，キシロース代謝系遺伝子群およびアラビノース代謝系酵素遺伝子群のザイモナス菌の染色体への組み込みも検討されており，実用化のための並行発酵性の強化も検討されている[21~25]。

(4) セロオリゴ糖糖化発酵性付与

ザイモナス菌にセルロース分解酵素やβ-グルコシダーゼの遺伝子を導入してセルロースからエタノールを生産する研究は，NEDO のプロジェクトでも取り上げられている。Misawa らは，Cellulomonas uda や Acetobacter xylinum の分泌性 CMCase 遺伝子を Z. mobilis のプロモーター下流につなぎ，これを導入した[26]。CMCase はザイモナス菌のペリプラズム画分内で発現したが，これら酵素の細胞外への分泌は認められなかった。Bresti-Goachet らは，Erwinia chrysanthemi 由来の分泌性セルラーゼ遺伝子のザイモナス菌への導入を検討している。導入したセルラーゼ遺伝子は自前のプロモーターにより発現し，発現した酵素の大部分がペリプラズムに局在することを報告している[27]。さらに，Lejenne らは，Pseudomonas fluorescens var cellulosa の β-1,4-エンドグルカナーゼを[28]，Yoon らは，Bacillus subtilis の β-1,4-エンドグルカナーゼをザイモナス菌に導入し，酵素活性の発現を認めている[29]。いずれの報告においても，細菌由来のエンドグルカナーゼ遺伝子の発現は認められるが，細胞外への効率的な分泌には成功していない。

セルロースの部分分解物であるセロオリゴ糖の発酵性付与については，Su ら，Misawa らおよび Yanase らによって検討されている。Su らは，Xanthomonas albilineans 由来のβ-グルコシダーゼ遺伝子を導入し，組換え株の無細胞抽出液を用いることにより 5 mM セロビオースからの 13.3 mM のエタノール生成を認めている[30]。しかし，組換え株のセロビオースでの生育は報告されていない。Misawa らは，Ruminococcus albus のβ-グルコシダーゼ遺伝子をザイモナス菌に導入し酵素活性の発現を認めたが，この株はセロビオースに生育しなかった。Yanase らは，Ruminococcus のβ-グルコシダーゼ遺伝子の分泌シグナル領域をザイモナス菌由来のペリプラズム局在性酵素（グルコース-フルクトース　オキシドレダクターゼ）の 53 アミノ酸残基からなる TAT 分泌シグナル領域と交換して導入した（図5）。その結果，発現したβ-グルコ

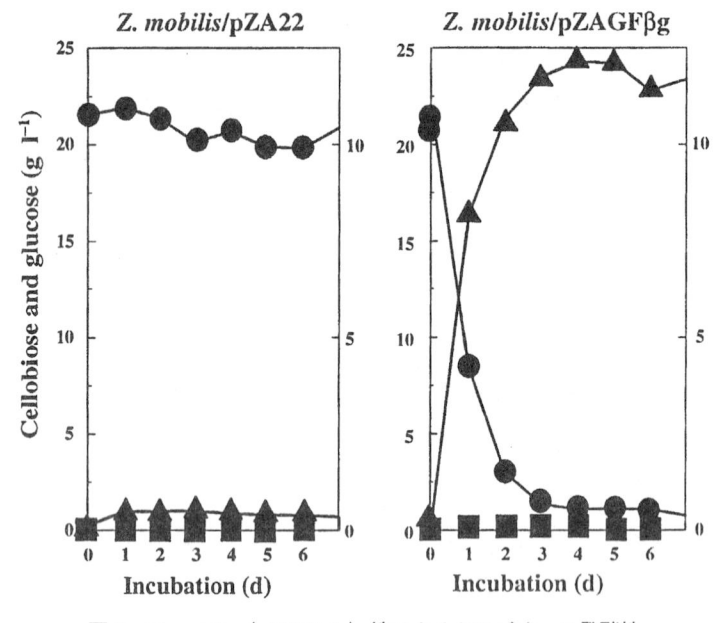

図5 Z. mobilis (pZAGFβg) 株によるセロビオース発酵性
（文献31引用）
●：セロビオース，■：グルコース，▲：エタノール

シダーゼ活性の61%が膜透過して，22 g/l セロビオースから理論収率に近い10.7 g/l エタノールの生産を認めている[31]。

(5) ラクトース，ラフィノース糖化発酵性付与

ラクトースは酪業廃棄物のホエー中に多量に含まれている。Yanase らは，ザイモモナス菌のプロモーターの下流に大腸菌由来のラクトースオペロンを挿入して作製したLac⁺プラスミドを導入して，ラクトース透過酵素とβ-ガラクトシダーゼを発現させることによりラクトース発酵性を付与することに成功した[32]。また，この組換え株はホエー中のラクトースからエタノールを生成した。

ラフィノースは甜菜糖の廃糖蜜中に3～4%含まれている。Yanase らは，ザイモモナス菌のプロモーター下流に大腸菌由来のα-ガラクトシダーゼとラクトース透過酵素遺伝子をつなぎ，導入した[33]。これら形質転換株では，ラフィノースは菌体外のインベルターゼによりフルクトースとメリビオースに分解された後，フルクトースからエタノールを生成した。一方，生成したメリビオースはラクトース透過酵素により取り込まれた後，α-ガラクトシダーゼによりガラクトースとグルコースに分解され，グルコースからエタノールを生成した。

2.3.6 廃木材やコーンストーバからのバイオエタノール製造

現状では，木質系や草本系のバイオマス資源を直接の発酵原料としたバイオエタノール製造は

第1章　発酵技術の最前線

報告されていないが，バイオマス資源を酸加水分解処理による糖化を行って得られる糖化液からのバイオエタノール製造が報告されている。伝統的な酵母菌の育種株も検討されているが，C_5糖の発酵生産性においてはザイモモナス菌が実用レベルに達している。

　木質系および草本系バイオマスの前処理糖化工程としては酸加水分解法が主流であり，得られる糖化液が直接の発酵原料として利用されるが，酸処理糖化液中にはリグノセルロースの酸加水分解反応により副生する様々な化合物が含まれ，これら副生物が発酵菌の生育や発酵速度を低下させる原因となる。Delegensらは，発酵菌として利用される3種の酵母（*Sacchromyces cerevisiae*, *Pichia stipitis*, *Candida shehatae*）とザイモモナス菌のリグノセルロース分解産物に対する挙動を観察している。リグノセルロース分解産物のモデル化合物としては，furaldehyde, acetate, hydroxymethylfuraldehyde, vanillin, hydroxybenzaldehyde, syringaldehydeを選択して，生育と発酵に及ぼす影響を検討した[34]。その結果，ヒドロキシベンズアルデヒドを除き，これら化合物に対してザイモモナス菌は*Saccharomyces*よりも高い耐性をもつことを報告している。

（1）廃建材からのバイオエタノール製造

　Yamadaらは，建築廃材の濃硫酸加水分解糖化液を発酵原料とし，固定化したザイモモナス菌を用いて連続フラッシュ発酵を報告している[35]。濃硫酸加水分解法は，木材，稲わら，廃紙，バガスなどのリグノセルロース全般の糖化に利用可能であり，希硫酸加水分解法に比較して糖成分

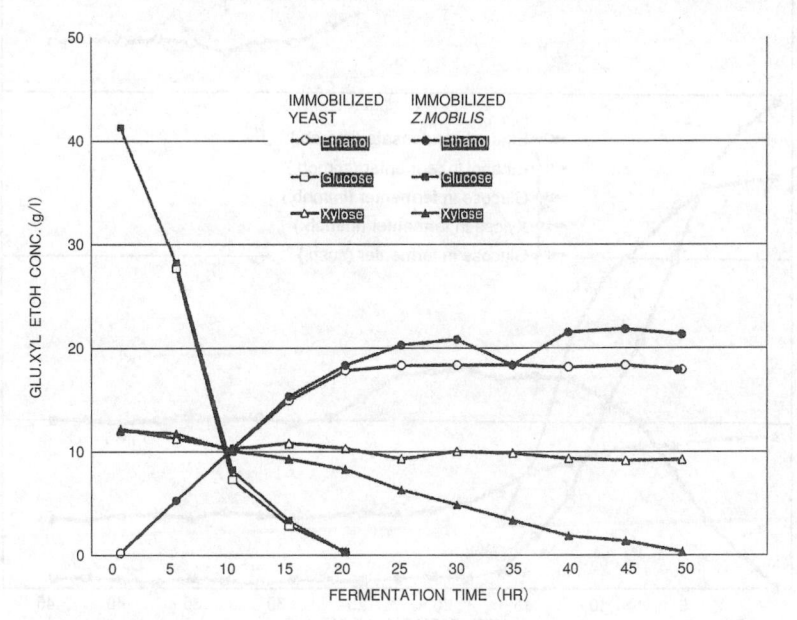

図6　廃木材・酸処理糖化液の *Z. mobilis* ZM 4（pZB 5）株と酵母による発酵性比較
　　（文献35引用）
　　酸処理糖化液組成：41.2 g/l グルコース，12.2 g/l キシロース，pH 4.5〜5.5，30℃
　　固定化酵母：○エタノール，□グルコース，△キシロース
　　固定化 *Z. mobilis*：●エタノール，■グルコース，▲キシロース

の高い回収率とフルフラール等の分解物の生成も低く抑えられるとされている。使用された菌株はキシロース発酵性を付与した Z. mobilis 31821 株であり，菌体の固定化にはポリエチレンタイプの光架橋固定化剤を用いている。建築廃材の酸加水分解糖化液（41.2 g/l グルコース，11.2 g/l キシロース）を原料とした発酵では，対照とした酵母と同様な速度でグルコースからのエタノール生産を示すとともに，酵母では利用できないキシロースの消費とエタノール生産が認められた（図6）。また，稲わらの酸加水分解糖化液（14.5 g/l グルコース，4.6 g/l キシロース）を発酵原料とした連続フラッシュ発酵（滞留時間：7～8 hr）では，発酵液中のエタノール濃度を 50 g/l に保ち，回収エタノール濃度は 300 g/l を達成した。この連続発酵での糖利用では，グルコースは完全に消費されるものの約 20 g/l のキシロースが残糖として観察された（図7）。

(2) コーンストーバからのバイオエタノール製造

コーンストーバはエタノール原料の有用な資源として挙げられ，Mohagheghi らは，ザイモモナス菌を利用したコーンストーバ酸処理糖化液の発酵を検討している[36]。糖化処理には希硫酸による加水分解が利用されるが，ヘミセルロースやリグニンの分解に伴う副産物による発酵阻害が

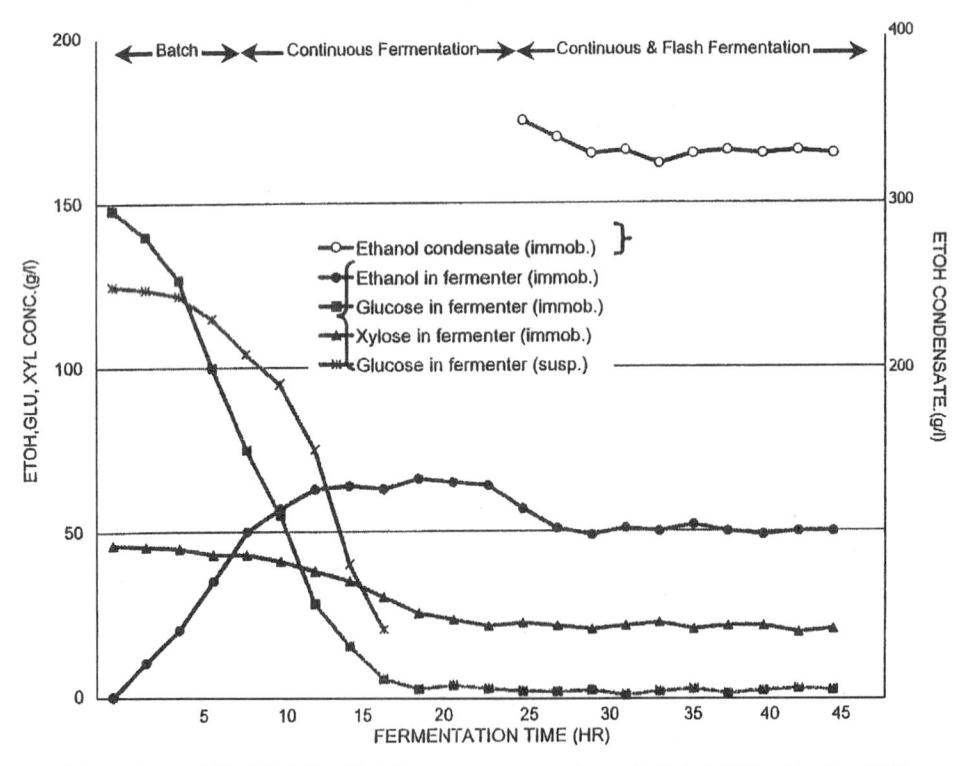

図7　稲わら・酸処理糖化液の固定化 Z. mobilis ZM 4（pZB 5）株よる連続フラッシュ発酵
　　　（文献 35 引用）
発酵条件：滞留時間（7～8 hr），pH 4.5～5.5，30℃
　　○：エタノール濃縮液，●：発酵槽中エタノール，■：発酵槽中グルコース，▲：発酵槽中キシロース

第1章　発酵技術の最前線

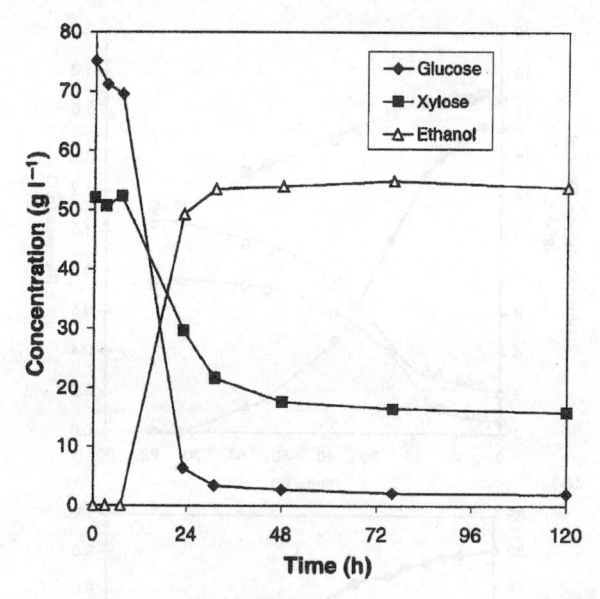

図8　コンストーバ酸処理糖化液の *Z. mobilis* 8b株による発酵
（文献36引用）
発酵条件：pH 6, 37℃
◆：グルコース，■：キシロース，△：エタノール

問題となる．コーンストーバを硫酸濃度が 0.048 g/l 乾燥コーンストーバになるように添加して 190℃ にて加水分解処理した糖化液を原料とし，ライム処理により pH 6.0 に調製した糖化液を用いて，酢酸耐性のキシロース発酵性組換えザイモモナス菌によるエタノール発酵を検討した．コーンストーバ酸処理糖化液には 75 g/l のグルコースと 51 g/l のキシロースが含まれており，37℃，pH 6.0 の条件下で，組換え株は 48 時間でグルコースを約 97% 消費するとともにキシロースを約 70% 利用して，約 55 g/l のエタノールを製造した．エタノールの理論収率は 83% であった（図8）．

(3)　蒸留廃液からのバイオエタノール製造

麦などを原料とする醸造工程から排出される蒸留廃液中には，ヘミセルロースとセルロースを主成分とする炭水化物が約 50% 含まれており，Davis らは，これら廃液からのエタノール回収を報告している[37]．蒸留廃液を 2% 硫酸存在下，100℃ で 5.5 時間の加水分解処理を行った結果，120 g/l の蒸留廃液から 18 g/l キシロース，11.5 g/l アラビノース，6.5 g/l グルコースを含む酸処理糖化液を調製した．希硫酸処理により糖化液中には，フルフラール，酢酸，乳酸が発酵阻害副産物として蓄積することから，酸処理糖化液を水酸化カルシウムにて中和した後，発酵に供した．蒸留廃液酸処理糖化液にグルコースを補填した後に，キシロース発酵性組換え *Zymomonas* (ZM 4/pZB 5) を用いて発酵性を評価した結果，グルコースのエタノール変換は観察されたもの

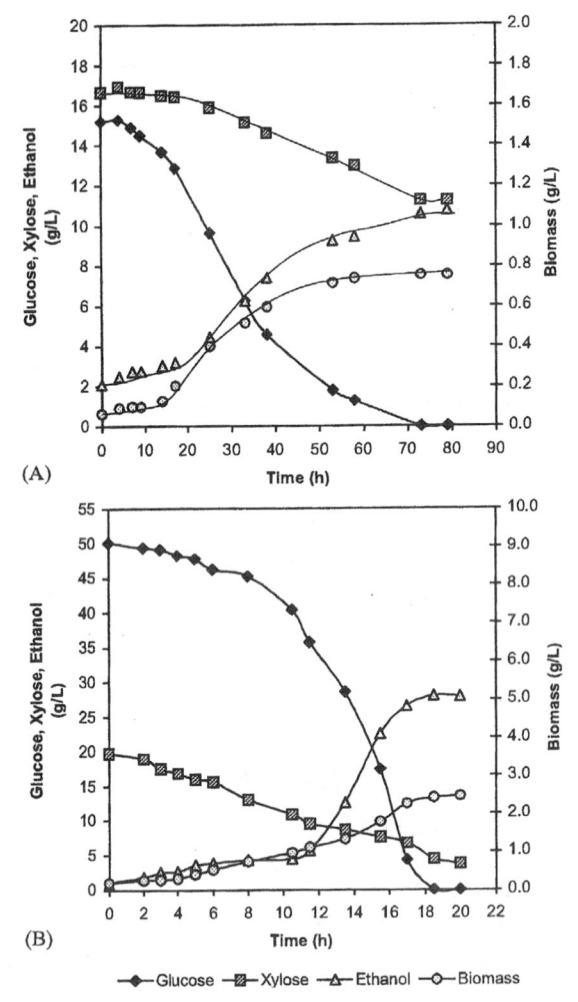

バイオリファイナリー技術の工業最前線

図9 蒸留廃液・酸加水分解糖化液の Z. mobilis ZM 4 (pZB 5) 株によるバッチ発酵
（文献 37 引用）
A：10 g/l グルコース添加酸加水分解糖化液
B：40 g/l グルコースおよび 5 g/l 酵母エキス添加酸加水分解糖化液
発酵温度：30℃，培養 pH：5.0
●：グルコース，□：キシロース，△：エタノール，◇：菌体量

のキシロースは残存した。そこで，蒸留廃液酸処理糖化液にザイモモナス菌の生育を促進させるためのグルコース（40 g/l）とともに酵母エキス（5 g/l）を補填して発酵を行ったところ，18時間の培養で 28 g/l のエタノールを回収するとともに，残糖としてのキシロースを 2.6 g/l まで利用させることが可能になり，組換えザイモモナス菌が蒸留廃液酸処理糖化液からのエタノール発酵に適していることを報告している（図9）。

第1章 発酵技術の最前線

2.3.7 今後の展望

本項では，酵母よりも優れたエタノール発酵速度を示す細菌であるザイモモナス菌のバイオエタノール発酵菌としての可能性を紹介した。バイオマスからのエタノール生産コストを低減させるための育種戦略は，リグノセルロース系バイオマスに含まれるセルロースやヘミセルロースを直接エタノールに高効率で変換可能な発酵菌の育種にある。そのためには，酵素の膜透過・分泌機構や細胞表層提示機構を利用してセルラーゼやキシラナーゼを発酵菌の細胞外あるいは細胞表層に提示させることにより，前処理工程のさらなる省エネルギー化と低コスト化が達成できるものと期待される。さらに，バイオマス資源の多様な糖成分に対応するためには，グルコースやキシロースなどの様々な糖混在下での並行発酵性の解決も重要であり，ザイモモナス菌に加え，酵母，さらには筆者らが新たに育種に成功しているザイモバクター菌など，個々の発酵菌の特性を活かした育種が望まれる。

文　献

1) J. Swings and J. D. Ley, *Bacteriol. Rev.*, **41**, 1 (1977)
2) M. Gibbs and R. D. Demoss, *J. Biol. Chem.*, **207**, 689 (1954)
3) P. L. Rogers *et al.*, *Biotechnology Lett.*, **1**, 165 (1979)
4) S. B-Meyer and H. Sahm, *FEMS Microbiol. Rev.*, **54**, 131 (1988)
5) K. J. Lee *et al.*, *Biotechnology Lett.*, **1**, 421 (1979)
6) J. S. Seo *et al.*, *Nat Biotechnol.*, **88** (5), 63 (2004)
7) T. Conway *et al.*, *J. Bacteriol.*, **169**, 5653 (1987)
8) T. Conway and L. O. Ingram, *J. Bacteriol.*, **170**, 1926 (1988)
9) T. Conway *et al.*, *J. Bacteriol.*, **169**, 949 (1987)
10) T. Conway *et al.*, *J. Bacteriol.*, **169**, 2591 (1989)
11) K. F. Keshav *et al.*, *J. Bacteriol.*, **172**, 2491 (1990)
12) H. Yanase *et al.*, *Agric. Biol. Chem.*, **55**, 1383 (1991)
13) K. Kyono *et al.*, *Biosci. Biotech. Biochem.*, **59**, 289 (1995)
14) Y. Kondo *et al. Biosci. Biotech. Biochem.*, **58**, 289 (1994)
15) M. J. Hardman and R. K. Scopes, *Europ. J. Biochem.*, **173**, 203 (1988)
16) I. C. Tsantili *et al.*, *Microb. Cell Fact.*, **73** (8), 8 (2007)
17) S. D. Feldmann *et al.*, *Appl. Microbiol. Biotechnol.*, **38**, 354 (1992)
18) K. Zhang *et al.*, *Science*, **267** (13), 240 (1995)
19) K. Deanda *et al.*, *Appl. Environ. Microbiol.*, **62** (12), 4465 (1996)
20) H. Yanase *et al.*, *Appl. Microbiol. Biotechnol.*, **35**, 364 (1991)

21) H. G. Lawford *et al.*, *Appl. Biochem. Biotechnol.*, **91–93**, 117 (2001)
22) A. Mohagheghi *et al.*, *Appl. Biochem. Biotechnol.*, **98–100**, 835 (2002)
23) H. G. Lawford *et al.*, *Appl. Biochem. Biotechnol.*, **98–100**, 429 (2002)
24) M. M. Altintas *et al.*, *Biotechnol. Bioeng.*, **94** (2), 273 (2006)
25) J. C. Saez-Miranda *et al.*, *Biotechnol. Prog.*, **22** (2), 359 (2006)
26) N. Misawa *et al.*, *J. Biotech.*, **7**, 167 (1988)
27) N. B. Goachet *et al.*, *J. Gen. Microbiol.*, **135**, 893 (1989)
28) A. Lejenne *et al.*, *FEMS Microbiol. Lett.*, **49**, 363 (1988)
29) K. Y. Yoon *et al.*, *Biotechnol. Lett.*, **10**, 213 (1988)
30) P. Su *et al.*, *J. Biotech.*, **9**, 139 (1989)
31) H. Yanase *et al.*, *Biotechnol. Lett.*, **27**, 259 (2005)
32) H. Yanase *et al.*, *J. Ferment. Technol.*, **66**, 409 (1988)
33) H. Yanase *et al.*, *J. Ferment. Bioeng.*, **70**, 1 (1990)
34) J. P. Delgenes *et al.*, *Enzyme Microb. Technol.*, **19** (15), 220 (1996)
35) T. Yamada *et al.*, *Appl. Biochem. Biotechnol.*, **98–100**, 899 (2002)
36) A. Mohaghegi *et al.*, *Biotechnol. Lett.*, **26**, 321 (2004)
37) L. Davis *et al.*, *Biomass and Bioenergy*, **29**, 49 (2005)

3 濃縮・脱水技術開発

青木克裕[*1]，中根 堯[*2]

3.1 はじめに

大気浄化法，地球温暖化問題，原油価格高騰，長期的エネルギー確保等に対する取り組みとして再生可能エネルギーに対する関心が世界的に高まっている。電力に関しては太陽電池の普及が急速に進みつつあり，一方，自動車用燃料に関しては世界的にはバイオエタノールのガソリン添加が積極的に進められ，バイオエタノール生産量は，2000年のMTBE禁止により2006年時点で米国だけでも1,900百万kL[1]に至っている巨大なバイオエタノールマーケットが形成されている。

バイオエタノール生産は，たとえばコーンを出発原料とする場合，①酵素によるデンプンの糖化，②発酵，③もろみ濃縮，④蒸留の一連の工程によって，先ず90～95 wt%程度の含水エタノールが製造される。含水エタノールは最終脱水処理が施されて無水エタノールとして製品になる。その最終脱水方法としては，①ブラジル等で使用されている共沸蒸留法あるいは，②米国等で積極的に導入されているPressure Swing Absorption（PSA）法などが使われている。これらの従来技術に対してより低エネルギー消費かつ脱水機構が極めて単純な膜脱水処理技術は，バイオエタノール製造に熱源として使われている化石燃料からのCO_2排出削減とともにその操業運転の簡素化に貢献する。本節では，バイオエタノールの無機膜（ゼオライト膜）脱水技術[2~4]について紹介するとともに，本技術をもとに海外に建設された無水エタノール商業生産設備の操業成績等[5]について述べる。

3.2 ゼオライト膜の構造

ゼオライトは吸着材料として多くの分野で幅広く用いられており，PSAシステムにおいても粒状のゼオライトがその吸着材料として用いられている。エタノールと水の分離に用いられるゼオライトは平均細孔径が約0.4 nmのA型のものである。それに対して，膜脱水に用いられるゼオライト膜は前者と同じA型であるが，図1に示すように管状のアルミナ多孔質支持体の外表面に数ミクロンの厚みに水熱合成法により成膜されている。その外側に含水エタノール蒸気を導入，管の内側を低圧にすることで分子サイズの小さな水を優先的に膜透過させる。なお，本節では表面にゼオライト膜を形成したアルミナ管を「膜エレメント」と称している。

図2(a)に支持体表面に形成されたゼオライト膜の断面を観察した電子顕微鏡（SEM）写真を

[*1] Katsuhiro Aoki ㈱物産ナノテク研究所　技術推進室　室長
[*2] Takashi Nakane ㈱物産ナノテク研究所　研究開発本部　本部長

バイオリファイナリー技術の工業最前線

図1 外径 16 mm 仕様の脱水「膜エレメント」の外観

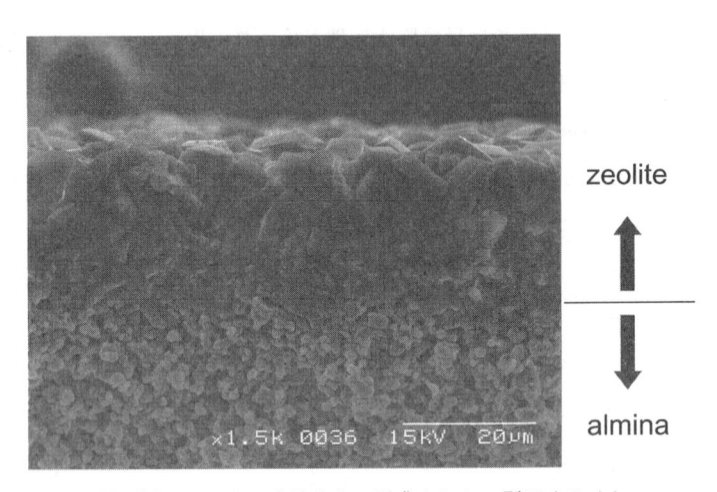

図2(a) アルミナ支持体上の形成された A 型ゼオライト膜断面の電子顕微鏡（SEM）観察写真

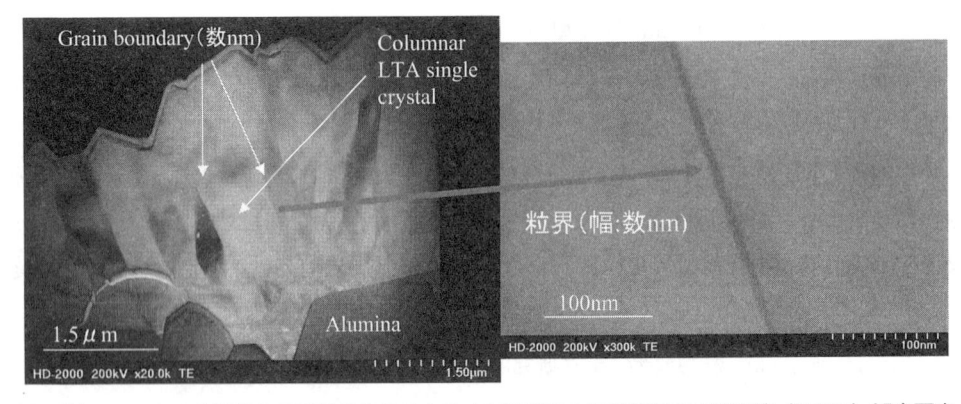

図2(b) アルミナ支持体上の形成されたゼオライト膜断面の走査透過電子顕微鏡（STEM）観察写真

示す。アルミナ支持層の上に良好に密着し，均一に堆積している様子が伺える。図2(b)に走査透過電子顕微鏡（STEM）により観察したゼオライト膜構造を示す。粒子はアルミナ支持体側から外側方向に成長したと見られる柱状構造であり，その結晶粒子間には幅数nmの粒界を観察することができる。但し，この粒界の中はシリカ系の物質で塞がっている。

3.3 脱水原理と機構

ゼオライト膜を用いた含水エタノールの脱水処理の原理は極めて単純である。脱水モデルを図3に示す。A型ゼオライト膜はアルミナ支持体表面に形成されており，その外側に含水エタノール蒸気を導入する。含水エタノールを気相で導入する方式をVapor permeation（VP）法と称している。逆に液相で導入する方式はPervaporation（PV）方式と称される。エタノール分子および水の分子サイズはそれぞれ0.5 nmおよび0.3 nmであることから，水の分子が優先的にゼオライト膜を透過して低真空状態に維持された支持体内側に到達する。支持体内側に到達した水分子は真空ポンプにて排気される。この結果として膜エレメント外部蒸気のエタノール濃度が急激に上昇する。水の透過速度は水分圧差に比例するので，供給側は可能な範囲で圧力を高く設定し，膜透過側はできるだけ低圧を保つことが効率を上げるための基本になっている。

3.4 モジュールとその基本レイアウト

膜エレメントはそのままでは脱水プラントで使用することができないので，先ずモジュールと呼ばれるステンレスの圧力容器の中に取り付ける。モジュール内部は図4に示すような構造になっている。水の膜透過能力を高めるために，膜エレメント表面の濃度分極を抑制するために高いレイノズル数の乱流状態で含水エタノール蒸気を導入することが重要であるので，内径19 mm

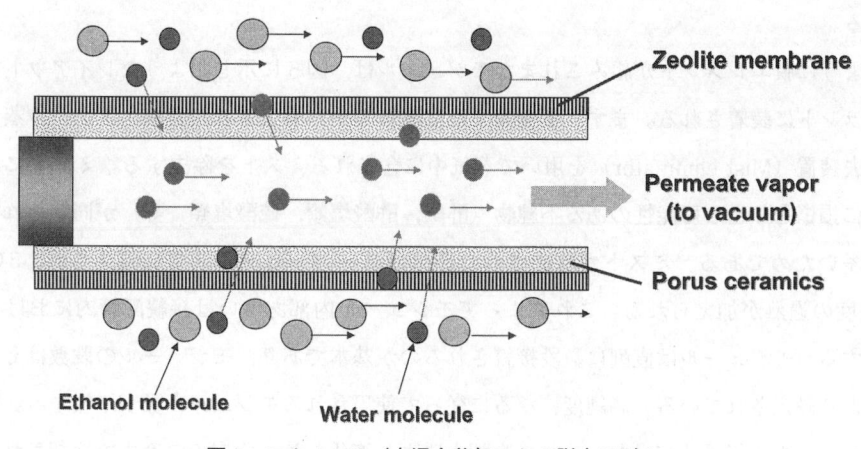

図3 エタノール／水混合蒸気からの脱水モデル

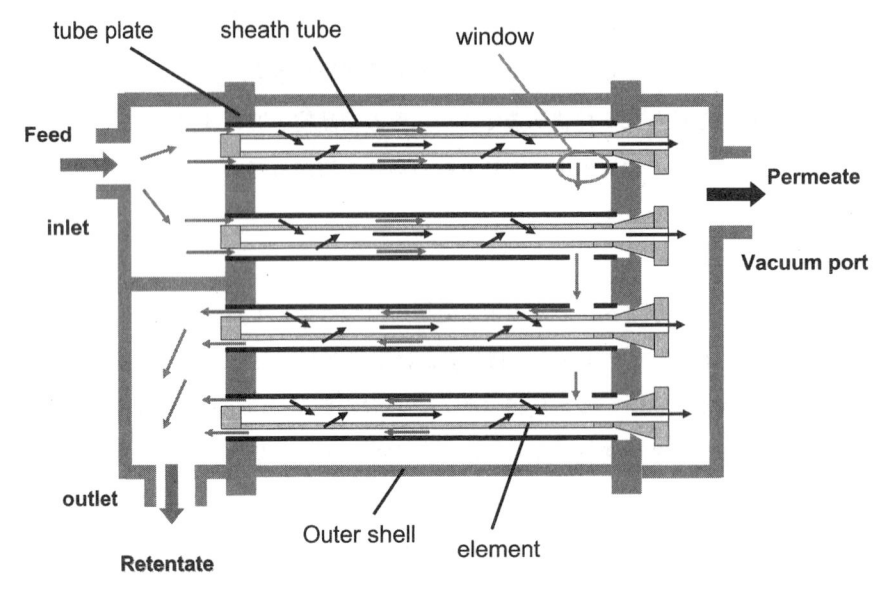

バイオリファイナリー技術の工業最前線

図4 脱水モジュール内部構造と蒸気の通過路

程度のステンレス製シース管に直径 16 mm のエレメントを挿入し，そこに形成されるギャップに数 m/sec の流速を発生させるように設計されている。この構造を以下，「二重管方式」と呼ぶことにする。

　導入された含水エタノール蒸気が分散して各エレメントに流入し，エレメントとシース管の小さなギャップを通過する際に，水が膜を透過する。透過した水は図の右側からモジュール外部に導かれる。ステンレス管の終点付近には window と呼ばれる小窓が設けられており，反対方向のシース管に流れ込む。同様な水の透過が継続的に行われ，モジュール出口から脱水されたエタノール蒸気が排出される。この操作を直列的に繰り返すことによって，高濃度まで脱水することができる。

　このように膜エレメントが組みこまれたモジュールは，図5に示したようなレイアウトにて実際のプラントに装着される。まず，蒸発器または蒸留等から導入された含水エタノール蒸気をミスト除去装置（Mist eliminator）を用いて蒸気中に含まれるミストを除去する。ミストにはゼオライトに損傷を与える可能性のある不純物（酢酸，酢酸塩類，硫酸塩類，等）が同伴されている場合が多いためである。ミストが除去された蒸気はスーパーヒータ装置に導入され，5℃ から 10℃ 程度の過熱が加えられる。これによってモジュール内部あるいは接続配管内における凝縮を抑制する。モジュールは直列に数段接続されるのが基本であり，モジュールの段数はその到達濃度により設定されている。高純度になるに従って使用されるモジュール数が増加する。脱水されたエタノール蒸気は熱交換器を通して冷却水により液化され，所定の温度まで冷却されて最終

第1章　発酵技術の最前線

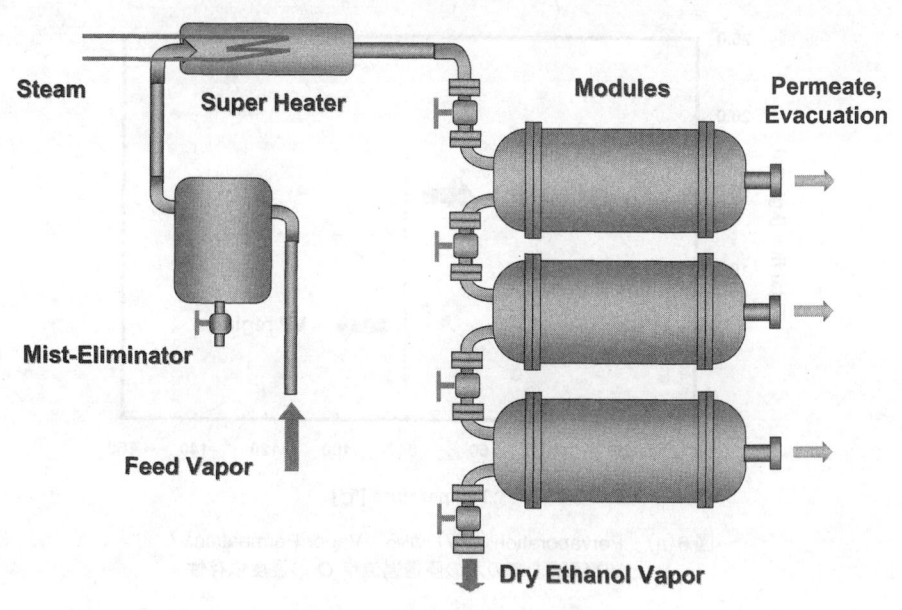

図5　基本的なモジュールの構成例

製品となる。

3.5　脱水性能

図6(a)および図6(b)に，ゼオライト膜の水の膜透過流束 Q および膜透過係数 K_w の温度依存性を示す。但し，80℃以下の評価はPV法にて，80℃以上の評価はVP法によって行われたものである。膜透過流束 Q は温度上昇にともない増加しているのに対し K_w は負の温度依存性を示している点が興味深い。商業生産プロセスの条件は120℃から130℃であることから実際の商業運転で使用される K_w 値は概ね $3×10^{-6}\,mol/m^2\,SecPa$ 程度である。

図7に K_w の経時安定性を示す。劣化を促進させるために商業運転温度よりも高い150℃にて測定した K_w で規格化した値の時間依存性を示している。測定初期に減少傾向が観測されたが，その後は変動しながらも安定傾向を示していることがわかる。

エレメント長さ方向における90 wt%および75 wt%含水エタノール蒸気の濃縮曲線を図8に模式的に示す。1本のエレメント長は数十cmから1mであるので，4本を直列結合した状態での濃度変化を示している。直列接合したエレメントに90 wt%のエタノール蒸気を導入した場合，移動距離4 mにおいて水分の9割が除去され，エタノール濃度は99 wt%に達する。また，75 wt%のエタノール蒸気を導入した場合は移動距離4 mにおいて97 wt%の濃度まで到達させる脱水機能を有することがわかる。到達濃度仕様に応じて単純に直列本数を延長することで高濃度にまで容易に対応することが可能である。生産速度については単純な並列本数設定で年産数10万キ

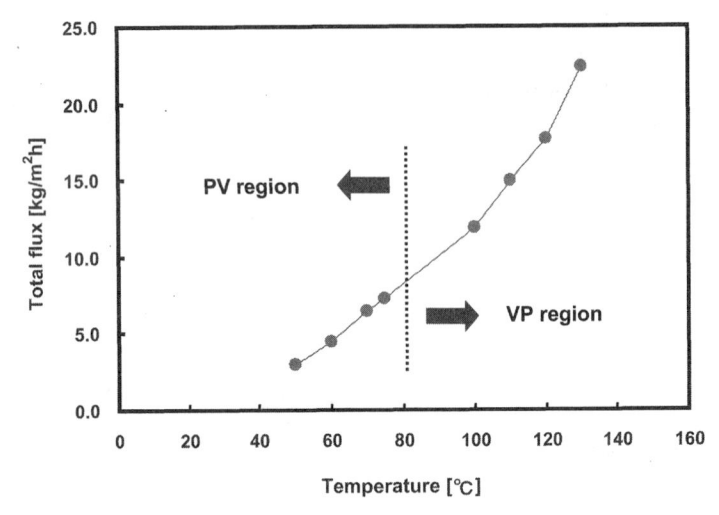

図6(a) Pervaporation (PV) から (Vapor Permeation)
VP 領域までの水の膜透過流束 Q の温度依存性

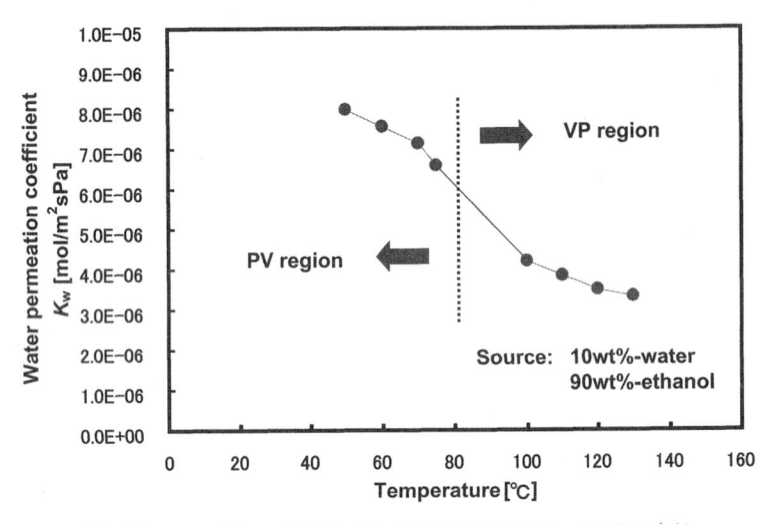

図6(b) PV から VP 領域までの水の膜透過係数 K_w の温度依存性

ロリットルの巨大プラントから年産数千キロリットルの小型施設まで，柔軟な設計対応が可能である点も膜脱水プロセスの特徴である。

3.6 シミュレーション・モデル

二重管方式による脱水処理は，蒸気の進行にともないその濃度が変化するので動的なモデルが望まれる。ここでは一例として，エレメントを微小区間に区分して級数的に処理するシミュレーション・モデルを提案し，膜透過係数 K_w 算出およびプラントの脱水性能算出法について紹介す

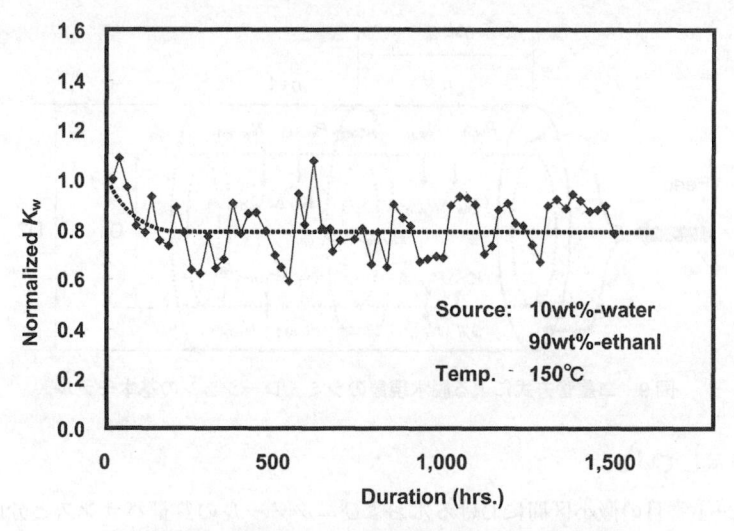

図7 初期値で規格化した水の膜透過係数 K_w の時間依存性

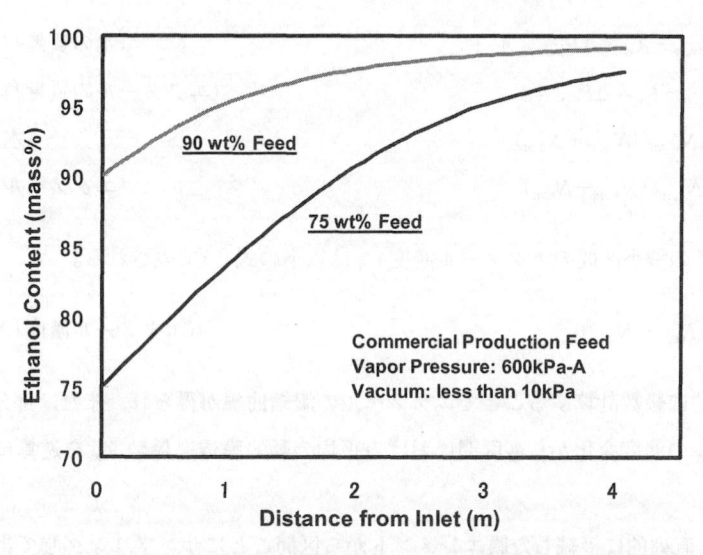

図8 90 wt％および75 wt％の含水エタノール蒸気の脱水の濃縮曲線

る。

　先ず脱水プラントの性能を算出するシミュレーション・モデルについて述べる。図9は，膜エレメントをシース管に挿入したモデルを示している。D1は膜エレメント外径，D2はシース管内径を表している。膜エレメントを長手方向に微小区間 ΔL に分け，さらに膜エレメント／シース管ギャップ内の水分圧およびそのモル数を $P_{w,n}$ および $N_{w,n}$，膜エレメント内側の水分圧を $P_{w,vac}$ とすると，単位時間における水の膜透過量は $K_w \times \Delta P_{w,n} \times A$ で表すことができる。ここで K_w は水の膜透過係数，$\Delta P_{w,n} = P_{w,n} - P_{w,vac}$，$A = \pi \times D1 \times \Delta L$ である。$P_{e,n}$, $N_{e,n}$ 等はエタノー

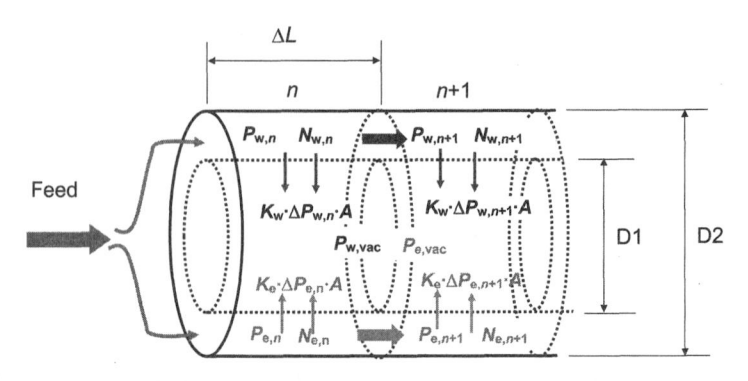

図9 二重管方式による脱水現象のシミュレーションの基本モデル

ルのそれらを示している。

n 番目と $n+1$ 番目の微小区間における水およびエタノールの質量バランスと分圧を考えると以下の通りである。ここで P_0 は供給蒸気圧力を示している。

$$N_{w,n+1} = N_{w,n} - K_w \times \Delta P_{w,n} \times A \quad \text{（水の質量バランス）} \quad (1)$$
$$N_{e,n+1} = N_{e,n} - K_e \times \Delta P_{e,n} \times A \quad \text{（エタノールの質量バランス）} \quad (2)$$
$$P_{w,n} = P_0 \times N_{w,n}/(N_{w,n} + N_{e,n}) \quad \text{（水の分圧）} \quad (3)$$
$$P_{e,n} = P_0 \times N_{e,n}/(N_{w,n} + N_{e,n}) \quad \text{（エタノールの分圧）} \quad (4)$$

また，n 番目の微小区間のエタノール濃度 C_n は以下の式(5)で表される。

$$C_n = N_{e,n}/(N_{e,n} + N_{w,n}) \quad \text{（エタノール濃度（モル比））} \quad (5)$$

上記を数値的に級数計算することでエタノールの濃縮曲線が得られ，また，部分サンプリングしたエタノールの濃度変化から各区間における平均の動的膜透過係数 K_w を逆算によって得ることができる。

図10(a)に，直列的に接続した膜エレメントから区間ごとにサンプリングして得たエタノールの濃度変化を示す。3つの曲線は膜エレメント1本当りに導入する供給速度を示しており，供給速度が遅いほど短い距離で高い濃度に到達することがわかる。しかしながら，供給速度が小さくなるに従って膜エレメント長／供給速度比が大きくなることから，供給速度を大きくした方が高い生産性が得られることがわかる。図10(b)にシミュレーションモデルを使って，区間ごとの動的膜透過係数 K_w を求め，縦軸に K_w，横軸にエタノール／水モル比を対数にプロットした K_w の濃度依存についての解析例を示す。供給速度が大きな領域では高濃度側に向かうほど K_w の値が減少する傾向が見られるが，低流速においては K_w の濃度依存性は顕著ではない。これらの現象についての解明は今後の課題である。

第1章 発酵技術の最前線

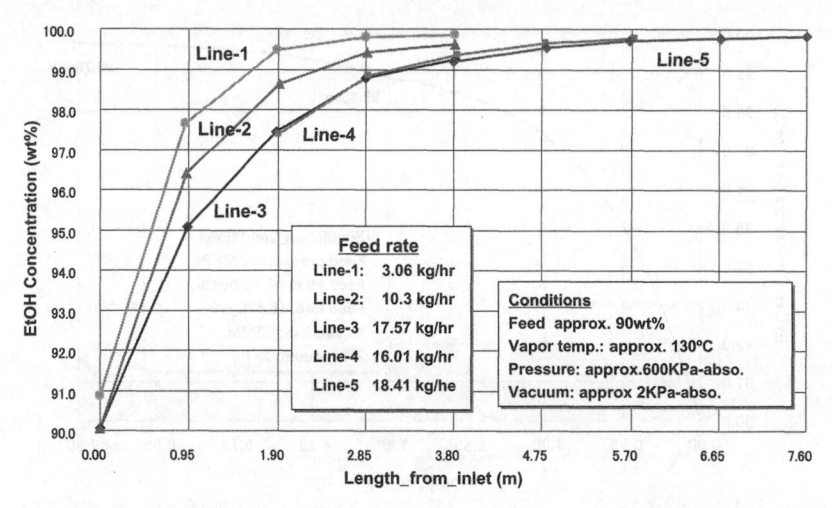

図10(a) 直列接続した膜エレメントによるエタノール濃度変化実測値

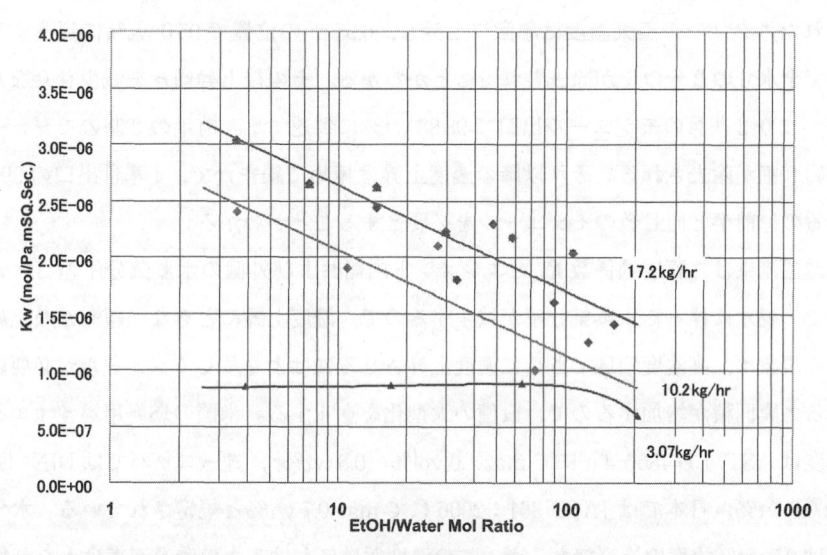

図10(b) 直列接合した膜エレメントによる脱水実験から求めた水の動的膜透過係数の濃度依存性

　図11(a)に，600 KPa に加圧されたエタノール濃度 90.0 wt%（水 10.0 wt%）の蒸気をエレメント1本に対して 16.67 kg/hr の速度で供給したときの含水エタノールの濃縮曲線を示す．横軸の1セグメント（0.95 m）は1本の膜エレメントの実行長を示すので，2セグメント分が1基のモジュール内の直列膜エレメント長に相当する．7.60 m の長さは4基のモジュールを直列に接続した構成を示している．1基目と2基目の透過側真空圧力を 10 KPa および3基目と4基目の真空圧力を 2 KPa，水の膜透過係数を 3.0×10^{-6} mol/Pa.m^2.s として含水エタノールの濃度変化を示している．

271

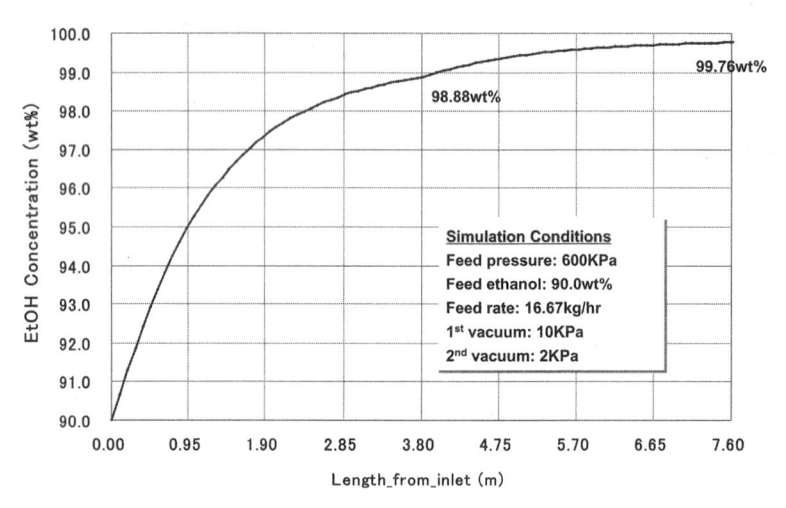

図11(a) シミュレーションで得られた90 wt%エタノール蒸気の濃縮曲線

　供給されたエタノール蒸気濃度は急激に上昇し，0.95 mの位置で95.0 wt%に到達する。最初に1本目で全水分の2分の1が除去されることがわかる。その後上昇傾きを減少させながら3.80 mの位置つまり2基目のモジュール出口で98.88 wt%に到達する。前半の2基のモジュールにて全水分の約9割が除去される。それ以降の濃度上昇は極めて緩やかで，4基目出口の99.76 wt%に到達するのに前半と同じ数のモジュールを必要とすることがわかる。

　水の膜透過流束は，膜透過係数K_wとエレメント内側および外側の水蒸気分圧差ΔPの積で表されるので，脱水に伴って水蒸気分圧が減少するので，濃度上昇にともない緩やかな上昇傾向を示す。この現象は，高濃度領域でさらに濃度上昇させるにはより多くモジュールが必要になる。言い換えると膜面積が増加するので，設備の大型化を意味する。米国の燃料用バイオエタノールの水分濃度はASTM D 4806-4 aにてmax.1.0 vol%（0.8 wt%），ヨーロッパではDIN EN 15376にてmax.0.2 wt%，日本ではJASO 361：2006にてmax.0.7 wt%と規定されている。水分濃度規格としては0.5 wt%程度の違いであるが，この濃度領域における水の透過流束はかなり低下するため，大きな膜面積が必要となり，高濃度領域エタノール処理については慎重な設計が必要である。

　図11(b)に脱水処理にともなうエタノールおよび水の分圧変化を示す。水の分圧はその進行にともなって急激に減少し，エタノールの分圧が支配的になることがわかる。図11(C)に流速の変化を示す。圧力損失は図11(b)に示した程度で比較的緩やかであるが，水の透過による総モル数が減少することにより流速も著しく低下することがわかる。入口では7.95 m/secの流速が3.80 m地点付近では6.34 m/secで低下し，さらに出口では6.16 m/secにまで下がる。流速の低下は膜エレメントとシース間のギャップ内レイノルズ数低下に繋がるので脱水が進むにつれて，膜表

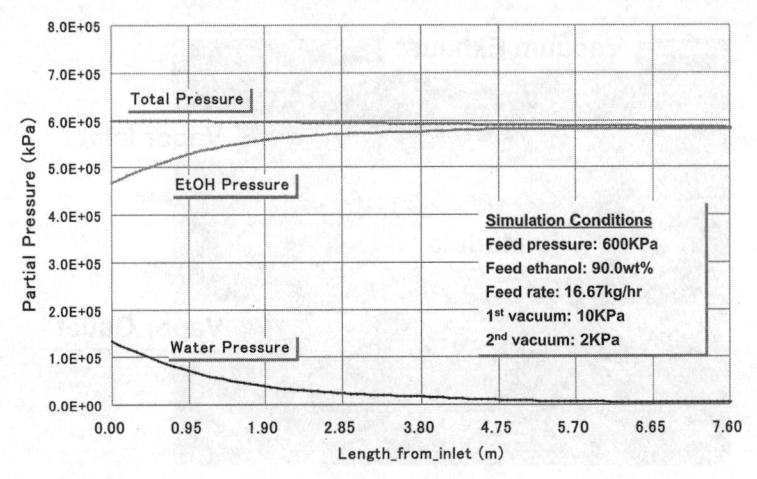

図11(b)　シミュレーションで得られた90 wt%エタノール蒸気の分圧変化

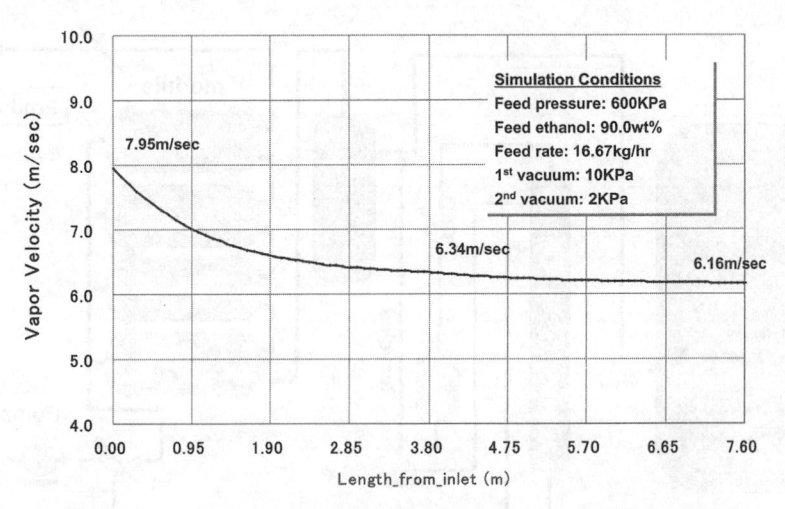

図11(C)　シミュレーションで得られた90 wt%エタノール蒸気の流速変化

面の濃度分極による巨視的な透過係数の減少と水分圧差の低下という少なくとも2つの要因によって水の膜透過流束の低下が生じる。

3.7　商業生産用膜脱水プラント

以上に述べたA型ゼオライト膜脱水技術を適用した日産30 kLの商業生産用プラント[6]およびその操業成績をここに紹介する。

先ず，図12に商業プラントに使用したモジュールの外観を示す。106本の膜エレメントが組み込まれており，ゼオライト膜の総面積は5.3 m^{2}である。左側に透過液排気ポート，右側に蒸気供給ポートと排出ポートが取り付けられていることがわかる。本体胴部の直径は約350 mmで

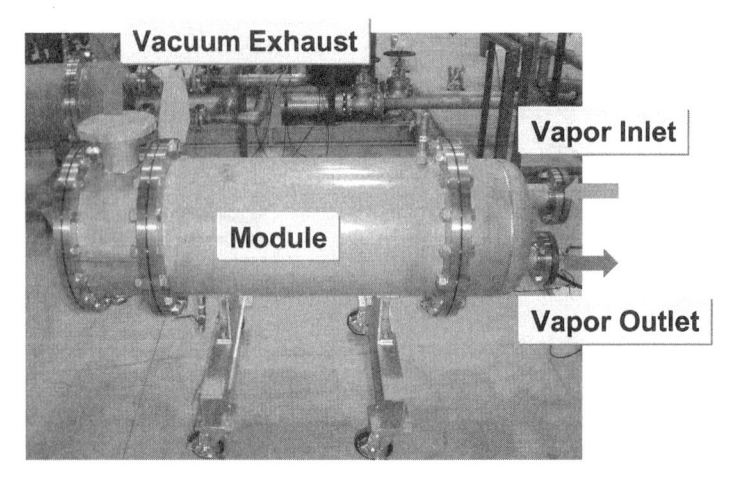

バイオリファイナリー技術の工業最前線

図12 組み立て完成したモジュール（膜面積 5.3 m²）の外観

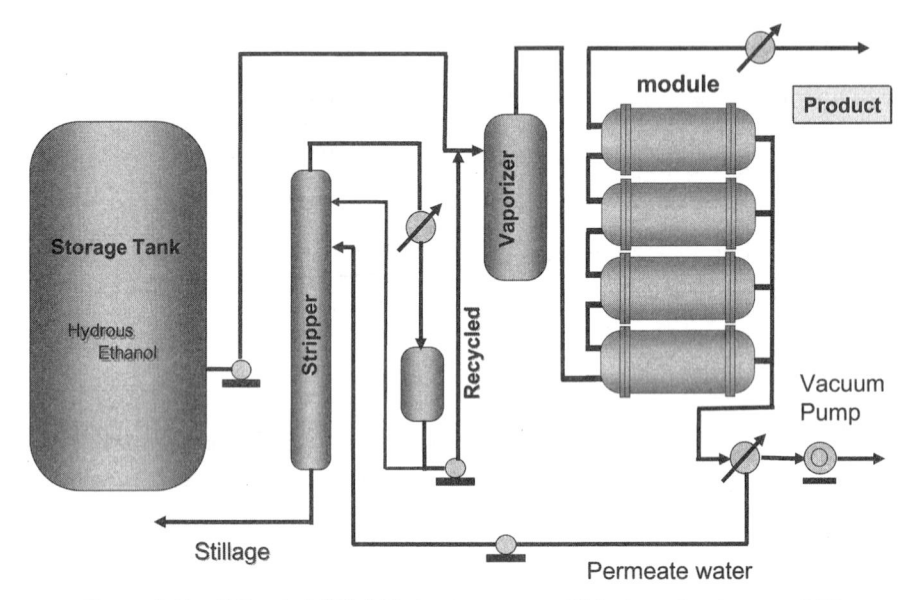

図13 海外に建設した商業生産用バイオエタノール脱水プラントのシステム概要

ある。

図13にシステム概要を示す。貯蔵タンクに貯蔵された約92 wt%の含水エタノールがポンプで蒸発器に送られる。含水エタノールはスチームにて約130℃に加熱・蒸発し，4基が直列に接続されたモジュールに導入される。脱水されたエタノール蒸気は熱交換器にて液化されて約99.8 vol%（99.68 wt%）の製品無水エタノールとなる。膜透過液には2〜3 wt%程度のエタノールが含まれるので，膜透過液用のエタノール回収用ストリッパーか蒸留塔に戻してエタノールを回収する。

第1章 発酵技術の最前線

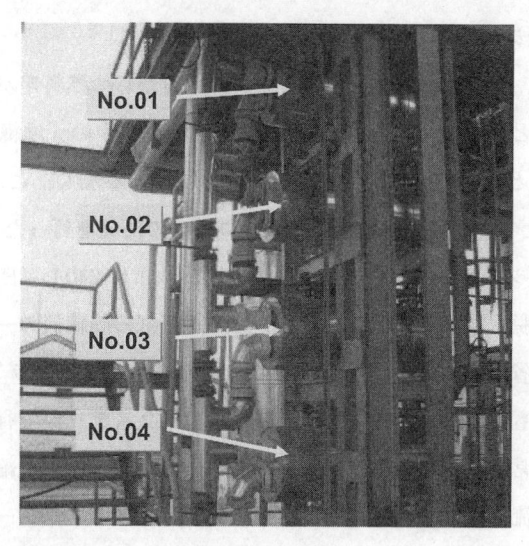

図14 海外に建設した商業生産用バイオエタノール脱水プラントの外観写真

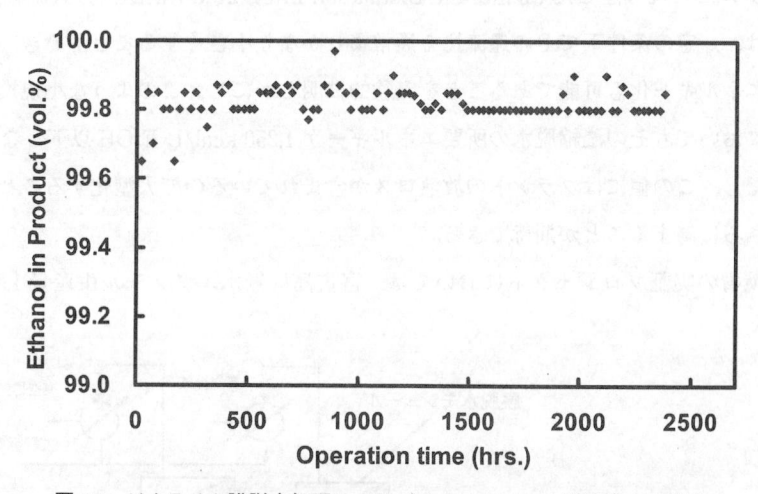

図15 ゼオライト膜脱水処理によるバイオエタノール製品濃度の推移

図14に実際の脱水システムの外観を示す。前記した4基のモジュールを縦直列に配置されている様子がわかる。運転温度は約130℃である。年産約1万kL（日産30 kL）の生産能力を有する商業プラントで，この設備で脱水されたバイオエタノールはガソリン添加用等に販売されている。

図15に100日間の運転中に測定された製品エタノール濃度の推移を示す。2,283時間の操業時間において2,492 L が生産されたことから，時間あたりの生産量は平均値で毎時1.091 kL（日産26.2 kL）である。製品エタノール濃度は約99.8 vol%で推移しており，安定した脱水処理がなされていることがわかる。一方，透過液中のエタノール濃度は約2.0 vol%で推移している。

3.8 濃縮・脱水プロセスの省エネルギー化

平成13～17年度までNEDOが実施した「セルロース質からの燃料用バイオエタノール生産技術開発」プロジェクトと，平成16～19年度まで環境省が実施中の「沖縄産糖蜜からのバイオエタノール生産技術開発とE3実証試験」プロジェクトに各々参加し，これらの高性能なA型ゼオライト膜[5]を利用した省エネルギーな濃縮脱水プロセスの開発を行った。

NEDO研究開発プロジェクトにおいては，鹿児島県出水市に240 L／日の小規模なパイロットプラントを建設し，膜脱水により濃縮されたエタノール蒸気の凝縮液の一部を濃縮塔に還流させるプロセス統合による省エネルギー化を導入した。このパイロットプラントでは，図16に示すように，もろみ蒸留塔も濃縮塔も常圧塔とし，膜脱水は第2ステージで行われている。第1ステージの膜脱水装置には常圧濃縮塔の塔頂蒸気をそのまま導入し，脱水濃縮された蒸気は凝縮され，その一部は濃縮塔に還流，残りを蒸発器で再蒸発させて130℃のエタノール蒸気として第2ステージの膜脱水装置に供給することで99.6 wt%以上の製品無水エタノールが得られた。この蒸留と膜脱水をプロセス統合させたMembrane Distillation Integrated（MDI）方式濃縮脱水プロセスにおいては，一定の条件下でその還流比を通常よりかなり小さくすることができ，蒸留塔部分における省エネルギー化も可能であることを実験的に明らかにし，このような小規模なパイロットプラントにおいてもその濃縮脱水の所要エネルギーが1,250 kcal/L-EtOH以下となることを実証した。ただし，この値にはプラントの放熱ロスが含まれているので大型化することで省エネルギー効果はさらに高まることが期待できる。

また，環境省の実証プロジェクトにおいては，宮古島に無水エタノール生産量1,200 L／日の

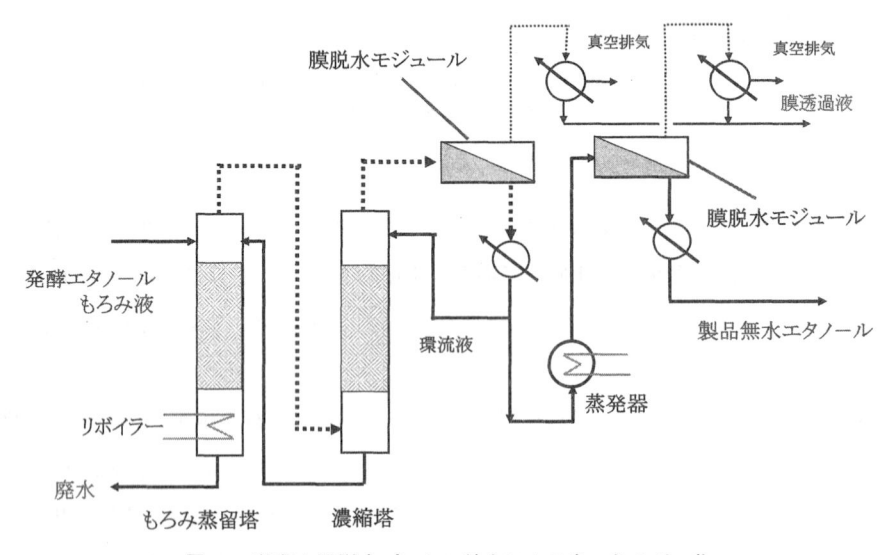

図16 蒸留と膜脱水プロセス統合による省エネルギー化

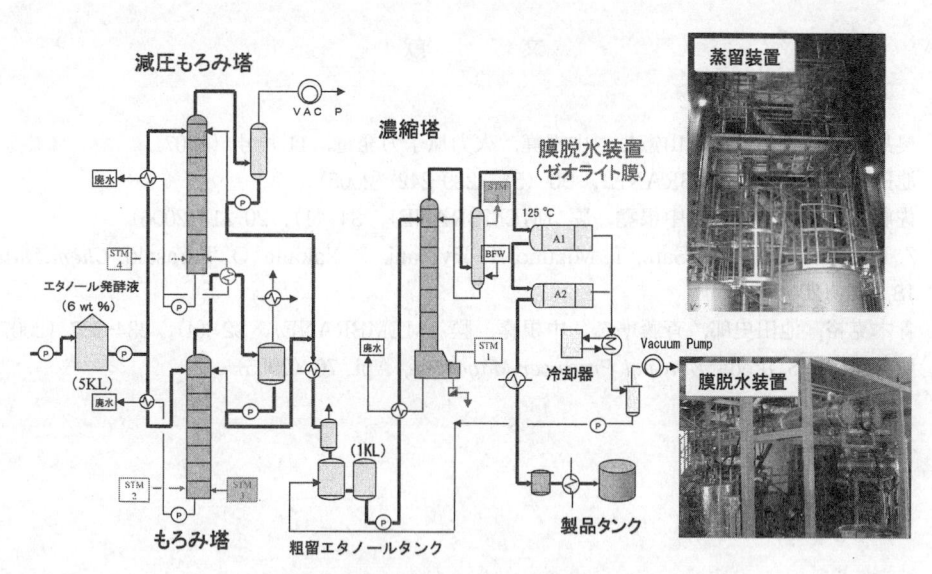

図17 宮古島に建設した濃縮・脱水設備とそのプロセス概略

パイロットプラントを建設し，蒸留塔の熱統合による省エネルギー化を検討している。このパイロットプラントでは，図17に示すように，もろみ蒸留塔として常圧・減圧の2塔を並列に設置し，濃縮塔は加圧塔として熱を三重効用的に有効利用している。その結果，この場合も濃縮脱水の所要熱量は1,180 kcal/L-EtOHとなったが，熱解析したところ20%強の放熱ロスを含むことが判明し，通常の実プラント同様にこれが5%程度となれば，その所要熱量は950 kcal/L-EtOH程度となることがわかった。因みに，PSA吸着法の所要熱量はシミュレーションにより1,280 kcal/L-EtOHと計算されているため膜脱水プロセスはPSA吸着プロセスよりかなり省エネルギーとなる。

3.9 おわりに

再生可能エネルギー生産にゼオライト膜脱水技術を開発し，商業化実現に至った。処理工程における省エネルギー効果，極めて単純な設備構造等から，長期的エネルギー問題解決に大きく貢献できる技術であると考える。今後は本技術の信頼性およびコスト等についてより改善を図るとともに，社会に歓迎される技術として積極的に普及させていきたい。

バイオリファイナリー技術の工業最前線

文　　献

1) 奥島憲二，菅田孟，芳山憲雄，中根堯，火力原子力発電，11月号（2007）
2) 池田史郎，膜（MEMBRANE），**30**（5），239-242（2005）
3) 佐藤公則，水野豪仁，中根堯，膜（MEMBRANE），**31**（1），20-21（2006）
4) Z. Liu, T. Ohsuna, K. Sato, T. Mizuno, T. Kyotani, T. Nakane, O. Terasaki, *Chem.Mater.*, **18**, 922（2006）
5) 青木克裕，池田史郎，斉藤準二，中根堯，膜（MEMBRANE），**32**（4），234-237（2007）
6) M. Watari, S. Ikeda, *Ethanol Producer Magazine*, Apl., 70（2005）

第2章 バイオディーゼル

1 超臨界メタノールによるバイオディーゼル

坂　志朗*

1.1 はじめに

　油脂類は他のバイオマス資源と比較して発熱量が高く，さらにその多くは常温で液体である。これらの特徴は自動車燃料として有望であるが，このままでは動粘度（>30 mm^2/s（40℃））や引火点（>300℃）が高いため利用できない。そこで，油脂類の主成分であるトリグリセリドをエステル交換反応により脂肪酸メチルエステルに変換することで，動粘度3～5 mm^2/s（40℃），引火点160℃程度，セタン価50～60の軽油代替燃料として利用することが可能となる。この脂肪酸メチルエステルをバイオディーゼル燃料（BDF）と呼ぶ。

　バイオディーゼル燃料の排気ガスは酸性雨の原因となる硫黄酸化物や黒煙が軽油に比べて少なく，浮遊粒子状物質（PM）の発生が少ないため，比較的クリーンである。さらにバイオマス資源由来であるため，地球上の炭素バランスを崩さないという利点がある。我が国では，京都市において1997年11月より100％バイオディーゼル燃料（B100）を用いた220台のゴミ収集車による走行実験が開始された。2000年4月からは，市バス81台に対しバイオディーゼル燃料を20％添加した軽油（B20）が利用され，年間1,500トンの使用量に達している[1,2]。さらに，生産規模5,000 ℓ/日のアルカリ触媒法によるBDF燃料化プラントが，2004年6月，京都に完成した。

　現在，バイオディーゼル燃料の製造にはアルカリ触媒法が用いられているが，この方法には後述するような種々の問題があり，それに替わる新規技術の開発が不可欠であった。そこで，筆者らは新規技術について鋭意検討し，数年前に一段階超臨界メタノール法（以下，Saka法と呼ぶ。図1参照）を開発した。この技術の主反応は，油脂類（トリグリセリド）のエステル交換反応による脂肪酸メチルエステルへの変換であった[2,3]。反応条件として，油脂に対するメタノールのモル比が42，反応温度350℃，反応圧力20～40 MPaが最適であることを見出したが[4～7]，この処理条件は苛酷であり，実用化に向けての課題を残していた。

　そこで，より実用化に適したバイオディーゼル燃料製造に向けて検討した結果，Saka法のエステル交換反応とは全く異なる，油脂類の加水分解とそれに続く脂肪酸のエステル化反応の二段階反応による新規なプロセス（二段階超臨界メタノール法；以下，Saka-Dadan法と呼ぶ。図2

---

*　Shiro Saka　京都大学　エネルギー科学研究科　教授

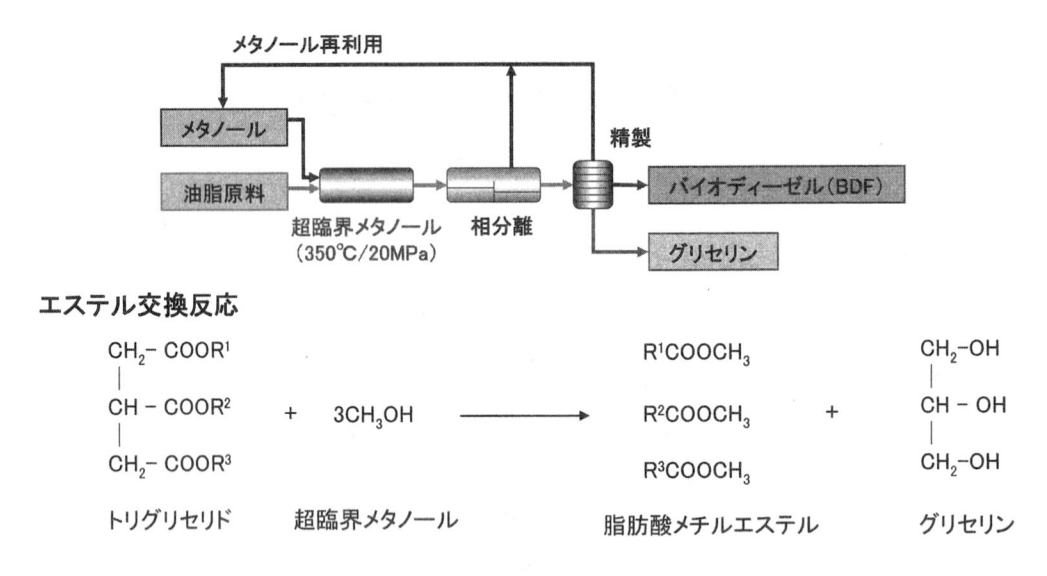

エステル交換反応

$$CH_2-COOR^1$$
$$CH-COOR^2 + 3CH_3OH \longrightarrow R^1COOCH_3 + CH_2-OH$$
$$CH_2-COOR^3 \quad\quad\quad\quad R^2COOCH_3 \quad\quad CH-OH$$
$$\quad\quad\quad\quad\quad\quad R^3COOCH_3 \quad\quad CH_2-OH$$

トリグリセリド　　超臨界メタノール　　脂肪酸メチルエステル　　グリセリン

R^1, R^2, R^3, R'；炭化水素基

図1　一段階超臨界メタノール法（Saka法）

参照）を開発した[8~10]。

1.2　既存のバイオディーゼル燃料製造技術

　油脂類のバイオディーゼル燃料への変換には種々の技術が提案されているが，大別すると，アルカリ触媒法，酸触媒法，リパーゼ酵素法，イオン交換樹脂法および本報の超臨界メタノール法が挙げられる。

　アルカリ触媒法[11]では，油脂にメタノールと塩基性触媒を加えて，エステル交換反応を行うことによりバイオディーゼル燃料を得る。工業的には，常圧下，常温～60℃にて数時間かけて反応が行われ，塩基性触媒として水酸化ナトリウムや水酸化カリウムが用いられる。穏やかな温度・圧力条件で反応が進行するものの，アルカリ触媒の除去のため複雑な精製プロセスを必要とし，環境への負荷が避けられない。また，廃油脂類には水や遊離脂肪酸が含まれるが，前者は触媒機能を低下させ，後者は触媒と反応してアルカリセッケンとなり，いずれもエステル収率の低下を招く。このため，本手法ではアルカリセッケンの除去も必要であり，多種多様な廃油脂への応用は必ずしも容易ではない。

　一方，酸触媒法では，遊離脂肪酸もエステル化反応により脂肪酸メチルエステルとなるため[12]，アルカリセッケンの生成は起こらない。しかしながら，油脂原料に水分が含まれると触媒機能を低下させるため，アルカリ触媒法と同様，廃食用油の利用が困難となる。さらに，反応速度が遅く，長時間（約48時間）の処理が必要であるため，酸触媒法単独では工業プロセスで利用され

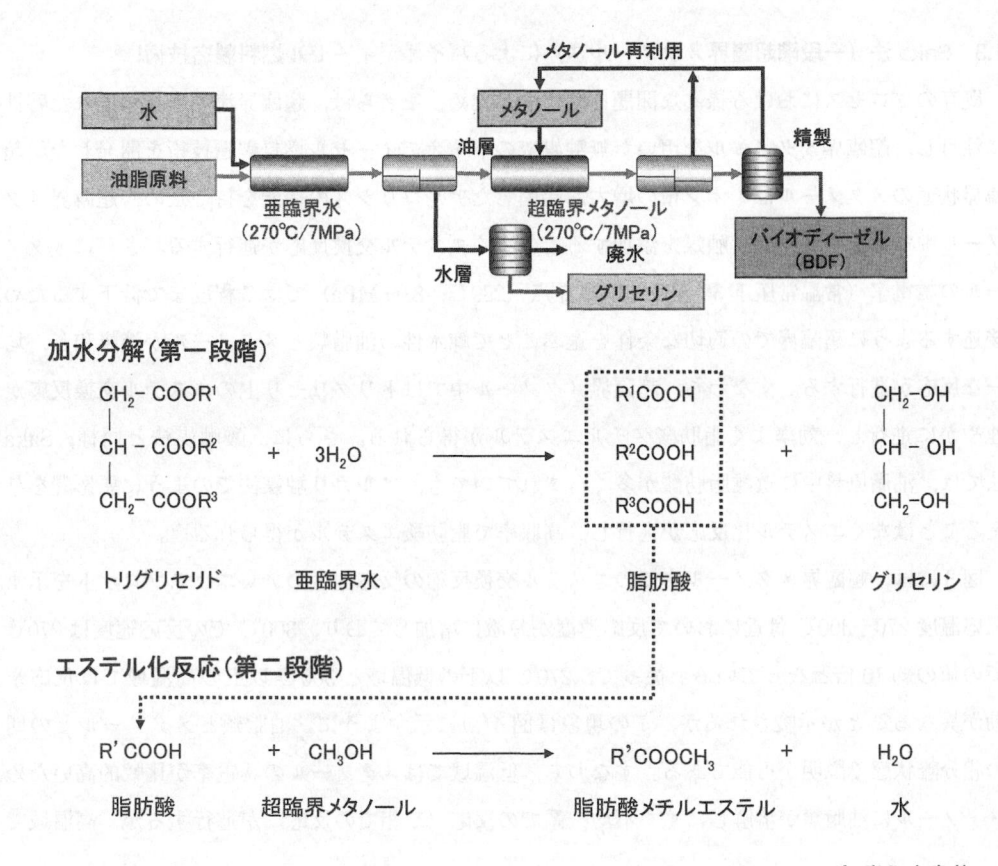

第2章 バイオディーゼル

図2 二段階超臨界メタノール法（Saka-Dadan法）

加水分解（第一段階）

$$\begin{array}{c} CH_2-COOR^1 \\ | \\ CH-COOR^2 \\ | \\ CH_2-COOR^3 \end{array} + 3H_2O \longrightarrow \begin{array}{c} R^1COOH \\ R^2COOH \\ R^3COOH \end{array} + \begin{array}{c} CH_2-OH \\ | \\ CH-OH \\ | \\ CH_2-OH \end{array}$$

トリグリセリド　　亜臨界水　　　　　　　　脂肪酸　　　　　　　グリセリン

エステル化反応（第二段階）

$$R'COOH + CH_3OH \longrightarrow R'COOCH_3 + H_2O$$

脂肪酸　　超臨界メタノール　　　　脂肪酸メチルエステル　　水

R^1, R^2, R^3, R'；炭化水素基

ていない。

　そこで，油脂原料中に遊離脂肪酸が含まれても比較的高い収率で脂肪酸メチルエステルを得る二段階の方法（第一段階；酸触媒，第二段階；アルカリ触媒法）がBoocock[13]により開発され，Biox社（カナダ）による100万ℓ/年のパイロットプラントがトロントで稼働している。このプロセスでは，不活性の共溶媒（テトラヒドロフラン）を混合することで植物油をメタノール中に均一に溶解させ，反応性を高める工夫がなされている。

　油脂からバイオディーゼル燃料への反応は，リパーゼ酵素の触媒作用によっても進行する[14]。この酵素法では，生産物の中和が不要であり，原料中の遊離脂肪酸の影響を受けないなどいくつかの利点を有しているが，メタノール添加量の制御が不可欠であり，さらに反応速度が遅い，コストが高いなどといった欠点がある。その他の技術として，近年固体触媒法[1]やイオン交換樹脂法[15]によるバイオディーゼル燃料製造も検討されており，今後の研究開発に期待が寄せられている。

1.3 Saka 法（一段階超臨界メタノール法）によるバイオディーゼル燃料製造技術[1~6]

既存のプロセスにおける様々な問題を解決するため，筆者らは，超臨界流体の持つ優れた特性に注目し，超臨界メタノールを用いた無触媒でのバイオディーゼル燃料製造技術を開発した。超臨界状態のメタノールはイオン積の増大に起因したアルコリシスの機能を持つため，超臨界メタノール中では酸やアルカリ触媒を添加することなくエステル交換反応が進行する。さらにメタノールの誘電率（常温常圧下32程度）は臨界点（239℃，8.09 MPa）では7程度まで低下するため，後述するように超臨界での適切な条件を選ぶことで疎水性の油脂類とメタノールが溶媒和し，均一な反応が進行する。すなわち，超臨界メタノール中ではトリグリセリドのエステル交換反応が速やかに進行し，効率よく脂肪酸メチルエステルが得られる。さらに，酸触媒法と同様，Saka法では，油脂原料中に遊離脂肪酸が多く含まれていても，アルカリ触媒法でのように悪影響を与えることはなくエステル化反応が進行し，高収率で脂肪酸エステルが得られる[16]。

図3には，超臨界メタノール中でのエステル交換反応の反応速度のアレニウスプロットを示す。反応温度270〜300℃付近において反応速度が急激に増加しており，300℃での反応速度は270℃での値の約10倍となっている。従って，270℃以下の低温域と300℃以上の高温域では反応挙動が異なることが示唆されるが，この現象は図4(a)に示すように，油脂類とメタノールとの間の相分離状態で説明が可能である。すなわち，低温域ではメタノールの誘電率が比較的高いため，メタノールに油脂類が溶解しにくく不均一系での反応（二相での反応）が進行するが，高温域で

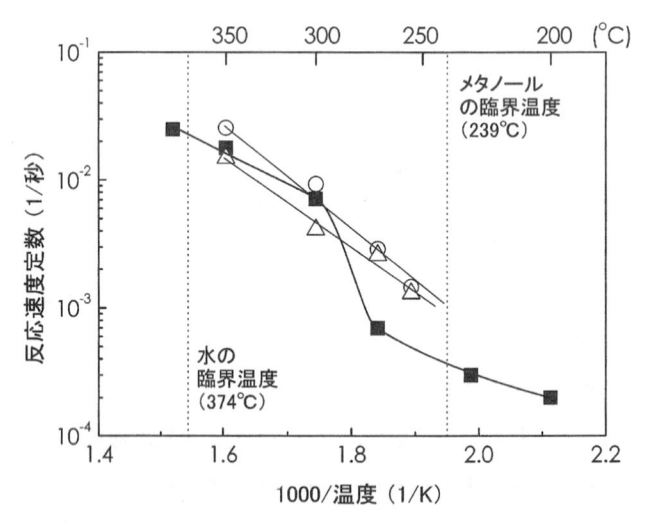

図3 Saka（一段階超臨界メタノール）法によるエステル交換反応[6]およびSaka–Dadan（二段階超臨界メタノール）法による亜臨界水中での油脂の加水分解反応，超臨界メタノール中での脂肪酸のエステル化反応の反応速度[8,9]（バッチ型装置での結果）
■：エステル交換反応（Saka法），菜種油：メタノール＝1:42（モル比）
△：加水分解反応，菜種油：水＝1:217（モル比）
○：エステル化反応，オレイン酸：メタノール＝1:42（モル比）

第2章　バイオディーゼル

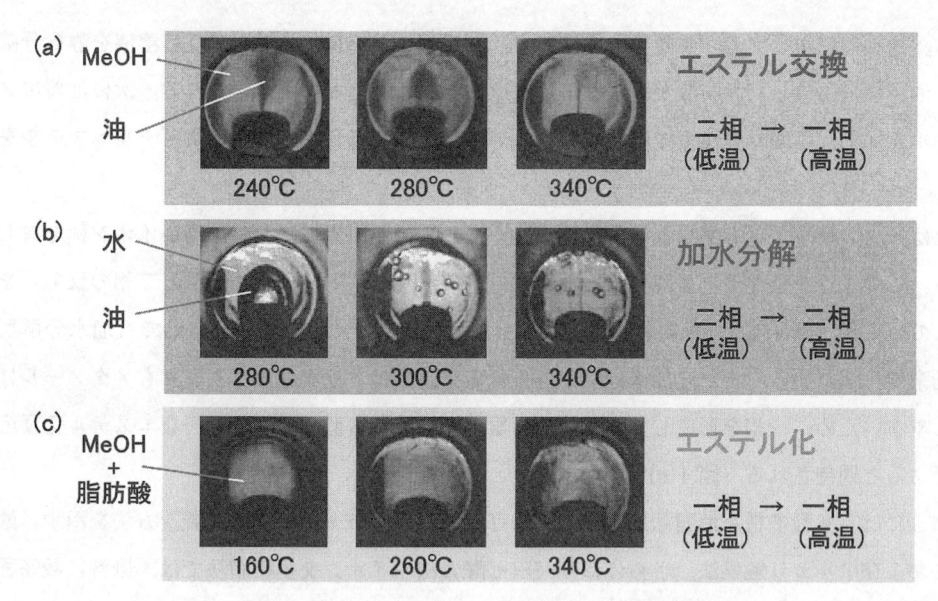

図4　サファイア窓付反応管内の溶媒中に下方のノズルから反応媒体をふき込んだ状況
(a)エステル交換反応：油を超臨界メタノールへ投入，(b)加水分解反応：油を亜臨界水へ投入，
(c)エステル化反応：脂肪酸を超臨界メタノールへ投入

は水素結合の解裂によりメタノールの誘電率が低下し，均一系での反応（一相での反応）が実現するものと考えられる。このため，Saka法では，300℃以上の反応温度が効果的であり，反応温度350℃，反応圧力20〜40 MPa，油脂に対するメタノールのモル比42が最適であることが明らかとなっている[2〜7]。

バイオディーゼル燃料中には，未反応のトリグリセリド（TG）の他，反応中間体であるジグリセリド（DG），モノグリセリド（MG）および副産物のグリセリン（G）が僅かに残留する。これらが燃料特性に与える影響は大きく，燃料中の全グリセリン量はEUや京都市では0.25 wt%以下，米国では0.24 wt%以下と厳しく定められている[17,18]。

そこで，米国やEUでの規格を満たす高品位のバイオディーゼル燃料を得るための超臨界メタノール処理条件を検討した結果，350℃/20 MPaで約9分以上の処理を要することが明らかとなっている。しかしながら，この製造法は反応条件が過酷であるため，反応容器にハステロイ合金などの高価な材料を必要とし，さらには高温処理であるため脂肪酸メチルエステルの熱変性についてさらなる検討が必要であり，実用化に向けての課題を残している。

1.4　Saka-Dadan法（二段階超臨界メタノール法）によるバイオディーゼル燃料製造技術[8〜10]

Saka法に対し，より穏やかな反応条件でバイオディーゼル燃料を製造する方法として，SakaおよびDadanは二段階超臨界メタノール法（以下，Saka-Dadan法，図2）を提案した[9]。すな

わち，油脂類に水を加え，亜臨界条件にてトリグリセリドを加水分解し，反応溶液を静置分離する。油層には生成した脂肪酸が，水層には副産物であるグリセリンが含まれる。次に油層にメタノールを加え，超臨界条件下で脂肪酸のエステル化反応を行うことで脂肪酸メチルエステルを得る。

　水はメタノールよりもプロトン供与性が強く，さらに亜臨界域において高いイオン積を有している。このような条件下，亜臨界水と油脂類（トリグリセリド）は水和せず，二相の反応系を形成しているが（図4(b)），亜臨界水は加溶媒分解効果が大きく，二相の反応場でも加水分解反応が効率的に進行する。また，加水分解で得られる脂肪酸はトリグリセリドよりもメタノールに溶解しやすいため，一相を形成しており，油脂類の場合よりも低い温度で均一なエステル化反応が進行すると期待される（図4(c)）。

　図5には，多種多様な油脂類に対する適用可能なバイオディーゼル燃料製造方法を示す。酸触媒法およびアルカリ触媒法，さらにはリパーゼ酵素法やイオン交換樹脂法では，原料に数%程度の水が含まれると触媒機能が低下しエステル収率が著しく減少する。これに対し，Saka-Dadan法では，第一段階で水を用いて油脂を加水分解するため，原料中に遊離脂肪酸や水が存在していてもその影響を受けない。したがって，バージン油脂だけではなく，廃油脂類の有効利用も期待でき，多種多様な油脂類を原料とすることが可能である。さらに，本手法では酸やアルカリ触媒

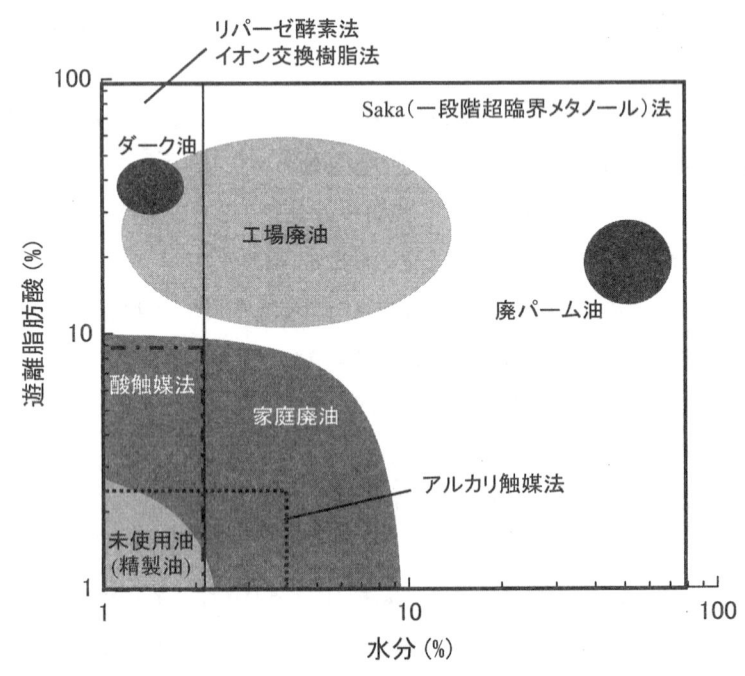

図5　多種多様な油脂類に対する適用可能なバイオディーゼル燃料製造方法

を用いないため反応後の分離・精製が容易であり，簡潔なプロセスとなる。

図3にSaka法およびSaka-Dadan法での反応速度を比較した。Saka法では，350℃におけるエステル交換反応の反応速度（k_{TE}）は$17.8\times10^{-3}\text{sec}^{-1}$であったが，300℃以下では急激に低下し，270℃で$k_{TE}=0.7\times10^{-3}\text{sec}^{-1}$となった。一方，Saka-Dadan法では，300℃以下でも油脂の加水分解反応および脂肪酸のエステル化反応の反応速度（k_Hおよびk_E）は大幅には減少せず，270℃でそれぞれ$k_H=2.6\times10^{-3}\text{sec}^{-1}$，$k_E=2.9\times10^{-3}\text{sec}^{-1}$であった。このように，300℃以下の温度ではSaka法よりもSaka-Dadan法の方が反応速度が大きいことが判明した。従って，Saka-Dadan法ではSaka法よりも大幅な反応条件の緩和が期待される。

さらに，Saka-Dadan法による270℃/20分の超臨界メタノール処理における各種脂肪酸メチルエステルの熱安定性を調べた結果，350℃での処理で観察されるような熱変性は起こらない。このようなSaka-Dadan法での反応条件の緩和により，インコネルやハステロイ合金のような高価な材料に替わり，より安価なステンレス鋼が利用し得るようになった上，バイオディーゼル燃料そのものも悪影響を受けない。

また，Saka法では反応系内に常にグリセリンが存在するため，グリセリンが脂肪酸メチルエステルと反応してモノグリセリドに戻る逆反応が僅かながら起こる。このため，バイオディーゼル燃料の全グリセリン量を十分に抑制することが困難であった。これに対し，Saka-Dadan法ではグリセリンが加水分解後の相分離により大部分除去されるため，エステル化反応工程にはほとんど持ち込まれず，逆反応は起こらない。その結果としてバイオディーゼル燃料中の全グリセリン量を低減することができる。

以上のように，Saka-Dadan法では既存のプロセスでは達成し得なかった様々な問題を解決し得ることが明らかとなり，実用化に向けて期待が高まっている。実用化へのSaka-Dadan法は，NEDO「バイオマスエネルギー高効率転換技術開発」プロジェクト終了時点で図6に示すプロセ

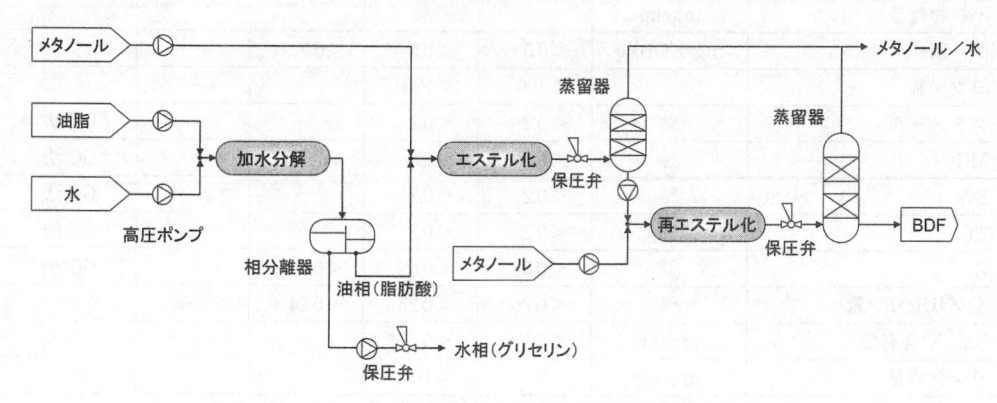

図6 再エステル化工程を取り入れた二段階超臨界メタノール法

スがバイオディーゼルの EU 統一規格や米国の規格を満足する。本法の究極のプロセスは図2に示す二段階法であるが、脂肪酸のエステル化反応で生成する水による逆反応により脂肪酸が微量反応系内に残存する。そのために、エステル化反応後の再エステル化工程が現時点で不可欠であり、このために経済性の点で課題を残している。今後のさらなる検討によりこの課題を克服することで、究極の二段階反応が完成する。

1.5 バイオディーゼル燃料の品質規格[18]

燃料性状は自動車の安全性や環境性能に大きな影響を与えるため、国土交通省は道路運送車両

表1 バイオディーゼル燃料の性能規格[17,18]

項　　目	単　位	バイオディーゼル燃料 京都市	EU	米国	2号軽油	分析方法
密度（15℃）	g/mL	0.86〜0.9	0.86〜0.9	0.88	—	JIS K 2249
動粘度（40℃）	mm²/s	3.5〜5.0	3.5〜5.0	1.9〜6.0	2.7*1	JIS K 2283
流動点	℃	<−7.5	—	—	<−7.5	JIS K 2269
曇り点	℃	—	—	—	—	JIS K 2269
目詰まり点	℃	<−5.0	—	—	<−5.0	JIS K 2288
引火点	℃	>100	>101	>100	>50	JIS K 2265
残留炭素分（10%残油）	%	<0.3	<0.3	<0.05*2	<0.1	JIS K 2270
蒸留性状（90%）	℃	—	—	—	<350	JIS K 2254
セタン価		>51	>51	>46	>45	JIS K 2204
硫酸灰分	%	—	<0.02	—	—	JIS K 2272
水　分	%	<0.05	<0.05	<0.05	—	KF法
硫黄分	%	<0.001	<0.001	<0.0015	<0.05	JIS K 2541
銅板腐食（3h, 50℃）		1	1	<3	—	JIS K 2513
酸化安定性（110℃）	h	—	>6	—	—	
エステル含有率	%	—	>96.5	—	—	
不純物総量	mg/kg		<24			
酸　価	mg-KOH/g	<0.5	<0.5	<0.8	—	
ヨウ素価		<120	<120	—	—	
メタノール	%	<0.2	<0.2	—	—	GC法
MG	%	<0.8	<0.8	—	—	GC法
DG	%	<0.2	<0.2	—	—	GC法
TG	%	<0.2	<0.2	—	—	GC法
G	%	<0.02	<0.02	<0.02	—	GC法
全グリセリン量	%	<0.25	<0.25	<0.24	—	
Na, K含有量	mg/kg	<5	<5	—	—	
リン含有量	mg/kg	—	<10	—	—	

*1：30℃ での値, *2：100% 燃料での値

第2章 バイオディーゼル

の保安基準において，ガソリンおよび軽油の標準規格を定めている。しかしながら，我が国ではバイオディーゼル燃料に対する公的規格が長い間決まらず，製造者により品質に差が生じているのが実態であった。しかし，ようやく2007年3月に上限5%の軽油への混合の場合の軽油規格（JASO規格）が品確法に追加された。今後，バイオディーゼル燃料を普及，促進させていくためには，環境への影響はもとより，車両への影響にも十分配慮したこのJASO規格を順守することが重要である。また，バイオディーゼル燃料の導入に積極的な京都市では，実車走行から得られた知見に加え，EU統一規格や米国の規格事例を参考として，暫定規格（京都スタンダード）が策定されている。表1に京都市，EUおよび米国でのバイオディーゼル燃料規格および2号軽油の規格を示す[17,18]。

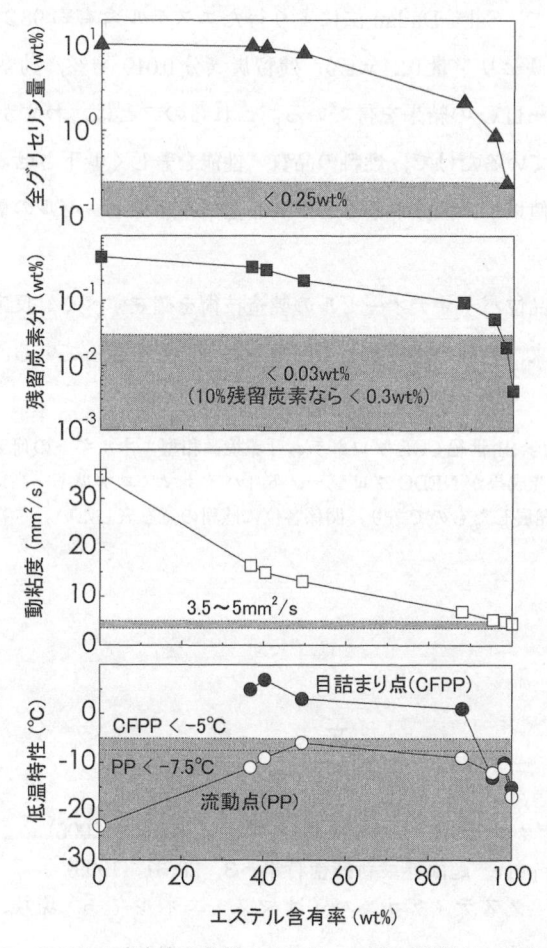

図7 エステル含有率と各種バイオディーゼル燃料特性の関係[19]
　注1：網掛け部は規格を満足する領域を示す。
　注2：エステル含有率0 wt%は菜種油，100 wt%は
　　　　オレイン酸メチルの標品を意味する。
　注3：残留炭素分は100%燃料に対する値。

図7には，脂肪酸メチルエステル含有率の異なる各種バイオディーゼル燃料の全グリセリン量，残留炭素分，動粘度，目詰まり点および流動点との関係を示す。明らかに，各種燃料特性はエステル含有率に強く依存しており，エステル含有率の増加に伴い全グリセリン量や残留炭素分は単調減少している。さらに，動粘度についても未処理の菜種油は約 35 mm^2/s と非常に高い値を示すが，エステル含有率の増加と共に単調減少している。目詰まり点や流動点などの低温特性についても 50～100% のエステル含有率の範囲で共に単調減少している。すなわち，バイオディーゼル燃料の純度とこれらの燃料特性には強い負の相関があり，燃料純度の向上と共にバイオディーゼル燃料の品質が改善される。しかしながら，エステル含有率が 95.4% と高収率であっても，依然として全グリセリン量，残留炭素分，動粘度は表1での品質規格を満足していない。規格を満足している一例として，Saka-Dadan 法により得たエステル含有率 98.2 wt% のバイオディーゼル燃料に対し，全グリセリン量 0.24 wt%，残留炭素分 0.019 wt%，動粘度 4.82 mm^2/s，目詰まり点 −10℃，流動点 −11℃ の結果を得ている。これらのことは，わずか数%のグリセリド類が不純物として残存しているだけで，燃料の品質・性能を著しく低下させることを意味しており，全グリセリン量を規格値以下に低減することが高品位バイオディーゼルの製造に不可欠であると言える。

　現在，このような高品位バイオディーゼルの製造技術を確立すべく，反応処理条件の検討が進められており，近い将来，軽油の代替として利用されることを願っている。

［謝辞］本研究は，京都大学 21 世紀 COE プログラム「環境調和型エネルギーの研究教育拠点形成」の一環として進められた基礎研究成果が NEDO プロジェクト「バイオマスエネルギー高効率転換技術開発」の一つとしての実用化研究に発展したものであり，関係各位に感謝の意を表したい。

文　　献

1) 坂志朗，バイオディーゼルのすべて，461，アイピーシー（2006）
2) 坂志朗，Jasco Report，超臨界最新技術特集，3，28-31（1999）
3) 坂志朗，ダダン・クスディアナ，バイオマス・エネルギー・環境，456，アイピーシー（2001）
4) 坂志朗，ダダン・クスディアナ，資源処理技術，47，95-102（2000）
5) S. Saka, D. Kusdiana, *Fuel*, 80, 225-231（2001）
6) D. Kusdiana, S. Saka, *J. Chem. Eng. Japan*, 34, 383-387（2001）

第2章 バイオディーゼル

7) D. Kusdiana, S. Saka, *Fuel*, **80**, 693-698, (2001)
8) D. Kusdiana, S. Saka, *Appl. Biochem. Biotechnol.*, **115**, 781-791 (2004)
9) 坂志朗, ダダン・クスディアナ, Jasco Report, 超臨界最新技術特集, **7**, 10-14 (2003)
10) 坂志朗, ダダン・クスディアナ, バイオエネルギー技術と応用展開, 89-98, シーエムシー出版 (2003)
11) 中村一夫, 若林完明, 小林純一郎, エネルギー・資源学会第17回研究発表会講演論文集, 265 (1998)
12) H. Fukuda, A. Kondo, H. Noda, *J. Bioeng.*, **92**, 405-416 (2001)
13) D. G. Boocock, Proc. of Kyoto University International Symposium on Post-Petrofuels in the 21st Century, Prospects in the Future of Biomass Energy, Montreal, Canada, 171-177 (2002)
14) K. Ban, M. Kaieda, T. Matsumoto, A. Kondo, H. Fukuda, *Biochem. Eng. J.*, **8**, 39-43 (2001)
15) 北川尚美, 米本年邦, 化学工学, **70**, 399-402 (2006)
16) D. Kusdiana, S. Saka, *Bioresource Technol.*, **91**, 289-295 (2004)
17) American Society for Testing and Materials International (ASTM): ASTM D 6751-03, 1-6 (2003)
18) 京都市環境局, バイオディーゼル燃料化事業技術検討会報告書, 47 (2002)
19) 坂志朗, *J. Japan Inst. Energy*, **84**, 413-419 (2005)

2 水素化改質法バイオディーゼルの開発

小山 成*

2.1 背景・目的

1次エネルギーの多様化,およびCO$_2$排出量削減の観点(京都議定書の定義によるカーボンニュートラルルール特性)から,植物油脂由来のバイオマス燃料が注目されている。現在ディーゼル車用バイオマス燃料の主流となっているFAME(Fatty Acid Methyl Ester)は,植物油脂とメタノールとをエステル交換反応させることにより軽油並みに軽質化する技術で,世界中で軽油への混合利用が進められている。しかしながらFAMEは品質面に起因するトラブル懸念も指摘されていることから,FAMEよりも優れた性能のバイオマス燃料が望まれている[1~3]。

そのような状況の下,近年FAMEに替わるバイオマスの自動車燃料化技術として,植物油脂の水素化処理技術が注目されている。これは,水素化により植物油脂由来の不飽和結合の飽和化,および酸素の脱離が起こるとともに,植物油脂のトリグリセライド構造が分解されることで,軽油の沸点に近い炭化水素油を製造する技術である。この水素化処理油は,上記で挙げたFAMEの品質上の懸念点が払拭されるとともに,FAMEで規定されている上限(5%)以上の混合が可能となる。このことにより,燃料品質の安定化,および1次エネルギーの多様化,CO$_2$排出量削減等の課題を同時に達成することが可能と思われる。また,この水素化処理技術は石油精製技術を応用することが可能である。

本節では,新日本石油とトヨタ自動車が共同で開発している水素化バイオ軽油(BHD:Bio Hydrofined Diesel)について,主に製造プロセスの反応性,各留分収率,得られた製品特性について紹介する。

2.2 予備実験(減圧軽油(VGO)との混合水素化処理実験)[4]

2.2.1 原料油および処理条件

常圧蒸留装置から出る残油をさらに減圧蒸留装置で処理して得られる減圧軽油(以下VGO(Vacuum Gas Oil)と略す),およびこれに脱色,脱酸,脱ガム処理をした精製パーム油を20%混合したものを原料油として用い,水素圧力10 MPa,反応温度390～410℃の範囲で流通式反応装置によって処理を行った。触媒は,石油精製で用いられる一般的な水素化分解触媒を用い,水素化分解活性(重質留分(360℃+)の転化率)を評価した。

---

* Akira Koyama 新日本石油㈱ 中央技術研究所 燃料研究所 燃料油グループ シニアスタッフ

第2章　バイオディーゼル

2.2.2　水素化分解反応性

VGO単独，およびパーム油20%混合系でのアレニウスプロットを図1に示す。グラフの縦軸は水素化分解反応の速度定数 k_{HDC}，横軸は反応温度の逆数（$1/K$）をとっている。今回実験を行った反応条件の範囲内において，VGO単独に比べパーム油20%混合油のほうが原料油トータルに対する水素化分解速度が向上しており，軽質油に転換されやすいことを示している。

2.2.3　生成油選択性と性状

図2に分解率60%で生成する各留分の分布を比較した。ナフサおよび灯油留分はVGO単独に比べて，パーム油混合処理のほうが若干減少した。一方，軽油留分の生成割合は，VGO単独に比べて，パーム油混合のほうが増加する傾向が見られた。これは，パーム油の水素化反応によって生成する脂肪酸由来の炭化水素鎖が，軽油留分の沸点範囲に相当しているためと考えられる。

実験で得られた軽油留分は，既存装置で得られている軽油留分に近い性状を示していることが確認された（表1）。このように，VGOにパーム油を混合して水素化分解処理することにより，軽油と同等性状の油が高い収率で得られることが明らかとなった。

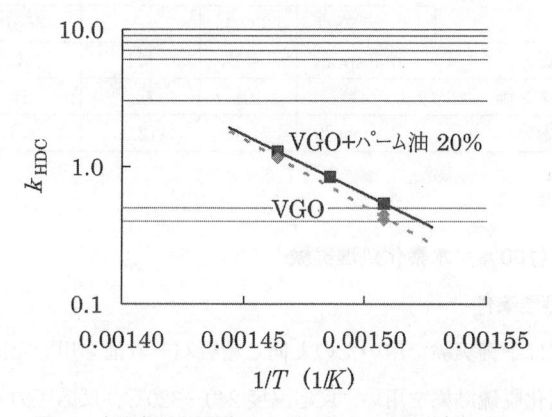

図1　水素化分解反応におけるアレニウスプロット

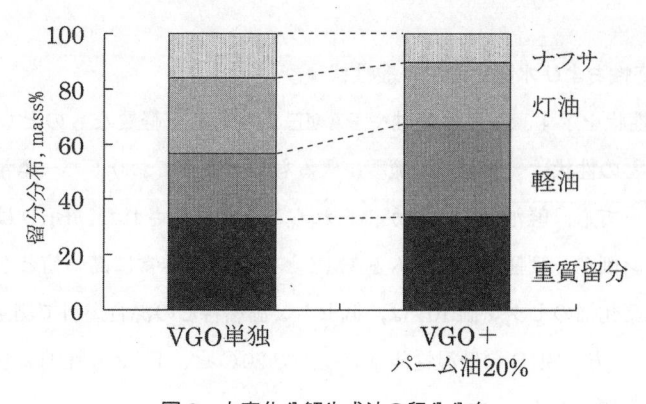

図2　水素化分解生成油の留分分布

表1 生成油（軽油留分）の一般性状

		生成油軽油留分 （VGO＋パーム油20％混合処理）	一般軽油
密度（@15℃）	g/cm³	0.8174	0.8283
硫黄分	massppm	4	5
酸素分	mass%	<0.1	<0.1
芳香族分	vol%	14	19
蒸留性状 T 90	℃	317.0	337.5

表2 BHDの一般性状

		BHD	FAME	一般軽油
密度 (15℃) kg/m³		0.7852	0.8742	0.8283
動粘度 (30℃) mm²/s		4.140	5.510	4.063
流動点 ℃		＋20.0	＋15.0	－17.5
蒸留性状 ℃	初留点	274.0	―	175.5
	50容量％	291.0	354.0	286.5
	終点	322.0	―	360.0
硫黄分	massppm	<1	<1	4
セタン価		101	62	57
酸素分	mass%	<1	12.0	<1

2.3 パーム油ニート（100％）水素化処理実験[5]

2.3.1 原料油および処理条件

水素化処理原料油には予備実験で用いたのと同じ精製パーム油を用いた。水素化処理条件は石油精製で一般的な水素化脱硫触媒を用い，反応温度240～320℃，反応圧力6 MPa，LHSV 0.5 h^{-1}で行った。なお，植物油脂（本検討ではパーム油を使用）の水素化処理油は，以下BHDと表す。

2.3.2 実験結果

(1) 水素化反応性および水素化油の一般性状

表2にBHDの性状を示す。密度は軽油やFAMEよりも若干軽質なものとなっているが，蒸留性状，動粘度などの性状は一般軽油の範疇に入るものとなっており，パーム油100％を水素化処理することによっても，軽油留分の油が得られることが確認された。BHDは硫黄分，芳香族分を含まず，セタン価が一般軽油やパームFAMEと比較して非常に高い値となっていることも特徴的である（水素化油のセタン価101は，低セタン価燃料との混合燃料で測定した数値からの外挿で求めた値）。一方，BHDの低温性能は流動点で20℃と，JIS 2号軽油よりも大幅に悪く，低温性能の改善が課題である。

第2章　バイオディーゼル

図3に反応温度ごとの水素化生成物の留分分布を示す。反応温度240℃，250℃では未分解油脂由来と思われる重質分が存在していたが，260℃以上では油脂のトリグリセライドは完全に分解し，85%程度の軽油留分，10%程度の水，5%程度のガス（CO_2，CH_4，C_3H_8）が生成することが確認された。

生成油のガスクロマトグラフィー等の分析結果から，BHDは主にパーム油アルキル鎖由来のC_{15}〜C_{18}の直鎖炭化水素であることが確認された。パーム油由来アルキル鎖の炭素数は16と18であるが，今回水素化処理を行った結果では炭素数が1つ少ないC_{15}，C_{17}の炭化水素が生成し，その割合は反応温度が上昇するにつれ増加することがわかった（図4）。これは，植物油脂から酸素が脱離する水素化脱酸素の反応のうちの脱炭酸反応の進行によるものと考えられる。すなわち，脱炭酸反応では，酸素がCO_2の形で脱離するために水素化油の炭素数が1減ることになり，C_{15}，C_{17}の直鎖炭化水素の生成が起こる（図5）。

(2) BHDの酸化安定性評価

表3にBHDの酸化安定性評価結果を示す。試験は，FAME混合軽油の品確法（揮発油等の品質の確保等に関する法律）強制規格項目でも規定されている，加速酸化試験（115℃，16時間，酸素吹き込み下）試験前後での酸価を測定した。FAMEと比較して，BHDの加速酸化試験前後

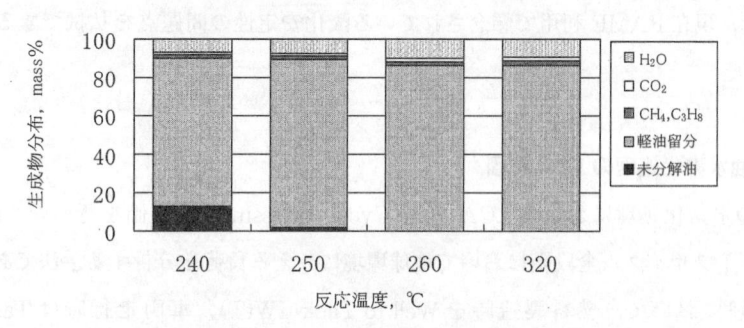

図3　パーム油水素化生成物留分分布

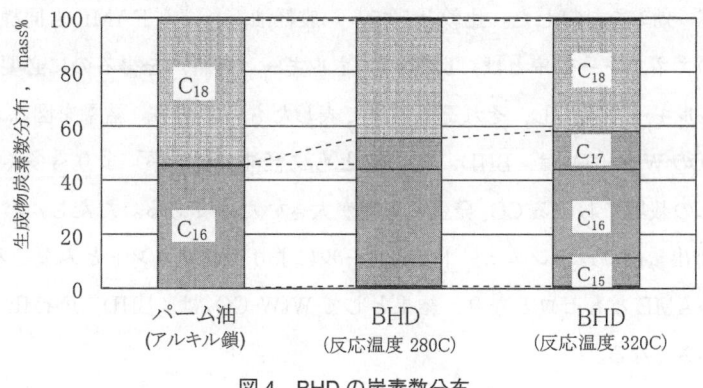

図4　BHDの炭素数分布

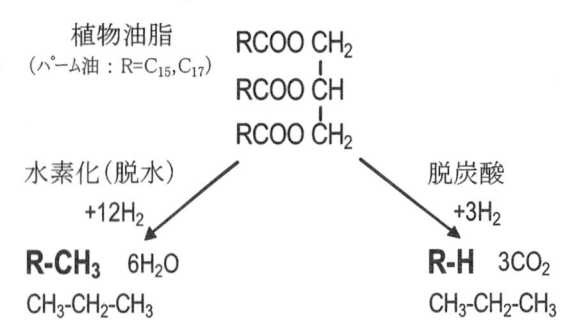

図5 植物油脂水素化脱酸素反応スキーム

表3 BHD の酸化安定性評価結果

		BHD	FAME	一般軽油
酸価 (加速試験前)	mgKOH/g	0.00	0.26	0.00
酸価 (加速試験後)	mgKOH/g	0.03	10.4	0.07

での酸価増加量は非常に低く抑えられており，BHD の酸化安定性が FAME よりも優れていることが明らかとなった。これは，水素化によって油脂由来の不飽和結合が飽和化されたことによると考えられ，現在 FAME 利用で懸念されている酸化安定性の問題点を払拭できるものと考えている。

2.4 パーム油水素化処理の LCA 評価

パーム油の水素化処理における LCA（Life Cycle Assessment）評価を行った。LCA 評価とは，製品のライフサイクル全段階において地球環境に与える負荷を分析する手法であり，パーム油水素化処理において，燃料製造時を Well to Tank（WtT），車両走行時は Tank to Wheel（TtW），製造から車両走行までは Well to Wheel（WtW）として表し，各工程における CO_2 発生量とエネルギー効率を計算した。比較として，一般軽油，パーム FAME も同様の評価を実施した。ここでのエネルギー効率とは，1 MJ のエネルギー（燃料）を得るのに必要な原料，および製造時のエネルギーを算出し，それぞれの比で表したものである。結果を図 6, 7 に示す。エネルギーあたりの WtT-CO_2 は，BHD，FAME ともに軽油（石油系）よりも多くなった。これは，パームやしの栽培における CO_2 発生の影響が大きいためである。ただし，バイオマス燃料燃焼時の CO_2 排出量はカーボンニュートラルルールによりゼロカウントとみなせるため，TtW-CO_2 は BHD，FAME ともゼロとなり，結果として WtW-CO_2 は，BHD，FAME ともに石油系の軽油よりも小さくなる。

エネルギー効率は，軽油（石油系）に比べ，BHD，FAME ともに低くなった。BHD と FAME

第 2 章　バイオディーゼル

図 6　水素化処理の LCA-CO$_2$ 排出量
（一般軽油の Well to Weel CO$_2$ 排出量を 100 とする）

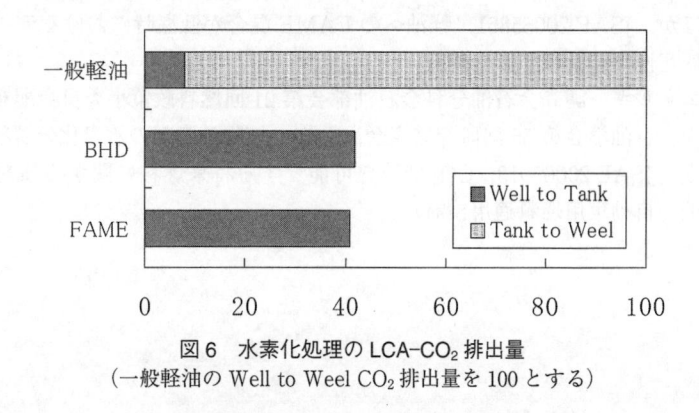

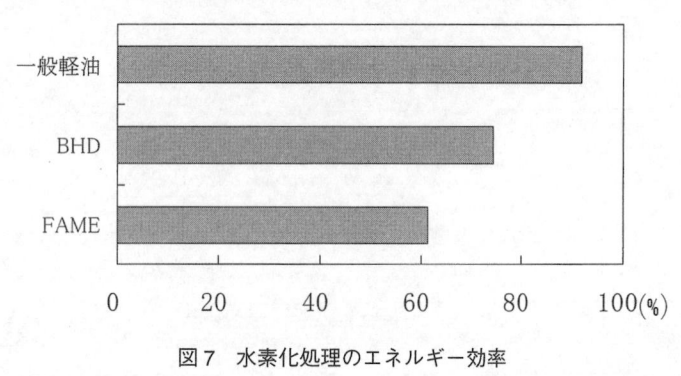

図 7　水素化処理のエネルギー効率

のエネルギー効率が軽油より低いのは，パームやしから油を採る搾油工程でのエネルギー消費が大きいためである。また，水素化に使用する水素製造，FAME 製造に使用するメタノール製造のエネルギー消費量も影響している。

2.5　まとめ

植物油脂（パーム油）を水素化処理することで，軽油とほぼ同等の性能を有する炭化水素油を得ることができた。今後は，今回の評価で課題点として確認された低温性能改善技術の検討や，他油脂（食用用途以外の油脂や廃食油等）への適用も検討する。

文　献

1) 山根浩二ほか，SAE 20055810，バイオディーゼル燃料の酸化劣化防止のための基礎的研究（第 1 報）―不飽和脂肪酸メチル組成と熱劣化特性―

2) 河野尚毅ほか，JSAE 20055861，軽油への FAME 混合が低温時におけるディーゼル車両の燃料系統閉塞性等に及ぼす影響検討
3) 総合資源エネルギー調査会石油分科会石油部会第 21 回燃料政策小委員会配布資料
4) 壱岐英ほか，石油学会第 55 回研究発表会，A 19　植物油脂類の水素化分解特性
5) 小山成ほか，JSAE 20065913，CO_2 削減を可能とする将来燃料に関する検討（パーム油水素化処理油の自動車用燃料適用検討）

第6篇
RITEにおけるバイオ燃料開発の取り組み

第1章　バイオエタノール

沖野祥平*

1　はじめに

　現在，米国やブラジルで大量に生産されているバイオエタノールはトウモロコシや砂糖を原料とするものであり，第1篇　第4章でも付言したが，これら食糧資源からバイオエタノールを生産することはサステナブル（Sustainable）な方法ではない。また，それらのバイオ変換プロセスは従来の発酵法をベースとするものであり，エタノール生産性が必ずしも優れたプロセスではない。

　RITE微生物研究グループでは，食糧資源ではなく，その将来的にポテンシャルが高いリグノセルロース原料を使用してRITE独自のバイオ変換プロセスによるバイオエタノール生産技術開発を行っている。

2　RITE 独自技術「RITE バイオプロセス」

2.1　従来のバイオプロセスの問題点

　従来のエタノール生産バイオプロセスは発酵法を基礎とするものである。発酵法は，製造プロセスの観点からは，糖類を原料とし，各種の中間体を経て高選択的に目的物質への合成が進む多段階反応であり，化学反応と比較して多くの潜在的優位性（高収率，省エネルギー，低環境負荷等）を有するものの，その生産性は必ずしも高くない。この理由は，発酵法では微生物の増殖に依存して物質生産を行うため，増殖（細胞分裂）の"場"が必要であり，増殖に"多大の時間"を要することから，化学反応と比較して生産性 STY（Space/Time/Yield：反応容器の時間あたりの生産量）が低く，反応装置の大型化に起因して，設備費負担が高くなり，固定費が極めて大きくなる経済的問題点があった。また，エタノール生産に結びつかない増殖にも原料が使用されることや，副生物の生成が増えるため，原料原単位の低下と目的製品を得るための過大な精製工程を必要とする等の高コスト要因があり，これらもまた，エタノール生産の経済性を圧迫することとなる。

---

*　Shohei Okino　㈶地球環境産業技術研究機構（RITE）　微生物研究グループ　研究員

2.2 RITE バイオプロセス

　発酵法を，原料糖類と目的物質との収支バランス，すなわち収率の観点から考えると，微生物は糖類を"分解"して得られる糖類分解産物から，「自己の細胞成分の合成（増殖）へ利用する部分」と，「目的製品の合成へ利用する部分」との微妙なバランスを保っているプロセスといえる。したがって，発酵法を物質生産プロセスの観点から考えると，我々にとって最も効率的な形態は，糖類からの分解産物を微生物の細胞成分の合成に使われることなく，目的製品への合成にのみ使用させることにある。すなわち，微生物細胞の増殖を停止させ，代謝経路のみを回転させた微生物細胞を物質生産に用いることである（細胞工場）。

　この究極の発酵法は，上記の課題を解決した理想的なバイオプロセスとなる。この理想的なバイオプロセスでは，目的物質生成に必要な微生物を高密度に反応器に充填して，あたかも生きた「化学触媒」として用い，反応装置に原料糖類を供給し，連続的に物質生成を行うことができ，しかも，化学反応ではありえない多段階反応でありながら高選択的，高収率な製品製造が可能となる。ところがこのようなプロセスはこれまでまったくの夢物語とされてきた。従来より，微生物は細胞分裂が停止すると，細胞増殖の停止イコール死滅と考えられてきた。すなわち，増殖と代謝は一体であり，「分裂を停止させて，微生物細胞の代謝活性のみを利用することはできない」と考えられていたのである。

　しかしRITE微生物研究グループでは，アミノ酸の工業生産に用いられてきたある種のコリネ型細菌を，還元状態下におくと，増殖は停止するものの主要な代謝系は維持され機能する性質を見出した（コリネ型細菌以外の微生物では同様な現象は報告されていない）[1]。この性質を利用した新規バイオプロセスが「RITEバイオプロセス」であり，前記発酵法の各種の課題を根本的に解決できる突破口を見出したのである（図1）。RITEバイオプロセスでは，まず最初に微生物細胞を大量に培養する。続いて，得られた細胞を反応器に高密度に詰め込み，原料を投入して物質を生産する。このように，あたかも「化学触媒」の如く微生物細胞を利用することによって，従来の発酵法を大幅に上回る高生産性（高STY）を実現したのである[1,2]（増殖非依存型バイオプロセス）。

　これまでに，RITE微生物研究グループではRITEバイオプロセスにより，遺伝子工学的改良を施されたコリネ型細菌を用いることにより，既にエタノールを含む幾つかの物質に関しては実用化の目処をつけている。(RITEバイオリファイナリー基本特許技術：特許第3959403号)。

第1章 バイオエタノール

フェーズ1；微生物細胞の増殖
（触媒調製）

フェーズ2；有用物質生産

微生物細胞を反応器に高密度に充填し生産

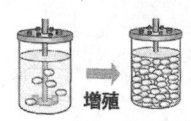

- 高生産性
- 省スペース

従来バイオプロセス

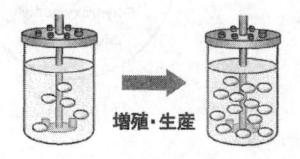

微生物の増殖を伴った生産

- 低生産性
- 反応槽

図1　RITEバイオプロセス

3　RITEバイオプロセスで用いられる遺伝子工学的改良コリネ型細菌

　RITEバイオプロセスによるエタノール生産はリグノセルロース原料を使用することを目的としている。リグノセルロース原料は，先ず，グルコース，キシロースやアラビノース等を含む糖化液へ変換処理されるが，この時，糖化液には使用される微生物に対する色々な成育阻害物質が含まれていることがある。

　RITEバイオプロセスで用いられるエタノール生産用に組み換えられたコリネ型細菌は，酵母などの他の発酵用微生物にはない成育阻害物質に対する優れた耐性を有している。耐性が低いと長期間の微生物の使用ができなくなり，バイオ変換工程の生産性が悪化することになる。また，阻害物質除去装置を設けることは，製造コストの経済性悪化を招くことになる。従って，成育阻害物質に耐性の高い微生物を使用してのエタノール生産は優位な生産技術となる。

　微生物生育阻害物質とは，図2に示されている原料であるリグノセルロース構成成分中のセルロース，ヘミセルロースからのフラン，フルフラール類や酢酸，そして，リグニンからのフェノール類が代表的な成育阻害物質であり，これらの化合物は微生物の生育を阻害し，死滅させることになる。図3はモデルエタノール生産原料液（糖類としてグルコース使用）に4-HB（4-ヒドロキシベンズアルデヒド），フルフラールを添加した場合の，代表的なエタノール生産菌である*Zymomonas mobilis*および*Saccharomyces cerevisiae*（酵母）に対して，RITE微生物研究グループで開発したエタノール生産用*Corynebacterium glutamicum*形質転換体のそれぞれに対するエタノール生産能力比較を行った結果を示すものである。RITE開発のエタノール生産用コ

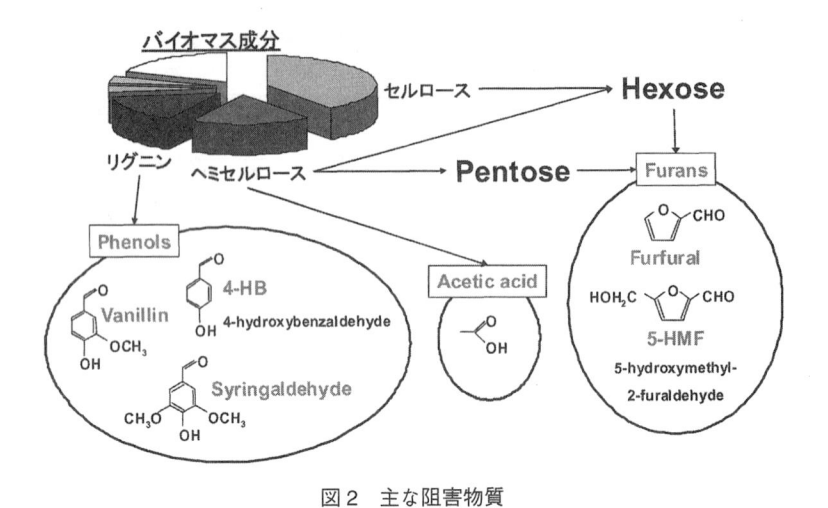

図2 主な阻害物質
(E. Palmqvist, B. Hahn-Hägerdal, *Bioresource Technology*, 74 (2000), 25-33)

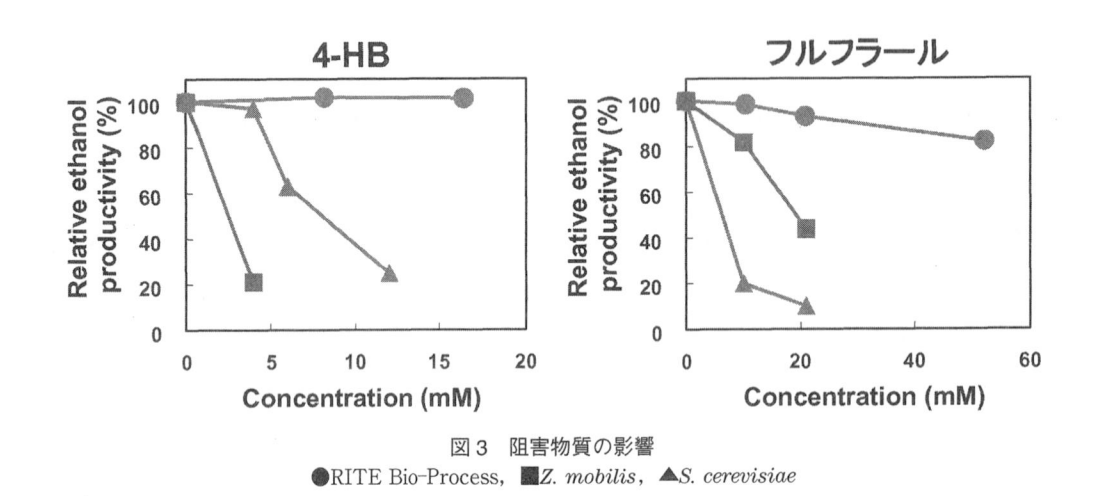

図3 阻害物質の影響
●RITE Bio-Process, ■*Z. mobilis*, ▲*S. cerevisiae*

リネ型菌が優れた耐性を示すことが明らかである。

なお，多くの学会で，各所の研究機関で開発中の *Z. mobilis*，*E. coli*，および *S. cerevisiae* 等の微生物に関する発酵工程における成育阻害物質の耐性（発酵阻害）に関する研究が主要テーマとなっている（例えば，2005年，AIChE Annual Meeting., Nov. Cincinnati. OH 等の学会）。このことは，発酵使用生物の成育阻害物質に対する耐性が，発酵生産性の向上に関する重要な課題であることを物語っている。

4 （C₆糖類/C₅糖類）混合糖液に対して優れた同時資化性能を有するコリネ型細菌

エタノール生産コストの低下は，エタノール生産コスト各種構成因子において大きな比重を占めている原料コストの低下が重要である．即ち，原料原単位の向上が求められている．リグノセルロース原料中の糖類としてはセルロース成分からのグルコース等のC₆糖類およびヘミセルロース成分からのキシロースやアラビノース等のC₅糖がある．原料原単位の向上のためには，使用する微生物にグルコースなどのC₆糖利用のみならず，キシロース，アラビノース等のC₅糖利用機能も付与されていることが必要である（野生型のコリネ型細菌や酵母はC₅糖利用機能を保有していない）．そのような機能が付与されることにより，原料の有効利用が可能となり，原料コストが低下することになる．

さらには，単にC₅糖が利用できるだけでは不十分であり，C₆糖/C₅糖の利用速度（消費速度）が同程度であることがプロセス設計上必要である．この問題は微生物の代謝機能に関する基本的な問題に係っており（所謂，C₅糖代謝機能へのグルコース抑制効果），多くの研究機関は同時資化（利用）性微生物の開発に注力している課題である．消費速度が異なると，反応槽内同一滞留時間でC₆糖，C₅糖それぞれの変換率が異なり，効率的な糖類の利用やシンプルな装置フローの組み立てを難しくする．

図4は，RITEで開発が進められているコリネ型細菌（*Corynebacterium glutamicum*）形質転換体による（グルコース/キシロース/アラビノース）混合糖の同時資化性を示したものである．グルコースの資化と同時にキシロースやアラビノース（これらが実糖化液組成相当の低い初期濃度条件でも）の資化が始まっている．参考例として，DOE（NREL）が開発中の*Zymomonas*

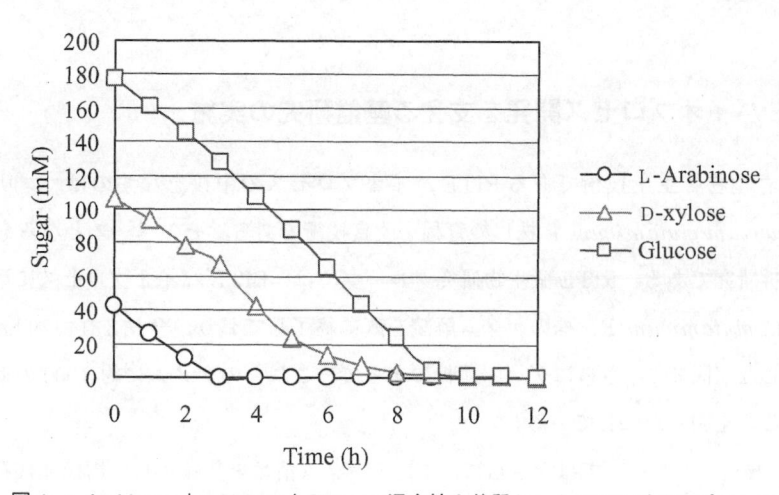

図4 L-Arabinose＋D-Xylose＋Glucose混合糖を基質としたRITEバイオプロセス

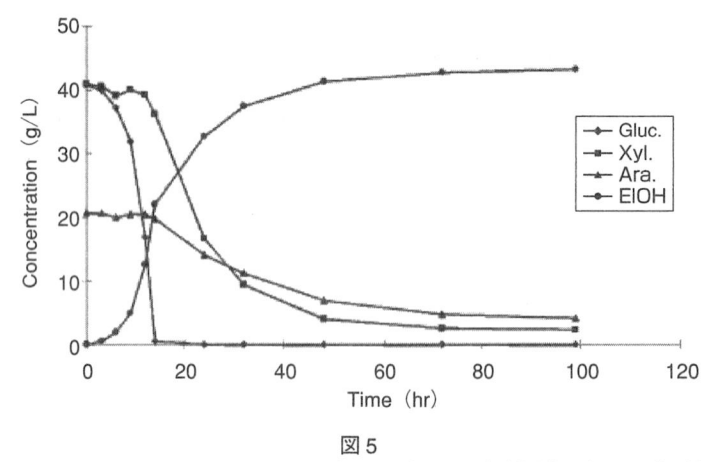

図 5
Zymomomas mobilis にキシロースとアラビノースを利用するための必要な遺伝子が導入されている。グルコース/キシロース/アラビノース＝40/40/20（g/L）濃度でエタノール生産。
(A. Evans K. *et al.*, *Appl. Biochem. Biotechnol.*, 2002, Vol. 98-100, p. 885-898)

mobilis 菌の同時資化性形質転換体による（グルコース/キシロース/アラビノース）混合糖の同時資化挙動を示す。

図5の *Zymomonas mobilis* の例では，グルコースの消費が終った後に，キシロース，アラビノースの消費が始まっている（第2篇　第1章　第3節「リグノセルロース原料バイオエタノール」で記述の「組換え型酵母による C_6/C_5 糖類の同時発酵」データとも比較参照されたい）。RITE微生物研究グループ開発のコリネ型細菌形質転換体が，上記のいずれの形質転換体よりも優れた同時資化性を有していることが明らかであり，求められている混合糖の同時資化性は，ほぼ，実現されたといえよう。

5　RITEバイオプロセス開発を支える基盤研究の実施

増殖非依存型物質生産技術であるRITEバイオプロセスの中核をなすのは，コリネ型細菌（*Corynebacterium glutamicum* R 株）の育種・改良技術である。そのベースとなるものがゲノム解読・解析研究である。RITE微生物研究グループでは，RITEバイオプロセスに用いるコリネ型細菌 "*C. glutamicum* R" 株のゲノム解読を既に終了しており，全長 3,314,179 bp の環状ゲノムを見出した（図6）[3]。さらにゲノム解析によって，これらのゲノムに約3,000の遺伝子の存在していることを明らかにしている。

RITE微生物研究グループでは，さらに，上記のゲノム情報を基礎として増殖非依存条件における同株のトランスクリプトーム解析，メタボローム解析，代謝物排出機構解析，細胞複製メカ

第1章 バイオエタノール

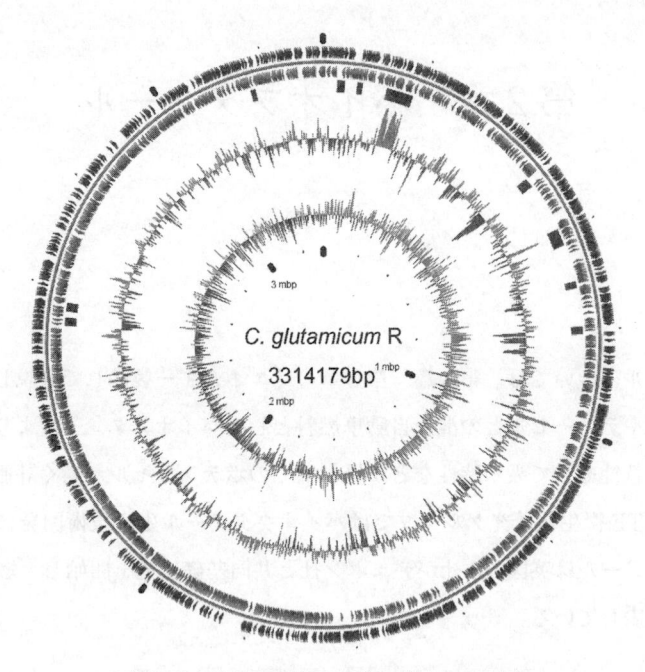

図6 *C. glutamicum* R 株のゲノムマップ
外円は，遺伝子とその読み方向（時計回り，及び反時計回り）を示す。
中円は，高 GC 含量領域（外向きピーク），低 GC 含量領域（内向きピーク）を示す。
内円は，高 G 含量領域（外向きピーク），高 C 含量領域（内向きピーク）を示す。

ニズム解析や糖類利用のメカニズムの解明と改良などの基礎研究を実施すると同時に，連続的エタノール生産技術の開発などプロセス開発を実施するなど，基礎～応用にわたる広範囲の技術開発研究を実施している。このような研究実施方法により，バイオエタノールのみならず，コハク酸，乳酸等の有用化学製品生産に適した組換え微生物の創製の早期実現を可能としている。

文　　献

1) Inui, M., Yukawa, H. *et al.*, "Metabolic engineering of Corynebacterium glutamicum for fuel ethanol production under oxygen-deprivation conditions", *J. Mol. Microbiol. Biotechnol.*, **8**, 243-254 (2004)
2) Okino, S., Yukawa, H. *et al.*, "Production of organic acids by Corynebacterium glutamicum under oxygen deprivation", *Appl. Microbiol. Biotechnol.*, **68**, 475-480 (2005)
3) Yukawa, H. *et al.*, "Comparative analysis of the *Corynebacterium glutamicum* group and complete genome sequence of strain R", *Microbiology*, **153**, 1042-1058 (2007)

第2章 バイオブタノール

沖野祥平*

1 はじめに

バイオブタノールについては，第1篇　第2章の「エネルギー製品」で詳説した。バイオブタノールはガソリンやディーゼルとの混合自動車燃料としてバイオエタノールよりも化石燃料との親和性，混合熱量特性そして吸水特性などが優れ，そのポテンシャルが高く評価されているバイオ燃料である。RITE 微生物研究グループではバイオブタノール生産技術開発に注力している。なお，バイオブタノールは英国 BP 社がデュポン社と共同基礎研究を開始し，燃料特性テストを実施する計画を発表している。

2 従来技術によるバイオエタノール製造方法（ABE 発酵法）

バイオブタノールの生産技術開発研究には2つの方向がある。その一つが，ここでいう ABE 発酵（Aceton/Butanol/Ethanol を略 3/6/1 の割合で生成）の改良である。しかし，使用される微生物が絶対嫌気性微生物である *Clostridium* 属細菌（*Clostridium acetobutylicum*，*Clostridium beijerinkii* など）であるため，低増殖速度，即ち，ブタノール生産速度が極めて遅く，ブタノール生成濃度も 2% にしか達しない。

また，そのブタノール生成に至る代謝システムも非常に複雑である。ABE 発酵においては，先ず，微生物細胞の分裂増殖期に酢酸，酪酸が生成し，分裂増殖が停止した定常期に代謝システムがシフトして始めて ABE 発酵が始まる。このことはプロセス工程管理が非常に複雑になることを意味している。ABE 発酵では生産性が低く，また，その工業的プロセスも複雑なものとなる。

3 選択的ブタノール生成代謝系の組み込まれた微生物によるバイオブタノール製造方法

他方の研究方向は，物質代謝の流れを専らブタノール生成系に向けられた代謝システム遺伝子

---

*　Shohei Okino　㈶地球環境産業技術研究機構（RITE）　微生物研究グループ　研究員

第2章 バイオブタノール

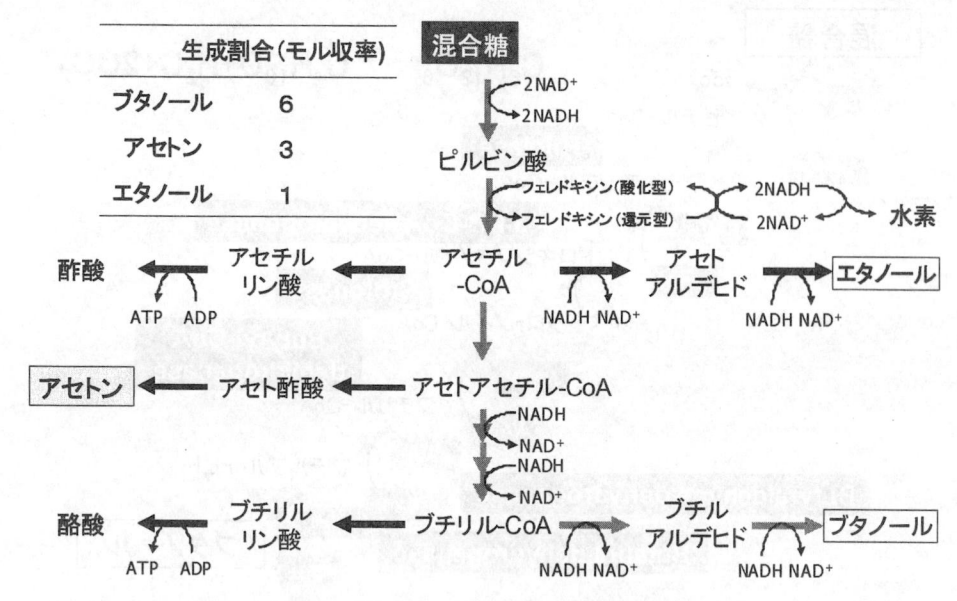

図1　Clostridium 属細菌の ABE 発酵経路

生成割合(モル収率)	
ブタノール	6
アセトン	3
エタノール	1

系を，分裂増殖速度が絶対嫌気性微生物よりもはるかに大きな好気性条件で成育可能な微生物に組み込むことにより得られる微生物を用いるブタノール製造方法である。従って，本方法では，はるかに高いブタノール生産速度で，より簡便なプロセスで製造することが期待できる。

RITE 微生物研究グループでは図2に基づく，好気的条件で増殖する組換え微生物による高生産性ブタノール製造研究を実施中である。研究項目としては下記の内容が挙げられる。

①ブタノール生成遺伝子，酵素タンパクの解析

ブタノール生産微生物である Clostridium 属細菌からブタノール生産関連遺伝子を単離し，好気性工業微生物にて発現し，これら酵素タンパクの好気条件下における発現，活性解析を行う。そして，代謝系システムに含まれる全ての酵素が好気性工業微生物内にて発現，酵素活性を示す代謝系を確立する。

②新規ブタノール生産微生物に必要な機能の付与

ブタノールの高生産性には，原料糖類の取り込み機能強化，ブタノール前駆体であるアセトアセチル-CoA（図2参照）供給経路の強化，副生物生成経路の遮断等に関する遺伝子工学的手法による関連経路酵素遺伝子の破壊，強化等の機能付与が必要である。

③新規ブタノール生産微生物を用いたバイオプロセスの構築

上記①，②により創製された微生物を使用しての生産プロセスの最適化を行う。

近年のブタノール生産研究は，既存の ABE 発酵の改良であり，その生成濃度はエタノール生産濃度に比し，著しく低く，生産経済性も大幅に低い。また，使用微生物が絶対嫌気性であるた

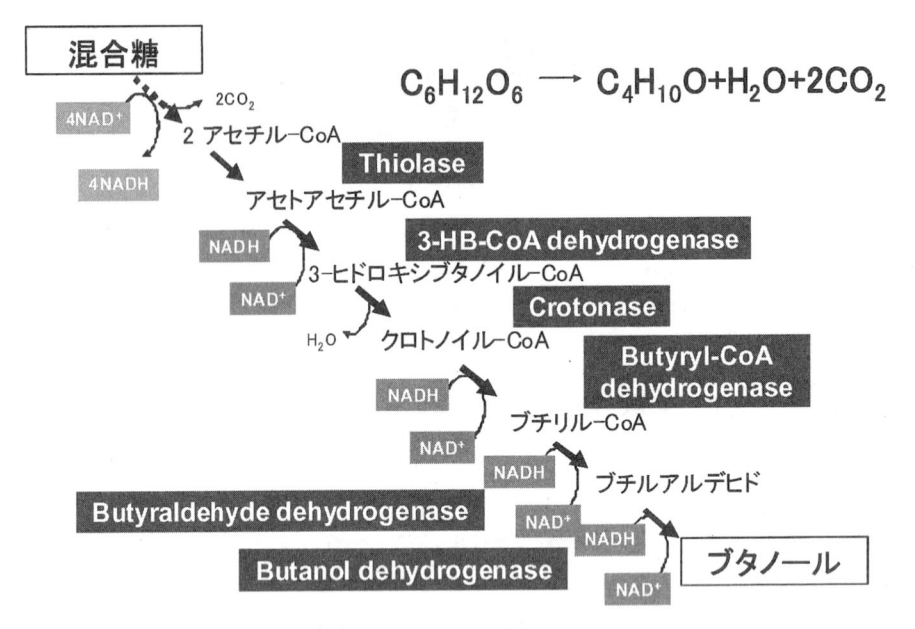

図2　ブタノール生成代謝系

め，工業生産を困難にしている。このため，経済性あるバイオブタノール製造法確立に向けて，前記選択的ブタノール生成代謝系の組み込まれた微生物によるバイオブタノール製造方法による製造研究がなされ，RITEは既にその基本技術を特許出願し，引き続きその技術改良に注力して取り組んでいるところである。

第3章 バイオ水素

吉田章人*

1 バイオ水素開発の一般動向

　2003年2月,米国ブッシュ大統領は「水素社会」の実現に向けた大規模プロジェクトを開始することを宣言した。エネルギー市場では将来,水素が主役になると予想されており,米国が世界の水素市場をリードすることを狙い,水素燃料の早期実用化を目指している[1]。

　水素エネルギーの利用は定置型の分散型エネルギーシステムだけでなく,自動車などの動力分野も含めた分野に広がっており,2002年2月に通称「水素ビジョン」が発表され,2002年9月にいわゆる「水素エネルギーロードマップ」が策定された。DOE(米国エネルギー省)では,2030～2040年までに水素社会を実現させる計画の下,現在大規模な研究開発を進めており[2],2005年に発表された水素製造コストの目標値は,2015年度までに2.00～3.00ドル/kg H_2 としている[3]。

　日本国内では現在,経済産業省が燃料電池の実用化・普及に向け,技術開発のみならず,実証試験,標準化等の法整備,規制の再点検等の施策を総合的に推進していくことを打ち出している。水素社会構築に向けた導入目標値として,2010年に燃料電池自動車約5万台,定置用燃料電池約210万kW,2020年には燃料電池自動車約500万台,定置用燃料電池約1,000万kWを設定している。

　EUでは水素関連予算が米国,日本と比較し抑えられていたが,ここ数年で水素の重要性が認識され,米国および日本の水素政策に対抗すべく,"Implementation Plan"と題して水素研究に対する大きな戦略が提案された[4]。本計画では2007～2015年の間に74億ユーロもの巨額の資金が要求されている。これは2003年のHydrogen Energy and Fuel Cellsで示されたビジョン,2005年のStrategic overviewで示された戦略を2007年のImplementation Planに継承し作成されたものである。このImplementation Planでは2020年の短期目標Snapshot,そして,2050年の水素社会実現に向け,実証試験やコスト目標(2015年のコスト目標:€2～5/kg)などより具体的な数値を盛り込んだ研究内容の設定がなされている。これらからわかるように,米国を中心

＊　Akihito Yoshida　㈶地球環境産業技術研究機構(RITE)　微生物研究グループ　研究員；
　　シャープ㈱　技術本部　先端エネルギー技術研究所　第1研究室　主事

とし，世界中で水素研究に対する投資が過熱している。

　ブッシュ大統領の"President's Hydrogen Initiative"構想では，水素生産の原料として石炭，石油等の化石資源や原子力の利用も想定されているが，これらの長期使用に際しては廃棄物処理や地球温暖化ガスの排出といった問題を解決する必要がある。持続可能な社会の構築に向けて，長期的には再生可能資源である太陽光や風力，バイオマスへと原料形態が移行することが望まれる。

　バイオマスを原料とする水素生産に関しては，化学的な改質法の他に生物学的変換プロセスの研究開発が，DOEの巨額な支援を受けて推し進められている。本節では，この"バイオプロセス"に関する現状と課題を紹介すると共に，我々が現在研究開発を行っている新規バイオプロセスの概要とその可能性について述べる。

2　微生物を利用した水素生産プロセス

　微生物を利用したバイオ水素生産は，再生可能なバイオマス資源を原料として利用すること，有害廃棄物の排出を伴わない環境負荷の少ないプロセスであること等の観点から，持続可能な社会の構築に向けて，その実用化に対する期待は大きい。

　従来の微生物を利用した水素製造法は，光依存型と光非依存型の2つに分類される。前者は微細藻類や光合成細菌など光合成微生物を利用したプロセスであり，後者は嫌気性微生物を利用した水素発酵プロセスである[5]。この両者によるリアクターあたりの生産性と菌体あたりの生産性を表1にまとめた。光依存型は微細藻類による水の光分解や，光合成細菌による有機性基質の代謝による水素生成を利用したプロセスである。光の利用効率によってその生産性が規定されるため，リアクターあたりの生産性は他のプロセスよりも低い。一方，光非依存型プロセスは，嫌気

表1　様々な生産様式におけるバイオプロセスの水素生産性

分類		Strain	水素生産性	
			mmol H_2/hr/L-culture	ml H_2/hr/g dry cell
光依存型	酸素発生型光合成微生物（緑藻，ラン藻）	*Oscillatoria* sp. Miami BG 7 *Anabaena cylindrical*	1.2	25
	酸素非発生型光合成微生物（緑藻，ラン藻）	*Rhodopseudomonas capsulata* *Rhodobacter sphaeroides* RV	11	255
光非依存型	嫌気性細菌またはそれを含む微生物叢	*Enterobacter cloacae* *Citrobacter freundii* *Clostridium pasteurianum*	670	250
	RITEシステム	組換え *Escherichia coli*	13,400	3,230

第3章　バイオ水素

性細菌による糖類の代謝産物の一つとして水素が生成することを利用している。高密度菌体を利用したバイオリアクターにより，高い反応容積あたりの生産性を得ることができる。しかし，これらのバイオプロセスから発生する水素を用いて1kWの燃料電池を稼働する場合，最も生産性の高いプロセス（670 mmol H_2/h/l）を用いた場合でも，約36 lのバイオリアクターが必要とされる。現在，家庭規模の分散型水素発生装置である，水電気分解装置による水素発生速度は1,000 l H_2/h であり，これらと同等の発生速度を嫌気発酵システムで得るためには，67 lの大型リアクターが必要とされる[6]。

これに対し，筆者ら（RITE）が今回開発した蟻酸を利用するバイオリアクターでは，従来の値よりも20倍高い300 l H_2/h/l（13.4 mol H_2/h/l）の生産性を得ている[7]。

生産性の飛躍的な向上によって，約3 lの小型バイオリアクターを用いて1kWの燃料電池を稼働するための水素が供給され，現実的なスケールでオンサイト型バイオ水素発生装置を構築することが可能となる。この高い生産性を可能にした本プロセスの要素技術について以下にその詳細を紹介する。

2.1 蟻酸を原料とするバイオ水素

RITE微生物研究グループでは，蟻酸を原料に，微生物の機能を利用して高効率に水素へ変換することを特徴とする基盤技術を開発した。この鍵を握るのが，今回作成した遺伝子組換え微生物とその利用法である。原料となる蟻酸は様々なセルロース系バイオマスを150〜250℃で硫酸等の熱化学処理することにより生産できる。蟻酸と同時にレブリン酸など工業原料として重要な化合物も生産される（平成16年度地域新生コンソーシアム研究開発事業「バイオマスからの高効率バイオ水素の製造技術開発」成果報告書，近畿経済産業局）。

大腸菌などの微生物は，グルコースの嫌気的代謝過程で蟻酸を経て水素を生成する。この機能を利用した，糖類からの水素生産が研究されてきた[8]。しかしグルコース1分子から生成する蟻酸は最大2分子であり，水素への変換効率は他の反応様式と比較して下式に示すように非常に低い。また，本反応は生物の根幹を成す非常に重要な多段階反応で構成され，複雑な制御系によって支配されていることが，人為的な制御を困難にしている。

グルコース ⟶ 2×蟻酸 ⟶ 2×水素 + 2×CO_2

そこで筆者らは，微生物の触媒的な利用による新規な水素生産法を考案した。微生物の蟻酸代謝酵素複合体を利用した蟻酸を原料とする水素生産法である。原料の蟻酸は大腸菌の細胞膜に存在するformate-hydrogen lyase（FHL）システムと呼ばれる酵素複合体によって，一段階で水素へと変換される（図1）。

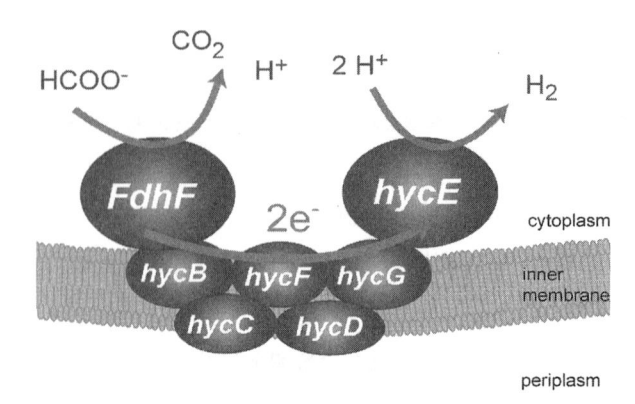

図1 大腸菌内の FHL システムによる蟻酸からの水素生成反応

　直接反応であるため，グルコース利用の場合に問題となる細胞による反応制御を介することなく反応が進行する。リアクターに供給された蟻酸は細胞内ではほぼ100%水素へと変換された後に系外へと放出されるため，従来法の問題点の一つであるリアクター内の副生成物の蓄積もなく，連続的な反応が可能になる。

2.2　菌体の触媒的利用による新規バイオプロセス

　今回開発した新規バイオプロセスは，触媒活性を有する細胞を高濃度に充填した反応系の利用により，生産速度ならびに変換率の大幅な改善を可能にすることを特徴とする。しかしFHLシステムは本来，嫌気的な条件における細胞増殖の過程で細胞内に誘導され，この増殖の過程で水素が生成する。そこで，蟻酸を原料とする微生物触媒によるバイオプロセスの構築に当たっては，あらかじめFHLシステムを誘導した大量の菌体を調製し，これを反応に供することにした。す

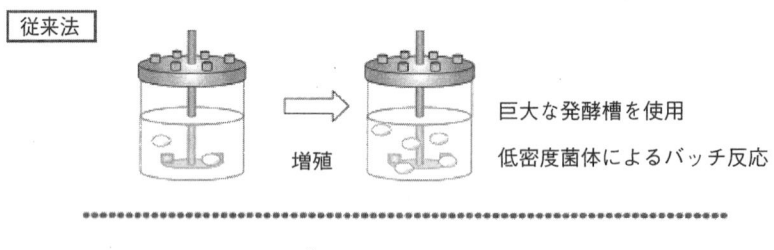

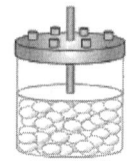

図2　新規バイオプロセスを利用した高効率水素生産

第3章　バイオ水素

なわち，①触媒微生物の大量調製，②触媒活性の誘導，③高濃度菌体による水素生産，の3工程を明確に区分化することで，高密度菌体の触媒的な利用が可能となった[9]（図2参照）。また，水素生産活性を向上させた遺伝子組換え大腸菌を開発し，これをリアクターに高密度に充填した。水素生産速度は原料となる蟻酸の供給によって制御が可能であり，容積あたりの水素生産速度は従来法より20倍増加し，300 L H_2/hr/L 反応層に達した。

2.3　グルコースからの水素生産

グルコースはバイオマスから容易に得られる最も有望なエネルギー源の一つであることから，既に研究開発を行った蟻酸からの水素生産に関する知見を元に，グルコースからの直接水素生産に関する研究を行っている。先述の通り，グルコースから蟻酸を経由する水素生産では，理論的にグルコース1分子から水素が2分子しか取れず，従来の発酵法においては1分子程度しか生産されなかった。これは，従来グルコースからの水素生成は増殖を伴い，その際嫌気条件下ではグルコースを有効利用できず，余分なエネルギーを代謝副生成物の形で排出することによる。筆者らは，代謝副生成物の生成を抑制する組換え大腸菌を開発し，代謝経路を蟻酸へ集約することによって，グルコース1分子から水素を2分子生産することに成功した[10]。また体積あたりの生産性は20 L H_2/hr/L であった。理論的には，蟻酸を経由する経路に加え，他の中間体（NAD(P)Hやフェレドキシンなど）を利用することによって，グルコース1分子から水素が4分子取り出すことができる。今後，還元力を水素の形で排出する酵素を導入することにより，さらなる水素収率の向上を図っていく。

2004年度の DOE Hydrogen Posture Plan では，水素社会の実現は2030年前後と予測している。DOE のもと研究開発を行っている光依存型プロセスでは，水素製造コストの目標値を2010年度で30ドル/kg H_2 と想定しており[8]，目標値の達成にはさらなる技術革新が必要とされる。

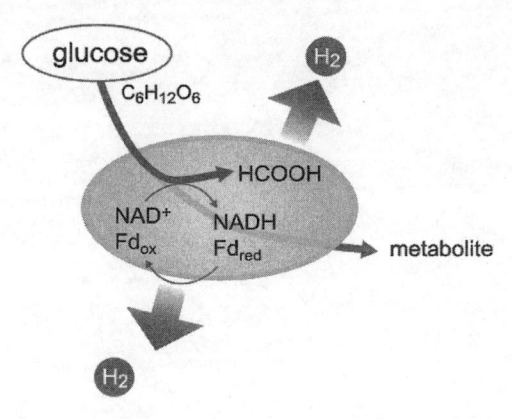

図3　大腸菌によるグルコースからの水素生成経路

今回紹介した新規バイオプロセスは，原料となる蟻酸およびグルコースを再生可能資源であるバイオマスから得ることが可能であり，持続的かつ環境負荷の少ないプロセスが期待される。蟻酸からは水素は理論収率で生産され，またコンパクトなリアクターで高い生産性が可能である。また，生成ガスには燃料電池電極の被毒物質であるCOを含まないため，燃料電池に直接供給した場合でも触媒能の劣化はなく，簡素なシステムを構築できる。高い生産性を得たことで，分散型発電システムの早期実用化を図りたい。

文　　献

1) http://www.hydrogen.energy.gov/presidents_initiative.html
2) http://www.hydrogen.energy.gov/annual_progress06.html
3) http://www.hydrogen.energy.gov/pdfs/h2_cost_goal.pdf
4) http://www.hfpeurope.org/
5) Benemann J., *Nat. Biotechnol.*, **14**, 1101-3（1996）
6) Levin, D. B., Pitt, L. & Love, M., *Int. J. Hydrogen Energ.*, **29**, 173-185（2004）
7) Yoshida, A., Nishimura, T., Kawaguchi, H., Inui, M., Yukawa, H., *Appl. Environ. Microbiol.*, **71**, 6762-8（2005）
8) Prince, R. C. & Kheshgi, H. S., *Crit. Rev. Microbiol.*, **31**, 19-31（2005）
9) Yoshida, A., Nishimura, T., Kawaguchi, H., Inui, M., Yukawa, H., *Appl. Microbiol. Biotechnol.*, **74**, 745-60（2007）
10) Yoshida, A., Nishimura, T., Kawaguchi, H., Inui, M., Yukawa, H., *Appl. Microbiol. Biotechnol.*, **73**, 67-72（2006）

バイオリファイナリー技術の工業最前線
―自動車用バイオ燃料の技術開発―《普及版》　　（B1056）

2008年 2 月25日　初　版　第 1 刷発行
2013年10月 4 日　普及版　第 1 刷発行

　　監　修　　湯川英明　　　　　　　　Printed in Japan
　　発行者　　辻　賢司
　　発行所　　株式会社シーエムシー出版
　　　　　　　東京都千代田区内神田 1-13-1
　　　　　　　電話 03 (3293) 2061
　　　　　　　大阪市中央区内平野町 1-3-12
　　　　　　　電話 06 (4794) 8234
　　　　　　　http://www.cmcbooks.co.jp/

〔印刷　株式会社遊文舎〕　　　　　　　Ⓒ H. Yukawa, 2013

　　　　落丁・乱丁本はお取替えいたします。

　　　　本書の内容の一部あるいは全部を無断で複写（コピー）することは，法律
　　　　で認められた場合を除き，著作者および出版社の権利の侵害になります。

ISBN978-4-7813-0738-1　C3058　¥5000E